**Informatik-Fachberichte 272**

Herausgeber: W. Brauer
im Auftrag der Gesellschaft für Informatik (GI)

Springer-Verlag

R. Grebe    C. Ziemann (Hrsg.)

# Parallele Datenverarbeitung mit dem Transputer

2. Transputer-Anwender-Treffen, TAT '90
Aachen, 17./18. September 1990

Proceedings

# Springer-Verlag

Berlin Heidelberg New York London Paris
Tokyo Hong Kong Barcelona Budapest

**Herausgeber**

Reinhard Grebe
Christian Ziemann
Institut für Physiologie der Medizinischen Fakultät
Klinikum der RWTH Aachen
Pauwelsstraße, W-5100 Aachen

# TAT '90

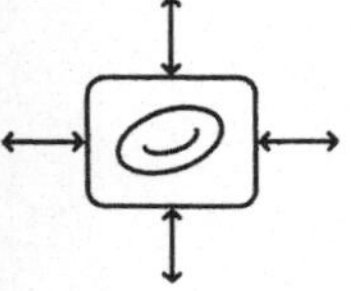

CR Subject Classification (1991): C.1.2, C.2.1, C.3, D.3.4, I.2.9, I.4.0, I.6.3


ISBN-13:978-3-540-53976-6      e-ISBN-13:978-3-642-76602-2
DOI: 10.1007/978-3-642-76602-2



2133/3140-543210 – Gedruckt auf säurefreiem Papier

# Vorwort

Ein häufig zu hörendes Argument gegen den Einsatz von Transputern in der parallelen Datenverarbeitung war in der Einführungsphase:

"Die Verteilung von Datenverarbeitungsaufgaben auf eine größere Anzahl von parallel arbeitenden Prozessoren bringt keinen Nettogewinn an Rechenleistung gegenüber einem Einzelprozessor-System, da der Zuwachs an Rechenkapazität durch einen erhöhten Bedarf an Kommunikation zwischen den einzelnen Prozessoren wieder verbraucht wird."

Wer in dem vorliegenden IFB-Band blättert, wird feststellen, daß dieses Argument, das man auch heute noch hin und wieder hört, längst von den Tatsachen widerlegt worden ist. Hier werden Systeme unterschiedlichster Größe mit Anwendungen aus fast allen Gebieten der Datenverarbeitung vorgestellt, bei denen sich durchweg eine mit der Anzahl der Prozessoren ansteigende Rechenleistung zeigt.

Der Einsatz von Transputern in der parallelen Datenverarbeitung ist inzwischen weithin als neue zukunftsweisende Technologie akzeptiert, die Innovationsprobleme sind überwunden. Dies hat sich nicht nur in der gegenüber dem Vorjahr gewachsenen Teilnehmerzahl am Transputer-Anwender-Treffen TAT '90 gezeigt, sondern auch und ganz besonders in der exponentiellen Zunahme der installierten Transputersysteme.

Aufgabe dieses IFB-Bandes ist es nun, ebenso wie die seines Vorgängers, exemplarisch Transputeranwendungen aus Forschung und Industrie vorzustellen, um die bisher mit Transputern gemachten Erfahrungen allgemein zugänglich zu machen. Insbesondere potentiellen neuen Anwendern soll damit der Zugang zu dieser Technologie erleichtert werden.

Nachdem die Frage nach der grundsätzlichen Anwendbarkeit von Transputern positiv beantwortet worden ist, treten nun immer mehr Fragen nach der Art der Anwendung in den Vordergrund:

Kann meine Datenverarbeitungsaufgabe parallelisiert werden?

Wie parallelisiert man sie am effektivsten?

Welche Sprache sollte verwendet werden?

Wie bindet man das Transputersystem in eine vorhandene Umgebung ein?

Welches der zur Verfügung stehenden Betriebssysteme ist für welche Anwendung am besten geeignet?

Zur Beantwortung dieser und ähnlicher Fragen sollte und hat das TAT '90 beigetragen. Wie schon im Jahr zuvor waren Experten, erfahrene Anwender und solche, die es werden wollen, zum Gedankenaustausch zusammengekommen und haben in mehr als 100 offiziellen Beiträgen und vielen Einzelgesprächen Erfahrungen ausgetauscht und Kontakte geknüpft. Dem offenbar weiter gestiegenen

Informationsbedürfnis steht nun auch ein stark angewachsener Erfahrungsschatz der Transputer-Anwender gegenüber.

Aufgrund der Vielfalt der Anwendungen wurden acht Themengruppen gebildet, die die folgenden Bereiche umfassen:
Benutzeroberflächen und Softwareumgebungen, Kommunikation und Datenbanken, KI und Neuronale Netzwerke, Sprachen und Algorithmen-Entwicklung, Bildverarbeitung, Graphik, Meßtechnik und Signalverarbeitung sowie Modellbildungen und Simulationen.

Ein weiteres Zeichen der Etablierung des Transputers in der Datenverarbeitung ist, daß in zunehmenden Maße professionelle Softwarepakete für bestimmte Anwendungen zur Verfügung gestellt werden. Zum Teil handelt es sich dabei um Portierungen bewährter Software zur Lösung von Datenverarbeitungsaufgaben (Bildverarbeitung etc.), zum Teil wird aber auch speziell für Transputernetzwerke entwickelte Software, wie z.B. Werkzeuge zur Software-Entwicklung, zum Monitoring und Debugging, angeboten. Auch diese Entwicklung spiegelt sich deutlich in diesem IFB-Band zur TAT '90 wider.

Wir bedanken uns bei allen, die durch ihre Beiträge das Transputer-Anwender-Treffen '90 und diesen Tagungsband möglich gemacht haben. Für die Anregungen bei der Planung und die Unterstützung bei der Organisation und Durchführung des Treffens bedanken wir uns bei Herrn Prof. W. Oberschelp, Herrn Prof. R. Repges, Herrn Prof. H. Schmid-Schönbein, Aachen und bei der Verwaltung des Klinikums der RWTH Aachen. Unser besonderer Dank gilt der Firma Parsytec für die großzügige Unterstützung bei der Planung und Durchführung des TAT '90.


Aachen, den 24.12.1990

Reinhard Grebe

Christian Ziemann

# Inhaltsverzeichnis


## 1  Benutzeroberflächen und Softwareumgebung

Lastverteilungsstrategien auf Multicomputern
H. Kuchen, A. Wagener . . . . . . . . . . . . . . . . . . . . . . . . . . . . . . . . . . . . . . . . . . . . . . . . . . . . 1

Parallelverarbeitung in Hardware: Optimierung numerischer Routinen auf dem T800
J. Vorbrüggen . . . . . . . . . . . . . . . . . . . . . . . . . . . . . . . . . . . . . . . . . . . . . . . . . . . . . . . . . . . . . . 9

Ein System zur benutzerdefinierten Visualisierung von parallelen Programmen
P. Sturm, S. Neuhaus . . . . . . . . . . . . . . . . . . . . . . . . . . . . . . . . . . . . . . . . . . . . . . . . . . . . . . 13

GRAVIDAL — Ein Werkzeug zur Visualisierung von verteilten Algorithmen
O. Vornberger, K. Zeppenfeld . . . . . . . . . . . . . . . . . . . . . . . . . . . . . . . . . . . . . . . . . . . . . . . 21

Graphische Benutzeroberfläche für Transputer Software
T. Pfeifer, P.W. Plapper . . . . . . . . . . . . . . . . . . . . . . . . . . . . . . . . . . . . . . . . . . . . . . . . . . . . 29

## 2  Kommunikation und Datenbanken

Effizientes Broadcast auf Transputern
K. Wolf . . . . . . . . . . . . . . . . . . . . . . . . . . . . . . . . . . . . . . . . . . . . . . . . . . . . . . . . . . . . . . . . . . . 35

WUMPS, Würzburger Message Passing System
C. Friedewald, A. Hieronymus, B. Menzel . . . . . . . . . . . . . . . . . . . . . . . . . . . . . . . . . . . . . 43

Bis zu 256 Transputer direkt gekoppelt über ein MIN (Projekt ReNet)
D. Dietrich, J.-P. Jensen, D. Kauffmann, M. Rawe, R. Rössler, St. Schröder,
B. Schulze zur Hörst . . . . . . . . . . . . . . . . . . . . . . . . . . . . . . . . . . . . . . . . . . . . . . . . . . . . . . . 51

Zur Bearbeitung komplexer Anfragen im Mehrbenutzerbetrieb
auf Shared-Nothing-Datenbanksystemen
G. von Bültzingsloewen, R. Kramer, R.-P. Liedtke, M. Schryro . . . . . . . . . . . . . . . . . . . 59

Eine schnelle Implementierung des DES auf Transputern
W. Maisel . . . . . . . . . . . . . . . . . . . . . . . . . . . . . . . . . . . . . . . . . . . . . . . . . . . . . . . . . . . . . . . . . 67

# 3 KI und Neuronale Netze


Eine verteilte objektorientierte Wissensbank für Multi-Agenten
U. Rembold, S. Drewes, A. Huhn ........................................................ 72

Parallele dynamische Spielbaumauswertung auf Transputern
M. Böhm, E. Speckenmeyer ........................................................... 80

Portierung eines neuronalen Netzwerksimulators auf ein Transputersystem
B. Schätz ........................................................................... 88

Simulation eines neuronalen Netzes zur Hauptkomponentenanalyse und Datenkompression
auf einem Transputernetz
H. J. Reusch ........................................................................ 95


# 4 Sprachen und Algorithmen-Entwicklung


Spezifikation einer Sprache zur Simulation von PRAM-Modellen
und ihre Übersetzung nach OCCAM
T. Seifert, E. Speckenmeyer .......................................................... 103

Implementation und Test paralleler Basisalgorithmen der Linearen Algebra
M. Pester ........................................................................... 111

Paralleles Lösen großer Systeme linearer Gleichungen
E. Gehrke ........................................................................... 119

Effiziente Lösung hochdimensionaler BOOLEscher Probleme
mittels XBOOLE auf Transputer
B. Steinbach, N. Kümmling ........................................................... 127


# 5 Bildverarbeitung


Konzept für Datenverarbeitung in der 3D-Lichtmikroskopie
C. Storz, E.H.K. Stelzer ............................................................. 135

Transputer-Einsatz in der parallelen Bildvorverarbeitung
— Messungen am Kommunikationssystem TRACOS
C.-W. Oehlrich, A. Quick ............................................................. 143

'Thinning' auf einem Transputer-Netzwerk
T. Arend, C. Neusius ................................................................ 151

Photogrammetrische Auswertungen auf der Basis eines Transputer-Netzwerkes
W. Jeschke, G. König. J. Storl, F. Wewel .............................................. 158

Asynchrone Parallelisierungsstrategien
zur Generierung des Hierarchischen Strukturcodes (HSC)
L. Priese, V. Rehrmann, U. Schwolle .................... 166

Echtzeitfähiges Lokalisieren von Polyedern im 3-D Raum
V.D. Sánchez, A. und G. Hirzinger .................... 174

Modellgestützte Echtzeit-Bildverarbeitung auf Transputern zur autonomen Führung
von Fahrzeugen
U. Franke, S. Ullrich .................... 182

# 6 Graphik

3D-Grafik und Transputer: Die Parallelisierung von MiraShading, Sabrina und Miranim
C. Schormann, U. Dorndorf, H. Burm .................... 190

3D- und Kurven-Darstellung von graphischen Flugversuchsdaten in Echtzeit
K. Alvermann, P. Hupp .................... 198

Transputer Grafik-System VEPIGS für die Farbbild-Entwicklung und Darstellung
auf Flugzeug-Cockpit Vektor-Röhren
K. Bavendiek .................... 206

# 7 Meßtechnik und Signalverarbeitung

Einsatz von Transputern zur berührungslosen Geschwindigkeitsmessung
nach dem Laufzeitkorrelationsverfahren
H. Janocha, J. Kohlrusch .................... 214

Laufzeitmessungen in stark verrauschter Umgebung mit pseudostatistischen Signalfolgen
R. Bongratz, H. Gabriel, R. Karaszewski .................... 222

Realisierung eines nichtlinearen adaptiven Regelverfahrens
mittels eines Transputer-Rechnersystems
H.-U. Flunkert. P. Kortmann, U. Wolff .................... 230

Echtzeit-Signalverarbeitung mit Transputern
in dem astrophysikalischen Experiment KASCADE
K. Bekk, H.J. Gils, H. Keim, H.O. Klages, H. Schieler, H. Leich, U. Meyer,
U. Schwendicke, P. Wegner .................... 238

Ein Transputersystem als Prozeßrechner zur Modellierung der Umgebung mit Ultraschall
L. Vietze, I. Hartmann .................... 246

# 8 Modellbildung und Simulation

Ein paralleler Lösungsansatz für nichtlineare Optimierungsprobleme
H. Boden, M. Grauer .................................................................... 254

Ein parallelisierter Algorithmus zum Simulated–Annealing
G. Viehöver, R. Grebe ................................................................. 262

Kombinatorische Optimierung durch einen parallelen Simulated-Annealing-Algorithmus
B. Freisleben, M. Schulte ............................................................. 270

Ein paralleles Waveform-Relaxationsverfahren für die Simulation von VLSI-Schaltungen
W. Rissiek, J. Stroop .................................................................. 277

Konfigurierbare Transputernetze als CAD-Akzeleratoren
P. Lanchès ............................................................................. 285

Simulation von Beanspruchung und Verformung biologischer Gelenke
auf dem dynamisch adaptierbaren Multiprozessorsystem DAMP
R. Braam, J. Mockenhaupt, A. Pollmann ............................................... 293

# Lastverteilungsstrategien auf Multicomputern

Herbert Kuchen und Andreas Wagener*

Lehrstuhl für Informatik II, RWTH Aachen

**Zusammenfassung**

Für verschiedene Klassen von Programmiersprachen wird erläutert, ob die Lastverteilung zur Compilezeit (statisch) oder zur Laufzeit (dynamisch) erfolgen sollte. Verschiedene dynamische Lastverteilungsstrategien werden vorgestellt und bezüglich ihrer Eignung für grobkörnige oder feinkörnige Parallelität eingeteilt. Die Strategien für feinkörnige Parallelität werden auf der Basis einer Prototyp-Implementierung einer funktionalen Programmiersprache auf einem Transputer-System verglichen.

## 1  Einleitung

Unter einem Multicomputer verstehen wir im folgenden ein lose gekoppeltes Multiprozessorsystem, d.h. ein System, bei dem alle Prozessoren ausschließlich über lokalen Speicher verfügen und über Nachrichten kommunizieren. Typische Vertreter dieses Rechnertyps sind Transputer-Systeme. Einen Prozessor mit seinem lokalen Speicher bezeichnen wir auch als *Recheneinheit* (RE). Implementierungen von Programmiersprachen auf Multicomputern müssen über Mechanismen zur *Lastverteilung*, d.h. zur Zuordnung der Prozesse zu den Recheneinheiten verfügen.

Sprachen, bei denen die Prozesse zur Compilezeit bekannt sind, ermöglichen eine *statische Zuordnung* ohne Laufzeit-Overhead. Je nach Sprache (und Betriebssystem) wird die Zuordnung vom Benutzer *explizit* vorgegeben (wie z.B. bei OCCAM unter Multitool bzw. TDS [IN88]) oder vom Betriebssystem automatisch vorgenommen (wie z.B. bei C unter Helios [Pe89]). Eine explizite Zuordnung ermöglicht dem Benutzer, sein Wissen über das Kommunikations- und Laufzeitverhalten einzubringen, während eine *automatische Zuordnung* für den Benutzer höheren Komfort bietet, da er sich um die Lastverteilung nicht zu kümmern braucht. Vor allem entfallen bei letzterem ein explizites Ausprogrammieren des Routings von Nachrichten zwischen nicht direkt verbundenen Recheneinheiten sowie des Multiplexens von logischen Kommunikationsverbindungen bei unzureichenden physischen Prozessorverbindungen. Weiterhin führt eine automatische Zuordnung zu einer größeren Flexibilität (Portabilität) bei einer Änderung der Rechnertopologie.

Bei einigen Programmiersprachen werden die Prozesse zur Laufzeit erzeugt. Zu dieser Gruppe gehören z.B. objektorientierte Sprachen, Logik-Programmiersprachen und funktionale Sprachen. Bei einigen Implementierungen funktionaler Sprachen wird sogar die Zerlegung des Programms in Prozesse vom Compiler automatisch vorgenommen [LK89]. Hier muß deshalb auch die Lastverteilung *dynamisch* zur Laufzeit geschehen.

Da wir hauptsächlich "große" Multicomputersysteme betrachten wollen, werden im folgenden zur Vermeidung eines Flaschenhalses nur *dezentrale* Lastverteilungsstrategien (d.h. ohne globalen Prozeßmanager) in Erwägung gezogen.

Eine Lastverteilungsstrategie ist gut, wenn sie die Last so verteilt, daß die Laufzeit des Programms möglichst gering bzw. der gegenüber einer Recheneinheit erzielbare Speedup möglichst groß wird.

*Ahornstr. 55, D-5100 Aachen, email: herbert@informatik.rwth-aachen.de

# 2  Strategien

Algorithmen zur statischen Lastverteilung basieren auf Informationen über die Kommunikationsstruktur, den Speicherplatzbedarf und gegebenenfalls den Rechenbedarf der Prozesse [Sa89]. Im folgenden soll hierauf nicht weiter eingegangen werden. Dynamische Lastverteilungsstrategien lassen sich hinsichtlich der *Körnung der Parallelität* unterscheiden, auf die sie zugeschnitten sind. Je grobkörniger die Parallelität ist, umso mehr Aufwand kann von dem verwendeten Lastverteilungsverfahren betrieben werden. Der Einfachheit halber approximieren wir im folgenden die Last einer Recheneinheit durch die Anzahl der ihr momentan zugeordneten Tasks; eine Einbeziehung anderer Größen, wie z.B. der Speicherauslastung, ist selbstverständlich auch möglich.

## 2.1  Dynamische Strategien für grobkörnige Parallelität

Mehrere Autoren behandeln verschiedene Versionen von sogenannten *Gebotsalgorithmen* (bidding algorithms) (siehe z.B. [Hw82]) Die Grundidee hierbei ist, daß die eine Task* kreierende Recheneinheit ihre Nachbarn[†] um Gebote bittet, wie sehr ihnen an dieser Task gelegen ist. Diese Gebote werden auf der Grundlage der Last und gegebenenfalls der Speicherauslastung sowie möglicherweise spezieller Hardwareeigenschaften der betreffenden Recheneinheit abgegeben. Die Recheneinheit mit dem höchsten Gebot erhält die Task.

Einige Gebotsalgorithmen erlauben eine Zurückweisung der zugewiesenen Task, wenn sich die Last der Recheneinheit in der Zwischenzeit stark erhöht haben sollte. Es sind dann u.U. mehrere Versuche bis zur endgültigen Vergabe einer Task notwendig. Smith [Sm80] schlägt eine Verallgemeinerung des Gebotsalgorithmus vor, bei der unterbeschäftigte Recheneinheiten sich selbst um Arbeit bemühen dürfen.

In [NX85] wird der sogenannte *Einzugsalgorithmus* (drafting algorithm) vorgestellt. Hierbei hat jede Recheneinheit einen der Zustände *leicht, normal* oder *schwer*. Wenn der Zustand wechselt, werden alle Nachbarn informiert. Eine leichte Recheneinheit sendet Anforderungsnachrichten an alle schweren Nachbarn, welche daraufhin Auskunft über ihre genaue Auslastung geben (bzw. ein Angebot über eine Task unterbreiten). Die Recheneinheit mit der offenbar höchsten Last (bzw. der geeignetsten Task) wird daraufhin um eine Task gebeten, sofern sie immer noch gebraucht wird. Ist die befragte Recheneinheit immer noch schwer, so wird endlich eine Task an die nachfragende Recheneinheit abgegeben.

## 2.2  Dynamische Strategien für feinkörnige Parallelität

Falls die Parallelität relativ feinkörnig ist, sind obige Strategien zu aufwendig. Im folgenden werden deshalb nur Strategien mit geringem Overhead betrachtet. Insbesondere werden nur Strategien in Erwägung gezogen, bei denen Tasks ausschließlich zwischen unmittelbar benachbarten Recheneinheiten ausgetauscht werden. Auf diese Weise soll auch die Lokalität der Berechnung gefördert werden.

### 2.2.1  Lastinformationen

Einige Lastverteilungsstrategien verlangen einen Austausch von *Lastinformationen* zwischen benachbarten Recheneinheiten. Es gibt verschiedene Möglichkeiten dies zu bewerkstelligen. Die Informationen können periodisch, nach jeder Änderung in der Anzahl der Tasks, auf Anfrage oder beim Über- und Unterschreiten gewisser Schwellenwerte verschickt werden. In Experimenten verursachten die ersten beiden Alternativen zuviel Overhead.

Wir haben zwei Schwellenwertverfahren untersucht. Bei einem werden Lastinformationen verschickt, wenn die Anzahl der Tasks von 1 auf 2 steigt oder von 1 auf 0 fällt, d.h. die Nachbarn werden informiert, ob Arbeit abzugeben ist oder nicht. Die andere Strategie verwendet exponentiell gestaffelte Schwellenwerte,

---

*Task wird hier synonym zu Prozeß verwendet
[†]unter Nachbarn werden die mit der betrachteten Recheneinheit direkt verbundenen Recheneinheiten verstanden

d.h. Nachrichten werden verschickt, wenn die Anzahl der Tasks von $2^i - 1$ auf $2^i$ ($i = 1, 2, \ldots$) steigt oder von $2^i$ auf $2^i - 1$ ($i = 0, 1, \ldots$) fällt. Hierbei liegt der Gedanke zugrunde, daß es mit steigender Last immer unwichtiger wird, ihren genauen Umfang zu kennen. Man beachte, daß wir eine Hysterese verwenden, um ein Verschicken von Lastinformationen nach jeder Änderung in der Anzahl der Tasks zu verhindern.

## 2.2.2 Passive Strategien

Wir unterscheiden *aktive* und *passive* Strategien, d.h. Strategien, bei denen die Initiative zur Taskübertragung vom Inhaber oder Empfänger ausgeht. Auch Mischstrategien sind möglich. Als passiv bezeichnen wir Strategien, bei denen unterbeschäftigte Recheneinheiten ihre Nachbarn um Arbeit bitten. Die verschiedenen passiven Strategien unterscheiden sich hauptsächlich in der Anzahl der Nachbarn, die gleichzeitig nach Arbeit gefragt werden, sowie in der Anzahl der bestellten Tasks.

Der Vorteil passiver Strategien ist, daß kein oder wenig Overhead anfällt, wenn alle Recheneinheiten genug Arbeit haben. Dies ist insbesondere bei Anwendungen mit massiver Parallelität von Vorteil. Außerdem fällt die Aufgabe, sich neue Arbeit zu besorgen, den unterbeschäftigten Recheneinheiten zu. Die arbeitenden Recheneinheiten werden hierdurch nicht zusätzlich belastet.

Nachteilig ist, daß in Berechnungsphasen mit starkem Arbeitsmangel, wie z.B. in der Anfangs- und Endphase, die arbeitenden Recheneinheiten von den arbeitslosen durch ständige Anfragen behindert werden. Um diese Behinderung gering zu halten, wartet eine Recheneinheit, die von keinem Nachbarn Arbeit bekommen konnte, eine (implementierungsabhängige) Zeit, bis sie erneut nach Arbeit fragt.

Die folgenden passiven Strategien wurden untersucht:

**CYCREQ:** die Nachbarn werden reihum nach einer Task gefragt, bis eine übermittelt worden ist. Eine befragte RE schickt entweder ein Task, wenn verfügbar, oder eine abschlägige Antwort. Lastinformationen sind hierbei nicht erforderlich.

**CYCREQ50:** wie CYCREQ, jedoch werden 50% der Tasks bestellt.

**MAXWREQ:** ähnlich zu CYREQ, jedoch werden die Nachbarn in der Reihenfolge absteigender Last reihum nach einer Task gefragt, bis eine übermittelt wurde. Lastinformationen werden beim Passieren exponentiell gestaffelter Schwellenwerte ausgetauscht. Diese Strategie ähnelt der in [BS81] vorgestellten.

**MAXWREQ50:** wie MAXWREQ, jedoch werden 50% der Tasks bestellt.

**MTMP1:** alle Nachbarn werden gleichzeitig um den Anteil $load(i)/(sum + load(i))$ ihrer Tasks gebeten, wobei $load(i)$ die Last von Nachbar $i$ und $sum$ die Summe der Lasten aller Nachbarn bezeichnen. Den Anteil wie angegeben zu berechnen, hat sich unter mehreren Alternativen als am günstigsten herausgestellt. Genaueres hierzu findet man in [Wa90]. Die gewählte Formel hat den Vorteil, daß stark belastete Recheneinheiten überproportional viele Tasks abgeben. Lastinformationen werden hier bei Bedarf bestellt.

**MTMP2:** wie MTMP1, jedoch werden Lastinformationen beim Passieren exponentiell gestaffelter Schwellenwerte ausgetauscht.

## 2.2.3 Aktive Strategien

Bei aktiven Strategien werden Tasks von den sie erzeugenden Recheneinheiten verteilt. Nachteilig ist, daß eine unterbeschäftigte Recheneinheit warten muß, bis sie irgendwann Arbeit zugeteilt bekommt. Außerdem werden beschäftigte Recheneinheiten mit Schedulingproblemen zusätzlich belastet. Allerdings werden sie nicht durch Nachfragen unterbeschäftigter Recheneinheiten behindert, was insbesondere in Phasen geringer Auslastung des Gesamtsystems vorteilhaft ist.

Getestet wurde eine leichte Modifikation der aktiven Strategie *diffusion scheduling* [HG84]. Hierbei werden Tasks so plaziert, daß sie möglichst nah bei ihren Daten und auf möglichst wenig beschäftigten Recheneinheiten liegen. Genauer: sei $T_{new}$ eine neue Task, die von Recheneinheit $P_{src}$ erzeugt wurde. $T_{new}$ wird zu Recheneinheit $P_{opt}$ geschickt, wobei $P_{opt}$ so gewählt wird, daß

$$costs(T_{new}, P_{opt}) = min\{costs(T_{new}, P) | P \text{ ist Nachbar von } P_{src}\}$$

wobei $costs(T, P) := w \cdot load(P) + refcosts(T, P)$,
$refcosts(T, P) := \sum_{i=1}^{n} dist(P, P_i)$, wobei $P_1, P_2, \ldots, P_n$ die Recheneinheiten sind,
in denen die $n$ Argumente von Task $T$ gespeichert sind.
$dist(P, P')$ ist der Abstand von RE $P$ zu RE $P'$ im betrachteten Netz, und
$load(P)$ bezeichnet die Anzahl der Tasks von RE $P$.

Das Gewicht $w$ wird verwendet, um den Einfluß der Last bezüglich der Referenzkosten zu kontrollieren. Lastinformationen werden hier wie bei MTMP2 beim Passieren exponentiell gestaffelter Schwellenwerte ausgetauscht.

Weiterhin untersucht wurde eine aktive Strategie namens PERSEND. Hierbei wird periodisch überprüft, ob ein Nachbar mehr als $k$ Tasks weniger als die betrachtete RE hat, wobei $k$ in Abhängigkeit von der jeweiligen Implementierung geeignet gewählt wird. Fällt diese Überprüfung positiv ausfällt, so wird eine Task an den am wenigsten belasteten Nachbarn abgegeben. Lastinformationen werden beim Passieren exponentiell gestaffelter Schwellenwerte ausgetauscht.

Eine andere (eher) aktive Strategie namens *Gradientenmethode* [LK87] (hier nicht getestet) ordnet wie der Einzugsalgorithmus jeder Recheneinheit einen der Zustände leicht, normal oder schwer zu. Der *Druck* jeder Recheneinheit ist definiert als ihr Abstand zur nächsten leichten Recheneinheit. Bei einer Druckänderung werden alle Nachbarn informiert. Eine schwere Recheneinheit sendet eine ihrer Tasks zu der Nachbareinheit mit dem geringsten Druck. Bei dieser Strategie kann eine Task mehrere Schritte im Netz zurücklegen und möglicherweise sogar kreisen.

### 2.2.4 Mischstrategien

Eine Mischstrategie namens ACTPAS wurde untersucht, bei der Lastinformationen gemäß einem einfachen Schwellenwertverfahren ausgetauscht werden. Erfährt eine Recheneinheit, daß eine ihrer Nachbareinheiten zuwenig Arbeit hat, so wird dies als Arbeitsanfrage aufgefaßt und, sobald genügend Arbeit vorhanden ist, eine Task übermittelt. Im Gegensatz zu CYCREQ wird also, falls keine Arbeit abzugeben ist, die Information, welcher Nachbar Arbeit benötigt, gespeichert und keine abschlägige Antwort geschickt.

## 2.3 Die Taskschlange

Oft stehen mehrere Tasks für eine Vergabe an andere Recheneinheiten zur Verfügung. Es empfiehlt sich, potentiell aufwendige Tasks vorrangig zu verschicken, da andernfalls wahrscheinlich mehr Tasks verschickt werden müssen und somit mehr Kommunikationsoverhead verursacht wird. Wir haben zwei einfache Heuristiken untersucht, die versuchen unter den zu verschickenden Tasks die aufwendigsten herauszufinden. Diese Heuristiken basieren auf verschiedenen Implentierungen der Taskschlange, d.h. der Schlange, in der die zu verschickenden Tasks verwaltet werden.

### 2.3.1 Eine Taskdoppelschlange

Die grundlegende Annahme bei der ersten Heuristik ist, daß aufwendige Tasks oft vor weniger aufwendigen erzeugt werden. Die Tasks werden in einer Taskdoppelschlange verwaltet (siehe Abb. 1). Tasks, welche von der eigenen Recheneinheit erzeugt werden, werden am rechten Ende angefügt. Bei Eigenbedarf wird an dem gleichen Ende eine (wahrscheinlich kleine) Task entfernt. Von anderen REs erhaltene (wahrscheinlich große) Tasks werden am anderen Ende angefügt. An diesem Ende werden auch Tasks entnommen, die an andere REs verschickt werden. Einfügen und Löschen von Tasks sind offensichtlich in konstanter Zeit möglich.

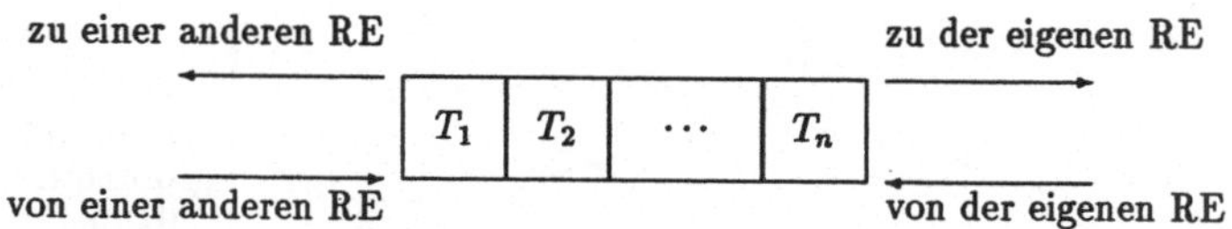



Abbildung 1: Taskdoppelschlange

## 2.3.2  Eine Task-Prioritäten-Doppelschlange

Eine etwas aufwendigere Heuristik verwendet eine Prioritätendoppelschlange [Kn73, S. 159] (siehe Abb. 3) zur Verwaltung der Tasks. Diese Schlange besteht aus zwei Haufen (heaps), die an ihrer "Unterseite" verbunden sind. Die Anzahl der Elemente beider Haufen kann nur um eins differieren. Voraussetzung für den Einsatz dieser Heuristik ist, daß die Aufrufstruktur der Tasks einen gerichteten azyklischen Graphen (DAG) mit genau einer Wurzel (d.h. einem Knoten ohne eingehende Kanten) bildet. Weiterhin liegt die Annahme zugrunde, daß eine Task umso aufwendiger ist, je näher sie an dieser Wurzel liegt. Der Abstand eines Knotens von der Wurzel wird im folgenden als *Level* bezeichnet (siehe Abb. 2). Die Position einer Task in der Schlange wird durch ihr Level bestimmt.

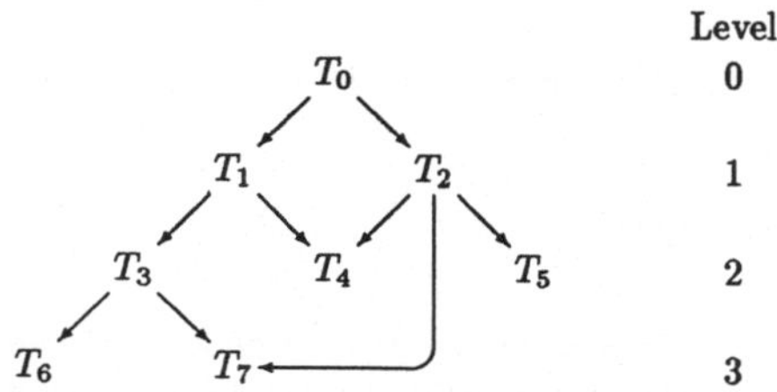



Abbildung 2: Aufrufstruktur(Beispiel)

Ein Haufen wird üblicherweise durch ein Feld (array) $A[1\ldots n]$ implementiert, wobei

$$A[i] \leq A[2i] \text{ und } A[i] \leq A[2i+1] \quad (1 \leq i \leq \lfloor \tfrac{n}{2} \rfloor),$$

falls der Haufen aufsteigend geordnet ist, oder

$$A[i] \geq A[2i] \text{ und } A[i] \geq A[2i+1] \quad (1 \leq i \leq \lfloor \tfrac{n}{2} \rfloor),$$

falls der Haufen absteigend geordnet ist. Ein Haufen kann durch einen (speziellen) binären Baum dargestellt werden. Genauer besteht eine Prioritätendoppelschlange aus einem aufsteigend geordneten Haufen $A$ mit $n$ Elementen und einem absteigend geordneten Haufen $B$ mit $m$ Elementen, wobei $m \leq n \leq m+1$ und

$$A[i] \leq B[i] \text{ für } i = 1, \ldots, m \text{ und } A[n] \leq B[\lfloor n/2 \rfloor], \text{ falls } n > m.$$

Ein neues Element wird als $A[n+1]$ eingefügt, falls $n = m$, oder als $B[m+1]$ sonst. Ist das neue Element kleiner als das über ihm stehende Element (gemäß Abb. 3), so wird es solange mit dem jeweilig über ihm stehenden Element vertauscht, bis es größer als dieses ist oder das oberste Element erreicht ist. Andernfalls wird es solange mit dem jeweilig unter ihm stehenden Element vertauscht, bis es kleiner ist als dieses oder das unterste Element erreicht ist.

Das minimale Element kann gelöscht werden, indem es mit dem "letzten Element" (d.h. $A[n]$, falls $n > m$, oder $B[m]$ sonst) überschrieben wird und dieses solange mit dem kleineren der direkt unter ihm stehenden Elemente vertauscht wird, bis es kleiner oder gleich diesem ist. Das maximale Element wird analog gelöscht.

Einfügen und Löschen eines Elements können offensichtlich in logarithmischer Zeit (in der Anzahl der Elemente) durchgeführt werden. Das minimale Element (d.h. die potentiell aufwendigste Task) wird bei Bedarf an eine andere RE abgegeben, während das maximale Element bei Eigenbedarf ausgewählt wird.

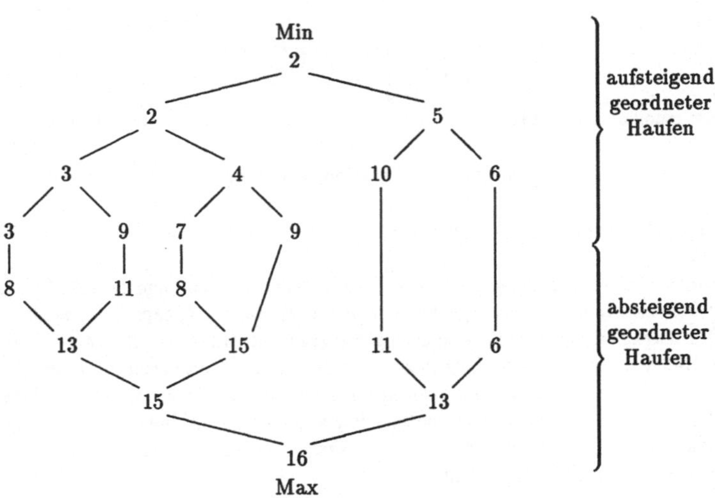


Abbildung 3: Prioritätendoppelschlange; jeder Eintrag wird durch das Level der zugehörigen Task repräsentiert.

## 3  Experimentelle Ergebnisse

Einige der vorgestellten Lastverteilungsstrategien wurden anhand von Laufzeitmessungen verglichen. Grundlage hierfür war eine Implementierung einer funktionalen Progranmmiersprache auf einem Transputersystem [Ku90] [LK89] [Lo89]. Im folgenden fassen wir die Ergebnisse kurz zusammen. Eine ausführlichere Darstellung findet man in [Wa90]. Die folgenden Beispielprogramme wurden betrachtet:

*fib:* die Fibonacci-Funktion (der naheliegende exponentielle Algorithmus),

*qsort:* Quicksort,

*towers:* Türme von Hanoi,

*queens:* das Problem $n$ Damen so auf ein $n \times n$-Schachbrett zu stellen, daß sie sich nicht gegenseitig schlagen können,

*map:* eine einstellige Funktion (im Experiment: die Nachfolgerfunktion) wird auf alle Elemente einer Datenstruktur angewandt, d.h.  $map(f, [x_1, \ldots, x_n]) = [f(x_1), \ldots, f(x_n)]$,

*fold:* die Elemente einer Datenstruktur werden durch eine zweistellige assoziative Funktion (im Experiment: die Addition) verknüpft, d.h.  $fold(\oplus, [x_1, \ldots, x_n]) = x_1 \oplus \ldots \oplus x_n$.

Die meisten Beispielprogramme sind strukturell rekursiv in einem Argument, d.h. die Aufrufstruktur entspricht der (Baum-)Struktur des Arguments. Bei der Berechnung gibt es eine kurze Anfangsphase, in der die Tasks in das Netzwerk hineindiffundieren, eine lange Phase, in der alle Recheneinheiten fast durchgehend genügend Arbeit haben, und eine kurze Endphase, in der die Berechnung kollabiert.

Nur Quicksort hat eine kompliziertere Rekursionsstruktur. Vor jedem rekursiven Aufruf muß die Argumentdatenstruktur in zwei Teilstrukturen aufgespalten werden. Diese Teilungen führen zu einem pulsierenden Rechnungsverlauf. Nach jeder Teilung verdoppelt sich die Anzahl der dauerhaft beschäftigten REs, bis alle REs mindestens eine Teilstruktur haben, die sie eigenständig sortieren.

| Problem | towers | | | queens | map | fold | qsort | fib |
|---|---|---|---|---|---|---|---|---|
| Argumentgröße | 8 | 10 | 12 | 7 | 5000 | 5000 | 1000 | 22 |
| PERSEND | 3.95 | 6.62 | 8.84 | 8.97 | 7.68 | 8.09 | 7.74 | - |
| DIFFSCHED | 4.17 | 4.82 | 6.81 | 7.98 | 6.56 | 6.05 | 6.29 | - |
| CYCREQ | 4.41 | 7.13 | 9.62 | **9.75** | **9.04** | 8.70 | 8.38 | **11.85** |
| CYCREQ (PD) | **4.50** | **7.24** | **9.67** | 9.67 | 8.71 | 8.79 | **8.91** | - |
| CYCREQ50 | 4.17 | 7.13 | 9.45 | 9.50 | 8.54 | 8.68 | 8.83[§] | 11.75 |
| MAXWREQ | 4.17 | 6.87 | 9.42 | 9.61 | 8.46 | 8.48 | 8.66[§] | - |
| MAXWREQ50 | 4.17 | 6.97 | 9.35 | 9.65 | 8.37 | 8.42 | 8.61[§] | - |
| MTMP1 | 4.17 | 6.81 | 9.26 | 9.51 | 8.39 | 8.58 | 8.54[§] | 11.69 |
| MTMP2 | 4.41 | 7.19 | 9.47 | 9.71 | 8.25 | 8.48 | 8.54[§] | 10.68 |
| ACTPAS | 4.33 | 6.92 | 9.38 | 9.49 | 8.81 | **8.88** | 8.18 | 11.32 |
| ACTPAS (PD) | **4.50** | 6.97 | 9.45 | 8.73 | 8.64 | 8.68 | 8.35 | - |

Tabelle 1: Speedups für verschiedene Beipielprogramme auf einem System mit 12 Prozessoren. PD gibt an, daß eine Prioritätendoppelschlange anstelle der simplen Doppelschlange zur Verwaltung der Tasks verwendet wurde.

| Problem | towers | queens | map | qsort | fib |
|---|---|---|---|---|---|
| Argumentgröße | 12 | 8 | 5000 | 1000 | 28 |
| CYCREQ | 20.52 | 33.37 | 24.92 | 15.83 | **63.02** |
| CYCREQ50 | 19.95 | **37.50** | 27.14 | 15.36 | - |
| MAXWREQ50 | 22.08 | 35.89 | 29.69 | 16.07 | - |
| MTMP2 | 20.91 | 32.28 | 27.34 | 14.66 | - |
| ACTPAS | **24.42** | 33.69 | **32.20** | **17.87** | 58.66 |

Tabelle 2: Speedups für verschiedene Beispielprogramme auf einem System mit 64 Prozessoren.

Alle Beispiele außer *fib* verwenden Datenstrukturen. Da die in funktionalen Sprachen üblichen Listen (in der üblichen internen Darstellung) für Parallelverarbeitung nicht sehr geeignet sind, wurden in den Beispielen sogenannte *Sequenzen* verwendet, d.h. Listen-ähnliche Strukturen, die intern durch binäre Bäume repräsentiert werden. Hier kann auf dem linken und rechten Teilbaum (divide and conquer) parallel gearbeitet werden, während bei Listen nur das erste Element und der gesamte Rest der Liste parallel gehandhabt werden können. Eine ausführlichere Beschreibung der Beispielprogramme findet man in [Ku90].

Tabelle 1 und Tabelle 2 zeigen die mit der jeweiligen Lastverteilungsstrategie zu erzielenden Speedups auf 12 bzw. 64 Prozessoren. Bei dem 12-Prozessor-System liegt eine Netzwerk-Topologie mit Durchmesser 3 zugrunde, bei der Prozessor $i(= b_3b_2b_1b_0)_2$ mit den Prozessoren $(i + 3)mod$ 12, $(i + 9)mod$ 12 und $(b_3b_2b_1\bar{b_0})_2$ ($0 \leq i \leq 11$) verbunden ist. Bei dem 64-Prozessor-System verwenden wir einen twisted-5-cube [HK87], bei dem jeder Knoten aus zwei verbundenen Prozessoren besteht (Durchmesser 6). Auf dem 64-Prozessor-System wurde nur ein Teil der Strategien getestet. Da bei der betrachteten Implementierung der Zwischencode in OCCAM interpretiert wird, sind die absoluten Laufzeiten nicht sehr schnell (siehe Tabelle 3). Eine neue Version des Compilers, bei der direkt Transputer-Maschinencode erzeugt wird, ist bald fertig. Die Laufzeiten sind hier um ein Vielfaches kürzer.

| Problem | towers | | | queens | map | fold | qsort | fib |
|---|---|---|---|---|---|---|---|---|
| Argumentgröße | 8 | 10 | 12 | 7 | 5000 | 5000 | 1000 | 22 |
| Laufzeit (sec) | 1.83 | 7.47 | 30.07 | 106.80 | 53.42 | 50.56 | 176.77 | 43.14 |

Tabelle 3: Laufzeiten verschiedener Beispielprogramme auf einem Prozessor.

Bei der Analyse der Tabellen 1 und 2 kann man folgendes feststellen: *fib* erlaubt Speedups, die beliebig nah an die Anzahl der Prozessoren heranreichen. Die einfachste Lastverteilungsstrategie (CYCREQ) ist

---

[§]mit Prioritätendoppelschlange

hier am besten. Das liegt daran, daß *fib* sehr viel Parallelität enthält und wenig Kommunikation erfordert. Wenn eine RE eine Task bekommt, so kann sie sie auswerten, ohne mit anderen REs kommunizieren zu müssen. Lediglich das Ergebnis muß übermittelt werden.

Aktive Strategien sind in den betrachteten Beispielen am schlechtesten. Insbesondere diffusion scheduling ist zu aufwendig und führt nicht zu einer günstigen Lastverteilung. Die anderen Strategien zeigen nur geringe Unterschiede. CYCREQ ist bei 12 Prozessoren am besten, während ACTPAS bei 64 Prozessoren geringfügig besser ist. Bei kleinen und mittelgroßen Systemen sind also die einfachen passiven Strategien am besten, während bei größeren Systemen eine aktive Komponente wegen der dort längeren Anfangs- und Endphase der Berechnung vorteilhaft ist. Bei allen Strategien wird nur ein sehr kleiner Teil der erzeugten Tasks verschickt. Das erklärt das schlechte Verhalten der aktiven Strategien, da bei diesen auch nicht verschickte Tasks Overhead verursachen.

Der Vergleich der Spalten *towers*(8), *towers*(10) und *towers*(12) in Tabelle 1 zeigt, daß die Größe der Eingabe kaum Einfluß darauf hat, welche Strategie gut oder schlecht abschneidet. Natürlich steigt der erreichbare Speedup mit der Größe der Eingabe, da dann das System besser ausgelastet werden kann und die Anfangs- und Endphase der Berechnung relativ kürzer sind.

Bei Problem mit Datenstrukturen können auf 12 Prozessoren Speedups bis zu 10 und bei 64 Prozessoren bis zu 40 erreicht werden. Man beachte, daß *towers*(12) und *map*(5000) für ein 64-Prozessor-System eher kleine Aufgaben sind, die dieses System nicht gut auszulasten vermögen. Der enttäuschende Speedup von *qsort*(1000) liegt an der ungünstigen Rekursionsstruktur von Quicksort.

Die Prioritätendoppelschlange lohnt sich nur bei Quicksort. Aufgrund der komplizierteren Rekursionsstruktur scheint es wichtiger zu sein, die richtigen Tasks zu verschicken. In den meisten Fällen liefert die simple Doppelschlange bessere Ergebnisse.

## Literatur


[BS81]   F.W. Burton, M.R. Sleep: Executing functional programs on a virtual tree of processors, Conf. on Funct. Progr. Languages and Computer Arch., 1981, 187-194

[HG84]   P. Hudak, B. Goldberg: Experiments in Diffused Combinator Reduction, Proc. of the ACM Symp. on Lisp and Funct. Progr., 1984, 167-176

[HK87]   P.A.J. Hilbers, M.R.J. Koopman, J.L.A. van de Snepscheut: The Twisted Cube, PARLE Conference 1987, LNCS 258/259, Springer, 152-159

[Hw82]   K. Hwang et al.: A UNIX-based Local Computer with Load Balancing, Computer, vol. 15(6), 50-56, 1982

[IN88]   INMOS Ltd.: OCCAM 2 Reference Manual, Prentice Hall, 1988

[Kn73]   D.E. Knuth: The Art of Computer Programming, Vol. 3, Sorting and Searching, Addison Wesley, 1973

[Ku90]   H. Kuchen: Parallele Implementierung einer funktionalen Programmiersprache auf einem OCCAM-Transputer-System unter besonderer Berücksichtigung applikativer Datenstrukturen, Dissertation, RWTH Aachen, 1990

[LK87]   F.C.H. Lin, R.M. Keller: The Gradient Model Load Balancing Method, IEEE Tr. on SE, SE-13, No. 1, 1987, 32-38

[LK89]   R. Loogen, H. Kuchen, K. Indermark, W. Damm: Distributed Implementation of Programmed Graph Reduction, Proc. PARLE 1989, LNCS 365, Springer, 136-157

[Lo89]   R. Loogen: Parallele Implementierung funktionaler Programmiersprachen, Dissertation, RWTH Aachen, 1989, überarbeitete Fassung als IFB 232, Springer, 1990

[NX85]   L.M. Ni, Chong-Wei Xu, T.B. Genderau: A Distributed Drafting Algorithm for Load Balancing, IEEE Tr. on SE, SE-11, No. 1, 1985, 1153-1161

[Pe89]   Perihelion Software: The Helios Operating System, Prentice Hall, 1989

[Sa89]   V. Sarkar: Partitioning and Scheduling Parallel Programs for Multiprocessors, Pitman, 1989

[Sm80]   R. Smith: The contract net protocol: High-Level communication and control in a distributed problem solver, IEEE Tr. Comput. C-29, 1980, 1104-1113

[Wa90]   A. Wagener: Lastverteilungsstrategien und Netzwerktopologien für eine Realisierung der parallelen abstrakten Maschine PAM, Diplomarbeit, RWTH Aachen, 1990

# Parallelverarbeitung in Hardware:
# Optimierung numerischer Routinen
# auf dem T800


Jan Vorbrüggen

*Institut für Neuroinformatik*

*Ruhr-Universität, 4630 Bochum*


## Einleitung

Die Mikroprozessor-Familie von INMOS, Transputer genannt, vereinigt einen RISC-Prozessor mit zusätzlicher Hardware auf dem Chip sowie direkter Unterstützung im Instruktionssatz für ein Parallelverarbeitungssystem nach dem CSP-Modell. Der T800 fügt dem noch eine Fließkommaeinheit hinzu, die ebenfalls auf dem Prozessorchip integriert ist. Dadurch konnte der Flaschenhals in der Kommunikation zwischen dem Prozessor und der Fließkommaeinheit beseitigt werden, der konventionelle numerische Koprozessoren in ihrer Leistung beschränkt [1].

Im Rahmen des BMFT-Verbundprojektes "Informationsverarbeitung in neuronaler Architektur" wurde an unserem Institut ein System zur Gesichtserkennung [2] entwickelt. Es ist auf einem System von bis zu 23 Transputern in OCCAM implementiert. In der Erkennungsphase des Programmes wird die Rechenzeit von Vektoroperationen dominiert. Um die Möglichkeiten unseres Transputersystems besser auszunutzen, wollten wir daher diese Teile optimieren. Für solche Vektoroperationen sind von mehreren Herstellern fertige Bibliotheken erhältlich. Sie sind jedoch meist teuer und kommen mit ihren Leistungsdaten — wenn auch deutlich besser als der von vielen Compilern erzeugte Code — dennoch nicht an die theoretischen Möglichkeiten des T800 heran. Ein weiteres Problem war, daß eine der benötigten Operationen die Umwandlung eines Byte-Vektors in einen Fließkommavektor mit variablen Skalierungsfaktoren ist; eine solche Routine ist in keiner Bibliothek verfügbar. Wir entschlossen uns daher, die benötigten Routinen in Maschinensprache selbst zu erstellen. Die dabei gemachten Erfahrungen sollen hier dargestellt werden.

## Aufbau des T800

Die beiden arithmetischen Einheiten des T800, Integer Unit (IU) und Floating Point Unit (FPU), bestehen beide aus einem drei Einheiten tiefen Operandenstack. Im Falle der IU sind die Operanden Ganzzahlen und Adressen, im Falle der FPU Fließkommazahlen nach dem Standard IEEE 754 mit einfacher oder doppelter Genauigkeit. Arithmetische Operationen nehmen implizit ihre Operanden vom Stack und legen ihre Resultate dort ab. Daten werden nach der für RISC-Prozessoren üblichen Load-Store-Architektur explizit vom Speicher geholt bzw. Resultate dort abgelegt. Die Transputer bieten hier noch eine Besonderheit: Jedem Prozeß ist ein sogenannter Workspace zugeordnet, der relativ zu einem prozessorinternen Register adressiert wird. Dieser Workspace liegt meistens in dem schnellen, auf dem Prozessorchip befindlichen Speicher und wird daher für häufig benutzte Variablen (Schleifenzähler, Zeiger, Indices) verwendet. Vektoren können explizit über Zeiger adressiert werden, wobei konstante Indices besonders effizient gehandhabt werden.

Während die FPU eine arithmetische Operation ausführt, kann die IU unabhängig weiterarbeiten; erst bei der nächsten Instruktion für die FPU ist eine Synchronisation erforderlich. In diesem Sinne verhalten sich IU und FPU wie zwei parallele OCCAM-Prozesse, die durch Kanalkommunikation Daten austauschen und synchronisiert werden ([3], S. 88). Die Synchronisation ist erforderlich, weil die IU die Dekodierung von Instruktionen sowie die Adressberechnung für die FPU übernimmt. Dies bietet numerisch intensiven Programmen die Möglichkeit, Adressberechnungen und andere Hilfsrechnungen, wie z. B. die Dekrementierung eines Schleifenzählers, mit den "nützlichen" Operationen der FPU fast vollständig zu überlappen, so daß die große Leistungsfähigkeit der FPU des Transputers voll genutzt werden kann.

Im Laufe unserer Untersuchungen vermuteten wir, daß auch die Speicherschnittstelle des Transputers als weiterer, paralleler Prozeß betrachtet werden kann. Diese Vermutung wurde von INMOS-Mitarbeitern bestätigt [4]. Diese Eigenschaft ist nützlich, weil größere Datenmengen häufig im langsamerem externen Speicher liegen; so kann z. B. das Abspeichern von Resultaten gleichzeitig mit weiteren Operationen stattfinden. Auch das Zwischenspeichern von Werten im Workspace, weil der Platz auf dem Operandenstack nicht ausreicht (etwa bei komplizierteren Adressberechnungen), wird dadurch schneller.

## Möglichkeiten zur Optimierung

Leider sind die momentan verfügbaren Compiler nicht in der Lage, die o. g. Möglichkeiten voll auszuschöpfen. Es ist jedoch möglich, einige Optimierungen, die dann als Basis für weitere Arbeit in Maschinensprache dienen, in einer Hochsprache wie OCCAM auszuführen.

### Loop unrolling

Die erste Maßnahme besteht im sog. "loop unrolling", d. h. pro Durchlauf der Schleife wird nicht nur ein Vektorelement, sondern z. B. deren 8 verarbeitet. Dadurch wird der Aufwand für die Schleife besser amortisiert. In OCCAM kann auch die notwendige Adressberechnung wesentlich vereinfacht werden, indem das zu bearbeitende Segment des Vektors als Abkürzung (abbreviation) erklärt wird; dadurch kann jedes Element mit konstantem Index angesprochen werden. Ein achtfaches Unrolling führt so schon zu einer Beschleunigung um den Faktor $\approx 1, 4$. Es ist zweckmäßig, als Unroll-Faktor eine Zweierpotenz zu wählen, da in diesem Fall die Iterationszähler mit einfachen logischen Operationen (Shift bzw. logisches Und) statt der wesentlich aufwendigeren Division mit Rest berechnet werden können.

Allgemein kann man mit dieser Methode zwischen (asymptotisch) schnellerem Programm und vermehrtem Speicherplatzbedarf für das ja nun um etwa den Unrolling-Faktor längere Programm abwägen. Die Plazierung des Programms auf dem schnellen on-chip Speicher ist in diesen Fällen besonders wichtig. Die Einsprünge in die Schleifen sollten dabei auf Wortgrenzen plaziert sein, um eine optimale Nutzung des instruction prefetch zu erreichen. Da Fließkommaoperationen im Vergleich zum Laden der Operanden langsam sind, kann mit der Plazierung der Vektordaten auf schnellem Speicher meistens nur eine Laufzeitverbesserung um etwa 10 % erreicht werden. Anders sieht dies bei Ganzzahloperationen aus. Bei einem kürzlich durchgeführten Test eines auf Ganzzahlen operierenden Rechteckfilters, bei dem nur Additionen und Subtraktionen erforderlich sind, betrug dieser Unterschied über 30 %.

Bei dieser Methode taucht allerdings ein Problem auf: Wie bearbeitet man die Vektorelemente, die nach Abarbeitung der auseinandergerollten Schleife übrigbleiben, da im allgemeinen die Vektorlänge kein Teiler des Unroll-Faktors ist? In einer Hochsprache bleibt einem nicht anderes übrig, als eine kurze Schleife anzuschliessen, die diese Elemente einzeln bearbeitet. Auch einige der kommerziell erhältlichen Bibliotheken haben diesen Weg gewählt [5]. Dabei handelt man sich jedoch einen — gerade für eine allgemein zu verwendende Bibliothek — gravierenden Nachteil ein: Die Laufzeit der Routine in Abhängigkeit von der Vektorlänge ist nicht mehr glatt und monoton steigend, meistens hat sie sogar deutliche Knicke. Dies bedeutet, daß z. B. bei einem Unroll-Faktor von 8 die Vektoren der Längen $8n + 4 \ldots 8n + 7$ mehr Zeit benötigen als ein Vektor der Länge $8n + 8$!

In Maschinensprache läßt sich dieses Problem (auf Kosten einer Verdoppelung des Codes) dadurch vermeiden, daß die möglichen Restoperationen ebenfalls explizit durchgeführt werden. Da ihre maximale Anzahl durch den Unroll-Faktor festgelegt ist, können sämtliche Indexberechnungen und die Abfrage des Abbruchkriteriums mit Konstanten kodiert werden. Damit ist der Aufwand pro Vektorelement in beiden Teilen der Routine praktisch gleich, und die Rechenzeit ist monoton von der Vektorlänge abhängig. Auch hier kann natürlich, da man den Zugriff auf den Quellcode hat, je nach Anwendung zwischen Fuktionalität und Speicherplatzbedarf abgewägt werden.

## Transputer-spezifische Optimierungen

Einige Optimierungen sind nur in Maschinensprache möglich, da sie spezifische Eigenschaften des Transputers nutzen.

Um Compilern die Implementierung von Schleifen zu erleichtern, verfügt der Transputer über die `lend` (loop end) Instruktion. Diese verwendet ein Feld aus zwei Ganzzahlen: die eine ist der Schleifenindex und wird inkrementiert, die andere gibt die noch erforderliche Anzahl von Iterationen an und wird dekrementiert. Dieses Konstrukt wird auch vom OCCAM-Compiler verwendet, und manche Bibliotheken überlassen die Schleifenkontrolle dem Compiler und optimieren nur die Schleife selbst [5]. Bei einem loop unrolling (s. o.) wird aber der Schleifenindex nicht benötigt. Es ist daher ausreichend, einfach eine Variable für die Iterationszahl zu dekrementieren und einen entsprechenden bedingten Sprung anzuschließen.

Hier kommt noch eine zusätzliche Besonderheit des Transputers ins Spiel: Normalerweise ist die zum Rücksprung verwendete Instruktion einer der wenigen sog. Descheduling-Punkte [2], an dem der laufende Prozeß zugunsten eines anderen, wartenden Prozesses unterbrochen werden kann. Dabei wird aus Effizienzgründen der Inhalt der Operandenstacks nicht abgespeichert, so daß also ein Programm davon ausgehen muß, daß nach einer solchen Instruktion der Inhalt des Operandenstacks unvorhersehbar ist und eventuelle Zwischenergebnisse vorher explizit im Speicher abgelegt werden müssen. Durch eine andere Codesequenz kann dies vermeiden werden, was besonders interessant ist für Operationen, die Zwischenergebnisse akkumulieren, wie etwa das Skalarprodukt.

Der nächste Schritt besteht darin, die Adressberechnungen zu vereinfachen. Dabei kann man die Basisadressen der vektoriellen Operanden im Workspace ablegen; dies ist insbesondere bei der Programmierung in OCCAM nützlich, das ja ansonsten den Datentyp eines Zeigers nicht kennt. Im allgemeinen (wenn mehr als ein vektorieller Operand vorhanden ist) können diese Zeiger aber nicht dauernd auf dem Operandenstack gehalten und bei jedem Element hochgezählt werden. Es ist daher notwendig, für jedes Element die Adresse durch Addition eines konstanten Offsets zu berechnen; am Ende der Schleife wird dann die Adresse des im nächsten Schleifendurchlauf zuerst zu bearbeitenden Elements berechnet und im Workspace abgelegt. Bei der Addition des Offsets bietet der Transputer zwei anscheinend gleichwertige Instruktionen an: `adc` (add constant) und `ldnlp` (load non-local pointer). Beide addieren die angegebene Konstante zu der auf dem Operandenstack befindlichen Adresse; die Konstante wird aber im Falle von `ldnlp` als Wortindex interpretiert, d. h., sie wird vor der Addition mit 4 multipliziert. Der Vorteil von `ldnlp` liegt darin, daß eine entsprechend kleinere Konstante erforderlich ist. Da der Transputer Konstanten mit 4 Bit pro Zyklus aus sog. prefix-Instruktionen zusammensetzt, braucht ein `adc 16` also einen Zyklus mehr als das äquivalente `ldnlp 4`.

Eine spezielle Optimierung kann im Fall von besonders einfachen Operationen, etwa der Berechnung des Betrages eines Vektors, verwendet werden. Da hier nur ein vektorieller Operand benötigt wird, der aber pro Element eine Multiplikation und eine Addition erfordert, bleibt hier neben der Adressberechnung noch genügend Zeit, den Operanden aus dem externen Speicher in den Workspace zu holen. In diesem Fall ist die Routine unabhängig von der Lokalisation ihrer Operanden immer gleich schnell.

In allen anderen Fällen muß man durch Probieren die beste Verschachtelung von IU- und FPU-Instruktionen herausfinden. Als Beispiel sei die Operation `c[i] := skalar * a[i] + b[i]` betrachtet. Die IU hat für jeden Wert von i die Adressen der drei Vektorelemente zu berechnen; außerdem muß irgendwann im Laufe der Schleife Zeit zur Dekremetierung des Iterationszählers sowie zum Update der Basisadressen der vektoriellen Operanden gefunden werden. Der skalare Faktor sei als permanent auf dem Operandenstack der FPU vorhanden angenommen. Die FPU muß daher pro Schritt einen Operanden laden, eine Multiplikation ausführen, einen weiteren Operanden laden, eine Addition ausführen sowie das Resultat ablegen. Diese beiden Instruktionssequenzen müssen jetzt optimal aufeinander abgestimmt werden. Beispielsweise sollte die Adresse von `a[i+1]` schon auf dem Operandenstack der IU vorhanden sein, wenn `c[i]` abgelegt wird, damit die FPU `a[i+1]` sofort laden und mit dem Skalar multilizieren kann. Das Hauptproblem bei dieser Art der Optimierung ist es, die richtige Reihenfolge der einzelnen Instruktionen bei jeder Änderung zu haben, da jede Instruktion den Operandenstack verändert und die Wirkungsweise eines solchen push-down-stacks kontraintuitiv ist. Die weiter oben bereits angesprochene Wirkung des parallel zur IU arbeitenden Speicherzugriffs kommt erschwerend hinzu. Mit einiger Erfahrung kann man aber leicht eine Abfolge erstellen, bei der nur noch in Grenzfällen ein Ausprobieren der besten Möglichkeit notwendig ist. Die Beurteilung des Effektes einer Änderung wird einem dabei auf dem Transputer besonders leicht gemacht, da praktisch ohne Aufwand und mit hoher Reproduzierbarkeit der Rechenzeitbedarf eines Programmabschnittes durch den integrierten Timer bestimmt werden kann.

## Resultate

Die beschriebenen Optimierungen wurden an einem Beispiel (Skalarprodukt) im Laufe etwa einer Woche durchprobiert, bis für die einzelnen Teile der Routinen die optimale Form gefunden war. Dabei diente die naive OCCAM-Version als Referenz und Debugginghilfe. Insgesamt war es so recht einfach möglich, die für unser Program notwendigen Routinen um einen Faktor $\approx 3$ zu beschleunigen. Dabei wird im besten Fall (Betrag eines Vektors) auf einem 20 MHz T800 eine Leistung von 1.92 MFlops erreicht; ein schneller getakteter Prozessor erreicht dann auch eine proportional höhere Leistung. (Dies setzt voraus, daß sich der Code auf dem on-chip Speicher befindet, was sich im momentanen OCCAM-Entwicklungssystem leider nicht bei Benutzung von Bibliotheken, sondern nur durch Verwendung von expliziten Kopien der Routinen erreichen läßt.) Die Routinen sind dabei sogar etwas kürzer als die äquivalente OCCAM-Version bei gleichem Unroll-Faktor.

Die gesammelte Erfahrung erlaubt es, in kurzer Zeit (unter einer Stunde) auf der Basis vorhandener Routinen sowie eines OCCAM-Modells für die gewünschte Funktion eine optimierte Version in Maschinensprache zu erstellen. Hierbei kann man dann noch — im Gegensatz zur Verwendung einer kommerziellen Bibliothek — die genannten, individuell auf die Anwendung abgestimmten, Abwägungen zwischen Rechenzeit, Speicherplatzbedarf und Flexibilität vornehmen.


[1] INMOS Ltd. *Communicating Process Architecture*. Prentice Hall, 1988.

[2] R. P. Würtz, J. C. Vorbrüggen, C. v. d. Malsburg. *A Transputer System for the Recognition of Human Faces by Labeled Graph Matching*. In: Parallel Processing in Neural Systems and Computers, Elsevier, 1990.

[3] INMOS Ltd. *Transputer Instruction Set: A Compiler Writer's Guide*. Prentice Hall, 1988.

[4] R. Shepherd, D. Shepherd, persönliche Mitteilung.

[5] F. Wray, persönliche Mitteilung.

[6] D. C. B. Watson et. al. *Machine Code Implementation of Basic Vector Subroutines for the T800*. In: Proc. Transputer Applications 90, Southampton.

# Ein System zur benutzerdefinierten Visualisierung von parallelen Programmen

Peter Sturm und Stephan Neuhaus
Universität Kaiserslautern
Fachbereich Informatik
Postfach 3049
6750 Kaiserslautern

E-Mail: sturm@informatik.uni-kl.de und neuhaus@informatik.uni-kl.de

**Kurzfassung:** Die Notwendigkeit graphischer Visualisierungssysteme für das Verständnis und die Bewertung parallel ablaufender Programme ist mittlerweile allgemein anerkannt. In diesem Artikel wird die prinzipielle Architektur von Visualisierungsumgebungen erläutert und es werden deren Möglichkeiten und Grenzen diskutiert. Anschließend wird eine interaktive und graphisch unterstützte Visualisierungs- und Animationsumgebung vorgestellt, die dem Beobachter die Konstruktion anwendungsspezifischer Visualisierungswerkzeuge ermöglicht. Diese Umgebung wurde in einer ersten prototypischen Implementierung zur Visualisierung von auf einem Transputersystem ablaufenden Occam-Programmen eingesetzt.

## 1. Einführung

Programm-Visualisierung - obwohl anfangs nicht mit diesem Begriff identifiziert - spielt seit den Anfängen der Informatik eine wichtige Rolle. Die dynamischen Eigenschaften von Computerprogrammen sind für den Beobachter unter alleiniger Verwendung des Quelltextes nur sehr schwer oder gar nicht zugänglich. Für ein besseres Verständnis der ablaufenden Algorithmen und zum Zweck einer verbesserten Fehlersuche ist jedoch gerade das *dynamische Programmverhalten* von entscheidender Bedeutung. Schon früh wurde daher versucht, Programme zu visualisieren. Die einfachste und wohl auch ursprünglichste Art der Visualisierung bestand in der Erweiterung des Programmtextes um Ausgabebefehle. Damit standen dem Beobachter umfangreiche textuelle Ablaufprotokolle zur Verfügung. Seit der Einführung moderner Bitmap-Bildschirme fanden auch graphische Mechanismen Einzug in den Bereich der Programm-Visualisierung. Graphik kann, wenn sie vernünftig eingesetzt wird, sehr komplizierte Zusammenhänge verdeutlichen. Dies wurde zum Beispiel durch die Arbeiten am Balsa-II System [1] bei der Visualisierung von Sortier- und Graphenalgorithmen eindrucksvoll bewiesen.

Mit dem Einsatz paralleler Rechnersysteme und darauf ablaufender paralleler Anwendungen gewinnen Arbeiten auf dem Gebiet der Programm-Visualisierung zunehmend an Bedeutung. Visualisierung lediglich durch Textausgaben ist hier nicht mehr sinnvoll durchführbar. Die aus der Vielzahl von gleichzeitig stattfindenden Aktivitäten resultierende Komplexität von parallelen Algorithmen kann praktisch nur durch die Verwendung eigenständiger *Visualisierungsumgebungen* unter Einsatz von graphischen Techniken durchschaubar gemacht werden. Eine Umgebung zur Visualisierung von parallelen Systemen, die auch den Bereich der anwendungsbezogenen Animation des Programmverhaltens ansprechen soll, wird durch vom Beobachter aufgestellte Vorgaben gesteuert und ist in besonderem Maß auf intensive Interaktionsmöglichkeiten mit dem Benutzer angewiesen.

Diese Arbeit entstand im Rahmen des von der Deutschen Forschungsgemeinschaft geförderten Sonderforschungsbereichs 124 "VLSI-Entwurfsmethoden und Parallelität", Kaiserslautern-Saarbrücken, Teilprojekt D1 (INCAS-Projekt).

Eine solche interaktive und benutzerdefinierte Visualisierungs- und Animationsumgebung stellt das hier vorgestellte *IUICE-System* [2] (IUICE steht für *Interactive User Interface Construction Environment*) dar.

Im nachfolgenden Abschnitt wird der prinzipielle Aufbau einer Visualisierungsumgebung für verteilte Programme vorgestellt. Abschnitt 3 beschäftigt sich mit der Benutzeroberfläche des IUICE-Systems, das dem Beobachter die Konstruktion anwendungsspezifischer Visualisierungswerkzeuge erlaubt. Wie die während der Laufzeit eines parallelen Programms gewonnenen Informationen an die graphische Komponente der Visualisierungsumgebung weitergeleitet werden, behandelt der vierte Abschnitt.

## 2. Architektur einer Visualisierungsumgebung

Bei der Visualisierung von parallelen Programmen sind auf der obersten Ebene drei Komponenten unterscheidbar (siehe Abbildung 1): das zu beobachtende Programm, ein Mechanismus zum Einsammeln, Weiterleiten und Speichern der parallel anfallenden Laufzeitinformationen sowie eine graphische Komponente für die eigentliche Datendarstellung.

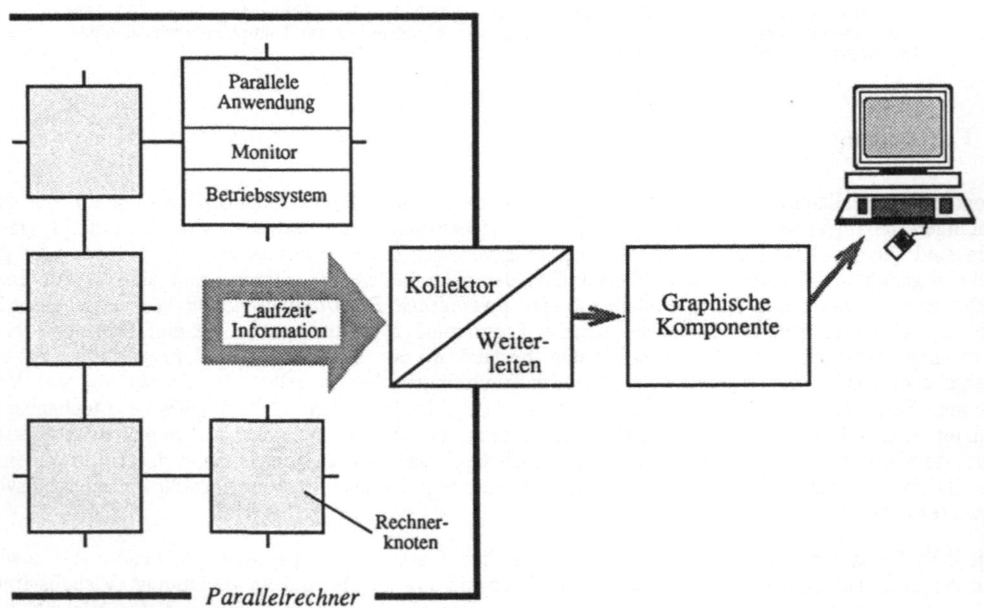


Abb. 1: Komponenten einer Visualisierungsumgebung

Das zu beobachtende Programm muß zum Zweck der Visualisierung *instrumentiert* werden. Dieser Vorgang entspricht vom Prinzip her dem Einfügen von Ausgabeanweisungen. Alle Informationen, die für eine Darstellung des dynamischen Programmverhaltens notwendig sind, müssen den ablaufenden Komponenten des parallelen Programms entnommen werden. Laufzeitinformationen können Inhalte wichtiger Variablen sein oder sie stellen Kontrollpunkte dar, die den Eintritt in bestimmte Berechnungsphasen signalisieren. In den meisten Fällen sind diese Daten sehr anwendungsspezifisch und entsprechende Befehle für ihre Weiterleitung werden vom Beobachter oder Programmierer in den Quelltext eingefügt. In der Regel stehen dafür abhängig von der Umgebung eine Reihe von Bibliotheksprozeduren zur Verfügung. Anwendungsunabhängige Ereignisse und Daten wie zum Beispiel Prozeßerzeugung, Versenden und Empfangen von Nachrichten oder Prozessorauslastung können dagegen automatisch durch den Compiler oder das Betriebssystem erzeugt werden.

Während der Ausführung der parallelen Anwendung werden die erzeugten Laufzeitinformationen dann von *Monitoren*, die in der Regel jeweils einem Rechnerknoten zugeordnet sind, eingesammelt. Monitore können softwaremäßig oder hardwaremäßig realisiert sein. Im ersten Fall existieren ausgezeichnete Monitorprozesse, die die Informationen entgegennehmen und an einen bestimmten Prozeß innerhalb des Parallelrechners weiterleiten. Mit diesem Verfahren wird die ablaufende Anwendung mehr oder weniger beeinflußt ("Heisenbergeffekt") und die Laufzeitinformationen können daher verfälscht sein. Durch geeignete Hardwaremonitore (siehe dazu [3,4]) mit zum Teil eigenen Kommunikationssystemen kann diese Verfälschung bis zu einem gewissen Grad vermieden werden.

Abhängig von der gewählten Monitoringlösung erreichen die Laufzeitinformationen einen zentralen *Kollektorprozeß* oder einen dedizierten *Kollektorknoten*. Dort werden die eintreffenden Daten zusammengefaßt, eventuell vorverarbeitet und an die graphische Komponente zwecks Darstellung weitergeleitet. Struktur und Funktionalität der Informationswege von der Datenerzeugung bis zur graphischen Komponente hängen sehr stark von der zugrundeliegenden Rechner- und Betriebssystemkonfiguration ab.

Die *graphische Komponente*, als letztes Glied in der Kette, ist für die Präsentation der gewonnen Informationen zuständig. Mehrere Aspekte spielen bei der Visualisierung eine Rolle:

- Von der Umgebung bereitgestellte Freiheitsgrade in der Bedienung,

- Umfang, Komplexität und Änderungsfrequenz der visualisierten Information,

- Verarbeitungskapazität der graphischen Komponente (Hardware und Software),

- begrenzte Aufnahme- und Verarbeitungsfähigkeit des Beobachters.

In der Regel beeinflussen sich die vier Aspekte gegenseitig. Bietet die Umgebung nur eine beschränkte Menge an Beeinflussungsmöglichkeiten an, so können Umfang, Komplexität und Änderungsfrequenz der dargestellten Informationen durch das System auf ein für den Beobachter vernünftiges Maß festgelegt werden. Eine eingeschränkte Funktionalität verhindert jedoch anwendungsspezifische Visualisierungstechniken wie zum Beispiel Algorithmenanimation. Bei hohem Funktionsumfang seitens der Umgebung ist dagegen die Gefahr der Überforderung des Beobachters hoch. Ist die graphische Komponente nicht sehr leistungsfähig oder werden komplexe Zusammenhänge in algorithmisch und graphisch aufwendiger Form visualisiert, so kann das bei bestimmten Visualisierungsumgebungen den Grad an Systembeeinflussung erheblich vergrößern.

Die geschilderten Einflüsse wirken sich insbesondere bei der *online-Visualisierung* aus, bei der während der Programmausführung in Echtzeit visualisiert wird. Unter der Vorgabe geringstmöglicher Beeinflussung des zu untersuchenden Systems können nur wenige Informationen in effizienter Weise visualisiert werden. *Offline-Visualisierung* auf der anderen Seite entschärft alle kritischen Aspekte bis auf die begrenzte Aufnahmefähigkeit des menschlichen Beobachters, die naturgegeben ist. Bei diesen Verfahren werden die gesammelten Laufzeitinformationen während des Programmlaufs in Form von *Traces* auf Hintergrundspeichern zwischengespeichert und nachträglich visualisiert. Wo diese Speicherung stattfindet, bei den Monitoren oder erst vor der graphischen Komponente, hängt wieder stark von der verwendeten Rechnerumgebung ab. Interessant sind in diesem Zusammenhang auch Mechanismen zur Gewinnung von Laufzeitinformationen, die auf der *Instant-replay-Technik* [5] basieren. Bei diesen Verfahren wird die Programmausführung durch die Aufzeichnung bestimmter Ablaufdaten reproduzierbar, sodaß in einer anschließenden Programmwiederholung alle zur Visualisierung nötigen Laufzeitinformationen praktisch verfälschungsfrei und identisch zum ersten Programmlauf gewonnen werden können. Setzt man diese Technik zur Visualisierung ein, so entspricht sie einem Offline-Verfahren, bei gleichzeitiger Reduzierung der zwischengespeicherten Informationsmenge.

Von entscheidendem Vorteil bei Offline-Visualisierungsumgebungen ist, daß die Geschwindigkeit der Visualisierung durch den Beobachter jederzeit beeinflußbar ist, ohne den Programmlauf über ein bestimmtes zur Informationsgewinnung nötiges Maß hinaus zu verfälschen. Sie bieten dem Benutzer außerdem die Möglichkeit, die Visualisierung jederzeit anzuhalten, zu ändern oder zurückzusetzen. All diese Interaktionsmöglichkeiten sind bei einer Visualisierung zum Zeitpunkt der Programmausführung nur schwer oder gar nicht realisierbar. Allerdings können die bei der Offline-Visualisierung genutzten Darstellungstechniken bis zu einem gewissen Grad auch zur Bereitstellung von Online-Informationen eingesetzt werden.


## 3. Die Visualisierungsumgebung aus Sicht des Beobachters

Hauptaufgabe einer interaktiven Visualisierungsumgebung ist es, den Anwender beim Aufbau von spezifischen *Visualisierungswerkzeugen* zu unterstützen, die an das zu untersuchende parallele Programmsystem angepaßt sind. Im IUICE-System wurde für die Beschreibung solcher Werkzeuge der objektorientierte Ansatz gewählt. Ein Visualisierungswerkzeug besteht aus einer Menge von miteinander verbundenen Objektinstanzen, wobei der jeweilige Typ eines Objekts dessen Funktion beschreibt. Objekte der Visualisierungsumgebung lassen sich in Bezug auf ihre Funktion in zwei Klassen unterteilen:

- *Semantische Objekte* zur Bildung eines Visualisierungsmodells. Diese Objekte stellen eine eigene Abstraktionsstufe dar, die zwischen den vom verteilten Programmsystem eingehenden Informationen und deren graphischer Repräsentation stehen.

- *Graphische Objekte*, die für die Darstellung zuständig sind.

Die Trennung in zwei Grundtypen, die auch im Animationssystem Balsa-II [1] vorgeschlagen und durch die Modultypen *Modeller* und *Viewer* repräsentiert wird, entspricht den natürlichen Bestrebungen, eine komplexe Anwendung modular zu gestalten und erweitert gleichzeitig den Einsatzbereich der an der Visualisierung beteiligten Objekte. Bei gleichem Funktionsumfang an den Schnittstellen können verschiedene semantische Objekte die eingesammelten Daten unterschiedlich modellieren oder verschiedene graphische Objekte ein Modell unterschiedlich darstellen. Die Strukturierung der an der Visualisierung beteiligten Softwarekomponenten (Objekte) ist der entscheidende Ansatzpunkt für eine Umgebung, die benutzerdefinierte Auswertung und Darstellung der gewonnenen Informationen zu ermöglichen. Die Entwicklung geeigneter Auswertungs- und Darstellungstechniken bleibt allerdings weiterhin eine anspruchsvolle Aufgabe, die in ihrer Komplexität meist der Entwicklung der eigentlichen Anwendung entspricht. Durch die vom IUICE-System angebotenen Strukturierungsmöglichkeiten und die graphischen Mechanismen soll jedoch versucht werden, den Umgang mit den Objektstrukturen für den Anwender soweit wie möglich zu vereinfachen.

Grundelemente für den Informationsaustausch zwischen dem zu untersuchenden Programm und der Visualisierungsumgebung sowie zwischen den Objekten eines Visualisierungswerkzeug sind kurze typisierte Nachrichten (*Events*). Dabei beginnt der gesamte Visualisierungs-und Animationsvorgang mit der Erzeugung von *elementaren Events*, die im zu beobachtenden parallelen Programm entstehen. Elementare Events signalisieren für die Visualisierung relevante Informationen oder Ereignisse; typische Events sind z.B. Werte relevanter Datenstrukturen oder der Eintritt in bestimmte Berechnungsphasen.

Neben den semantischen und graphischen Objekten eines Visualisierungswerkzeugs muß im verteilten Fall außerdem spezifiziert werden, auf welche Teile des verteilten Programms das Werkzeug angewendet werden soll. In der Regel sind dies nicht alle Komponenten der Anwendung. Zu diesem Zweck werden die vom untersuchten Programm ausgesendeten elementaren Events vom IUICE-System gesammelt und dem Benutzer auf der Darstellungsebene automatisch durch spezielle graphische Objekte (*Eventquellen*) zugänglich gemacht. Eventquellen erfüllen zwei Aufgaben: zum einen repräsentiert jede Eventquelle genau eine Komponente des verteilten Programms, alle Eventquellen zusammen stellen somit die Struktur der Anwendung graphisch dar. Zum anderen definieren Eventquellen Meßpunkte, an die ein Visualisierungswerkzeug angeschlossen werden kann. Jedes von einer Komponente des verteilten Programms ausgesendete elementare Event wird von der assoziierten Eventquelle an alle angeschlossenen Objekte des Visualisierungswerkzeugs weitergeleitet. Der Benutzer hat dadurch die Möglichkeit, die für die aktuelle Visualisierung relevanten Komponenten der Anwendung zu definieren. Eventquellen sind außerdem durch bestimmte Events einfärbbar und ermöglichen bereits in einer relativ frühen Phase eine einfache Animation des Programmablaufs.

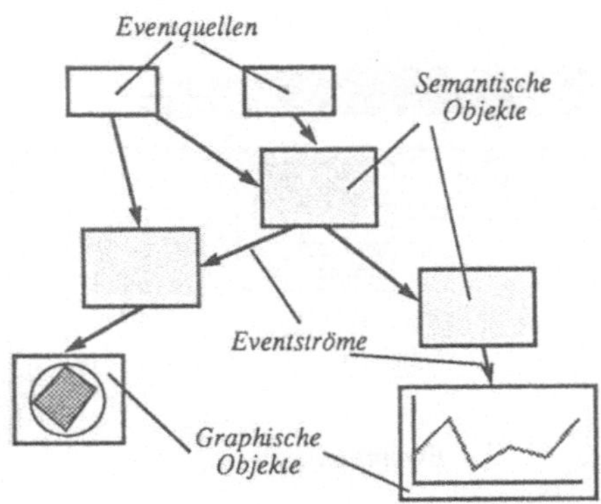


Abb. 2: Komponenten eines Visualisierungswerkzeugs

Das Visualisierungswerkzeug selbst kann innerhalb des IUICE-Systems durch die Verwendung von *semantischen Objekten* und *graphischen Darstellern* entwickelt werden. IUICE-Objekte können ein oder mehrere mit Namen versehene Ein- und Ausgänge für Events besitzen. Der Code eines Objekts kann vom Benutzer jederzeit verändert oder erweitert und zum ablaufenden IUICE-System mit den darin etablierten Visualisierungswerkzeugen dynamisch dazugebunden werden. Objekte werden durch den Benutzer über gerichtete Kanten (*Eventströme*) interaktiv verbunden (siehe Abbildung). Sendet eine Eventquelle oder ein anderes Objekt ein Event aus, so wird es an alle über Eventströme verbundenen nachfolgenden Objekte weitergeleitet. Die Ankunft eines Events an einem der Eingänge triggert dann die Ausführung einer vom Benutzer definierten Methode des Objekts. Die Verknüpfung von Objekten zu komplexen Objektstrukturen wird dabei durch eine graphische Programmiersprache (*visual language*) unterstützt (siehe Abbildung 2).

*Semantische Objekte* verarbeiten die von den eingehenden Eventströmen eintreffenden Events und erzeugen Eventfolgen mit - in der Regel - neuen Inhalten. Ein einfaches Beispiel für semantische Objekte sind z.B. Eventfilter. Semantische Objekte ermöglichen eine interaktive und schnelle Änderung des zugrundegelegten Visualisierungsmodells, ohne in das zu untersuchende Programmsystem einzugreifen, solange die parallel ablaufende Anwendung alle für die Modellbildung notwendigen Informationen durch Events zugänglich macht. *Graphische Objekte* haben als Seiteneffekte bei der Ankunft eines Events graphische Ausgaben zur Folge, d.h. sie stellen Events graphisch dar. Die Entwicklung graphischer Methoden wird vom IUICE-System durch eine Reihe zusätzlicher Mechanismen unterstützt [6].

Von zentraler Bedeutung für die Visualisierungsumgebung ist eine *Objektbibliothek* mit vordefinierten semantischen Objekten und graphischen Darstellern, die allgemein einsetzbar sind. In einer ersten prototypischen Implementierung wurden dazu verschiedene Objekte realisiert, die zur Visualisierung verteilter genetischer Algorithmen eingesetzt wurden (siehe Abbildung 3). Die einzelnen Komponenten der verteilten Anwendung werden mit Hilfe von speziellen Eventsourcen, den *Prozeßobjekten*, einer Visualisierung zugänglich gemacht, wobei jedes Prozeßobjekt genau einer Anwendungskomponente zugeordnet ist. Alle Laufzeitinformation die diese Komponente aussendet, kann vom Benutzer durch den Anschluß entsprechender semantischer Objekte an das zugehörige Prozeßobjekt weiterverarbeitet und durch geeignete graphische Objekte dargestellt werden. Bestimmte Phasen der verteilten Berechnung werden dabei durch Farbwechsel unter alleiniger Verwendung von Prozeßobjekten darstellbar. Damit ist in einer sehr frühen Beobachtungsphase bereits eine einfache Programmanimation möglich.

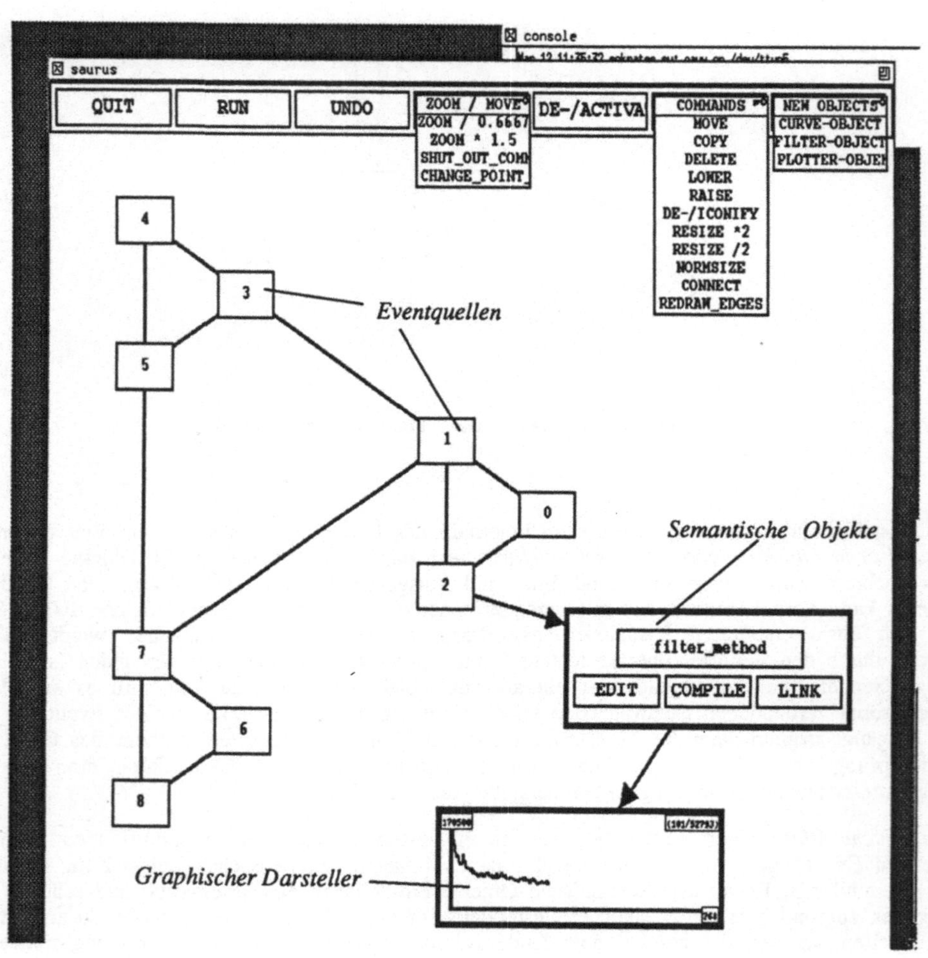


Abb. 3: Visualisierung verteilter genetischer Algorithmen

# 4. Visualisierung von Occam-Programmen eines Transputer-Clusters

Die im vorigen Abschnitt beschriebene Visualisierung verteilter genetischer Algorithmen wurde in einer UNIX-Umgebung eingesetzt. Dabei waren die einzelnen Komponente der verteilten Anwendung und die Graphikoberfläche der Visualisierungsumgebung als UNIX-Prozesse realisiert, die über TCP/IP-Verbindungen Laufzeit- und Steuerinformationen austauschten. Die Visualisierungsumgebung sollte nun auch für die Beobachtung von Occam-Programmen eingesetzt werden. Unserer Arbeitsgruppe steht zu diesem Zweck ein Transputernetz der Firma Paracom zur Verfügung.

Die Gewinnung und Weiterleitung der Laufzeitinformation aus dem Transputernetz zur graphische Komponente, die weiterhin durch einen UNIX-Prozeß verköpert wird, ist aufgrund der Beschränkungen in der parallelen Programmiersprache Occam und der verwendeten Betriebssystem-Software MultiTool ein aufwendig zu lösendes Problem. Laufzeitinformationen werden mit Hilfe von Funktionsaufrufen an spezielle Monitorprozesse übermittelt und über eine Reihe von Multiplexerprozessen an einen ausgezeichneten Transputer innerhalb des Netzes weitergeleitet. Zum gegenwärtigen Zeitpunkt ist eine automtische Generierung dieser zusätzlich benötigten Occam-Prozesse, wie sie im Visualisierungssystem Gravidal [7] zur Verfügung steht, nicht möglich, d.h. diese Prozesse müssen vom Programmierer der parallelen Anwendung selbst implementiert werden.

Für die Weiterleitung der Laufzeitinformation vom zentralen Sammelknoten im Transputernetz zu dem UNIX-Rechner, auf dem die graphische Komponente ausgeführt wird, wurde eine Schnittstelle verwendet, die im wesentlichen die in UNIX-Systemen bekannten Funktionen von Stream-Sockets in einer Transputerumgebung bereitstellen. Realisiert wurde dieser allgemeine Kommunikationsmechanismus in Form einer Erweiterung des in Sourceform zugänglichen MultiTool-Servers.

Um die im Transputersystem anfallenden Daten nach außen zu transportieren, gibt es prinzipiell auch andere Möglichkeiten. So können die anfallenden Visualisierungsdaten

- mittels der für Occam vorhandenen Bibliotheksfunktionen auf eine Datei geschrieben werden,
- über einen separaten Link mittels eines eigenen Link-Interfaces transportiert werden oder
- auf eine "named pipe" geschrieben und von einem separaten Serverprogramm abgehört werden.

In einer ersten Version der Visualisierung von Occam-Programmen sollten einfache Visualisierungstechniken im Online-Verfahren eingesetzt werden, mit einer bewußt in Kauf genommenen Beeinflussung der parallelen Anwendung. Dadurch schied die erste Möglichkeit von vornherein aus. Wegen der beschränkten Anzahl von Links für Benutzerzugänge zwischen den UNIX-Systemen und dem Transputernetz konnten auch keine separaten Links für die Prozeßkommunikation eingesetzt werden.

In einem ersten Schritt wurde daher versucht, über die vom MultiTool-Server angebotenen Dateioperationen eine Prozeßkommunikation mittels in UNIX vorhandener "named pipes" zu realisieren. Diese Lösung erwies sich aus Effizienzgründen als nicht praktikabel, da die Kommunikation über named pipes prinzipiell gepuffert ist (weil das Serverprogramm keine ungepufferte Ausgabe vorsieht) und somit Daten nur blockweise übertragen werden. Experimente haben gezeigt, daß 8 KBytes Daten übertragen werden können, bevor der Empfänger das erste Byte sieht. Außerdem können die die pipe abhörenden UNIX-Prozesse nur auf demjenigen Rechner zum Ablauf gebracht werden, auf dem sich auch der MultiTool-Server befindet. Daher entstand der Wunsch, von Occam aus die Stream-Sockets von UNIX nutzen zu können, zumal das IUICE-System bereits Sockets als Eventquellen benutzt, so daß eine weitere Zwischenstation auf dem Weg vom Transputernetz ins Visualisierungswerkzeug entfallen kann.

Die gegenwärtige Implementierung beruht daher auf einer Erweiterung des MultiTool-Servers und einiger von diesem Programm zur Verfügung gestellten Protokolle. Die für Stream-Sockets gängigen Operationen sind damit in Occam-Prozessen verfügbar und werden über den MultiTool-Server in die UNIX-Umgebung abgebildet. Diese Erweiterung eröffnet dem versierten UNIX-Programmierer natürlich weitere Möglichkeiten. So ist beispielsweise ein für Occam geschriebener Fileserver vorstellbar, der die von MultiTool zur Verfügung gestellten Dateioperationen erweitert. Im Vordergrund stand aber die Lösung des allgemeinen Problems, eine Kommunikationsschnittstelle zwischen Occam- und UNIX-Prozessen zu realisieren.


## 5. Zusammenfassung

Eine prototypische Implementierung der beschriebenen Visualisierungsumgebung ist seit einigen Monaten funktionstüchtig und einsetzbar. Visualisiert werden zur Zeit parallele genetische Algorithmen und Programme zur parallelen Berechnung von Primzahlen nach der Eratosthenes-Methode mittels einer Seibpipeline. Die verwendeten Anwendungen sind dabei bewußt als sehr einfache, exemplarische Beispiele gewählt worden, um die entwickelte Umgebung zu testen und die zugrundeliegenden Konzepte zu bewerten. Neben einer anwendungsspezifischen Visualisierung werden auch Lastinformationen zugänglich gemacht, die den einzelnen Knoten des Transputernetzes mittels *Idletime-Monitoren* [8] entnommen werden. Die Visualisierungsumgebung wird gegenwärtig erweitert, um auch in den Bereich der Offline-Visualisierung vorzudringen.


## 6. Referenzen


[1]   M.H. Brown, *"Exploring Algorithms Using Balsa-II"*, IEEE Computer, Vol. 21, No. 5, pp. 14-36, Mai 1988

[2]   P. Sturm, *"The IUICE System for Interactive Development of Graphical User Interfaces"*, erscheint in: Proc. of EX (The European X Window System Conference), London, November 1990.

[3]   D. Wybranietz, D. Haban, *"Monitoring and Measuring Distributed Systems"*, 2nd Workshop on Parallel Computer Systems, Santa Fe, New Mexico, USA, Mai 1989.
Erscheint in: Addison-Wesley, ACM Computer Series.

[4]   R. Klar, B. Mohr, A. Quick, *"Multimonitoring of Multiprocessor and Multicomputer Systems"*, Proc. of the 3rd International Symposium on Multimicroprocessors and Microsystems (MMPS '89), Stralsund, pp. 16-20, 1989.

[5]   T.J. LeBlanc, J.M. Mellor-Crummey, *"Debugging Parallel Programs with Instant Replay"*, IEEE Trans. on Computers, Vol. 16, No. 4, 1987

[6]   P. Sturm, *"IUICE: An Interactive User Interface Construction Environment"*, Proc. of Eurographics /Esprit Workshop in UIMS, Lissabon, Portugal, Juni 1990

[7]   O. Vornberger, K. Zeppenfeld, *"Graphical Visualization of Distributed Algorithms"*, NATUG 3 Conference, Sunnyvale CA, USA, April 1990

[8]   B. Henderson, *"A Simple Idle-Time Monitor for Transputer Networks"*, SERC/DTI Transputer Initiative, Januar 1990

# GRAVIDAL

## Ein Werkzeug zur Visualisierung von verteilten Algorithmen


Oliver Vornberger, Klaus Zeppenfeld
Fachbereich Mathematik / Informatik
Universität Osnabrück


**Abstract**


Um einen Überblick über das komplexe dynamische Laufzeitverhalten von verteilten Algorithmen zu bekommen, sind graphische Visualisierungstechniken ein geeignetes Hilfsmittel. Wegen der hohen Komplexität von Interaktionen solcher parallel ablaufenden Algorithmen kann eine graphische Aufbereitung der Vorgänge während der Entwicklungs- und Implementierungsphase entscheidende Hinweise auf Fehler oder Anomalien des verteilten Programmlaufs liefern.

In diesem Artikel wird GRAVIDAL, ein Werkzeug zur Visualisierung von verteilten OCCAM Programmen auf beliebigen Transputernetzwerken, vorgestellt. GRAVIDAL integriert vom Benutzer definierte Sichten in sein verteilt ablaufendes Programm. Durch das einfache Einstreuen von Makroaufrufen an beliebigen Stellen in das Programm kann sich der Benutzer somit individuelle problemspezifische Einsichten in seinen Algorithmus verschaffen.

GRAVIDAL bietet demnach eine Software-Lösung der Visualisierung der Vorgänge in beliebigen Netzwerken auf einfache und modulare Weise. Der dabei entstehende Overhead liegt in akzeptablen Grenzen.


## 1.0 Einleitung

GRAVIDAL, dessen Name sich aus Graphical Visualization of Distributed Algorithms ableitet, wurde entwickelt, um ein häufig auftretendes Problem bei der Darstellung von Daten, die aus verteilten Programmläufen stammen, zu beheben. Jeder Anwender von Transputernetzwerken ([INM], [Bur]) kennt die folgende Situation: Nachdem der Code für das Netzwerk geladen ist, und die einzelnen Transputer ihren Programmcode abzuarbeiten beginnen, hat der Benutzer normalerweise keinen Einblick mehr in die Vorgänge und das Verhalten seines Netzwerks. Gerade in der Entwicklungsphase von verteilten Algorithmen ist der Anwender aber besonders an Beobachtungen, wie z. B. Terminierung, Lastverteilung, Variablenwerte, Linkauslastung usw. interessiert. Bisher war er allerdings dazu angehalten, komplizierte Monitor- und Routing-Mechanismen selbst zu implementieren, um dadurch Daten von einzelnen Prozessoren auf dem Bildschirm auszugeben. Da aber jeder verteilte Algorithmus andere Mechanismen erfordert, müssen diese selbst programmierten Techniken immer wieder adaptiert bzw. neu geschrieben werden.

GRAVIDAL bietet nun eine Lösung der Visualisierung der Vorgänge in beliebigen Netzwerken auf einfache und modulare Weise, indem es benutzerdefinierte Sichten auf verteilten Algorithmen graphisch darstellt.

Die Notwendigkeit graphischer Visualisierung für das Verständnis von verteilten Algorithmen ist mittlerweile allgemein anerkannt, und ähnliche Benutzeroberflächen bzw. Werkzeuge werden weltweit, sowohl für sequentielle als auch für parallele Algorithmen, entwickelt und vorgestellt (siehe [BeKe], [Bro], [JiWaCh], [Ste]).

GRAVIDAL bietet dem Benutzer ein einfach zu handhabendes, flexibles Werkzeug, das sowohl bei der Beobachtung des Verhaltens verteilter Algorithmen als auch beim Einsatz in der Lehre sehr hilfreich ist. In den nächsten Kapiteln wird GRAVIDAL detailliert vorgestellt. Die Basiskonzepte von GRAVIDAL werden im folgenden Kapitel näher erläutert. Kapitel 3 beschreibt die Vorgehensweise, um von einem verteilten OCCAM Programm zu einer visualisierten Version zu gelangen. Eine Beschreibung der am meisten benutzten Macroaufrufe wird in Kapitel 4 gegeben. Graphische Ausgaben, Beispiele und Zeitmessungen werden im 5. Kapitel behandelt. Unsere abschließenden Bemerkungen und Ausblicke sind dann im 6. Kapitel zu finden.

## 2.0 Konzepte von GRAVIDAL

Die Menge der existierenden graphischen Visualisierungssysteme für sequentielle und parallele Algorithmen kann man im wesentlichen in zwei Kategorien aufteilen. Auf der einen Seite gibt es die sogenannten off-line Systeme ([Bro], [BeKe], [Ste]), die während der Laufzeit der Algorithmen Informationen über das Verhalten sammeln und nach Beendigung der Algorithmen die vorher entstandenen Datenfriedhöfe graphisch aufbereiten. Auf der anderen Seite stehen die on-line Systeme, die die graphische Aufbereitung der Daten schon während des Programmlaufs durchführen. GRAVIDAL gehört zur zweiten Kategorie. Die Datenmenge, die während des Programmlaufs anfällt, kann durch die vorsichtige bzw. unvorsichtige Dosierung der Macroaufrufe vom Benutzer selbst bestimmt werden. Dieses Einstreuen von Macroaufrufen in den Programmtext ist abgeleitet aus der Idee des Movie-Stills Systems von Bentley und Kernighan [BeKe], bei dem der Benutzer in seinen sequentiellen Algorithmus Befehle einbindet, die eine Ausgabe produzieren, die sich der Benutzer nach Beendigung seines Programms, graphisch aufbereitet in Form von Balkendiagrammen, ansehen kann. GRAVIDAL benutzt ebenfalls diese Idee. Dabei kann der Benutzer zur Ausgabe wichtiger Daten bestimmte Macroaufrufe in seinen Quelltext einbinden. Allerdings visualisiert GRAVIDAL diese Informationen schon zur Laufzeit des Programms.

Da die Macrobibliothek und die graphische Repräsentation modular aufgebaut sind, können jegliche benutzerspezifischen Wünsche in Form von neuen Macroaufrufen bzw. Graphikfenstern schnell hinzugefügt oder weggenommen werden.

Ein weiteres wichtiges Konzept von GRAVIDAL ist die strikte Trennung von Ereignisaufnahme- und Graphikkomponente (Bild1).

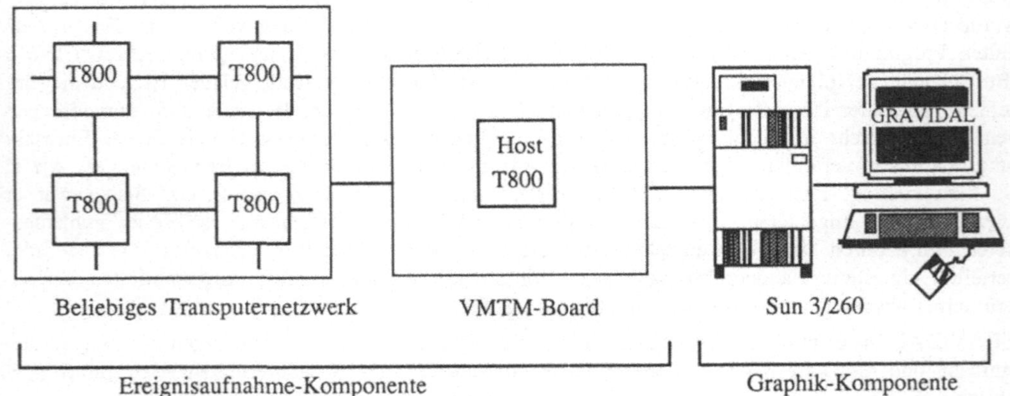


Bild 1 : GRAVIDAL Basiskonzept

Die Ereignisaufnahmekomponente ist ein in OCCAM geschriebener Prozeß, der auf dem Transputernetzwerk parallel zur Benutzeranwendung läuft und dafür sorgt, daß die Graphikdaten, die durch die Macroaufrufe entstanden sind, zum Host gelangen. Die Graphikkomponente ist ein C-Programm, das unter SunView auf einer Sun 3/260 läuft und die vom Host kommenden Daten graphisch aufbereitet.

Der Vorteil der strikten Trennung der beiden Komponenten liegt auf der Hand. Wenn z. B. auf der einen Seite die Graphik nicht unter SunView, sondern unter X-Windows laufen soll, braucht nur die Graphikkomponente adaptiert zu werden. Andererseits lassen sich die Konzepte der benutzerdefinierten Sichten mit Hilfe der Macroaufrufe auch auf andere Parallelrechner, z. B. Hypercube, übertragen, ohne dafür eine neue Graphikkomponente entwickeln zu müssen. Auch das Übertragungsmedium zwischen den beiden Komponenten ist ohne weiteres austauschbar (Datei, Dual-Ported-RAM, usw.).

Insgesamt ist GRAVIDAL also ein modulares Werkzeug, sowohl in der Software- als auch in der Hardwarekomponente. Ein typisches Layout einer GRAVIDAL Anwendung zeigt Bild 2.

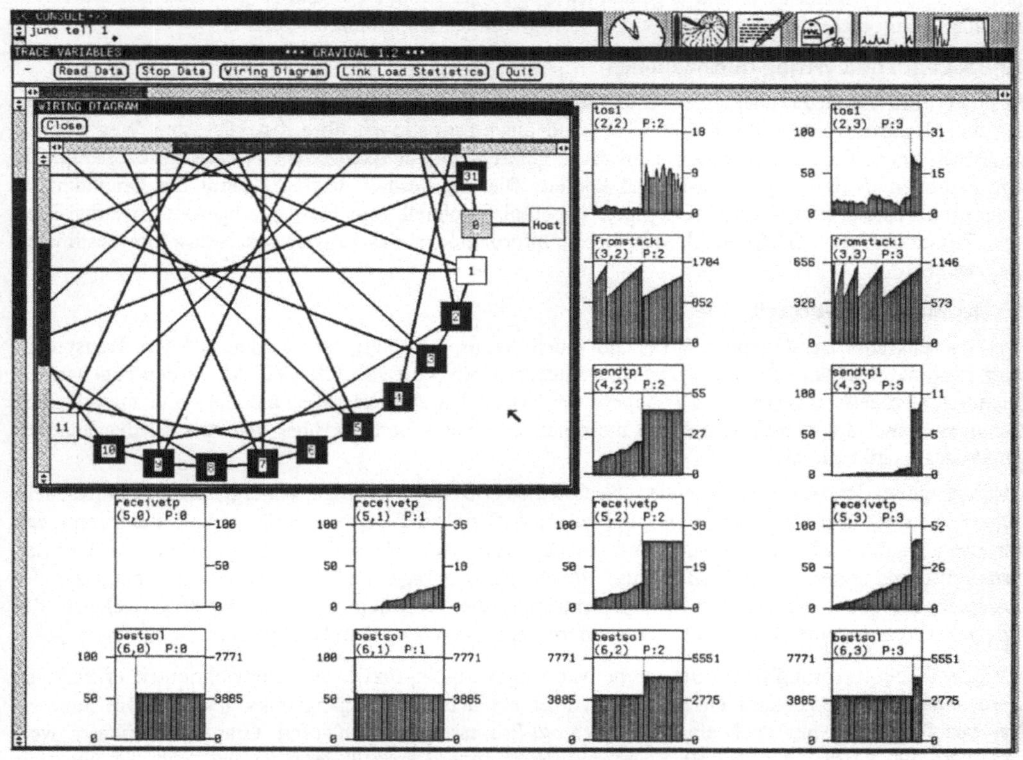

Bild 2 : Typisches GRAVIDAL-Layout

## 3.0 Konvertierung eines OCCAM Programms in seine visualisierte Version

Die Schritte, die nötig sind, um von einem herkömmlichen OCCAM Programm eine visualisierte Version erstellen zu können, sind einfach und automatisiert. Im einzelnen ist folgendes zu tun:

- Erstellen des OCCAM Programms wie üblich.

- Einfügen von Macroaufrufen an beliebiger Stelle in den Quelltext.

- Übersetzen des Programms (EXE- und PROGRAM-Falte) wie üblich.

- Erzeugen der CONFIG INFO-Falte, damit die WIRING- und BOOT PATH-Informationen zur Verfügung stehen.

Aufruf von GRAVIDAL erzeugt neue visualisierte Programmversion, wobei die Benutzernachrichten unberührt bleiben, und die Graphiknachrichten von den einzelnen Netzwerkprozessoren auf dem kürzesten Weg zum Hosttransputer geschickt werden.

Der letzte Schritt ist natürlich ziemlich komplex und wird deshalb in den folgenden Unterabschnitten näher erläutert.

## 3.1 Der Scanner

Um dem Benutzer eine möglichst einfache Handhabung von GRAVIDAL zu ermöglichen, braucht dieser zum eigentlichen Programmtext nur noch Macroaufrufe hinzuzufügen. Damit diese Macroaufrufe übersetzt werden können und die von den Macroaufrufen erzeugten Nachrichten auch auf den richtigen Wegen durch das Netzwerk geroutet werden, scannt GRAVIDAL das ursprüngliche Benutzerprogramm, bettet es in den sogenannten Supervisor-Prozeß ein und sorgt dafür, daß die erforderlichen Macrobibliotheken zusätzlich in den Programmtext eingebunden werden.

## 3.2 Boot Path und Wiring Informationen

Aus der vom Benutzer angelegten CONFIG INFO-Falte werden von GRAVIDAL die Topologie des vom Benutzer angegebenen Netzwerks und die Informationen über den kürzesten Weg von einem beliebigen Netzwerkprozessor zum Host gelesen und den einzelnen Netzwerkprozessoren als Informationen in den Supervisor-Prozeß kodiert. Dies ist deshalb wichtig, damit die Graphiknachrichten von jedem Prozessor in beliebigen Topologien schnell zum Host durchgeroutet werden können. Zusätzlich kann GRAVIDAL mit diesen Informationen das Layout des Netzwerks bestimmen und zeichnen.

## 3.3 Der Supervisor-Prozeß

Der ursprüngliche Benutzerprozeß, der auf einem Transputer läuft, ist mit den anderen Transputern über maximal 4 Links verbunden. Dieser Benutzerprozeß wird von GRAVIDAL in den sogenannten Supervisor-Prozeß eingebettet. Der Supervisor-Prozeß hat die Aufgabe, die ein- und ausgehenden Benutzer- bzw. Graphiknachrichten zu multiplexen. Einen Überblick über den Aufbau des Supervisor-Prozesses gibt Bild 3.

Die auf einem Prozessor eingehenden Nachrichten werden wie folgt weitergeleitet. Benutzernachrichten werden über den *switch_in*- und einen *buffer*-Prozeß zum ursprünglichen Benutzerprozeß geroutet und dort, wie vom Benutzer vorgesehen, verarbeitet. Graphiknachrichten werden über den *switch_in*- und einen *buffer*-Prozeß zum *util*-Prozeß weitergeleitet. Dort wird dann aufgrund der vorhandenen Topologieinformationen entschieden, über welchen Link, d. h. über welchen der *mux_out*-Prozesse, die Graphiknachricht auf dem schnellsten Weg zum Host gelangt.

Werden in der ursprünglichen Benutzeranwendung Graphik- bzw. Benutzernachrichten erzeugt, so werden die Benutzernachrichten wie üblich über einen der 4 Ausgangslinks gesendet. Im Supervisor-Prozeß ist dazu nur noch einer der *mux_out*-Prozesse zu durchlaufen. Graphiknachrichten werden über die Verbindung des Benutzerprozesses zum *util*-Prozeß gesendet und nehmen von dort denselben Verlauf wie die eingehenden Graphiknachrichten.

Um den zeitlichen Overhead zwischen der ursprünglichen Programmversion und der visualisierten Version nicht zusätzlich zu vergrößern, sind alle durch den Supervisor-Prozeß hinzugefügten Prozesse (*switch_in, buffer, util, mux_out*) nur dann aktiv, wenn wirklich Nachrichten empfangen bzw. gesendet werden. Ansonsten sind diese Prozesse deaktiviert und verbrauchen somit keine Rechenzeit.

Nach Beendigung des Benutzerprozesses wird eine Ende-Meldung von jedem Transputer zum Host gesendet. Nach Erhalt aller Ende-Meldungen sendet der Host allen Netzwerkprozessoren diese Meldung zurück. Danach können die einzelnen Supervisor-Prozesse ebenfalls terminieren. Terminiert also ein Benutzerprogramm nicht, kommt die visualisierte Version ebenfalls nicht zum Ende. Allerdings werden die Graphiknachrichten von den nicht am Deadlock beteiligten Transputern zur Graphikausgabe geleitet, so daß auf dem Bildschirm diejenigen Prozessoren erkannt werden können, die keine Nachrichten mehr senden.

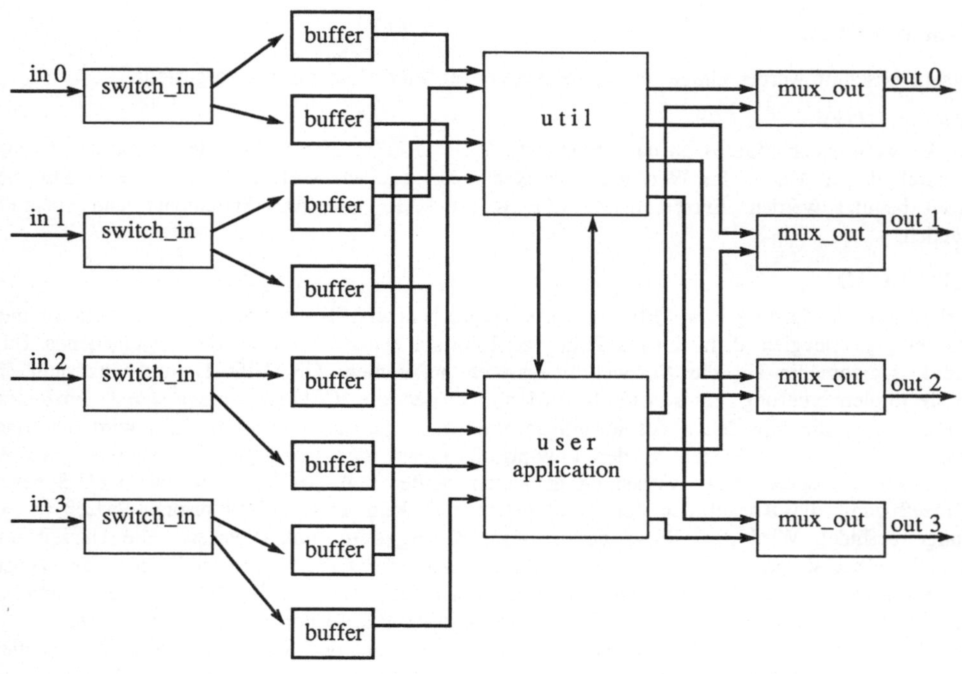


Bild 3 : Supervisor-Prozeß

Zwei weitere wichtige Aspekte, die zur Zeit noch nicht implementiert sind, aber an denen gearbeitet wird, sollen hier ebenfalls noch erläutert werden.

Da sämtliche Graphiknachrichten immer auf dem kürzesten Weg von dem Transputer, auf dem sie entstanden sind, zum Hosttransputer gesendet werden, laufen also alle diese Nachrichten über den minimalen Spannbaum, der das Netzwerk aufspannt und dessen Wurzel der Hosttransputer ist. Werden viele Nachrichten gesendet, kann es vorkommen, daß Nachrichten, die einen kürzeren Weg zum Host haben, bevorzugt werden. Wenn nun keine Rücksicht auf die Entstehungszeiten der Graphiknachrichten genommen wird, und einfach alle Nachrichten in der Reihenfolge ihres Eintreffens dargestellt werden, gibt die Darstellungsreihenfolge der Nachrichten nicht unbedingt Aufschluß über die zeitliche Reihenfolge der Nachrichten im Netzwerk. Um dies zu garantieren, wird im Netzwerk eine globale Zeit simuliert, so daß jeder Nachricht dann ein globaler Zeitstempel, nach dem Vorbild des Lamport Algorithmus [Lam], mitgegeben werden kann. Die in der Graphikkomponente eintreffenden Nachrichten werden dann in einen Heap eingefügt, aus dem der Graphikkomponente dann immer die Nachricht mit dem kleinsten Zeitstempel zugeführt werden kann. Im Heap soll sich allerdings immer nur eine kleine Menge der während des Programmlaufs entstehenden Nachrichten befinden, da auf diesen Mengen schon natürlicherweise eine gewisse zeitliche Ordnung vorliegt, und deshalb der Verwaltungsaufwand nicht unnötigerweise den zeitlichen Overhead vergrößern soll.

Die andere noch zu realisierende Eigenschaft von GRAVIDAL ist die Toleranz von hoch priorisierten Prozessen in der Benutzeranwendung. Solche Prozesse können natürlich, da sie nicht im Timesharing abgearbeitet werden, den gesamten Supervisor-Prozeß lange suspendieren, so daß Graphiknachrichten nicht zum Host durchgereicht werden können. Eine mögliche Lösung dieses Problems wäre beispielsweise das Einbauen von erzwungenen Interrupts in solche Hi-priority Prozesse, so daß diese Prozesse von Zeit zu Zeit an das Ende der Warteschlange gehängt werden und somit dem Supervisor-Prozeß den Vortritt lassen.

## 4.0 Macroaufrufe

In diesem Abschnitt werden einige der am meisten verwendeten Macroaufrufe vorgestellt.

### 4.1 VAR_OUT(x)

Eines der wichtigsten Macros ist das sogenannte VAR_OUT(x) Macro. Wie der Name schon sagt, wird durch dieses Macro der Wert der Variablen x ausgegeben. VAR_OUT(x) sollte in SEQ-Sequenzen benutzt werden. Entsprechende Macros für PAR- und ALT-Statements sind ebenfalls vorhanden.

### 4.2 CPU_LOAD

Um eine hohe Auslastung bzw. Effizienz zu erhalten, benutzen die meisten verteilten Algorithmen Lastverteilungsstrategien, d. h. mit der Hilfe von Heuristiken wird versucht, die verschiedenen Teilprobleme gleichmäßig auf die Netzwerkprozessoren aufzuteilen. GRAVIDAL unterstützt nun die Software-Implementierung eines CPU-Last-Monitors, der die CPU-Auslastung eines Prozessors feststellt, indem die Idle-Zeiten des jeweiligen Prozessors gemessen werden. Dazu wird ein sogenannter CPU-Supervisor-Prozeß in der Low-priority-Queue des jeweiligen Transputers gestartet, der zum Prozeß, dessen CPU-Auslastung gemessen werden soll, parallel läuft. Der CPU-Supervisor-Prozeß zählt die Anzahl der Zeiten, in denen sich kein anderer Low-priority-Prozeß in der Schlange befindet. Wird der CPU-Supervisor-Prozeß ausgeführt, notiert er sich die Uhrzeit und setzt sich selbst an das Ende der Prozeßschlange. Wird der CPU-Supervisor-Prozeß das nächste Mal ausgeführt, wirft er zunächst wieder einen Blick auf den Timer. Ist die Differenz der beiden notierten Zeiten hinreichend klein, so ist der CPU-Supervisor-Prozeß der einzige aktive Prozeß in der Warteschlange und dies ist als Zeichen dafür zu werten, daß der Idle-Time-Zähler inkrementiert werden kann. Ansonsten hängt sich der CPU-Supervisor-Prozeß sofort wieder an das Ende der Warteschlange. Somit ist er also nur aktiv, wenn keine anderen Prozesse aktiv sind. Dies zeigt sich auch deutlich in der zusätzlichen Laufzeit, die von diesem Prozeß verbraucht wird. Sie beträgt nämlich nur 1%. Eine detaillierte Beschreibung dieses CPU_LOAD Macros befindet sich in [JRZG].

### 4.3 LINK_LOAD(a)

Das LINK_LOAD(a) Macro zeigt die Auslastung eines Links a an. Dazu wird einfach die Anzahl der übertragenen Bits gezählt und dann mit der maximalen Transferrate verglichen.

## 5.0 Graphische Ausgaben, Beispiele und Zeitmessungen

Eines der wichtigsten Anwendungsgebiete für GRAVIDAL ist die Leistungsanalyse von verteilten Algorithmen. Viele dieser Algorithmen verwenden Lastverteilungsstrategien, die versuchen, eine möglichst gleichmäßige und hohe Auslastung der Prozessoren zu erzielen, indem die zu lösenden Teilprobleme nach gewissen Heuristiken auf die verschiedenen Prozessoren verteilt werden. Verteilte Algorithmen aus dem Bereich des Operations Research verwenden z. B. oft ein verteiltes Heapmanagement. Mit GRAVIDAL können nun diese Heapgewichte in eindrucksvoller Weise während der gesamten Rechenzeit beobachtet werden, um so Anomalien im verteilten Heapmanagement leichter erkennen zu können.

Die Bilder 2 und 4 zeigen zwei GRAVIDAL-Layouts, die während des Programmlaufs eines verteilten Branch-&-Bound Algorithmus, der das NP-vollständige m-Prozessor Scheduling Problem löste, entstanden sind.

In Bild 2 wird ein typisches GRAVIDAL-Layout gezeigt. Neben einem kleinen Netzwerkausschnitt sind im Hintergrund mehrere Perfmeter zu sehen. Diese Perfmeter zeigen die einzelnen Werte der vom Benutzer durch die Macroaufrufe ausgegebenen Variablen an. Zum Namen der einzelnen Variablen wird zusätzlich die Prozessornummer angezeigt. Insgesamt sind in diesem Fenster 320 einzelne Perfmeter untergebracht, von denen mit Hilfe der seitlichen Scrollbars die Ausschnitte verändert werden können. Die einzelnen Perfmeter sind selbstadjustierend, d. h. die obere und untere Grenze der Anzeige passen sich den Variablenwerten so an, daß immer ein möglichst genauer Ausschnitt den Variablenwert eingrenzt. Zusätzlich kann der Benutzer zur Laufzeit die Skalierung und die Plazierung der Perfmeter und die anzuzeigenden Variablennamen dynamisch verändern.

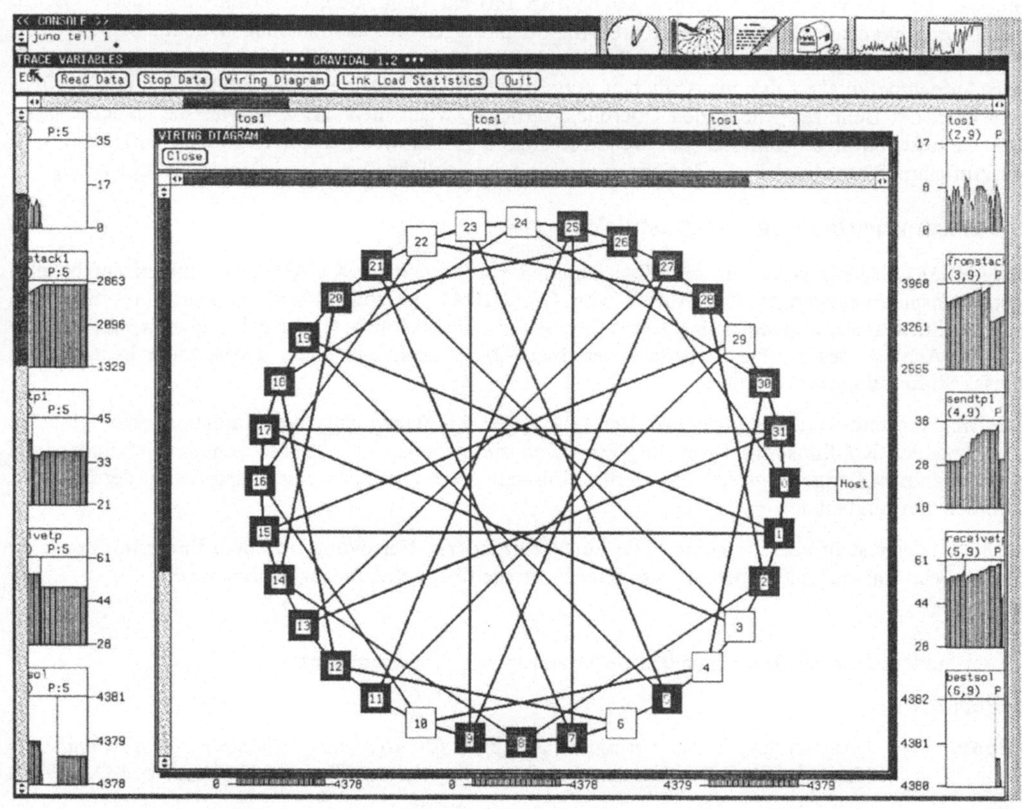

Bild 4 : CPU-Auslastung

Im Bild 4 ist dann das gesamte Layout des für die Testläufe verwendeten 32er Netzwerks zu sehen. Dieses Layout wird von GRAVIDAL zu Beginn nach den Angaben aus BOOT PATH- und WIRING DIAGRAM-Falte selbständig entworfen. Die unterschiedlichen Graustufen der einzelnen Prozessorquadrate sind eine von mehreren möglichen Anzeigeformen für die CPU-Auslastung der Prozessoren. Dabei reichen die Stufen von 0% (weiß) bis 100% (schwarz). Mit Hilfe dieses Layouts können während der Laufzeit des verteilten Programms die sogenannten cold spots bzw. hot spots im Netzwerk auf einen Blick erkannt werden. In Bild 4 sieht man deutlich, daß z. B. die Prozessoren 22, 23 und 24 keine Arbeit haben. Hier bekommt der Benutzer einen sehr guten Einblick über die Lastverteilung in seinem Netzwerk.

GRAVIDAL bietet aber noch eine Vielzahl weiterer Möglichkeiten zur graphischen Aufbereitung der vom Benutzer gewünschten Daten, auf die wir hier jedoch nicht weiter eingehen können.

Zum Abschluß dieses Kapitels soll allerdings auch die Kostenfrage nicht vernachlässigt werden.

GRAVIDAL ist, wie schon mehrfach erwähnt, ein Software-Werkzeug. Aufgrund des Aufbaus des Supervisor-Prozesses ist klar, daß sich bei zunehmender Nachrichtenmenge, dabei sind sowohl die Graphik- als auch die Benutzernachrichten gemeint, der zeitliche Overhead zwischen der ursprünglichen Version und der visualisierten Version vergrößert. Der Overhead hängt also stark von den Benutzerwünschen, d. h. von der Anzahl der Macroaufrufe, ab. Unsere Zeitmessungen für das oben angesprochene Beispielprogramm und eine Reihe weiterer Testprogramme ergaben, daß beim Einstreuen von Macroaufrufen in den Programmtext, die weniger als 2 KBytes/sec an Informationen produzieren, der Overhead zwischen 10 und 15 Prozent liegt. Beim Überschreiten dieser Grenze steigt der Overhead ebenfalls weiter an. Allerdings zeigen die Zeitmessungen deutlich, daß bei 2 KBytes/sec an Informationen, die so aufbereitet werden, wie es die Bilder 2 und 4 angeben, die visuelle Aufnahmefähigkeit des menschlichen Auges erreicht ist. Bei der Fülle an Bildern und Perfmetern kann der Benutzer schnell den Überblick verlieren, wenn mehr als 2 KBytes/sec an Informationen darzustellen sind. Gibt sich der Benutzer allerdings mit weniger Informationen zufrieden, wird die Aufnahmefähigkeit nicht unnötig strapaziert, und der zeitliche Overhead ist ebenfalls sehr gering.

## 6.0 Zusammenfassung und Ausblick

GRAVIDAL ist ein Werkzeug zur Visualisierung von verteilten OCCAM Programmen auf beliebigen Transputernetzwerken. Der Aufbau von GRAVIDAL ist sowohl auf der Hardware- wie auch auf der Softwareseite modular und somit flexibel und übersichtlich. Es ist daher eine wertvolle Hilfe für die Analyse des Laufzeitverhaltens verteilter Algorithmen und kann insbesondere in der Lehre dieses Stoffes eingesetzt werden.

Die im Abschnitt 4 angesprochenen Verbesserungen im Bezug auf die Simulation einer globalen Zeit und des Konflikts mit Hi-priority-Prozessen sind von uns in Angriff genommen worden und werden zum bisherigen System hinzugefügt. Zusätzlich wird auch an einer Farbversion der Graphikkomponente gearbeitet.

Dem Benutzer steht aber in jedem Falle ein Werkzeug zur Verfügung, mit dem ihm eine Menge an Arbeit beim Entwurf und in der Analyse seiner verteilten Algorithmen abgenommen wird.

## Dank

Unser Student Thorsten Telljohann leistete hervorragende Programmierarbeit.

## Literatur


[BeKe]    J. L. Bentley, B. W. Kernighan, *A System for Algorithm Animation, Tutorial and User Manual,* AT&T Bell Laboratories Computing Science Technical Report No. 132, 1987

[Bro]     M. H. Brown, *Algorithm Animation,* ACM distinguished dissertations 1988, The MIT Press

[Bur]     A. Burns, *Programming in Occam 2,* Addison-Wesley, 1988

[INM]     INMOS Limited, *Transputer Development System,* Prentice Hall, 1988

[JiWaCh]  J. Jiang, A. Wagner, S. Chanson, *Tmon: A Real-Time Performance Monitor for Transputer-based Parallel Systems,* Proceedings of the 4th NATUG Meeting, Oct. 1990

[JRZG]    G. Jones with contributions of A. Rabagliati, K. Zeppenfeld and M. Goldsmith, *Measuring the Busyness of a Transputer,* Occam User Group newsletter No.12, Jan. 1990, pp. 57 - 64

[Lam]     L. Lamport, *Time, clocks, and the ordering of events in a distributed system,* CACM Vol. 21, No. 7, pp. 558 - 565, July 1978

[Ste]     S. Stepney, *GRAIL: Graphical Representation of Activity, Interconnection and Loading,* Proceedings of the 7th OUG Meeting, Sep. 1987

# Graphische Benutzeroberfläche für Transputer Software


T. Pfeifer, P. W. Plapper
Lehrstuhl für Fertigungsmeßtechnik und Qualitätssicherung
WZL, RWTH Aachen


Zur On-line Überwachung und Diagnose von Werkzeugverschleiß auf Bearbeitungszentren wurde ein leistungsfähiges Transputerprogramm [1] erstellt. Um die schnelle Einarbeitung eines in Occam ungeübten Anwenders zu erleichtern, wurde eine graphische Benutzeroberfläche geschaffen. Hierfür bietet sich GEM[1] (Graphics Environment Manager) an, das unter den zahlreichen graphischen Benutzeroberflächen inzwischen einen weitverbreiteten Standard darstellt, der auch von modernen Personal-Computern wie Macintosh, Atari, IBM usw. unterstützt wird. In diesem Beitrag wird eine GEM basierte Funktions Bibliothek für IBM PCs vorgestellt, die es erlaubt Anwendersoftware (z. B. Transputerprogramme) mit einer graphischen Benutzerschnittstelle zu versehen.


**Motivation**


Graphische Bildschirm-Oberflächen gibt es erst seit wenigen Jahren. Der erste Rechner dessen Umgebung bildorientiert und nicht mehr zeilenorientiert war, war "Lisa" von Apple. Sein Nachfolger "Macintosh" hatte durch diese Eigenschaften sehr großen Erfolg am Markt. Inzwischen gibt es auch die Möglichkeit, Programme für IBM PCs mit einer graphischen Bildschirm-Oberfläche zu versehen [2]. Diese eingängige Möglichkeit wurde hier für die Steuerung von Transputer-Software vom PC aus realisiert.

Ziel war es, durch die erleichterte Bedienung der Transputerprogramme die Effizienz der Analysen, die auf dem Netzwerk on-line ablaufen müssen, nicht herabzusetzen. Dies wurde durch eine klar strukturierte Aufgabenteilung von Transputer-Netzwerk und PC erreicht.

Der Vorteil beim Programmieren unter GEM ist die vollständige Verwaltung z.B. von Tastatur~ und Mauseingaben durch GEM. Der Programmierer hat mit dieser Abfrage nichts mehr zu tun. Selbständig werden durch GEM sämtliche Reaktion des Anwenders zyklisch abgefragt. Dabei kann der Programmierer bei Bedarf nur bestimmte Aktionen des Anwenders zulassen und somit die Programmbedienung gezielt überwachen.

---

[1] GEM ist ein Produkt der Digital Research Inc.

## Struktur

Die erstellte Bildschirm-Oberfläche "GEM-MIDI" wurde in Pascal geschrieben und läuft vollständig auf dem PC. Wie alle GEM-Programme, so umfaßt auch sie den VDI- und den AES-Teil:

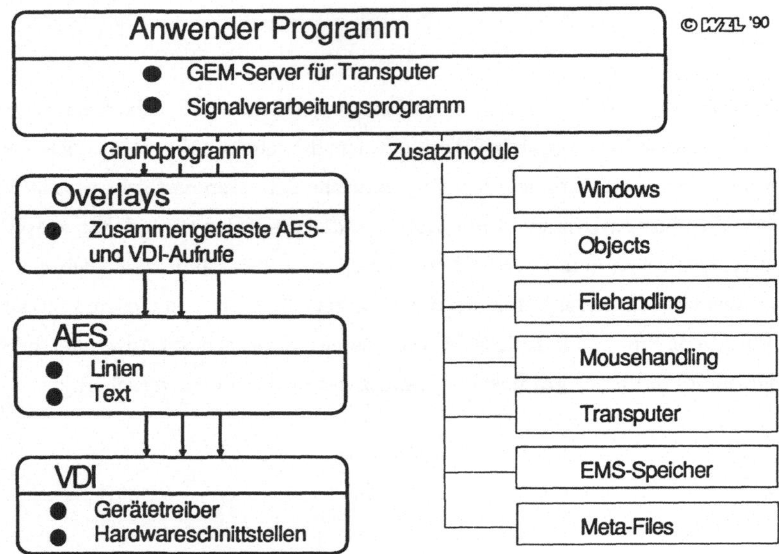


*Bild 1: Struktur des Programms "GEM-MIDI"*

Die VDI-Routinen (Virtual Device Interface) bestehen aus unabhängigen Gerätetreibern. Bei sauber programmierten Anwenderprogrammen wird nur über die VDI-Optionen auf die Hardware zugegriffen. Sie erlauben den Einsatz der GEM-Software auf unterschiedlichen Hardwarekonfigurationen: Bei der Integration von neuen Graphikkarten bzw. Monitoren wird nur der entsprechende neue VDI-Treiber geladen. Durch diese modulare Gestaltung der Software entfällt die langwierige und somit kostspielige Anpassung der Anwenderprogramme an neue Peripheriegeräte.

Als Beispiel für die VDI-Funktionen sei hier nur die Monitoradressierung erwähnt, die auch die Darstellung von einfachen Linien, Ellipsen und Texten ermöglicht. Sie unterstützt ebenso die Wahl von Farben, Dicken sowie zahlreichen weiteren Effekten.

Die AES-Routinen (Application Environment Service) unterstützen die Benutzeroberfläche. Sie basieren auf den Schnittstellenprogrammen des VDI. Der AES-Teil unterstützt u.a. die Menüs sowie die Fenster. So überwacht er auch gleichzeitig die Tastatur und die Maus auf Aktionen des Benutzers. Das AES erkennt z.B. das Anklicken eines Mausknopfes oder das Öffnen eines Fensters und meldet diese Aktion der GEM-Applikation.

Die auf dem PC realisierte "GEM-MIDI"-Oberfläche faßt einige Routinen des AES- und VDI-Teils zu sinnvollen Blöcken in Overlays zusammen: So zeichnet er z.B. Dialogboxen und sichert dabei automatisch den überschriebenen Bildschirmbereich ab. Zusätzlich wurden einige Befehle zum Aufruf und zur Anzeige des Menüs zusammengefaßt.

Je nach Anwendung des Programms können zu dieser Grundstruktur zusätzliche Module hinzugebunden werden. So erhält das Programm z.B. erst mit dem Modul "Transputer" die für die Kommunikation mit Transputer-Programmen notwendige Abfrage der Linkschnittstelle. Ohne dieses Modul können aber dennoch Oberflächen für beliebige andere Programme, wie z.B. Signalverarbeitungssoftware erstellt werden, die dann vollständig auf dem PC ablaufen müssen.

Sollen die Resultate des Programms in mehreren Fenstern zeitgleich dargestellt werden, so wird die Routine "Windows" eingebunden. Sie erleichtert die simultane Verwaltung der unterschiedlichen Fenster. Dazu zählen unter anderem, das Öffnen und Schließen sowie das Neuzeichnen der Fenster nach dem Schließen eines Pull-down-Menüs.

Weitere Module existieren für Dateizugriffe, Mausverwaltung, Auslagerung von Programmteilen in den EMS-Speicher sowie Abspeicherung der Fenster im GEM eigenen Meta-File Format.

Die Definition der Pull-down-Menüs und verschiedener interaktiver Boxen erfolgt mausgesteuert mit einem zusätzlichen Programm, dem RSC (**R**esource Construction Set). Es erleichtert die einfache Gestaltung von Dialog~, Alarm~ sowie Free-Boxen. Diese Boxen sind Kommunikationsschnittstellen, die eine Message (Text), verschiedene Auswahl-Buttons und gegebenenfalls als Hinweis ein Pictogramm (Icon) darstellen.

## Realisation

Der umgesetzte GEM-Server ermöglicht das Ansprechen dieser und weiterer GEM-Optionen vom Host-Transputer aus. Hierzu wurde der Megatool-Server[2] geringfügig modifiziert: Bei der Abfrage der Linkschnittstelle wird bei der Übergabe eines bestimmten Tags in ein speicherresident geladenes Programm verzweigt. Dieses auf dem PC aufgerufene Pascal-Programm erwartet ein Befehls-Byte vom Link, an den z.B. ein Transputer angeschlossen sein könnte. Entsprechend diesem Befehls-Byte, kann in verschiedene PC-Programme verzweigt werden. Kommt über den Link das Befehls-Byte "255", so startet auf dem PC "GEM-MIDI". Daraufhin muß der Host-Transputer ein zweites Byte senden. Dieses "Steuer-Tag" (**Bild 2**) legt die aufzurufende Funktion fest und verzweigt in die entsprechende Routine des Overlays. So bewirkt z.B. das "Steuer-Tag" "110" das

---

[2]Megatool ist ein Produkt der Parsytec GmbH

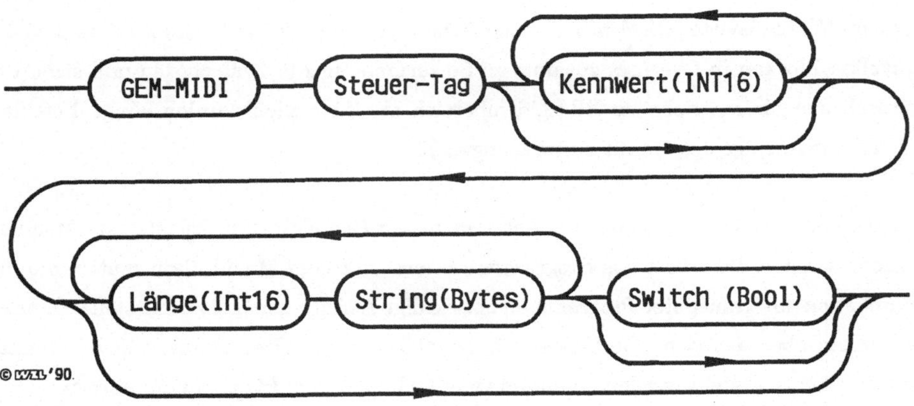



*Bild 2: Allgemeine Definition der Softwareschnittstelle vom Link zum PC*

Laden der Resource Datei. Sie beinhaltet die Information des Menübalkens und sämtlicher Auswahl-Boxen. Werden nach diesem Aufruf zusätzliche Attribute benötigt, wie z.B. Farben, Dickenangaben oder Texthöhen, so sind diese ebenso wie die Koordinatenangaben in 16-bit-Integer. Bei der Ausgabe von Zeichenketten, wie sie z. B. bei der Textausgabe vorliegen, wird zuerst die Länge des zu sendenden Strings übermittelt. So müßte bei der Ausgabe des Textes "GEM" an der linken unteren Ecke des Monitors die in **Bild 3** wiedergegebene Befehlssequenz vom Host-Transputer an den PC gesendet werden:

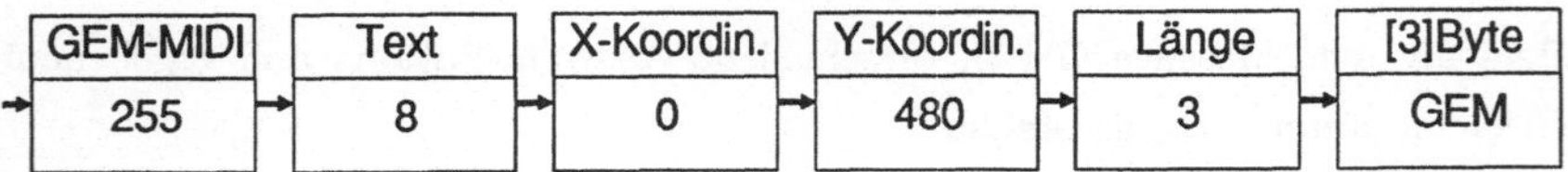

| GEM-MIDI | Text | X-Koordin. | Y-Koordin. | Länge | [3]Byte |
|----------|------|------------|------------|-------|---------|
| 255 | 8 | 0 | 480 | 3 | GEM |

*Bild 3: Exemplarisches Protokoll vom Transputer zum PC bei Textausgabe*

Falls notwendig, sendet der PC an den Link als Antwort eine Bestätigung. Bei dem Aufruf einer Box mit verschiedenen Auswahl-Buttons könnte sie z.B. die Information beinhalten, welcher Button gedrückt wurde **(Bild 4)**.

## Anwendung

Die Bearbeitung des Berechnungsteils auf dem Netzwerk darf durch die zeitgleiche Abfrage der Benutzerwünsche durch GEM keinesfalls behindert werden. Deshalb läuft das Programm "GEM-

MIDI" auf dem Host-PC. Der Root-Transputer hat die vollständige Kontrolle über die Benutzer-schnittstelle und das Netzwerk. Er synchronisiert die von beiden Seiten eintreffenden Meldungen. Dabei greift er auf die im letzten Kapitel beschriebenen Prozeduren auf dem IBM PC zu. So steuert er auch den Aufruf des Pull-down-Menüs zu Beginn des Programms.

Dem Anwender der fertigen Software stehen dann verschiedene Menüpunkte zur Auswahl. Das sind in dieser Applikation die vier Punkte: "Arbeiten", "Display", "Skalierung" und "Durchmesser" (Bild 4 und 5). Wählt er eine dieser Möglichkeiten mit der Maus an, so wird ihm eine Reihe von Unterpunkten zur erneuten Auswahl angeboten. Möchte der Programmierer dem Anwender einen bestimmten Programmablauf vorgeben, so hat er die Option das Anklicken von bestimmten Menüpunkten zu unterbinden und kann dadurch Fehlbedienungen durch den Anwender zuverlässig ausschließen.

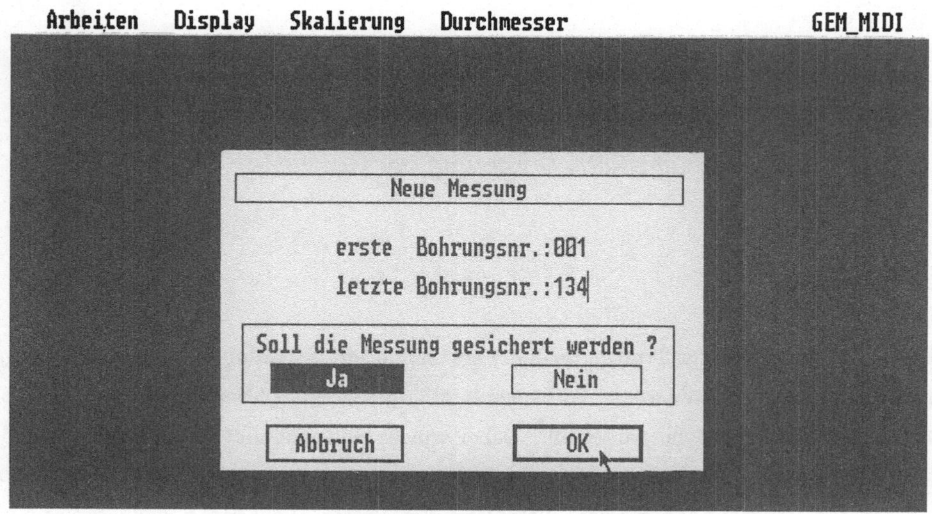


*Bild 4: Dialogbox mit der Eingabemöglichkeit für Zahlen und "Radio"-Buttons*

Auch die Zahleneingabe ist möglich: Ein Panel fordert den Benutzer auf, die Anzahl der durch-zuführenden Messungen ("Bohrungsanzahl") einzugeben. Gleichzeitig wird mit "Radio"-Buttons festgelegt, ob eine Dokumentation der Messungen gewünscht ist. Bei korrekter Eingabe muß abschließend "OK" gedrückt werden (Bild 4). Nach dem Beginn der Messungen eröffnet der Transputer auf dem Terminal verschiedene Fenster. In ihnen können die Meßwerte in graphischer oder numerischer Form dargestellt werden (Bild 5). In der realisierten "GEM-MIDI"-Version können zeitgleich bis zu 3 Fenster geöffnet werden. Das ermöglicht, zusätzlich zu der Darstellung der aktuellen Meßwerte in graphischer oder numerischer Form, parallel auch alte Meßreihen anzuzeigen.

Zur flexiblen Dokumentation oder Weiterverarbeitung können die Meßergebnisse sowohl im GEM eigenen Meta-file Format als auch im ASCII-Format abgelegt werden.

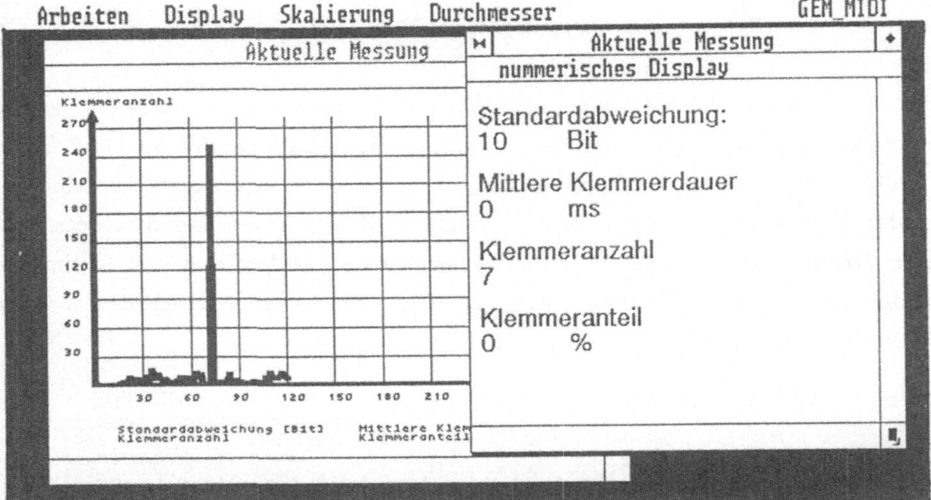


Bild 5: Graphische und numerische Darstellung der Messwerte

## Zusammenfassung

Die vorgestellte Oberfläche für Transputer-Software erlaubt die Schaffung integrierter Lösungen mit einheitlicher Benutzersteuerung. Aufbauend auf dem Megatool-Server wurde eine GEM gestützte Bildschirm-Oberfläche vorgestellt. Dabei wurde eine modular strukturierte Software erstellt. Je nach dem gewünschten Umfang der Benutzerschnittstelle, können zusätzliche Module in das Programm eingebunden werden. Vom Root-Transputer aus können die verschiedenen Optionen, wie z.B. Fensterverwaltung und Pull-down-Menüs durch einfache Steuer-Bytes aktiviert werden.

## Literatur


[1] Pfeifer, T. ; Plapper, P.: "Transputergestütztes Diagnosesystem zur Online-Analyse der Signale eines Multisensorsystems."
   VDI Schwingungstagung 11.-12. Okt.1990, Mannheim.
   VDI-Berichte 846, VDI-Verlag, Düsseldorf. 1990.

[2] Howling, B.; Pepper, A.: "GEM, Programmierleitfaden für den IBM PC"
   Carl-Hanser Verlag München, Wien. 1989.

# Effizientes Broadcast auf Transputern

## 120 MByte/sec auf einem SuperCluster


Klaus Wolf
Gesellschaft für Mathematik und Datenverarbeitung mbH
Postfach 1240, D-5205 Sankt Augustin



### Zusammenfassung

In Parallelrechnern mit Punkt-zu-Punkt-Netzwerken ist die Kommunikation der Prozessoren untereinander ein zentraler Forschungsgegenstand. Anders als in busgekoppelten Systemen müssen Nachrichten bisweilen über mehrere Prozessoren hinweg zu ihrem Zielprozessor geroutet werden. Bei Transputersystemen müssen neben den verlängerten Nachrichtenlaufzeiten auch zusätzliche Belastungen der CPUs beim Routen berücksichtigt werden. Benötigt die Anwendung neben der einfachen Kommunikation nur zweier Partner auch komplexere Kommunikationsstrukturen, so erweisen sich Mechanismen für Multi- und Broadcast als sehr hilfreich.
In diesem Vortrag werden auf der Basis eines allgemeinen Routingsystems für Transputernetzwerke verschiedene Verfahren für Broadcast vorgestellt. Es wird untersucht, in wie weit die Synchronisationsvorschriften der Anwendungsprozesse die Laufzeit beeinflussen. Die Kombination von Nachrichten erweist sich durch die Senkung der CPU-Belastungen bei weniger restriktiven Synchronisationsvorschriften als Vorteil. Weiter wird gezeigt, daß der Einfluß der Konfigurationstopologie auf die Synchronisationszeiten nicht immer so groß ist, wie zu vermuten wäre.


## 1 Das Kommunikationssystem

Zentraler Gedanke bei der Konzeption des Kommunikationssystems *RouMorS* [12] ist die strikte Trennung von Applikations*berechnungen* und reinen *Kommunikations*vorgängen. Die in der OCCAM-Philosophie vorgegeben Einbeziehung von Nachrichtenaustausch und Synchronisation paralleler Prozesse über Kanäle (OCCAM-Channels) eignet sich nur bedingt für grössere Transputernetzwerke. Denn nicht alle *logisch* benachbarten Prozesse laufen auch auf benachbarten Prozessoren ab. Nachrichten müssen über mehrere Prozessoren hinweg bis zu ihrem Ziel geroutet werden. Für eine spezielle Anwendung mag das noch durch explizite OCCAM-Anweisungen im Berechnungsteil der Applikation machbar sein; für grössere Applikationen, die auch unregelmässige Prozessorkonfigurationen verwenden, ist das nicht mehr praktikabel.
Werden jedoch Applikation und Kommunikation getrennt [12] [9] und bestimmt ein sendewilliger Prozeß seinen Kommunikationspartner statt durch Auswahl eines Kanals durch Spezifikation einer logischen Adresse in der Nachricht, so läßt sich die logische Verbindungsstruktur der Applikationsprozesse auch während der Laufzeit allein durch Änderung von Adresslisten modifizieren.

**Aufbau des Kommunikationssystems** Die auf jedem Transputer ablaufenden Kommunikationsprozesse werden in einem Konstrukt, dem *Sternkoppler*, zusammengefaßt (siehe Abbildung 1). Dieser ist über Kanäle mit den *Applikationsprozessen* verbunden; Sternkoppler auf benachbarten Transputern kommunizieren direkt über Hardware-Links miteinander. Jeder Applikationsprozeß hat als einzige Schnittstelle zum logischen Prozeßnetz einen Kanal zu seinem lokalem Sternkoppler.

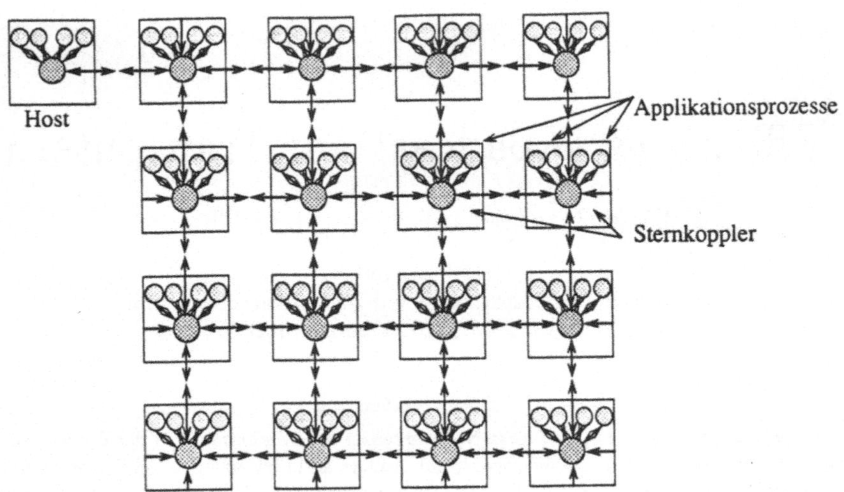



Abbildung 1: Sternkoppler und Applikationsprozesse im Transputernetz

Ein Applikationsprozess spezifiziert seinen Kommunikationspartner nicht mehr durch Auswahl eines bestimmten Kanals, sondern durch Angabe einer Zieladresse. Diese ist ein global eindeutiger Index des Partnerprozesses. Weiter ist die Kommunikation nicht mehr synchron wie bei direkten Kanälen zwischen zwei Prozessen, sondern durch die Zwischenspeicherung der Nachricht im Kommunikationssystem kann der Sender nach dem Absetzen seiner Nachricht unabhängig vom Empfänger *sofort* weiterarbeiten.

**Die Transferleistung des Systems**  Neben der Funktionalität des Kommunikationssystems ist dessen Geschwindigkeit von tragender Bedeutung. Da Nachrichten nicht mehr über direkte Kanäle transferiert werden, sondern mehrere Sternkoppler auf den einzelnen Transputern durchlaufen, müssen sie mehrfach kopiert und geroutet werden.
Die Laufzeit hängt von der Nachrichtenlänge und der realen Entfernung (Anzahl der dazwischenliegenden Prozessoren) ab. Die Transfergeschwindigkeit, die die Links in einem SuperCluster über NCUs (Network Configuration Units) erreichen, beträgt bei unidirektionalem Transfer ca. 1.2 MByte/sec; das Kommunikationssystem erreicht eine Leistung von etwa 0.8MByte/sec.

**Komplexere Kommunikationsstrukturen**  Bei vielen Anwendungen [9] [14] wird neben dem einfachen Nachrichtenaustausch zweier Partner auch eine Kommunikation aller Prozesse gleichzeitig benötigt. Dabei wird unterschieden zwischen dem Verteilen einer einzigen Nachricht an alle (*Broadcast*) und dem Verschicken unterschiedlicher, empfängerbezogener Meldungen an alle (*Personalized Communication*) [6].
In diesem Vortrag wird nur der erste Fall behandelt; der zweite entspricht in seiner Funktion dem Versenden einzelner Nachrichten an alle Partner.

**Implementierung des Broadcasts**  Aufgabe einer effektiven Implementierung eines Broadcastverfahrens ist es, verschiedene Nachrichten desselben Informationsgehaltes *eines* Senders an viele Empfänger auf identischen Teilwegen nur *einfach* zu transportieren. Erst an den Verzweigungspunkten der Wege sollen sie dupliziert und in verschiedene Richtungen weitergeleitet werden. Bei einer

```
--------------------- Nachrichtenlaufzeiten ------------------------------
-- HostProzessor                              -- NetzProzessor
SEQ i=1 FOR NoProcs                           SEQ
  SEQ                                           from.RouMorS ? len::message
    message[destination] := i                  message[destination] := Host
    clock ? t0                                 to.RouMorS   ! len::message
    to.RouMorS    !   5::message
    from.RouMorS ? len::message
    clock ? t1
    mess.time[i] := (t1 - t0)/2


--------------------         Countdown    ---------------------------------
-- HostProzessor                              -- NetzProzessor
wait := base + (NoProcs * 1000)
clock ? t0
SEQ i=1 FOR NoProcs                           SEQ
  SEQ                                           from.RouMorS ? len::message
    delay := i * 1000                          clock ? t0
    message[destination] := i                  wait := message[   time] -
    message[        time] := wait - delay           message[runtime]
    message[     runtime] := mess.time[i]      clock ? AFTER (t0 PLUS wait)
    clock ? AFTER (t0 PLUS delay)              clock ? ZeroTime
    to.RouMorS    !   8::message
clock ? AFTER (t0 PLUS wait)
clock ? ZeroTime
```

Abbildung 2: Berechnung der Nachrichtenlaufzeiten und globaler Countdown

Broadcastanweisung nimmt das Routingsystem von der Applikation nur eine einzige Nachricht entgegen und vervielfältigt und verschickt sie gemäß Tabelleneinträgen über die Links in die entsprechenden Richtungen. Die Nachbartransputer empfangen diese Meldungen und verfahren entsprechend Absenderkennung genauso.
Die Bestimmung eines Spannbaums in einer bekannten Topologie wird in dem Routingsystem durch ein einfaches Fluten des Graphen vom Sender aus gelöst; bessere Verfahren auch für sehr große Netzwerke werden in [8] beschrieben.

**Realisierung global eindeutiger Zeitpunkte**   Ein generelles Problem in Parallelrechnern ist die Bestimmung global eindeutiger Zeiten. Zwar hat jeder Prozessor eine eigene Uhr und es kann auch innerhalb einer gewissen Ganggenauigkeit davon ausgegangen werden, daß die Uhren mit der gleichen *Geschwindigkeit* laufen; jedoch ist bei Punkt-zu-Punkt-Netzwerken kein gemeinsamer *Startpunkt* der Uhren vorhanden.
Es stellt sich die Frage, wie Vorgänge, bei denen alle Prozessoren miteinander kommunizieren, zeitlich vermessen werden können. Da die *Zeitpunkte*, zu denen die einzelnen Prozessoren in Aktion treten, direkten Einfluß auf die *Zeitdauer* des Gesamtvorganges haben [2] [4] [10], müssen die Startpunkte für die Zeitmessung global eindeutig bestimmt werden. Der erste Schritt in einer solchen Versuchanordnung muß also sein, einen globalen Zeitvergleich über allen Prozessoren durchzuführen. Dieser Vergleich kann verteilt im Netz oder aber zentral gesteuert von einem Knoten aus stattfinden. Dazu bedarf es in beiden Fällen definierter Kommunikationszeiten zwischen jeweils zwei sich abstimmenden Prozessoren.

Für ein Netzwerk aus Transputern, das mit dem Kommunikationssystem *RouMorS* [12] betrieben wird, sind die Nachrichtenlaufzeiten zwischen Prozessorpaaren bekannt. In einem ersten Schritt werden vom Host aus die Laufzeiten der Nachrichten zu den einzelnen Prozessoren bestimmt und festgehalten (siehe Abbildung 2 oben). Danach werden für jeden Transputer *Countdown*-Meldungen mit Zeitstempeln versehen, um die Nachrichtenlaufzeit reduziert und an die Netztransputer verteilt (2 unten).

## 2 Die untersuchten Broadcastverfahren

**Globale Synchronisation**  Bei der Implementierung von Algorithmen auf Parallelrechnern gibt es gewöhnlich Punkte, bei denen eine Prozess Daten von anderen erwartet, bevor er weiterrechnen kann. An solchen Punkten in der Berechnung ist eine Synchronisation der Prozesse erforderlich (Typ 1); die einzelnen Partner müssen den anderen mitteilen, daß sie fertig sind; die wartenden Prozesse müssen abtesten, ob die erforderlichen Daten schon eingetroffen sind (siehe Abbildung 3 a).
Diese *harte* Art der Synchronisation der Prozesse hat ihre Nachteile: sind die Rechenlasten auf den einzelnen Prozessoren ungleichmäßig verteilt oder erreichen die Prozesse die Synchronisationspunkte zu unterschiedlichen Zeitpunkten, so entstehen Wartezeiten. Diese Wartezeiten können genutzt werden, wenn es von der Kommunikation unabhängige Berechnungsschritte gibt. Dann kann während der Durchführung der Prozessynchronisation mittels Broadcast **parallel** dazu die unabhängige Berechnung durchgeführt werden (Typ 2) (siehe Abbildung 3 b).

**Asynchrone Berechnungen**  Eine weitere Ausnutzung der Systemleistung läßt sich erreichen, wenn eine Synchronisation nicht nötig ist, jedoch die neuesten Zwischenergebnisse der anderen Prozesse für die sinnvolle Weiterarbeit wichtig (nicht zwingend notwendig) sind; so zum Beispiel bei genetischen Algorithmen oder bestimmten neuronalen Netzen. Bei asynchronen Verfahren werden über Link eintreffende Daten direkt in vorbestimmte Speicherbereiche abgelegt, ohne den Benutzerprozesse über Kanäle übergeben zu werden (Typ 3) (siehe Abbildung 3 c).
Weitere Möglichkeiten, die hier nicht behandelt werden, bieten die lokale Synchronisation mit Nachbarprozessen (*neighbour synchronization*) und ein davon abgeleiteter Typ (*boundary synchronization*) [4]. Bei asynchronen Methoden können unter Umständen Verzögerungspunkte in den einzelnen Prozessen sinnvoll sein [10].

**Combining Messages**  Die Belastung des Systems während eines Kommunikationsvorganges wird durch zwei Faktoren wesentlich beeinflußt: durch die Berechnung der Routinginformation werden die CPUs belastet; der eigentliche Linktransfer geschieht parallel dazu, hemmt die CPU jedoch durch die Zugriffe der Linkinterfaces auf das Memoryinterface und den Speicher selber [5]. Eine weitere Verbesserung in der Ausnutzung des Systems läßt sich jedoch erreichen, indem die Anzahl der Nachrichten reduziert, der Informationsgehalt jedoch unverändert bleibt. Dies wird möglich, wenn jeweils mehrere kleinere Nachrichten zu einer grösseren kombiniert (= zusammengestellt) und verteilt werden (*Combining Messages*) (Typ 1C, Typ 2C und Typ 3C). In einem ersten Schritt verschickt ein Teil der Prozessoren seine Nachricht an entsprechende Sammelknoten. Dabei ist es sinnvoll, nur Knoten aus der direkten Nachbarschhaft als Sammelknoten zu nehmen. Diese Knoten stellen mehrere Meldungen zu einer einzigen langen zusammen. Diese wird dann wie eine normale Broadcastmeldung verteilt.
Ein Problem tritt bei der Kombination von Nachrichten ist die Zusammenstellung der Prozessorpaare (-tripel ...), die miteinander kombinieren. Während es bei regulären Strukturen relativ einfach ist, diese Partner zu bestimmen, so wird die Wahl der direkten Nachbarn in unregelmäßigen oder zufälligen Netzen zu einem Problem der Graphpartitionierung.

```
---------------------- Applikationsprozess -----------------------------
PROC Application (VAL INT       address;
                    CHAN OF ANY from.RouMorS, to.RouMorS )
  ... declarations
  SEQ
    ... define global start time
    ... define ComputationTime without communication
    clock ? t0
    ... computation & network synchronisation by broadcast
    clock ? t1
    SynchTime := (t1- t0) - ComputationTime
  :
------- a --- Typ 1 -    ------- b --- Typ 2 -    ------- c --- Typ 3 -
-- synchronised         -- synchronise & compute  -- asynch
SEQ                     PAR                       PAR
  ... computation         ... computation           ... computation
  PAR                     PAR                       PAR
    ... send broadcast      ... send broadcast        ... send broadcast
    ... recv (n-1) msg      ... recv (n-1) msg        SKIP
------- a ------------   ------- b ------------    ------- c ------------
```

Abbildung 3: Synchronisationsverfahren und Zeitmessung

**Netzwerktopologien**  Obwohl das Kommunikationssystem einen beliebigen Datenaustausch zwischen allen Prozessen unabhängig von der Hardwarekonfiguration ermöglicht, hat die Topologie des Transputernetzes einen Einfluß auf die Effizienz der Kommunikation. Eine optimale Verteilung der logischen Prozesse auf die Transputer ist durch die Rechenlasten der Prozesse und das erzeugte Kommunikationsaufkommen bestimmt [7]. Die Wahl einer geeigneten Topologie ist also stark von der speziellen Appliktion abhängig.

In diesem Vortrag werden fünf Topologien auf ihren Einfluß auf Broadcastverfahren hin untersucht: Ring, Torus, Chordaler Ring, D3 und Zufallsnetze. Ring und Torus sind bekannt; der Chordale Ring [1] besitzt die zwei Parameter $b$ und $l$ (big - little jump), die die Nachbarschaftsverhältnisse festlegen: Prozessor i hat die Nachbarn (i +/- b) und (i +/- l). Bei D3 werden zwei Transputer über einen Link so verbunden, daß von jedem Transputer jeweils zwei Links in eine Torusstruktur eingebunden werden können, der jeweils vierte Link bleibt frei (siehe Abbildung ??). Zufallsnetze [11] sind zufällig verbundene Netze des Grades vier.

## 3  Analyse der Messergebnisse

Die Messungen wurden auf einem MEGAFRAME-SUPERCLUSTER der Firma Parsytec mit 64 Transputern T8 (20 MHz) durchgeführt. Die Nachrichtenlängen betragen 20 - 1000 Byte, die Zeiten liegen zwischen 2000 und 50000 Mikrosekunden.

In den Abbildungen 4 und 5 werden die Synchronisationszeiten (Typ 1) für die fünf Topologien getrennt und die Belastungen der CPUs durch die Routingberechnungen (Typ 2 und Typ 3) über allen Topologien gemittelt dargestellt. Dies ist deshalb sinnvoll, da die Unterschiede in den CPU-Belastungen der einzelnen Topologien sehr klein sind; die Anzahl der Nachrichten ist topologieunabhängig.

Zwei Faktoren bestimmen mit das Zeitverhalten des Kommunikationssystems: die Basiszeit für die Berechnung der Routinginformation einer Nachricht und die Speichergeschwindigkeit. Die Routingberechnung nimmt je Nachricht etwa 60 Mikrosekunden in Anspruch [12]; beim Linktransfer einer Nachricht der Länge n wird das Memoryinterface des Transputers insgesamt genausolange belegt, wie auch ein normaler Speicherzugriff der Länge n benötigen würde [5]. Da bei einem Broadcast im Schnitt jede eintreffende Nachricht auch einmal weitergeleitet wird, wird das Interface allein durch die Linktransfers für 2n Zugriffe belegt.

Weitere Faktoren, die quantitativ kaum zu bestimmen sind, sind die Belastung der CPU durch Prozesswechsel (je mehr Prozesse aktiv sind, desto länger dauert ein Prozesswechsel) und die Wartezeiten bei Nachrichtenkollisionen in den Sternkopplern.

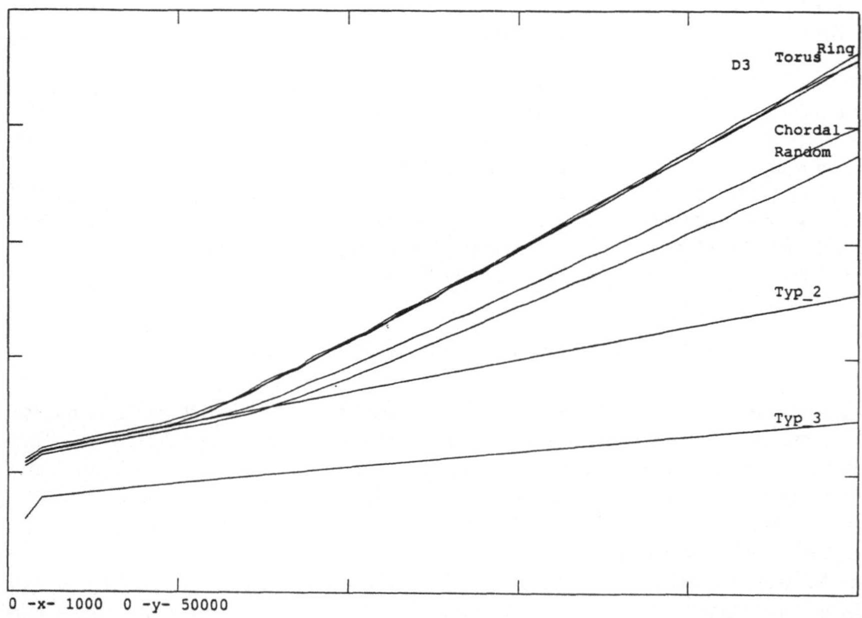


Abbildung 4: Broadcast Messages; Synchron (5x)/CPU-Synchron/CPU-ASynchron

**CPU-Belastung bei Broadcast, Typ 2 und Typ 3**  Der Basiswert für die CPU-Belastung bei einem Broadcastvorgang setzt sich zusammen aus der Menge der Routingberechnungen, der Zahl der Prozesswechsel und den Speicherzugriffen. Die Routingberechnungen beanspruchen etwa $64 * 60 = 3840 \mu sec$. Bei einer Nachrichtenlänge von 20 Byte beträgt die Speicherzugriffszeit durch die Linktransfers ca $64 * 2 * 20 = 2560 Byte$ bei 20 MByte/sec gleich ca $128 \mu sec$. Diese Belastungen treten sowohl bei synchronem als auch bei asynchronem Broadcast gleichermaßen auf; die weiteren Unterschiede betreffen die Übergabe der Nachrichten an die Applikkationsprozesse selber. Diese Übergaben erzeugen zusätzliche Prozesswechsel und Speicherzugriffe durch das Kopieren der Nachrichten in den Applikationsbereich. Bei Länge 20 Byte erzeugt Typ3 eine Last von etwa $7800 \mu sec$, Typ 2 $10900 \mu sec$; für die Länge 1000 Byte lauten die Werte $14700 \mu sec$ und $25500 \mu sec$. Der Anstieg bei Typ 3 um ca $6900 \mu sec$ entspricht ungefähr der Speicherzugriffszeiten für $64 * 1000$ Byte Linktransfer (s.o.). Bei Typ 2 sollte dieser etwa doppelt so groß sein $14600 \mu sec$, da neben den Linktransfers noch ein Kopieren der Nachrichten in den Applikationsbereich stattfindet.

**Synchronisation mit Broadcast, Typ 1**  Auffallend beim Vergleich der fünf Topologien sind die geringen Unterschiede bei Torus, Ring und D3. Im unteren Bereich bis ca. 250 Byte Nachrichtenlänge

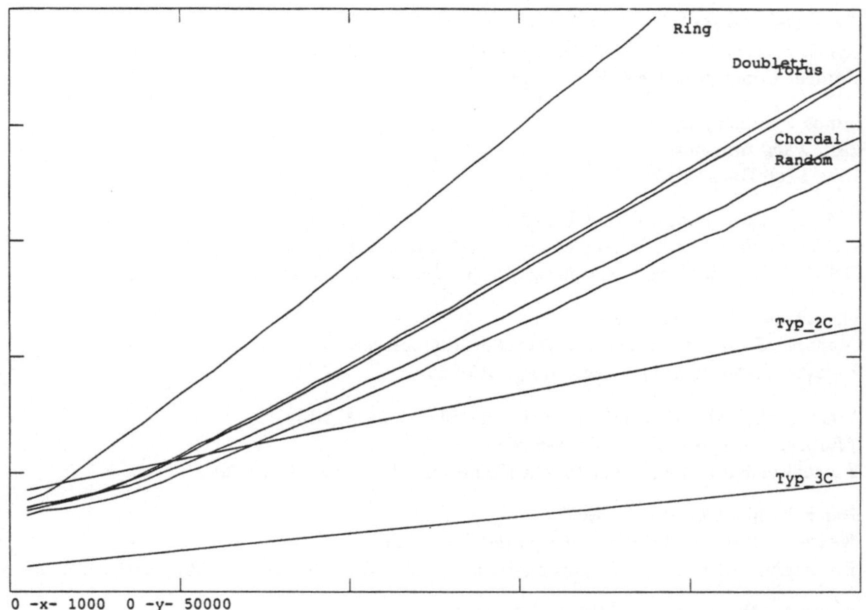


Abbildung 5: Combined Messages; Synchron (5x)/CPU-Synchron/CPU-ASynchron

sind sogar die Unterschiede zu Chordalem Ring und Zufallsnetz, sowie zur reinen CPU-Belastung (Typ 2) nicht nennenswert. Bei längeren Nachrichten erzeugen Kollisionen in den Sternkopplern die unterschiedlichen Wartezeiten der Applikationsprozesse.

**Combined Messages**  Bei der Kombination von Nachrichten zeigt sich ein ähnliches Verhalten wie bei normalem Broadcast. Die Unterschiede bei den Topologien sind hier jedoch größer, Ringe verschlechtern sich sogar gegenüber normalem Broadcast.
Die CPU-Belastungen sinken, da sie direkt von der Anzahl der Nachrichten abhängig sind; die qualitativen Aussagen bleiben jedoch die gleichen.

# Literatur


[1] Ramon Beivide, Enrique Herrada, Jose L. Balcazar and Jesus Labarta
*Optimized Mesh-Connected Networks for SIMD and MIMD Architectures*
Comm. ACM 1987

[2] Karol Czaja, Hermannn Mierendorff
*Ursachen und Auswirkungen der Synchronisation paralleler Prozesse in bus-gekoppelten DMMP-Systemen und ihre Modellbildung*
PARS Workshop April 89, Siemens München Neu-Perlach

[3] Ran Ginosar, David Egozi
*Topological Comparison of Perfect Shuffle and Hypercube*
International Journal of Parallel Programming 1989, Vol. 18, No. 1

[4] Anne Greenbaum
*Synchronisation costs on multiprocessors*
Parallel Computing 1989, Vol. 10, pp. 3-14

[5] inmos Prelimary Data
*IMS T800 transputer*
IMS T800 Data Sheet

[6] S. Lennart Johnsson , Ching-Tien Ho
*Optimum Broadcasting and Personalized Communication in HyperCubes*
IEEE Transactions on Computers, Vol. 38, No. 9, Sept. 1989

[7] O. Krämer, H. Mühlenbein
*Mapping Strategies in Message-Based Multiprocessors*
Parallel Computing 1988, Vol. 9, pp. 213-225

[8] Youran Lan, Abdol-Hossein Esfahanian and Lionel M. Ni
*Multicast in Hypercube Multiprocessors*
Journal of Parallel and Distributed Computing 1990, Vol. 8, pp. 30-41

[9] Heinz Mühlenbein, Klaus Wolf
*Neural Network Simulation on Parallel Computers*
Proceedings of Parallel Computing 1989, pp. 365-374, Amsterdam 1990, North-Holland

[10] David M. Nicol, Joel H. Saltz and James C. Townsend
*Delay Point Schedules for Irregular Parallel Computations*
International Journal of Parallel Programming 1989, Vol. 18, No. 1

[11] Dominic Prior, Nick Radcliff, Mike Norman, Lyndon Clarke
*What Price Regularity?*
Concurrency-Practice and Experience 89

[12] Dirk Schlierkamp-Voosen, Klaus Wolf
*Ein Routing- und Monitoring-System für große Transputernetze*
Parallele Datenverarbeitung mit dem Transputer, Informatik Fachberichte 237, Springer-Verlag

[13] Pradip K. Srimani, Bhabani P. Sinha
*Message Broadcast in Point-To-Point Computer Networks*
ISCAS 88

[14] Ch. Tietz, P. Hendricks, A. Linden, H. Mühlenbein
*Object-Oriented Simulation of Complex Neural Architectures on Parallel Computers*
Cognitiva 90, Madrid

# WUMPS

# Würzburger Message Passing System

Conny Friedewald, Andreas Hieronymus, Bernd Menzel
Lehrstuhl für Informatik II
Universität Würzburg
Am Hubland, 8700 Würzburg

**Zusammenfassung**

Entwickler von parallelen Programmen auf Transputersystemen sind zur Zeit noch mit zwei großen Problemen konfrontiert. Zum einen wird die Flexibilität der Anwendung durch das Transputersystem erheblich eingeschränkt, zum anderen fehlt eine einheitliche Schnittstelle zur Unterstützung von Speicher, externen Geräten, etc. In dieser Arbeit wird das Würzburger Message Passing System (WUMPS) beschrieben, ein Laufzeitsystem für eine Programmiersprache mit Erweiterungen für ein Entwicklungssystem. WUMPS bietet ein leistungsfähiges Kommunikationssystem, indem es eine homogene Sichtweise von Kommunikationsvorgängen realisiert und gleichbleibenden Aufwand für I/O-Anforderungen von jedem Transputer im Netz aus implementiert. Die Topologie des Transputernetzes wird in einer Initialisierungsphase vom System selbst erkannt. Neben den Konzepten von WUMPS, werden alle Komponenten und die Benutzerschnittstelle ausführlich beschrieben.

## 1. Motivation

Entwickler von parallelen Programmen für Transputersysteme kämpfen zur Zeit mit zwei eklatanten Unzulänglichkeiten:

1. Alle Arten von I/O sind bisher nur von einem ausgezeichneten Transputer mit einer direkten Hostanbindung möglich. Dies schränkt die Flexibilität der Anwendungen in nicht unerheblichem Ausmaß ein. Wichtige Werkzeuge bei der Entwicklung von großen, parallelen Programmsystemen sind das Monitoring und Debuggen von Prozessen. Beide Methoden beruhen auf der Aus- bzw. Weitergabe von Kontrollinformation. Mit vertretbarem Aufwand konnte dies bisher nur für Prozesse auf dem Roottransputer realisiert werden (s. Abb. 1).

2. Auf Transputersystemen existiert bisher noch kein Betriebssystem, das sich in seinen Leistungsmerkmalen mit herkömmlichen Systemen auf sequentiellen Architekturen messen kann. Unabhängig vom jeweiligen Knoten im Transputersystem soll dem Entwickler eine einheitliche Schnittstelle zur Verfügung stehen (System von Bibliotheksaufrufen), mit der er auf Peripheriegeräte, Speicher und Hardwarekanäle zugreifen kann. Diese Unterstützung ist bisher auch nicht annähernd gegeben.

Beide Unzulänglichkeiten lassen sich mit dem Message Passing System WUMPS beheben. Es beinhaltet ein Laufzeitsystem für eine Programmiersprache mit Erweiterungen für ein Entwicklungssystem. Dabei richtet sich WUMPS hauptsächlich an Entwickler paralleler Programme, die ohne lange Einarbeitungszeiten effiziente Implementierungen realisieren wollen. WUMPS bietet leistungsfähige Kommunikationsmöglichkeiten, ohne daß der Overhead eines verteilten Betriebssystems in Kauf genommen werden muß. Zusätzlich kann der Anwender seine Prozesse explizit auf einzelnen Prozessoren plazieren, ohne zusätzliche Werkzeuge zu

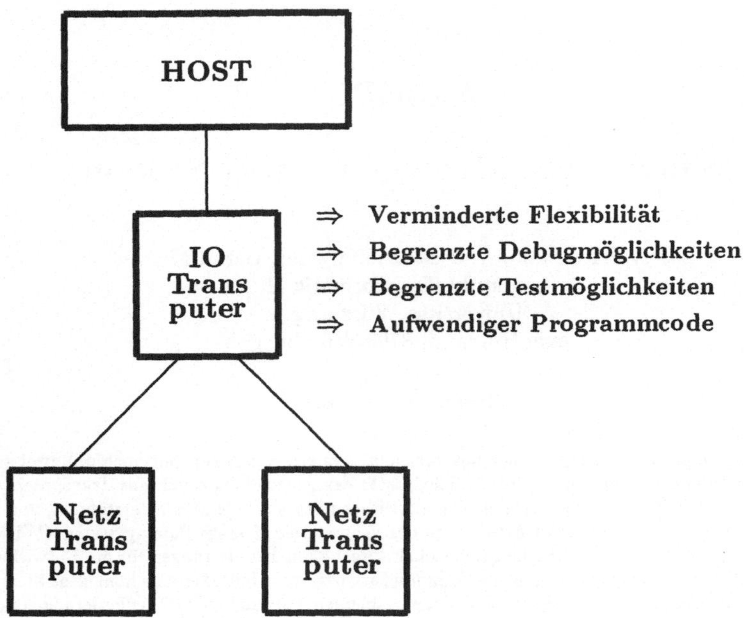



Abbildung 1: Herkömmliches I/O-Schema von Transputersystemen

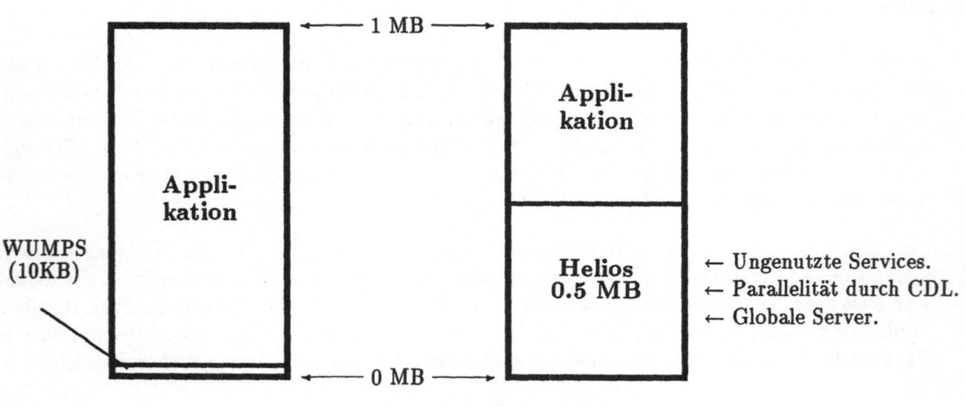



Abbildung 2: Speicherbelegung

benutzen. Der Anwendung selbst steht der größte Teil (WUMPS benötigt etwa 10 MB Speicher) des lokalen Speichers zur Verfügung. Die mit WUMPS verbundenen Bibliotheksroutinen sind wesentlich weniger speicherintensiv (keine Speichermörder), als beispielsweise ein Betriebssystemkern unter Helios (s. Abb. 2). Ein weiterer Vorteil des WUMPS liegt in der automatischen Erkennung der Prozessortopologie. Der Entwickler muß keine Resourcemap bereitstellen. In einer Initialisierungsphase ermittelt WUMPS eine Verbindungsmatrix, aus der die kürzeste Verbindung zwischen zwei Prozessoren abgeleitet wird.

## 2.  Konzepte des WUMPS

WUMPS bietet zum einen eine homogene Sichtweise von Kommunikationsvorgängen, zum anderen ermöglicht es dem Programmentwickler, unter gleichbleibendem Aufwand von jedem Transputer im Netz aus I/O-Anforderungen zu realisieren. Im allgemeinsten Fall können in einem System mehrere Ausprägungen eines Peripherietyps existieren. Der Zugang zu diesen externen Geräten ist von allen Prozessoren aus möglich. Die Verwaltung der Anforderungen war bisher Aufgabe eines verteilten Betriebssystems. Um den Overhead zu umgehen, der mit den System- und Kommunikationsdiensten, sowie mit der Benutzeroberfläche verbunden ist, kann dem erweiterten Messagehandler diese Verantwortung zugewiesen werden.
Die I/O-Anforderungen untergliedern sich in Text-I/O und File-Handling. Das Text-Handling benötigt Funktionen, die den Zugriff auf den Bildschirm und die Tastatur regeln. Der Zugriff auf externen Speicher umfaßt Befehle für das Anlegen, Öffnen, Schließen, Lesen, Schreiben von und Suchen in Dateien.
Eine homogene Kommunikation beinhaltet, daß zwischen Intraprozessor- und Interprozessorkommunikation, also die Kommunikation von Prozessen auf ein und demselben Prozessor und über Prozessorgrenzen hinweg, auf der Applikationsebene nicht mehr unterschieden wird. Diese differenzierte Sichtweise fällt dem Message Passing Systems zu. Es stellt verallgemeinerte Send- und Receiveroutinen zur Verfügung, die die Schnittstelle zwischen Applikation und Message Passing System bilden.

### 2.1  Aufbau des WUMPS

Da I/O-Anforderungen im Endeffekt nur von Transputern mit direkter Anbindung an ein externes Gerät (Peripherietransputer) ausgeführt werden können, müssen alle diesbezüglichen Funktionsaufrufe diesen Prozessoren zugeleitet werden.
Alle I/O-Anforderungen einer Applikation werden durch ein gerichtetes Senden an den entsprechenden Zieltransputer überbracht. Das Senden benutzt den kürzesten Weg von einem Prozessor zum Zieltransputer. Im einfachsten Fall sind Zieltransputer und Roottransputer identisch und der kürzeste Weg ist der invertierte Bootpfad. Teilinformationen, die diesen Pfad betreffen, werden in einer Initialisierungsphase auf jedem Prozessor in geeigneten Strukturen festgehalten. Diese Informationen können vom Anwender nach den Topologieanforderungen seines Programms modifiziert werden.
Für das Messagepassing ist eine gesonderte Instanz verantwortlich: der *Messagehandler*. Dabei unterscheiden sich die Messagehandler der Netztransputer und die der Peripherietransputer in ihrer Funktionalität. Der Messagehandler der Peripherietransputer ist ein erweiterter lokaler Messagehandler.

### 2.2  Aufgaben des lokalen Messagehandlers

Der Messagehandler ermittelt in der Initialisierungsphase die Netzwerktopologie und beinhaltet folgende Funktionen (s. Abb. 5):

1. Abarbeitung von Send- und Receiveroutinen zur Prozeßkommunikation durch den Process Communication Handler PCH.

2. Abarbeitung von I/O-Routinen durch den I/O Handler IOH.

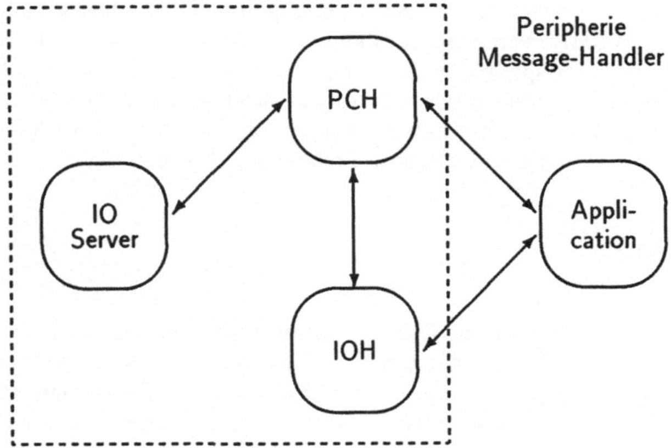



Abbildung 3: Transputer mit Peripherie bzw. Host

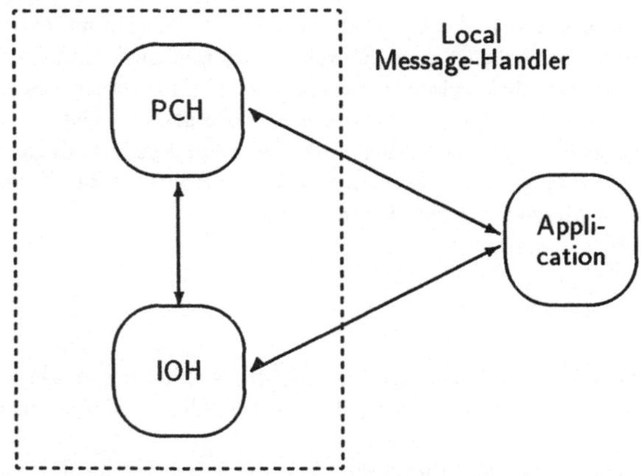



Abbildung 4: Transputer ohne Peripherie bzw. Host

3. Verwaltung eines Puffersystems für die Kommunikationsroutinen (Mailbox).

4. Weiterleitung von Datenpaketen an einen Zieltransputer durch Message Queues und Channel Server.

Im Unterschied zu einem Netztransputer hat ein Peripherietransputer Zugang zu externen Resourcen, z.B. Hostrechner, Festplatten, Graphiksystem, Messstationen, etc. Die Funktionen eines Peripherietransputer Messagehandlers (PTMH) sind:

1. Funktionalität im Umfang des lokalen Messagehandlers.

2. Interaktion mit dem externen Gerät oder dem Hostsystem (IO Server), d.h. die über die Links ankommenden Daten mit Requests für I/O müssen interpretiert werden und in dazugehörige Prozeduraufrufe umgesetzt werden.

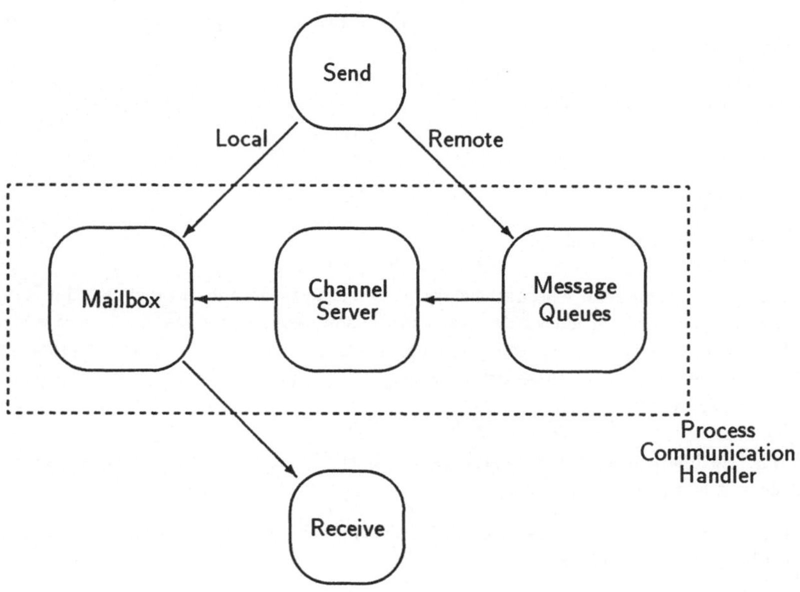


Abbildung 5: Aufbau des Process Communication Handler

## 2.3 Kommunikation

Aus der Sicht eines Benutzers ist die Kommunikation vollkommen uniform. Für ihn spielt es keine Rolle, ob die Prozesse, die an einer Kommunikation beteiligt sind, auf einem Transputer oder auf verschiedenen Transputern ablaufen. In beiden Fällen werden die gleichen Funktionen verwendet. Alle Aufrufe, auch die I/O-Funktionen, sind mit den gleichen Grundfunktionen realisiert.
Um die Belastung des Netzes durch die Kommunikation minimal zu halten, haben wir uns für ein gerichtetes Senden entschieden, also für eine Punkt-zu-Punkt Kommunikation im Gegensatz zum Broadcasting. Da sich ein Empfänger nicht notwendigerweise auf demselben Transputer wie der Sender befindet und Synchronisation über Prozessorgrenzen hinweg sehr schwierig ist, wird eine Pufferung der Nachrichten nötig. Das führt zu einem asynchronen Kommunikationsmodell. Einige I/O-Funktionen, die Ergebnisparameter zurückliefern müssen (open, read, etc.), bilden eine Ausnahme. Sie lassen die Kommunikation synchron erscheinen. In WUMPS besteht zusätzlich die Möglichkeit, Nachrichten asynchron zu empfangen.

**Prozeßkommunikation** Ein Sendeprozeß auf einem Transputer muß sein Kommunikationsziel eindeutig spezifizieren. Ist der Empfangsprozeß lokal, fungiert WUMPS nur als Mailbox. Im anderen Fall löst der Messagehandler die Zieladresse auf und schickt die Nachricht an einen Nachbartransputer. Ist dieser nicht der Zielknoten, werden die Daten weitergeleitet. Der Zieltransputer legt die Nachricht in seiner Mailbox ab. Dort holt sie der Empfangsprozeß ab. Er kann aus mehreren, bereits in der Mailbox eingegangenen Nachrichten, eine auswählen (nondeterministischer Empfang von Nachrichten). Er ist außerdem nicht gezwungen, auf eine noch ausstehende Nachricht zu warten.

**I/O-Kommunikation** Sie ist ein Spezialfall der gerade beschriebenen Prozeßkommunikation. Die I/O-Funktionen werden mit denselben asynchronen Grundfunktionen wie die Prozeßkommu nikation ausgeführt. Aus Sicht des Benutzers erscheint diese Kommunikation dann synchron. Die Daten werden an einen Peripherietransputer geschickt, auf dem ein besonderer Prozeß I/O-Anforderungen bedient. Ein wesentlicher Gesichtspunkt beim I/O ist die Effizienz in Bezug auf Geschwindigkeit. Aus diesem Grund sind Nachrichten an den Peripherietransputer vorrangig zu behandeln. Die Routinen, die I/O reallisieren, entsprechen in ihrer Funktionalität den üblichen Bibliotheksaufrufen :

- Ein- und Ausgabe über Tastatur und Bildschirm,

- Datei anlegen, öffnen und schließen,

- Datei lesen bzw. schreiben,

- Positionierung innerhalb einer Datei.

**Adressierung** Aus den vorhergehenden Abschnitten ergibt sich automatisch die Frage nach der Kennung und Adressierung von Nachrichten. Bisher wurde stets von Zieladressen gesprochen. In diesem Abschnitt wollen wir das WUMPS-Konzept zur Adressierung von Prozessen auf einem Transputernetz erläutern.
Ein Sender muß einen Empfangsprozeß eindeutig benennen. Zwei gängige Verfahren werden in diesem Zusammenhang häufig angewandt:

1. Nameserver, d.h. ein übergeordneter Verwaltungsprozeß ist für die eindeutige Vergabe und Verwaltung von Adressen zuständig.

2. Broadcasting, d.h. um sicher zu stellen, daß die Nachricht beim Empfänger ankommt, muß sie an alle Transputer im Netz geschickt werden.

Die beiden Vorgehensweisen beinhalten einen erheblichen Mehraufwand an Kommunikation. Um die Belastung der Links durch die Prozeßkommunikation so gering wie möglich zu halten, haben wir uns für ein 2-stufiges Adressierungskonzept entschieden.
Die Adresse besteht aus zwei Teilen:

- Dem Namen des Transputers auf dem der Empfangsprozeß läuft.

- Eine eindeutige Nachrichtenkennung auf diesem Transputer.

Der genannte Adressierungsmodus basiert auf der gerichteten Kommunikation. Für die Vergabe von eindeutigen Namen, um die beiden Enden einer Kommunikation zu kennzeichnen, ist der Programmierer selbst verantwortlich. Die Transputerkennung wird eindeutig vom Bootprogramm des Laufzeitsystems vergeben und ist somit für den Anwender fest vorgegeben.

## 3.  Die Komponenten des WUMPS

In diesem Abschnitt beschreiben wir die Schnittstellen zwischen den einzelnen Schichten des WUMPS. Wir verstehen darunter die Applikationsebene, den Messagehandler und die Anbindung an den Host bzw. an externe Geräte.

### 3.1  Benutzerschnittstelle

Die Benutzerschnittstelle bildet das Interface zwischen der Applikation und dem Messagehandler. Die wichtigsten Bibliotheksfunktionen für die Prozeßkommunikation sind **send** und **receive**.

**Send** Der Aufruf von **send** fordert vom lokalen Messagehandler einen Kommunikationskanal an. Sobald dieser verfügbar ist, schickt er die Nachricht, versehen mit der zweistufigen Adresse, an den lokalen Messagehandler. Nachdem seine Empfangsbestätigung eingetroffen ist, terminiert **send** und der rufende Prozeß kann weiterarbeiten.

**Receive** Wie **send** stellt der `receive` eine Verbindung zum lokalen Messagehandler her. Es wartet auf die für ihn bestimmte Nachricht oder setzt eine Meldung (Nachricht nicht gefunden) an den rufenden Prozeß ab. Die `receive` terminiert, falls die Nachricht erfolgreich übertragen oder eine Fehlermeldung abgesandt wurde.

**I/O** Die Bibliotheksfunktionen für die I/O-Aufrufe setzen sich in der Regel aus einem **send**-Aufruf und einem unmittelbar nachfolgendem **receive**-Aufruf zusammen. Durch **send** wird dem PTMH die I/O-Anforderung übermittelt. Durch **receive** erfährt der Prozeß das Ergebnis der I/O-Operation (beispielsweise die Anzahl der gelesenen Bytes, einen Filedescriptor oder eine Fehlermeldung).

## 3.2  Der lokale Messagehandler – LMH

Die gesamte Kommunikation wird über die lokalen Messagehandler (LMH) abgewickelt, die auf jedem Transputer installiert sind. Auf Transputern mit Anbindung an Peripheriegeräte (auch Host) läuft ein in seiner Funktionalität erweiterter Messagehandler (PTMH).
Jeder Messagehandler (auch der PTMH) hat folgende Aufgaben:

- Verwaltung der Softkanäle für die Intraprozessorkommunikation.

- Verwaltung der Hardkanäle für die Interprozessorkommunikation.

- Verwaltung der Mailbox für die Nachrichten an die lokalen Prozesse.

- Verwaltung einer Warteschlange noch nicht erfüllter **receive**-Anforderungen.

**Softkanäle** Send-, Receive- und I/O-Aufrufe leitet ein Prozeß über lokale Kanäle (= Softkanäle) an den lokalen Messagehandler.
Trifft ein **send** beim LMH ein, prüft dieser, ob es sich um einen Aufruf für die Kommunikation zwischen Prozessen oder um eine I/O-Anforderung handelt. Im zweiten Fall vergibt der LMH die Message-ID (mid), im ersten Fall wurde sie bereits vom Anwender vergeben. Send-Aufrufe für die Prozeßkommunikation lassen sich noch weiter in Intra- und Interprozessorkommunikation unterteilen. Ist das angegeben Ziel einer Nachricht ein Prozeß auf demselben Prozessor, so wird sie in der Mailbox unter der angegebenen Message-ID abgelegt. Liegt der Zielprozeß auf einem anderen Transputer, so wird die Nachricht über einen physikalischen Link verschickt.
Handelt es sich bei dem Aufruf um ein **receive**, so inspiziert der LMH die Einträge in der lokalen Mailbox auf die Existenz einer Nachricht mit der entsprechenden Kennung. Falls sie vorhanden ist, überträgt der Messagehandler die Nachricht in den angegebenen Datenbereich. Andernfalls gibt er eine Fehlermeldung an den **receive**-Aufruf weiter oder reiht die Anfrage in die Warteschlange noch nicht beantworteter **receive**-Anfragen ein. Die gewählte Vorgehensweise richtet sich nach den im **receive**-Aufruf angegebenen Parameter.

**Hardkanäle** Hardkanäle benutzt der LMH zur Realisierung der Kommunikation über Prozessorgrenzen hinweg. Ist eine Nachricht für einen entfernten Transputer bestimmt, so ermittelt der LMH den Hardkanal, über den diese Nachricht geschickt werden muß. Zu diesem Zweck greift er auf eine lokale Tabelle, die für jeden Transputer im Netz die Nummer des Links angibt, über den die kürzeste Verbindung vom lokalen Transputer zum Zieltransputer führt, zu.
Treffen Nachrichten über einen physikalischen Link beim LMH ein, überprüft er mit Hilfe der Headerinformation, ob die Daten ihr Ziel erreicht haben, oder im Netz weiter verschickt werden.
Die Vorgehensweise ist die gleiche, wie bei **send**-Aufrufen, die der Messagehandler über Softkanäle erhält.

## 3.3  Der Peripherietransputer Messagehandler – PTMH

Der PTMH hat die gleiche Funktionalität wie jeder lokale Messagehandler. Zusätzlich verwaltet er I/O-Anforderungen an den Host oder die Peripheriegeräte oder den Host, mit denen er direkt verbunden ist. Beschreibt der eintreffende **send** eine I/O- Operation, die von diesem Transputer auszuführen ist, so löst der PTMH die 2-stufige Adresse auf und bestimmt den Hardlink, der das Peripheriegerät oder den Host mit dem Transputer verbindet.
Für eine eventuelle Rückantwort merkt er sich die 2-stufige Adresse. Er wandelt die im **send**-Aufruf beschriebene Anforderung in einen Aufruf des externen Geräts um und führt anschließend die Kommunikation mit dem Peripheriegerät oder dem Host durch. Falls das Resultat dieser Kommunikation benötigt wird, leitet der PTMH das Ergebnis über einen **send**-Aufruf an den Transputer weiter, der die Anfrage initiiert hat. Die Bestimmung des Ziels erfolgt mit Hilfe der gespeicherten 2-stufigen Adresse.
Alle anderen Send-, Receive- und I/O-Aufrufe behandelt der PTMH genauso wie der LMH.


## 4.  Schlußbemerkung

- Momentaner Stand der Implementierung
  Zur Zeit ist Version 1.0 von WUMPS verfügbar. Sie ist für ein vmtm-Board der Firma Parsytec mit vier T800 Transputern (1 MB) unter Verwendung des Par.C-Compilers Vers. 1.22 der Firma Parsec implementiert. Der Speicherbedarf von WUMPS beträgt weniger als 10 KB pro Transputer. Realisiert wurden bisher:

  - Automatische Erkennung der Netzwerktopologie in der Initialisierungsphase.
  - Applikationsgesteuerte Lastverteilung.
  - Momentan nicht benötigten Komponenten (IOH, IOS oder PCH) belasten die CPU nicht. Sie werden schlafen gelegt und bei Bedarf geschedult.
  - Die folgende Benutzerfunktionen stehen zur Verfügung:
    * Prozeß-Kommunikation: send und receive (asynchron und synchron).
    * I/O-Operationen: open, close, read, write.

- Ausblick auf künftige Erweiterungen
  Die I/O-Funktionen wollen wir in Umfang und Wirkungsweise an übliche Bibliotheksfunktionen anpassen.
  In einer erweiterten Version von WUMPS soll der Programmierer die Netzwerktopologie zur Laufzeit den Programmanforderungen anpassen, sowie die Lastverteilung beeinflussen können.
  Zusätzlich wollen wir auf WUMPS ein Textwindowsystem aufsetzen und Werkzeuge für Programmdebuggen und -analyse bereitstellen.


## Literatur

[SW89] D. SCHLIERKAMP-VOOSEN, K. WOLF: *RouMorS – Ein Routing- und Monitoring-System für große Transputernetze*, Informatik Fachberichte 237, Springer Verlag, 1989

[GW90] D.D. GAJSKI, MIN-YOU WU: *Hypertool: A Programming Aid for Message-Passing Systems*, IEEE Transactions on Parallel and Distributed Systems, Vol. 1(3), 1990

[GE90] N.H. GEHANI: *Message Passing in Concurrent C: Synchronous versus Asynchronous*, Software – Practice and Experience, Vol. 20(6), pp. 571-592, June 1990

[PA89] PARSEC: *ParC – Reference Manual*, Manual zur Programmiersprache ParC, Ver. 1.2

[BS89] H.E. BAL, J.G. STEINER, A.S. TANENBAUM: *Programming Languages for Distributed Computing Systems*, ACM Computing Surveys, Vol. 21(3), pp. 261-322, September 1989, ACM Press

# BIS ZU 256 TRANSPUTER DIREKT GEKOPPELT ÜBER EIN MIN
## (Projekt ReNet)


Dietrich, D.; Jensen, J.-P.; Kauffmann, D.; Rawe, M.;
Rössler, R.; Schröder, St.; Schulze zur Hörst, B.

FH Bielefeld / Nixdorf Computer AG


## Vorwort

*Für rechen- und kommunikationsintensive Applikationen aus den Bereichen Kommunikationstechnik, Transaktionsbearbeitung, Bildverarbeitung, Spracherkennung, Signalverarbeitung, Simulation, neuronale Netze usw. werden gerne Multitransputer-Systeme eingesetzt. Damit wird eine Parallelisierung der Algorithmen möglich, was die Rechenzeiten drastisch zu minimieren hilft. Angestrebt wird ein Speed-Up, der linear mit der Anzahl der Transputer zunimmt. Vor allem aus zwei Gründen läßt sich dies oft nur schwer erreichen:*

*(1) Das für die Aufgabe notwendige Prozeßnetz läßt sich meist nicht optimal auf die physikalischen Link-Verbindungen der benutzten Konfiguration abbilden. Daher kann es vorkommen, daß einzelne Transputer nicht oder nur unökonomisch genutzt werden können.*

*(2) Die Anzahl der gleichzeitig zur Verfügung stehenden Link-Verbindungen (=4) reicht oft nicht aus. Als Konsequenz müssen Kanäle über die Links per Software gemultiplext werden oder gar Nachrichten über zwischenliegende Transputer geroutet werden, was zu Leistungseinbußen führt.*

*Auch Link-Switches lösen nicht das Problem (2), da es zu einem Zeitpunkt weiterhin nur vier direkte Verbindungen zu benachbarten Transputern gibt. Außerdem ist meist eine Einschränkung in der Erreichbarkeit der Transputer untereinander gegeben, denn nicht jeder Transputer kann mit jedem anderen verbunden werden. Die bisher verwendeten Systeme stellen somit auch für Problem (1) keine gute Lösung dar.*

*Das hier vorgestellte Konzept vermeidet die oben genannten Nachteile, da es eine quasi-gleichzeitige Verbindung jedes einzelnen Transputers mit bis zu 255 anderen über einen einzigen Link-Anschluß und ein "Multistage-Interconnection-Network" (MIN) ermöglicht. Durch virtuelle Kanäle auf diesem Link-Anschluß können Prozeßnetze von praktisch beliebiger Topologie bis hin zur vollständigen Vermaschung gebildet werden. Von Vorteil wird es dabei sein, wenn entsprechend komfortable Betriebssysteme wie MACH, Helios oder UNIX an diese Mechanismen angepaßt werden können. Eine der nächsten Aktivitäten der FH Bielefeld wird daher in diese Richtung zielen.*

## 1 Einführung

Ziel des Projektes ReNet war die Entwicklung eines SS#7-Packet-Handlers für die Fernvermittlung. Die Ergebnisse zeigen jedoch, daß sich das realisierte Multistage-Interconnection-Network (MIN) auch für andere Anwendungen auf Multicomputer-Basis bestens eignet. Die wesentlichen Aspekte bei der Konzeption des MIN waren:

. begrenzter Hardware-Aufwand

. geringe Durchlaufzeiten

. einfaches Handshake zwischen den beteiligten Einheiten

. schnelle Synchronisation

. faire Behandlung der Datenrahmen

Das zu entwickelnde System sollte in der Lage sein, 256 Transputer so miteinander zu verschalten, daß jeder einzelne direkt mit jedem anderen Datenrahmen austauschen kann, wobei die effektiven Datenübertragungsraten der Transputer-Links möglichst ausgereizt werden sollten (20 Mbit/s). Darüberhinaus spielt der Preis eine entscheidende Rolle - das Produkt muß auch in großer Stückzahl bezahlbar sein.

Das Mehrstufennetzwerk (Multistage Network) stellt im Vergleich zu anderen Systemen (Ring, Bus, usw.) einen guten Kompromiß zwischen Aufwand und Leistungsfähigkeit dar.

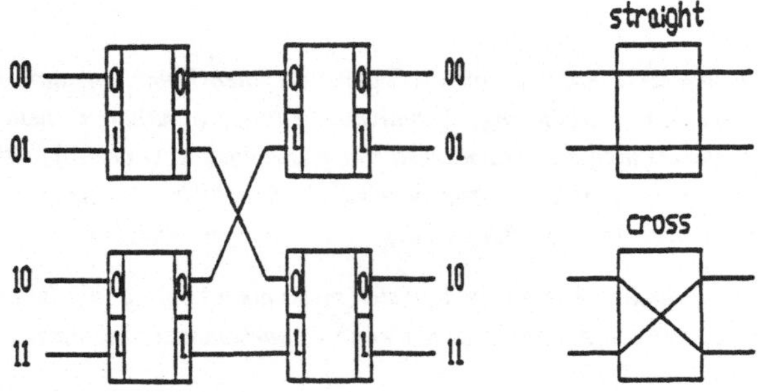


Bild 1: Baseline-Netzwerk / Schaltzustände der Knoten

## 2 Baseline-Netzwerk

Mehrstufige Netzwerke können unterschiedlich entworfen werden. Wie in [Diet1] schon erläutert, unterscheiden sie sich im wesentlichen durch die Art der inneren Vernetzung, wobei bei ihnen die gleiche Durchsatzmenge pro Zeiteinheit angenommen werden kann, solange eine homogene Lastverteilung im Netz vorausgesetzt wird [Schm]. Aus diesem Grund wurde für das Projekt ReNet das Baseline-Netzwerk zugrunde gelegt, das wohl am bekanntesten sein dürfte. Es hat die in Bild 1 wiedergegebene Netzstruktur. Jeder Knoten, der jeweils zwei Ein- und Ausgänge besitzt, benötigt eine 1bit-Information für die Entscheidung, ob ein Datenpaket *straight* oder *cross* weiterzuleiten ist. Das Paket enthält dafür eine Adresse, die in jedem Knoten entsprechend ausgewertet wird. Die im folgenden gewählte Bezeichnung für das Netzwerk sei MIN (Multistage-Interconnection-Network).

## 3 Lösungsmöglichkeiten

Eine der ersten wesentlichen Entscheidungen war, ob im MIN die Daten seriell oder parallel übertragen werden sollten. Die Transputer-Links legen serielle Übertragung nahe, wofür auch der geringe Verdrahtungsaufwand spricht. Die dadurch notwendigen hohen Taktraten sind jedoch hinsichtlich der EMV problematisch. Eine weitere

Entwurfsalternative - synchrone oder asynchrone Übertragung zwischen den Submoduln - war einfach zu entscheiden: aufgrund der Laufzeitprobleme bei einer synchronen Einheit mit über 1000 Submoduln ist es ratsam, asynchron zu fahren. Die Messungen am realisierten System zeigen, daß sich die Transfergeschwindigkeit dadurch kaum merklich verringert [Diet1].

Festgelegt wurde demnach eine parallele asynchrone Übertragung im MIN mit einer Speicherung von jeweils 1 Byte je Knoten - was bei 256 vernetzten Transputern (Netzwerk mit 8 Spalten) eine Durchlaufverzögerung von 8 Takten ergibt.

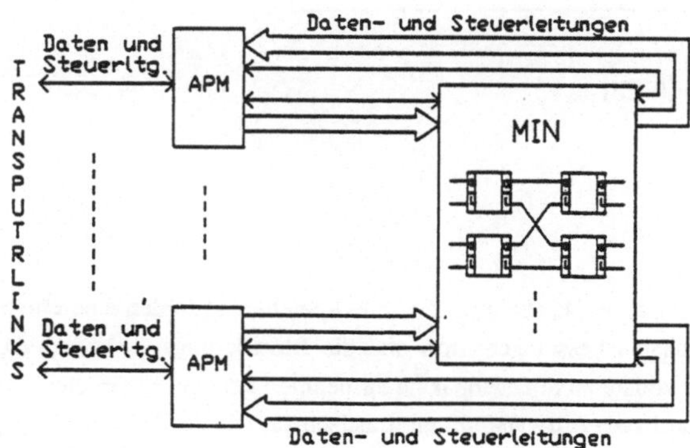


Bild 2: MIN mit Anpassungsmodul

Einfache Kaskadierbarkeit erfordert einen identischen Aufbau der Knoten. Dadurch wird eine Schnittstellenanpassung zwischen den Transputer-Links und dem MIN notwendig, die neben anderen Aufgaben die Seriell-Parallel-Wandlung vornimmt: das Anpassungsmodul (APM). Über Bild 1 gelangt man dadurch zur Lösung nach Bild 2.

# 4 Realisierung

Gemäß der Darstellung in Bild 2 werden die drei Einheiten FEP, APM und MIN getrennt voneinander vorgestellt:

## 4.1 Front End Processor (FEP)

Die FEPs stellen die Rechnerkerne dar, die je nach Anwendung unterschiedlich sein können. Im Projekt ReNet wurde zentral ein Etalon-Transputer-Board mit Transputern des Typs T800 sowie eine Anpassungslogik (APL) vorgesehen. Die APL ist über ein GAL realisiert und direkt mit dem Transputer-Bus verbunden. Sie enthält die für den jeweiligen Anwendungsfall erforderlichen Schnittstellenbausteine (z.B. serielle Leitungs-Controller, Disk-Controller usw.). Weiterhin ist die APL mit dem APM über Steuerleitungen gekoppelt, die zum Booten und Analysieren der Transputer sowie für ein Rücksetzen des Systems notwendig sind.

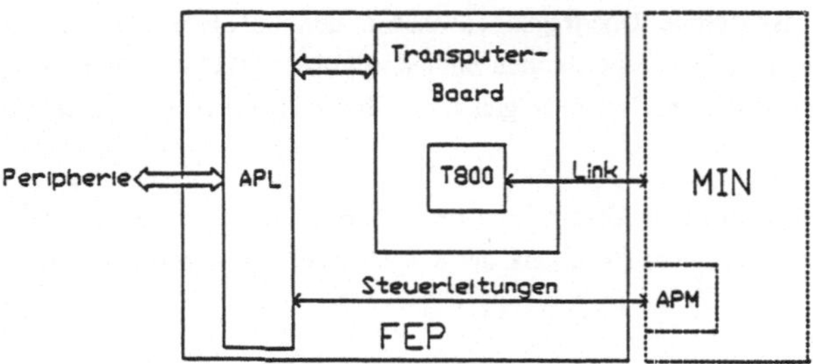


Bild 3: Front End Processor (FEP)

## 4.2 MIN-Knoten

Die asynchrone Datenübertragung durch das MIN setzt eine Zwischenspeicherung in den Knoten voraus. Größere Puffer haben den Vorteil, daß ein Rückstau besser gedämpft und die Blockierungsgeschwindigkeit vermindert wird - vor allem dann, wenn die Puffer vollständige Datenpakete aufnehmen können. Dabei steigen allerdings die Reaktionszeiten bei Fehlern, und der Hardware-Aufwand nimmt drastisch zu. Die gewählte Speichergröße von nur 1 Byte lieferte gute Ergebnisse [Diet1]. Jedes eintreffende Datenbyte wird in ein Register eingelesen, und dann - sofern keine Blockierung vorliegt - *straight* oder *cross* weitergereicht. Die Übergabe an den nächsten Knoten erfolgt über ein Handshake (asynchrones Verfahren).

Die Aufgaben eines Knotens sind im einzelnen:

. Speicherung des ankommenden Datums (1 Byte)

. Modifizierung des Adreßkopfes

. Kanalisierung (Switcher-Funktion) und

. Steuerung der Funktionseinheiten in Abhängigkeit des Handshake

Die realisierte Konfiguration eines Knotens ist in Bild 4 dargestellt: eine Eingangseinheit setzt sich aus einem Register, einem Modifizierer (MOD) sowie dem jeweiligen Steuerwerk zusammen. Die Ausgangseinheit wird vom Switcher und dem Steuerwerk S gebildet. Ein Teil der Steuerleitungen wird transparent durch den Knoten durchgeschaltet (Booten der Transputer, etc.), der andere Teil dient zur Realisierung des Handshake.

Der Switcher kann die im Bild 5 wiedergegebenen Zustände einnehmen. Es wurde ein einfacher und sicherer Übergangsablauf gewählt. Zwei Ruhezustände wurden implementiert, um keinen der beiden Knoteneingänge zu bevorzugen. Das Steuerwerk behandelt aus dem Ruhezustand heraus immer denjenigen Eingang mit höherer Priorität, der zuletzt nicht bearbeitet wurde.

Die Steuerwerke bedienen die Handshake-Leitungen (siehe Bild 4). Als Ruhezustand könnte man den Zustand *Warten auf Adreßbyte* definieren. Von hier beginnend wird nach Empfang der Adresse zuerst der Weg geschaltet, dann das Adreßbyte modifiziert und weitergereicht, und schließlich die Bytes des Datenrahmens transferiert, bis über die Disconnect-Leitung das Ende des Rahmens angezeigt wird. Das Disconnect-Signal wird mit dem letzten Byte übertragen.

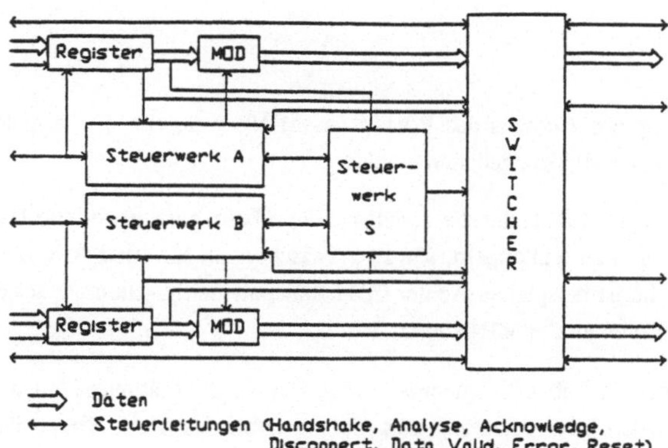



**Bild 4: MIN-Knoten**

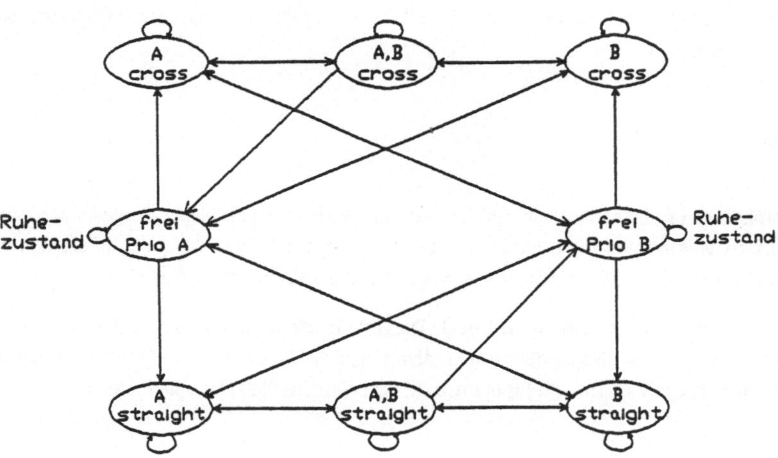



**Bild 5: Funktion des Switchers**

Die Knoten kommunizieren über die Handshake-Leitungen asynchron miteinander. Intern arbeiten die Steuerwerke als synchrone Automaten. Für die Bedingung, daß asynchron wirkende Eingangssignale nicht gleichzeitig auf *einen* Automaten im Knoten wirken dürfen, bieten sich zwei Lösungen an: die Synthese eines entsprechenden Automaten mit Einführung etwaiger Zwischenzustände oder das Einsynchronisieren der Eingangssignale über Flip-Flops. Aus Gründen der Einfachheit und der größeren Störsicherheit wurde die zweite Methode ausgewählt.

Die Schaltungen für das LCA wurden mit dem Programmpaket FutureNet erstellt, wobei das Steuerwerk S ausschließlich durch Boole'sche Gleichungen beschrieben wurde. In das LCA konnte ein vollständiger Knoten mit Ausnahme der Steuerwerke A und B integriert werden. Diese wurden über GALs realisiert, wobei die Optimierung und Programmierung über ein an der FH Bielefeld selbst entwickeltes Programm erfolgte, das auf dem Prinzip des Sharp-Produktes basiert [Diet2].

## 4.3 Anpassungsmodul (APM)

Da durch die ausführliche Erläuterung des Knotens das Prinzip des MIN's weitgehend offengelegt ist, soll die Beschreibung des Anpassungsmoduls (APM) kurz gehalten werden.

Die zentrale Rolle spielt der Link-Adapter C011, der die seriell-parallele bzw. parallel-serielle Datenstromwandlung vornimmt. Um den C011 vom MIN zu entkoppeln, wurde dazwischen am Ein- und Ausgang eine Auffangschaltung (8 Bit-Register) installiert. So ist beispielsweise der C011 transputerseitig schon wieder empfangsbereit, während die Auffangschaltung noch Daten an das MIN absetzt.

Die Übertragungssteuerlogik korrespondiert über die entsprechenden Handshake-Leitungen mit dem an sie direkt angeschlossenen Knoten und steuert den Streckenaufbau und -abbau durch das MIN. Hierzu lädt sie die zwei Längenbytes des Datenpakets in den Zähler, dekrementiert diesen bei jedem transferierten Byte und beendet beim Zählerstand 0 den Datentransfer über die Steuerleitung Disc.

Für die Analyse bzw. das Booten der Transputer über das MIN waren zusätzliche Maßnahmen erforderlich, auf die hier nicht näher eingegangen wird.

## 5 Kaskadierung

Die folgenden Ausführungen stellen Überlegungen dar, die - im Gegensatz zum bisher Dargestellten - noch nicht experimentell verifiziert wurden. Sie lagen jedoch der Entwicklung des MIN's zugrunde, da sie nun nach dem durchgeführten Machbarkeitsbeweis den konsequenten Folgeschritt der Entwicklung darstellen.

Gehen wir aus von einer Netzkonfiguration nach Bild 1. Dargestellt sind 4 Knoten, an die 4 FEPs angeschlossen werden können. Die Berechnung der Netzgröße ist nach dem folgenden Schema einfach durchzuführen. Sei N die Anzahl der zu verschaltenden FEPs, dann gilt für die Anzahl der erforderlichen Netzspalten n

$$n = \mathrm{ld}\, N$$

und für die Gesamtzahl der notwendigen Knoten k

$$k = (N/2) * \mathrm{ld}\, N$$

Soll nun ein MIN für 8 FEPs aufgebaut werden, so gilt n=3 und k=12. Bei Verwendung von Subeinheiten mit je 4 Knoten kann beispielsweise eine Konfiguration nach Bild 6 eingesetzt werden.

Aus Gründen der Sicherheit, der EMV-Problematik, der einfachen Wartbarkeit usw. ist es wünschenswert, größere Netzwerke in Submoduln zu gliedern, die auch räumlich verteilt aufgestellt werden können. Das ist machbar, wenn auch der hierzu notwendige Aufwand selbstverständlich höher ist. Aufgrund der Laufzeitproblematik der Signale zwischen den Moduln ist es unabdingbar, hohe Datentransferraten zu verwenden.

Untersuchungen hierfür sind an der FH Bielefeld schon vor 3 Jahren gelaufen. Mit Hilfe der TAXI-Bausteine Am 7968/69 (Sende- und Empfangsbaustein) konnten Brutto-Übertragungsraten von 125Mbit/s und Netto-Übertragungsraten von annähernd 10Mbyte/s über Koaxial- sowie Lichtleiter mit relativ geringem Aufwand erreicht werden. Auf der Basis dieser Bausteine ist es nicht notwendig, zwischen den Moduln über parallele Leitungen zu fahren, da die Handshake- und Transputer-Steuerleitungen zu den Nutzdaten in den seriellen Datenstrom gemultiplext werden. Erforderlich werden dadurch natürlich Leitungsadapter zur Seriell-Parallel-Wandlung (und vice versa) mit Leitungstreibern bzw. -empfängern.

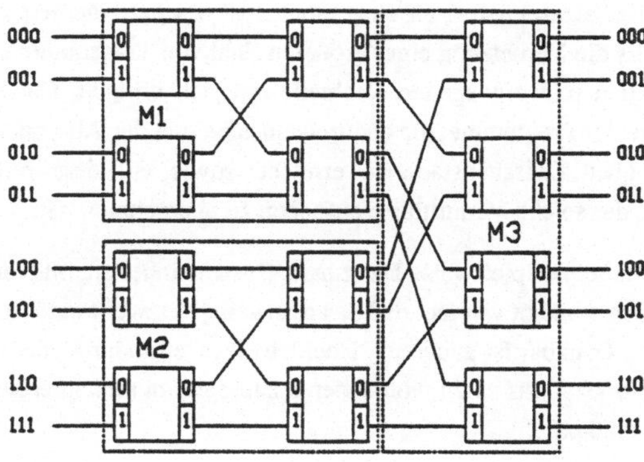

Bild 6: MIN für 8 Transputer

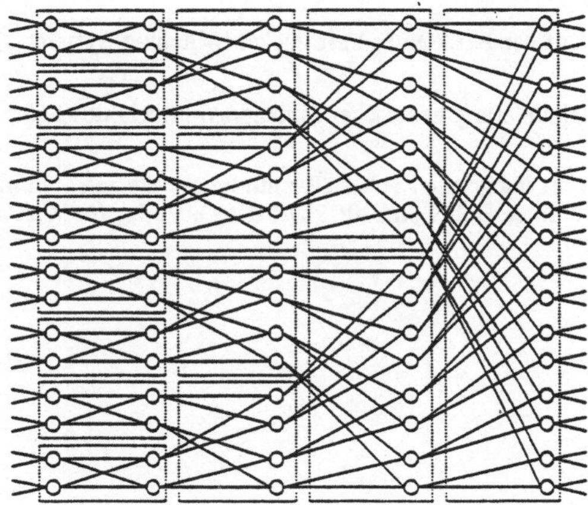

Bild 7: MIN für 16 Transputer

Das Prinzip der modularen Erweiterbarkeit des MIN's ist in Bild 6 zu erkennen: Modul M1 und Modul M2 sind identisch und werden übereinander angeordnet. Dahinter befindet sich ein drittes Modul M3, wobei dessen oberer Knoten die beiden hinteren jeweils oberen Knoten von M1 und M2 zu verbinden hat, und der zweite Knoten von M3 deren jeweils andere Ausgänge. Dieses Verfahren wird für die beiden unteren Knoten von M3 gespiegelt. Die Vernetzung von 16 Transputern erfolgt entsprechend (siehe Bild 7). Für ein Netz zur Verschaltung von 256 Transputern werden somit 8 Spalten mit 128 Reihen, also 1024 Knoten benötigt. Bei einer Realisierung mit Gate-Arrays können voraussichtlich jeweils 4 Knoten in ein IC integriert werden, womit sich für ein 256er MIN 256 ICs (plus Anpassungseinheiten APM) ergeben.

# 6 Ausblick / Einsatzgebiete

Neben dem für das Projekt ReNet angepeilten Einsatz des MIN's als Herz eines SS#7-Packet-Handlers kommen all jene Anwendungen in Frage, bei denen ebenfalls die Vernetzung einer größeren Zahl von Transputern erforderlich ist, und bei denen konventionelle Netztopologien schwerwiegende Nachteile mit sich bringen. Diese Nachteile beruhen ja im wesentlichen auf der Asymmetrie der Programme, die dadurch entsteht, daß der Absender der Nachricht den Empfänger mal direkt, mal nur über Zwischenstationen erreicht, sowie auf dem relativ hohen Kommunikationsaufwand in jedem Transputer, der solche Vermittlungsaufgaben zu übernehmen hat.

Optimale potentielle Anwendungsgebiete sind daher beispielsweise Datenbank-Systemeinheiten, bildverarbeitende Systeme und neuronale Netze. Zuletzt sollte noch erwähnt werden, daß das realisierte Netzwerk natürlich nicht auf die Vernetzung von Transputern beschränkt ist. Denkbar ist auch eine Hochleistungsverbindung von Transputern mit völlig unterschiedlichen Systemen (PCs, Workstations usw.), von denen letztere nur mit entsprechenden Link-Adapter-Karten (C011/C012) ausgestattet sein müßten.

## Literatur

[Diet1] **Dietrich, D. et. al.:** Ein SS#7-Handler auf der Basis eines Fast Packet Switching System's (FPSS); CH Elektroniker, ?/199?

[Diet2] **Dietrich, D. et. al.:** Rechneradäquate Minimierung boolescher Funktionen mittels des Sharp-Produktes; CH Elektroniker, 1/2-1990

[Schm] **Schmidt, W.:** Die Vermittlungstechnik in integrierten Paket-Übermittlungssystemen - Einführung und Systemübersicht; Der Fernmeldeingenieur, Sonderdruck Heft 9 und 10/1987 (41.Jg.); Verlag für Wissenschaft und Leben, Bad Winsheim

# Zur Bearbeitung komplexer Anfragen im Mehrbenutzerbetrieb auf Shared-Nothing-Datenbanksystemen

Günter von Bültzingsloewen, Ralf Kramer, Rolf-Peter Liedtke, Michael Schryro

Forschungszentrum Informatik (FZI) an der Universität Karlsruhe
Haid-und-Neu-Straße 10-14, D-7500 Karlsruhe 1
e-mail: {bueltz, kramer, liedtke, schryro}@fzi.uka.de

**Zusammenfassung:** *Stetig wachsende Datenvolumen in administrativen Anwendungen sowie zunehmend komplexer werdende Anfragen führen zu drastisch gestiegenen Anforderungen an die einzusetzenden Datenbanksysteme. Die hinsichtlich Antwortzeit und Durchsatz gestellten Leistungsanforderungen können nur durch parallele Datenbanksysteme erfüllt werden. Im Hinblick auf die Bearbeitung komplexer Anfragen im Mehrbenutzerbetrieb ist in solchen Systemen das gezielte Zusammenwirken von Datenverteilung, Anfrageoptimierung und Steuerung der Anfragebearbeitung erforderlich. Neben einer kurzen Einführung in die Thematik paralleler Datenbanksysteme werden in diesem Beitrag wesentliche Aspekte der zur Zeit am FZI entwickelten Plattform vorgestellt, die gezielt die praktische Untersuchung der in diesem Bereich offenen Fragestellungen ermöglicht.*

## 1 Einleitung

Datenbanksysteme haben seit vielen Jahren einen festen Platz in betriebswirtschaftlichen und administrativen Anwendungen zur einheitlichen und dauerhaften Verwaltung umfangreicher Datenbestände. Dies verdanken sie einer Reihe von Vorzügen, durch die sie sich von Dateisystemen unterscheiden: integrierte, einheitliche Datenhaltung für alle Anwendungen; vereinfachte, kostengünstige Anwendungsentwicklung durch deskriptive und von der konkreten internen Organisation der Daten abstrahierende Programmierschnittstellen; hohe Zuverlässigkeit durch Sicherungsmechanismen und automatische Wiederherstellung bei Ausfällen sowie ausgefeilte Mechanismen zum Schutz der Daten vor Verfälschung (Konsistenz- und Integritätssicherung, Datenschutz).

Beim Einsatz von Datenbanksystemen sind zwei wesentliche Tendenzen zu beobachten: zum einen wachsen die zu bearbeitenden Datenvolumen stetig an (in kommerziellen Anwendungen sind Datenbasen in einer Größenordnung von 100 GByte bis zu 1 TByte anzutreffen [Gray90], zu deren einmaligem sequentiellen Lesen von Platte (1 MByte/sec) ca. 28 h – 12 Tage erforderlich wären), zum anderen treten neben einfachen Anfragen wie Kontenbuchungen vermehrt auch komplexe Anfragen auf. Für den Mehrbenutzerbetrieb wird das folgende Szenario zunehmend typisch: Sachbearbeiter in einem Unternehmen führen kurze Anfragen beispielsweise im Rahmen der Buchhaltung aus. Zugleich greift das Management zur Entscheidungsvorbereitung auf dieselben, umfangreichen Datenbestände zu und stellt Querbezüge zwischen den Daten her, die in komplexen Anfragen resultieren. Zum einen wird daher ein sehr hoher Systemdurchsatz verlangt, d.h. die Bearbeitung einer möglichst großen Anzahl von Anfragen in einem bestimmten Zeitintervall, zum anderen sollen aber insbesondere auch komplexe Anfragen in möglichst kurzer Zeit beantwortet werden.

Diesen Anforderungen kann nur durch den Einsatz massiver Parallelität, d.h. durch die Verwendung sog. Shared-Nothing-Architekturen [Ston85] (Distributed Memory) mit einer größeren Anzahl von Prozessoren und Festplatten auch für Zwecke der Datenhaltung, begegnet werden. Experimentelle Prototypen solcher paralleler Shared-Nothing-Datenbanksysteme wie Bubba [Bora90a] und

Gamma [DeWi90] zeigen die prinzipielle Realisierbarkeit dieses Ansatzes. Wesentlich für die Leistung solcher Systeme, d.h. für Durchsatz und Antwortzeitverhalten, ist das gezielte Zusammenwirken von Datenverteilung, Anfrageoptimierung und Steuerung der Anfragebearbeitung. Diesem Themenkomplex wurde in der Forschung jedoch bislang vergleichsweise wenig Aufmerksamkeit geschenkt.

Ausgangsbasis der in diesem Bereich am FZI laufenden Arbeiten bildet datenbanksystemseitig das Kardamom-Projekt [BüLD87, Bült89a], in dessen Rahmen am FZI die Software-Architektur eines parallelen Datenbanksystems entworfen und prototypisch realisiert worden ist. Obwohl für das Kardamom-Projekt eine aus mehreren Shared-Memory-Clustern bestehende Hardware-Architektur zugrundegelegt wurde, können wesentliche der dort realisierten Konzepte wie die datenflußgesteuerte, mengenorientierte Verarbeitung gleichermaßen auch auf Shared-Nothing-Architekturen eingesetzt werden. Eine Plattform zur Untersuchung der Leistungsfähigkeit der bereits entwickelten und noch zu entwickelnden Techniken zur Datenverteilung, Anfrageoptimierung und Steuerung der Anfragebearbeitung wird gegenwärtig auf einem transputerbasierten Parallelrechner unter dem Betriebssystem Helios [Peri89] realisiert.

Der Rest des Papieres ist folgendermaßen gegliedert: im folgenden 2. Abschnitt wird ein kurzgefaßter Überblick über den Stand der Forschung im Bereich paralleler Datenbanksysteme gegeben. Abschnitt 3 beinhaltet die wesentlichen Überlegungen zur Software-Architektur des im weiteren zugrundegelegten parallelen Datenbanksystems. In Abschnitt 4 wird die derzeit am FZI realisierte Untersuchungsplattform vorgestellt. Das Papier schließt in Abschnitt 5 mit einer kurzen Beschreibung des erreichten Standes und einem Ausblick auf die weitere Arbeit.

## 2 Stand der Forschung

Im praktischen Einsatz setzen sich relationale Datenbanksysteme immer mehr durch. Anfragen an relationale Datenbanksysteme werden in einer deskriptiven Anfragesprache wie SQL – der heutigen Standard-Anfragesprache – gestellt. Der Anwender charakterisiert damit nur das gewünschte Ergebnis. Ein Algorithmus zu dessen Gewinnung wird datenbanksystemintern in der Anfrageübersetzung und -optimierung festgelegt. Bei *parallelen* Datenbanksystemen müssen die hierbei erzeugten Bearbeitungspläne die spezifischen Merkmale dieser Systeme berücksichtigen [Bült90].

Eine Verkürzung der Antwortzeit wird in parallelen Datenbanksystemen durch Parallelität zwischen unterschiedlichen Operationen innerhalb einzelner Anfragen (Intra-Query-Parallelität) sowie durch Parallelität innerhalb einzelner Operationen (Intra-Operations-Parallelität) erreicht. Ein höherer Durchsatz wird durch gleichzeitige Bearbeitung unterschiedlicher Anfragen auf mehreren Prozessoren (Inter-Query-Parallelität) erzielt. Voraussetzung ist jeweils die Verteilung der Daten (Relationen) auf die Verarbeitungsknoten des parallelen Datenbanksystems, auf denen in der Regel jeweils der gesamte Funktionsumfang des Datenbanksystems zur Verfügung steht.

Bei Datenbanksystemen höherer Parallelität (mehr als ca. 10 Prozessoren) werden fast ausnahmslos Shared-Nothing-Architekuren eingesetzt, deren wesentlicher Vorteil gegenüber Shared-Memory-Systemen ihre – zumindest potentiell - unbegrenzte Skalierbarkeit ist. Ein Verarbeitungsknoten besteht aus (mindestens) einem Prozessor mit lokalem Hauptspeicher und in der Regel einer lokalen Massenspeichereinheit (Festplatte). Relationen werden in der Regel fragmentiert und über mehrere Verarbeitungsknoten verteilt gespeichert.

Parallele Algorithmen zur Implementierung relationaler Operatoren sind bereits recht umfassend erforscht worden. Dies gilt insbesondere für parallele Join-Algorithmen. Der für die Leistung paralleler Datenbanksysteme im Mehrbenutzerbetrieb relevante Themenkomplex Anfrageübersetzung/-optimierung – Steuerung der Anfragebearbeitung – Datenverteilung/-(re)organisation ist hingegen vergleichsweise wenig erforscht. Dies gilt besonders für den Mehrbenutzerbetrieb mit Anfragelasten, die auch komplexe Anfragen – d.h. Anfragen, die mehrere sowohl voneinander unabhängige als auch aufeinander aufbauende Teiloperationen umfassen und die sich auf ein größeres Datenvolumen beziehen – beinhalten, da bei ihnen ein Kompromiß zwischen den divergierenden Zielen Ant-

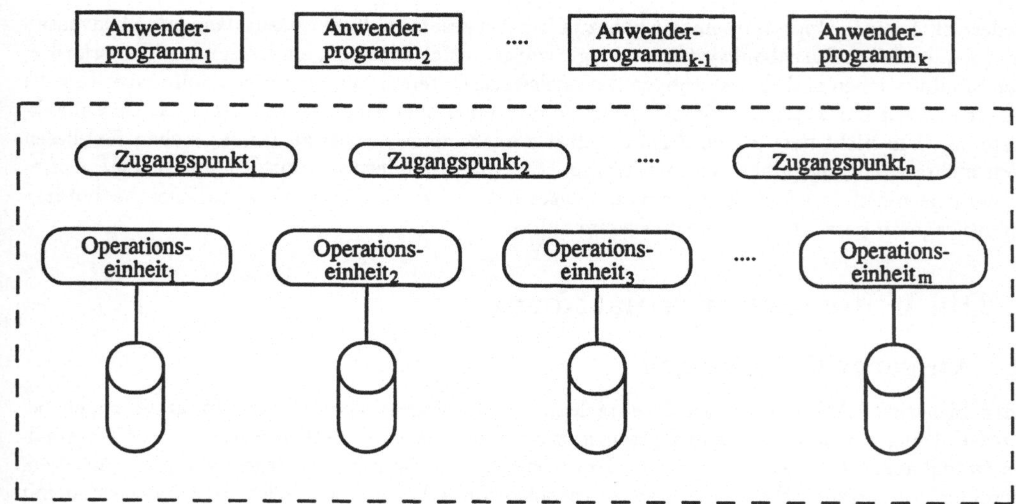

Abb. 3.1: Die Architektur des parallelen Datenbanksystems

wortzeitverkürzung und Durchsatzsteigerung gefunden werden muß. Lediglich in [Smit89] werden Leistungsmessungen veröffentlicht, die die aus den komplexen Anfragen resultierende Problematik verdeutlichen. Da sich auch bei parallelen Datenbanksystemen ein deutlicher Trend zu Systemen mit (gegenüber relationalen Systemen) erweiterter Funktionalität abzeichnet (z.B. ESQL in EDS [WaTo90], FAD in Bubba [Bora90a]), werden Anfragelasten mit komplexen Anfragen zukünftig weiter an praktischer Bedeutung gewinnen.

# 3   Software-Architektur des parallelen Datenbanksystems

Eine wesentliche technologische Randbedingung, die bei der Konzeption der Software-Architektur paralleler Datenbanksysteme zu berücksichtigen ist, sind größer und zugleich preiswerter werdende Hauptspeicher. Stehen in einem Shared-Nothing-System beipielsweise verarbeitungsknotenlokal jeweils 16 MByte zur Verfügung, so ergibt sich bei 64 Verarbeitungsknoten bereits ein Gesamthauptspeichervolumen von 1 GByte, das überwiegend für die Haltung von Anwenderdaten (Nutzdaten) verwendet werden kann.

In Verbindung mit der in zahlreichen Anwendungen festzustellenden sehr hohen und über einen längeren Zeitraum gleichbleibenden Lokalität der Zugriffe (so erstreckten sich bei einer Anwendung 99,6% aller Zugriffe auf lediglich 0,6% der Daten [Bora90b]) wird es damit realistisch, auch bei den in Abschnitt 1 bereits angeführten sehr großen Datenbasen die zumeist benötigten Daten nahezu permanent im Seitenpuffer, d.h. im Hauptspeicher, zu halten. Große Hauptspeichervolumen werden bei diesem Ansatz also durch groß dimensionierte Seitenpuffer in Verbindung mit einer "intelligenten" Verdrängungstrategie (Caching) genutzt. Die nur selten benötigten Daten befinden sich i.d.R. auf den jeweils verarbeitungsknotenlokalen Massenspeichereinheiten (Festplatten). Diese stellen zugleich die Persistenz *sämtlicher* Daten sicher.

Abbildung 3.1 veranschaulicht den sich ergebenden Aufbau des parallelen Datenbanksystems. In jedem der als Operationseinheiten bezeichneten Verarbeitungsknoten wird ein Teil der Nutzdaten gehalten. Die Synchronisation konkurrierender Zugriffe erfolgt zunächst jeweils lokal in der Operationseinheit, die die jeweiligen Daten hält. Darüberhinaus ist eine globale Deadlock-Erkennung erforderlich. Da jede Operationseinheit nahezu über den gesamten Funktionsumfang eines konventionellen, sequentiellen Datenbanksystems verfügt, würde es sich anbieten, ein solches mit den erforderlichen Modifikationen und Erweiterungen (beispielsweise Unterstützung paralleler Join-Algorithmen) für diesen Zweck einzusetzen. Anwenderprogramme greifen über Zugangspunkte auf das Datenbanksystem zu. Um nicht bereits den Zugang selbst zum Engpaß werden zu lassen, stehen für diesen Zweck mehrere Zugangspunkte zur Verfügung. Einem Anwenderprogramm ist jeweils eine Anfragesteuerungseinheit in einem Zugangspunkt zugewiesen, der die Steuerung sämtlicher Aktivitäten einer Anfrage im parallelen Datenbanksystem obliegt.

# 4 Die Untersuchungsplattform

## 4.1 Ausgangsüberlegungen

In den bisherigen Abschnitten wurde dargelegt, wo die wesentlichen offenen Fragestellungen bei Shared-Nothing-Datenbanksystemen gesehen werden und wie die Software-Architektur eines solchen Datenbanksystems aussehen sollte. Um Lösungen für die offenen Fragestellungen erarbeiten, überprüfen und fortentwickeln zu können, ist es nicht erforderlich, ein paralleles Datenbanksystem mit vollständigem Funktionsumfang (das hieße u.a. Unterstützung der gesamten SQL-Sprachdefinition) für Leistungsmessungen einzusetzen. Vielmehr reicht es aus, ausgewählte und hinsichtlich ihrer Verarbeitungskomplexität repräsentative Operatoren der relationalen Algebra zu unterstützen. Für diesen Zweck sind zunächst Selektion/Projektion (Filter-Operator) sowie der Join ausgewählt worden.

Hinsichtlich weiterer in Datenbanksystemen typischerweise zu realisierenden Komponenten gilt eine ähnliche Argumentation: so kann beispielsweise die Auswirkung einer zur Wiederherstellung von Daten im Fehlerfall erforderlichen Logging- und Recovery-Komponente auf die Leistung des Datenbanksystems (Verlängerung der Bearbeitungszeit einer Anfrage) simuliert werden. Die Realisierung dieser und ähnlicher Komponenten ist daher für den hier relevanten Untersuchungsbereich nicht zwingend erforderlich.

Mit der damit in ihrem Funktionsumfang skizzierten Plattform wird gezielt die Untersuchung der genannten offenen Fragestellungen unterstützt. In den folgenden Abschnitten werden Aspekte ihrer Realisierung detaillierter vorgestellt.

## 4.2 Betriebssystem-Einbettung

Wesentlich für die Leistung paralleler Datenbanksysteme sind aufeinander abgestimmte Lösungen bei der Konzeption des Datenbanksystems (z.B. Einsatz von Pipelining), bei implementationstechnischen Entscheidungen (z.B. Zuordnung der Datenbanksystemfunktionalität zu Prozessen) und betriebssystemnahen Vorgehensweisen (z.B. Prozeßscheduling auf einem Verarbeitungsknoten). Da nur auf der Ebene des Datenbanksystems, nicht aber auf der des Betriebssystems, die zur Steuerung erforderlichen Informationen zur Verfügung stehen, muß das Betriebssystem dem Datenbanksystem die weitgehende Steuerung der Verarbeitungsabläufe ermöglichen.

Als Basis für die hier vorgestellte Untersuchungsplattform dient ein transputerbasierter Parallelrechner (Parsytec Supercluster), der unter dem Unix-ähnlichen Betriebssystem Helios [Peri89] läuft. Als Einstiegsebene wurde das Helios-Server-Konzept gewählt, da hier die erforderliche Steuerung und Kontrolle der Verarbeitungsabläufe auf der Ebene der Anwendung (aus der Sicht des Betriebssystems) in hinreichendem Umfang möglich ist.

Zugangspunkte, Operationseinheiten sowie weitere Komponenten, auf die im Rahmen dieses Beitrages nicht eingegangen werden kann, werden als Helios-Server realisiert. Pro Verarbeitungsknoten (Transputer) gibt es genau einen dieser Server, so daß die Steuerung und Kontrolle der verarbeitungsknotenlokalen Abläufe innerhalb eines Servers möglich ist. Die eigentliche Bearbeitung von

Anfrageteilen in einem Verarbeitungsknoten vollzieht sich in jeweils eigenständigen Arbeitsprozessen. Grundlage der Bearbeitung von Anfragen sind die im folgenden Abschnitt vorgestellten Datenflußprogramme.

## 4.3  Bearbeitung von Datenflußprogrammen

Wie bereits zu Beginn von Abschnitt 2 angesprochen, werden die an das Datenbanksystem gestellten Anfragen übersetzt und intern als Bearbeitungspläne repräsentiert. Bei diesen Bearbeitungsplänen handelt es sich um gerichtete, azyklische Graphen, deren Knoten die auszuführenden Operationen, also die Operatoren der relationalen Algebra, und deren Kanten den Datenfluß zwischen den Operationen repräsentieren. Sie werden daher auch als Datenflußprogramme bezeichnet und bilden die Ausgangsbasis für die Bearbeitung von Anfragen.

Für die durchzuführenden Untersuchungen ist es erforderlich, zu *einer* Anfrage unterschiedliche Verteilungen der Basisrelationen festlegen sowie zwischen unterschiedlichen Bearbeitungsstrategien (-plänen) wählen zu können. Um für diesen Zweck Datenflußprogramme flexibel modifizieren zu können, wird – anstelle des in einem Datenbanksytem zur Erzeugung von Datenflußprogrammen einzusetzenden Übersetzers – ein Datenflußprogramm-Editor realisiert, mit dem Datenflußprogramme manuell erstellt und modifiziert werden können. Die so erstellten Datenflußprogramme werden in einer Bibliothek, der sog. Datenflußprogramm-Bibliothek, abgelegt. Diese wird von einem entsprechenden Server, dem Datenflußprogramm-Bibliotheks-Server, verwaltet.

Anwenderprogramme richten Anfragen, die in der Untersuchungsplattform lediglich aus der ID des jeweiligen Datenflußprogramms bestehen, an einen Zugangspunkt. In den Zugangspunkten ist jeweils eine Anfragesteuerungseinheit für die Koordination sämtlicher Aktivitäten einer Anfrage im Datenbanksystem verantwortlich. Diese Anfragesteuerungseinheiten bilden damit die Arbeitsprozesse der Zugangspunkte. Sie fordern das jeweilige Datenflußprogramm beim Datenflußprogramm-Bibliotheks-Server an und zerlegen es in Folgen unmittelbar aufeinander folgender Knoten, die auf demselben Verarbeitungsknoten bearbeitet werden. Diese Datenflußprogrammteile werden an die entsprechenden Verarbeitungsknoten verschickt, wo sie – unter Kontrolle der verarbeitungsknoten-lokalen Steuerung – konkurrierend mit anderen Anfrageteilen in den bereits angesprochenen eigenständigen Arbeitsprozessen bearbeitet werden. Diese Arbeitsprozesse arbeiten auf Tupelmengen, d.h. sie konsumieren eine Eingabetupelmenge und produzieren eine (andere) Ausgabetupelmenge. Die Realisierung der Operationen auf Tupelmengen wird im folgenden Abschnitt behandelt.

## 4.4  Tupelmengenrepräsentation und -zugriff

Bei Tupelmengen kann es sich logisch zum einen um Basisrelationen, zum anderen um Ergebnisse bzw. Zwischenergebnisse handeln. Physisch werden diese repräsentiert als permanent im Hauptspeicher befindliche Basisrelationen, als auf Hintergrundspeicher befindliche Basisrelationen, als (Helios-) Streams zur Übermittlung von (Zwischen-) Ergebnissen zwischen Arbeitsprozessen, die auf unterschiedlichen Verarbeitungsknoten laufen, sowie als Hauptspeicherblöcke zur Übermittlung von Zwischenergebnissen zwischen Arbeitsprozessen, die auf demselben Verarbeitungsknoten laufen.

Der Zugriff auf einzelne Tupel bzw. einzelne Attribute eines Tupels erfolgt für sämtliche Arbeitsprozesse einheitlich über Zugriffsfunktionen. Die erste wesentliche Aufgabe der Zugriffsfunktionen besteht darin, für sämtliche Operatoren einen von der physischen Repräsentation möglichst unabhängigen, zugleich aber effizienten Tupel- und Attributzugriff zu unterstützen. Aus Effizienz- und Vereinheitlichungsgründen wird daher eine einheitliche Interpretation sämtlicher im Hauptspeicher befindlichen Daten als Helios-Streams realisiert.

Die zweite wesentliche Aufgabe der Zugriffsfunktionen besteht darin, den Operatoren das Arbeiten auf (logischen) Operanden und Ergebnissen zu ermöglichen, d.h. von den (physischen) Helios-Streams zu abstrahieren. Für die Operatoren soll es also transparent sein, von welchen und von wievielen

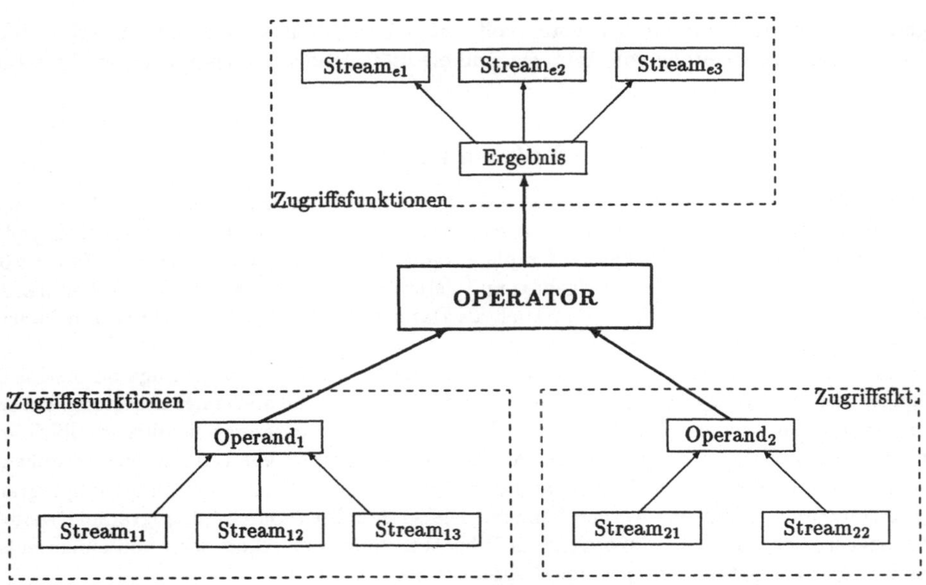



Abb. 4.1: Zusammenhang zwischen Operatoren, Operanden, Ergebnissen und Streams

Produzenten der jeweilige Operand stammt. Mehrere Streams, die logisch *einen* Operanden darstellen, werden daher auf der Ebene der Zugriffsfunktionen zusammengefaßt. Analoges gilt für das Ergebnis einer Operation, das ggf. auf mehrere Streams verteilt wird. Abbildung 4.1 veranschaulicht den damit umrissenen Zusammenhang zwischen Operatoren, Operanden, Ergebnissen und Streams.

# 5  Status und Ausblick

Zur Übersetzung und Optimierung von SQL-Anfragen für die parallele Bearbeitung liegen am FZI umfassende Ergebnisse vor [Bült89b, Bült90]. Zur Datenverteilung und zur Steuerung der Anfragebearbeitung werden zur Zeit Lösungen erarbeitet, die dann mittels entsprechender Anfragelasten auf der gegenwärtig in der Implementierungsphase befindlichen Untersuchungsplattform hinsichtlich ihrer Leistungsfähigkeit überprüft und fortentwickelt werden. Zugrundegelegt wird dabei eine Zielfunktion, die einen Kompromiß zwischen den divergierenden Zielen Durchsatzsteigerung und Antwortzeitverkürzung darstellt.

Erst durch die Datenverteilung, die die Daten einer und verschiedener Basisrelationen unterschiedlichen Verarbeitungsknoten zuordnet, wird die Voraussetzung für eine optimale Anfragebearbeitung geschaffen. Die Datenverteilung ist ein zwei- bzw. dreistufiger Prozeß, der die Zerlegung von Basisrelationen in Fragmente, ggf. die Replizierung von Fragmenten sowie ferner die Zuordnung von Fragmenten zu Verarbeitungsknoten umfaßt. Die wesentliche Aufgabe besteht nun darin, die Einflüsse unterschiedlicher Datenverteilungen auf den lesenden Zugriff hinsichtlich der Zielfunktionen Bearbeitungszeit und Durchsatz (sowie der Nebenziele gleichmäßige Lastverteilung, minimaler Ressourcenverbrauch) zu qualifizieren und zu quantifizieren. Dynamische Reorganisationen der Datenverteilung während des laufenden Betriebs können ein geeignetes Korrektiv bei einem Leistungsabfall des Datenbanksystems sein.

Die Steuerung der Anfragebearbeitung hat zwei wesentliche Aufgaben. Erstens ist für die Operationen eines Datenflußprogramms, bei denen der Verarbeitungsknoten nicht schon bereits aufgrund der Datenverteilung festliegt, anhand der aktuellen Lastsituation ein Verarbeitungsknoten zu ihrer Bearbeitung festzulegen. Zweitens sind verarbeitungsknotenlokal die zur Bearbeitung zugewiesenen Operationen, die von einer oder aber von mehreren (konkurrierenden) Anfragen stammen können, geeignet zu aktivieren. Zur Lösung dieser Aufgaben ist es – analog zu (geographisch) verteilten Datenbanksystemen in Verbindung mit verteilten Betriebssystemen [ÖzVa91] – erforderlich, eine Kooperation bzw. Integration zwischen parallelem Datenbanksystem und parallelem Betriebssystem im Hinblick auf die Steuerung (Scheduling, Dispatching) zu ermöglichen und zu realisieren. Die erforderlichen Techniken zur Lastkontrolle und Lastbalancierung in Verbindung mit der für Datenbanksysteme charakteristischen grobkörnigen Parallelität sind bislang auch in parallelen Betriebssystemen allenfalls rudimentär realisiert.

# Literaturverzeichnis


[Bora90a]   H. Boral et al.: *Prototyping Bubba, A Highly Parallel Database System.*
Transactions on Knowledge and Data Engineering, Vol. 2, No. 1, 1990, pp. 4 - 24

[Bora90b]   H. Boral: *The Bubba System.*
Vortrag, Prisma Workshop, Sept. 1990, Noordwijk, The Netherlands

[BüLD87]    G.v. Bültzingsloewen, R.-P. Liedtke, K.R. Dittrich: *Set-Oriented Memory Management In A Multiprocessor Database Machine.*
In: M. Kitsuregawa, H. Tanaka (eds.): Database Machines and Knowledge Base Machines. Proc. $5^{th}$ Int. Workshop, Karuizawa/Japan, Okt. 1987, Kluwer Academic Publishers, 1988, pp. 611 – 625

[Bült89a]   G. v. Bültzingsloewen, C. Iochpe, R.-P. Liedtke, R. Kramer, M. Schryro, K.R. Dittrich, P.C. Lockemann: *Design and Implementation of KARDAMOM — A Set-oriented Data Flow Database Machine.*
International Workshop on Database Machines, Deauville, Frankreich, Lecture Notes in Computer Science, No. 368, 1989, pp. 18-33

[Bült89b]   G. v. Bültzingsloewen: *Optimizing SQL Queries for Parallel Execution.*
ACM SIGMOD Record, December 1989

[Bült90]    G. v. Bültzingsloewen: *Optimierung von SQL-Anfragen für parallele Bearbeitung.*
Dissertation, Fakultät für Informatik, Universität Karlsruhe, Juli 1990

[DeWi90]    D. J. DeWitt et al.: *The Gamma Database Machine Project.*
Transactions on Knowledge and Data Engineering, Vol. 2, No. 1, 1990, pp. 44 - 62

[Gray90]    J. Gray: *Parallelism and Data Management – Past, Present and Future.*
Vortrag, Prospect Workshop, Univ. Stuttgart, Mai 1990

[ÖzVa91]    M.T. Özsu, P. Valduriez: *Principles of Distributed Database Systems.*
Prentice-Hall International Inc., Englewood Cliffs, New Jersey, 1991

[Peri89]    Perihelion Software Ltd: *The Helios Operating System.*
Prentice Hall, 1989

[Smit89]    M. Smith et al.: *An Experiment on Response Time Scalability in Bubba.*
In H. Boral, P. Faudemay (Eds.): Database Machines; 6th Int. Workshop, IWDM '89, Deauville, France, June 1989, Proc.; Lecture Notes in Computer Science 368, Springer-Verlag, pp. 34 - 57

[Ston85]    M. Stonebraker: *The Case for Shared Nothing.*
Int. Workshop on High Performance Transaction Systems, Pacific Grove, CA, September 1985, pp. 20-1 - 20-5

[WaTo90]    P. Watson, P. Townsend: *The EDS Parallel Database System.*
In: P. America (Ed.): Parallel Database Systems, Proc. of the Prisma Workshop, Sept. 1990, Noordwijk, The Netherlands, pp. 140 - 157

# Eine schnelle Implementierung des DES auf Transputern

Walter Maisel
Praxis Electronic Design
Stuttgart

## Einführung

Im Zeitalter der umfangreichen öffentlichen Datenkommunikation spielt einerseits die Sicherheit bei der Datenübertragung und andererseits der Schutz der Daten vor unerlaubten Zugriffen eine immer entscheidenere Rolle. Deshalb steigt auch der Bedarf nach sicheren und vorallem schnellen Verschlüsselungsmethoden. Da andererseits die meisten kryptographischen Algorithmen mit entweder bitselektiven Operationen oder einer Arithmetik in endlichen Körpern arbeiten, konnten viele Algorithmen bei bestimmten Zeitvorgaben nur mit entsprechender Hardware realisiert werden. Dabei ergaben sich oftmals nicht nur zusätzliche Kostenfaktoren, sondern auch patentrechtliche Hindernisse. Mit der Entwicklung schneller Prozessoren vorallem der Transputer ergibt sich damit auch zum ersten Mal die Möglichkeit diese oftmals rein sequentiellen Algorithmen per Software zu implementieren, wobei die Verschlüsselung nun in ausreichender Zeit ausgeführt werden kann. Dieser Beitrag stellt ein Beispiel dar, einerseits durch gewissen Umformungen des Algorithmus, ohne dabei das Endergebnis zu verfälschen, und Pipelining bzw. Parallelisierungsstrategien effiziente Laufzeiten zu erzielen.

## Der DES-Algorithmus

Der DES Algorithmus ist von Natur aus ein klassischer sequentieller Algorithmus und besteht meist aus Permutationen, Shifts, Bitselections und Table-Lookup. Viele Software Implementierungen des Data Encryption Standard (DES) sind deshalb auf kleineren Rechnern für eine Datenübertragung in öffentlich zugänglichen Netzen (z.B. ISDN mit 64 KBit/sec) zu langsam, so daß sie dafür gar nicht in Frage kommen können. Schnellere Implementierungen laufen eigentlich nur auf sehr großen Rechnern, die bestimmte Softwaretechniken zulassen und meist auch über einen entsprechend großen Speicher verfügen. Wir stellen nun eine Transformation und damit Anpassung des DES auf Transputern vor, der in der Lage ist die momentanen Laufzeiten selbst auf Großrechnern erheblich zu verbessern.


## 1. Der Algorithmus allgemein

Der DES ist eine Block-Produkt-Chiffre aus Permutationen und Substitutionen, die in einer Iterationsschleife schlüsselgesteuert 16 mal durchlaufen werden.
Dazu wird der Klartext in Blöcke von 64 Bit zerlegt. Ein Schlüssel besteht ebenfalls aus 64 Bit, von denen wiederum nur 56 den eigentlichen Schlüssel darstellen, während die restlichen 8 Bit die Rolle von Paritätsbit übernehmen.

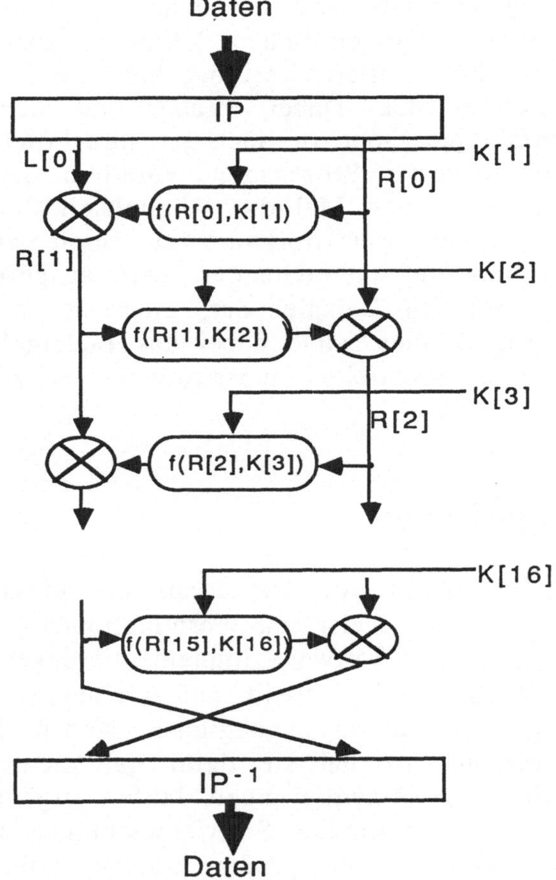


Abbildung 1: Der DES-Algorithmus

Der ursprüngliche Algorithmus wird in der Abbildung 1 dargestellt. Jeder Datenblock wird erst einer Eingangspermutation IP unterzogen, einer anschließenden Zerlegung in zwei 32 Bit Blöcke R und L und durchläuft danach 16 schlüsselabhängige und funktional identische Iterationen. Jede einzelne Iteration benutzt unterschiedliche 48 Bit Schlüssel. Das Ergebnis der letzten Iteration wird zu Schluß der inversen Permutation IP$^{-1}$ unterzogen. Eine allgemeine Formulierung hat die Form:

```
L[0]:=L
R[0]:= R
SEQ i=1 FOR 16
   PAR
       L[i]:=R[i-1]
       R[i]:=L[i-1] XOR f(R[i-1], K[i])
```

## 2. Die Iterationen f(R[i-1], K[i])

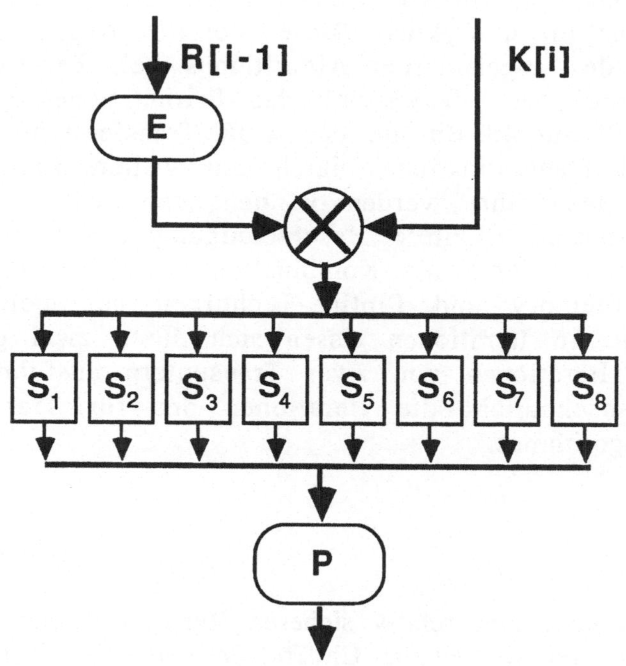


Abbildung 2: Die Funktion f(R[i-1], K[i])

Die Abbildung 2 zeigt den Ablauf einer einzelnen Iteration. Der 32 Bit Block R[i-1] wird durch eine Expansionsabbildung E, die ausgewählte Bits von R[i-1] dupliziert, zu einem 48 Bit Block erweitert. Der Schlüssel K[i] und E(R[i-1]) werden bitweise modulo 2 addiert (bitweises XOR). Das 48 Bit breite Ergebnis wird nun in acht 6 Bit Blöcke zerlegt und bildet den Input der Substitutionsboxen S[i]. Jede S-Box hat substituiert diese 6 Bit durch 4 Bit, ergibt also zusammen wiederum 32 Bit. Eine anschließende Permutation beendet die Iteration.

## 3. Die Transformation

Durch die extensiven bitselektiven Operationen wird die Durchlaufgeschwindigkeit des DES bei einer Softwareimplementierung sehr verlangsamt. Schnelle Versionen des DES, und damit verbunden eine Anpassung an den Prozessor, können nur aufgrund von Transformationen des ursprünglichen Algorithmus, ohne die eigentlichen Berechnungen zu verändern, erzielt werden. Besser als andere Prozessoren können von Transputern Typenkonvertierungen von Wörtern in Bytes und Speicherzugriffe sehr schnell ausgeführt werden. Auch das bitweise EXLUSIVE OR benötigt nur einen Zyklus. Diese Vorteile tragen erheblich zur Beschleunigung des abgeänderten Algorithmus bei. Berücksichtigt man weiterhin, daß die sog. S-Boxen mit den Permutationen gekoppelt, die Expansion von 32 auf 48 Bit mit den XOR Transformationen vertauscht und alle 48 Bit Transformationen durch eine weitere Expansion $E_0$ auf 64 Bit Breite ausgeführt werden können, so erhält man den entsprechenden Speed-up. Weitere Beschleunigung erzielt man bei ausreichendem Speicher durch die Kombination der S-Boxen, Verwendung von Dual-Port-Memory und Pipline-Techniken bei mehreren Transputern, denn die 16 Iterationen lassen sich durch zwei parallele Prozesse zu je 8 Iterationen von zwei Transputern ausführen. Die Abbildung 3 veranschaulicht die Iterationen des für Transputer angepassten DES Algorithmus.

## Ausblick

Der DES ist wegen seiner relativ sicheren Verschlüsselung eine vorallem im Bankensektor viel verwendete Chiffre. In einer Arbeit von Diffi und Hellman aus dem Jahre 1977 wird eine theoretischen Maschine mit $10^6$ Prozessoren beschrieben, mit der der DES innerhalb eines Tages gebrochen werden kann. Die Kosten für den Bau einer solchen Maschine beliefen sich zu dieser Zeit auf etwa 50 Millionen US$. Es bleibt noch zu untersuchen, ob nicht auch gerade durch die Entwicklung des Transputers als parallelen Prozessorbaustein zum einen diese Kosten dieser Maschine wesentlich gesenkt und zu anderen der Algorithmus in angemessener Zeit gebrochen werden kann.

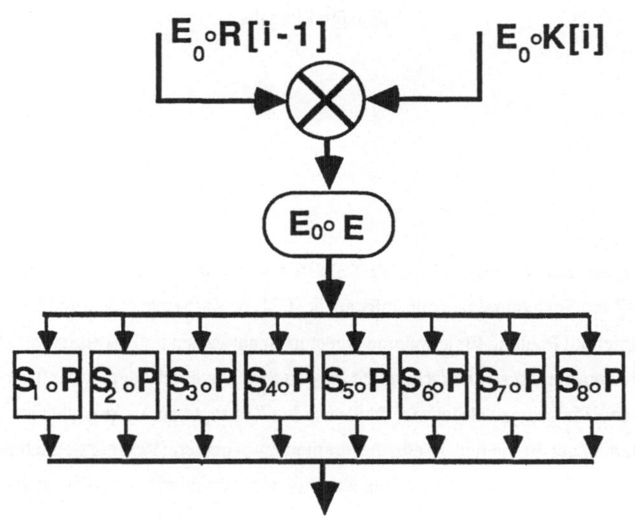


Abbildung 3: Die transformierten Iterationen

## Literatur:

"Data Encryption Standard", FIPS (NBS Federal Information Processing Standards Publ.), no. 46, January 1977.

M. Davio, et al.: "Analytical Characteristics of the DES", Advances in Cryptology, Proc. Crypto 83, August 1983, pp 171-202.

Eine verteilte objektorientierte Wissensbank für Multi-Agenten
Forschungszentrum Informatik (FZI)
an der Universität Karlsruhe
Technische Expertensysteme & Robotik
U. Rembold
S. Drewes, A. Huhn
huhn@fzi.uka.de

## 1. Einleitung

Im Zusammenhang mit dem Eureka-Projekt PROMETHEUS entwickelt der Forschungsbereich "Technische Expertensysteme und Robotik" am Forschungszentrum Informatik (FZI) in Karlsruhe eine Emulationsumgebung, die es erlaubt, Methoden der verteilten Planung für autonome Agenten zu entwerfen und zu erproben. Ziel des Projekts ist es, Systemstrukturen und Algorithmen zu erforschen, die für den Straßenverkehr der Zukunft ein höheres Maß sowohl an Sicherheit als auch an Effizienz gewährleisten. Dafür werden Konzepte entwickelt, die eine Koordination und Kooperation der beteiligten, unabhängigen und selbstbestimmenden Agenten (Verkehrsteilnehmer) ermöglichen. Der Begriff Agent wird im folgenden als Abstraktion des Konkretums Autofahrer und Mission als Fahrauftrag zwischen Start und Ziel verwendet.

Die Anwendung Straßenverkehr läßt sich vorteilhaft objektorientiert modellieren. Aktive Agenten benutzen dabei die gegebene Infrastruktur des passiven Straßennetzes. Im Gegensatz zu den statischen Strecken und Kreuzungen, die nur durch die ein- und ausfahrenden Agenten eine passive Zustandsänderung erfahren, erzeugen die Agenten durch ihre individuellen Missionen jedoch eine Vielzahl unabhängiger und asynchroner Ereignisse. Die Koordination und Kooperation der Agenten untereinander erfolgt durch den asynchronen Austausch von Nachrichten über Briefkästen. Zur Zeit sind die Agenten als Klasse in Flavors, einer objektorientierten Erweiterung von Common Lisp, auf einem MacIvory von Symbolics implementiert. Einzelheiten bezüglich der Applikation, der Konzepte und ihrer Realisierung finden sich bei /HUHN 88/.

Für die individuelle Entscheidungsfindung benötigen die Agenten Informationen über die aktuelle Verkehrssituation auf den einzelnen Strecken. So sind insbesondere die Auslastung, alternative Streckenführungen, unmittelbarer Vorgänger und die Sperrung einer Strecke von Interesse. Diese Daten sind streckenspezifisch und werden von der Wissensbank "Infrastruktur" für alle Agenten bereitgestellt. Im Unterschied zu einer Datenbank kann man jedoch bei dieser Wissensbank auf einige Datenbank-Anforderungen verzichten. So ist eine längerfristige Speicherung der Daten (Durabilität) wegen der Echtzeitanforderung zu aufwendig und im Moment nicht zwingend erforderlich, und kurzzeitige Inkonsistenzen, wie zum Beispiel die gleichzeitige Eintragung eines Agenten in zwei Straßen während des Streckenwechsels, sind zur Erhöhung der Verkehrssicherheit sogar erwünscht. Der objektorientierte Entwurf garantiert die Isolation der Datenobjekte, die durch die Einbettung in einen Prozeß auch die Eigenschaft der Atomizität besitzen.

Die Wissensbank besitzt ebenfalls eine objektorientierte Struktur. Sie besteht aus den passiven Objekten Kreuzung und Straße und ist in die Lisp-Umgebung integriert. Ziel dieser Arbeit ist die Verkürzung der Antwortzeiten der Wissensbank, um den Echtzeitanforderungen der Anwendung besser gerecht werden zu können. Grundidee ist die Modellierung der passiven Objekte durch Prozesse und ihre Verteilung auf mehrere Prozessoren. Die Parallelisierung der Wissensbank legt die Reimplementierung auf einem Transputernetz mit Kopplung an den MacIvory nah.

## 2. Systemumgebung

Um den Echtzeitanforderungen des Straßenverkehrs gerecht zu werden, soll die bisherige Monoprozessorlösung (Symbolics 3620) auf eine Multiprozessorarchitektur portiert werden.

Wir benutzen einen Mac II mit einer Transputer-Einschubkarte, die mit einem T800 und 4 MB bestückt ist, und auf der sich im Piggy-back-Verfahren drei weitere T800 mit jeweils 1 MB befinden. In diesen Mac II soll demnächst noch ein MacIvory von Symbolics integriert werden. Diese Konfiguration aus Mac II, MacIvory und Transputer, gekoppelt durch den NuBus, ist das eigentliche Zielsystem (vgl. Bild 1).

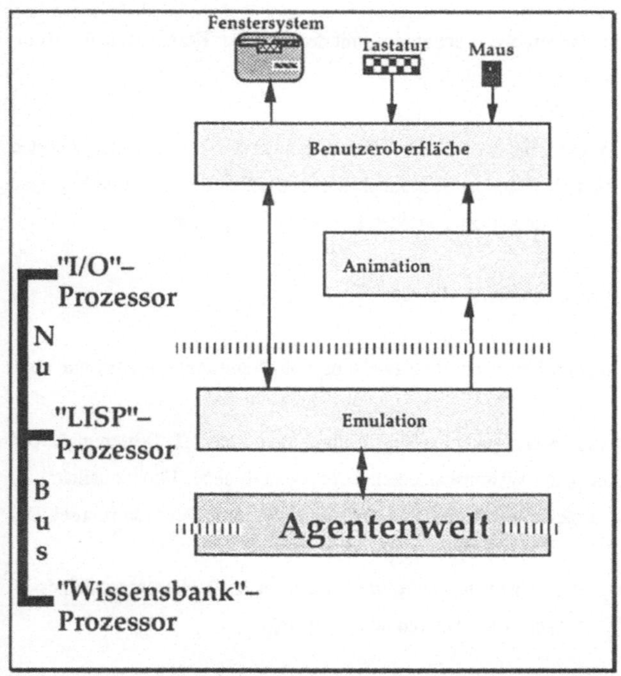


Bild 1: Systemstruktur der Entwicklungsumgebung.

In diesem System dient der Mac II als I/O-Prozessor und übernimmt die Bereitstellung einer Benutzeroberfläche und der notwendigen Funktionen, die eine Animation erlauben. Der Lisp-Prozessor führt die eigentliche Emulation durch und übernimmt die "intelligenten" Planungsaufgaben eines Autofahrers. Das Transputernetzwerk fungiert in diesem Rahmen als Wissensbank-Prozessor und stellt den Agenten aus der Lisp-Umgebung die notwendigen Informationen über die Infrastruktur zur Verfügung.

Da das Betriebssystem Helios trotz Ankündigung seiner Lieferbarkeit im September '89 für die Mac-Umgebung nicht verfügbar war, erfolgte die Implementierung ohne weitere Softwarewerkzeuge mit Hilfe des Logitech C-Compilers Version 88.4 unter MPW auf einem Mac II. Insbesondere machte sich das Fehlen eines (verteilten) Betriebssystems und eines Debuggers negativ bemerkbar, so daß die entgültige (verteilte) Reimplementierung erst unter dem Betriebssystem Helios laufen wird.

## 3. Datenstrukturen und Funktionalitäten

Das gesamte Verkehrsnetz (Infrastruktur) entspricht einem funktionalen, semantischen Netzwerk (vgl. /NIEMANN 87/). Es werden zwei Klassen von Datenobjekten in der Wissensbank modelliert:

– Strecken (Kanten), auf denen sich Agenten richtungsgebunden bewegen, mit den Attributen Stau (Verkehrsdichte) und Länge sowie

– Kreuzungen (Knoten), an denen sich maximal vier Strecken verzweigen, mit dem Attribut Koordinaten des Koordinatensystems "Welt" (ein Fenster des MMIs).

Eine Strecke verbindet immer zwei Kreuzungen. Die Lage der Strecke und der Agenten sind durch die Koordinaten der Kreuzungen ermittelbar. Deswegen ist die zentrale Relation die Konnektivität zwischen Strecken und Kreuzungen. Sie erzeugt die Straßenkarte. Dazu kommen noch Relationen zwischen Strecken und Agenten:

– Agenten benutzen Strecken (Wirklichkeit).

– Agenten wollen in der Zukunft bestimmte Strecken benutzen (Absicht).

Grundsätzlich gibt es zwei Funktionsklassen, die als Dämonen die Zuweisung von Werten an die Attribute eines Datenobjekts überwachen:

– Auf Anforderung durch einen Agenten führt das Datenobjekt eine Zugriffsfunktion durch (1:1- Beziehung). Aufbauend auf den Ergebnissen der Zugiffsfunktionen der Wissensbank erzielt der Agent folgende Funktionalität: Routensuche unter Nebenbedingungen (Stauvermeidung), Beginn und Ende einer Mission, Streckenwechsel, Unterstützung eines logischen Sensors.

– Ein Datenobjekt meldet einen Zustandswechsel an alle betroffenen Agenten (1:n-Broadcast). Hierbei handelt es sich im wesentlichen um streckenspezifische Meldungen, wie z.B. Stau oder Sperrung.

4. Das Client-Server Konzept

Im Zuge der Entwicklung von Parallelrechnern werden neue Softwarekonzepte notwendig, um die inhärenten Möglichkeiten solcher Systeme sinnvoll zu nutzen. Eine dieser neuen Methoden, das Client-Server Konzept, erlaubt eine
einfache Parallelisierung unabhängiger Aufgaben. Dabei stellen Server (Dienstleistende) Clients (Kunden) ihre Leistungen zur Verfügung. Dabei ist es prinzipiell gleichwertig, ob eine Verteilung der unterschiedlichen Funktionalitä-
ten (Code Partitioning) oder eine Datenverteilung (Data Partitioning) vorgenommen wird. Das Client-Server Konzept
(vgl. Bild 2) wird so auch für das Betriebssystem Helios verwendet und dient als Vorbild. Dort geschieht die Verteilung und Parallelisierung jedoch funktionsorientiert.

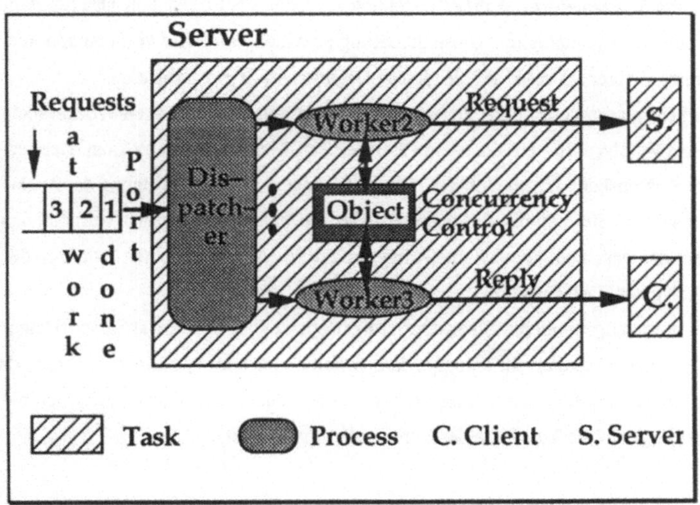


Bild 2: Client-Server Konzept.

Über ein allgemeines Zugangsprotokoll wird dem Server die zu bearbeitende Aufgabenstellung von einem Client
übergeben. Da jedoch zumindest auf dem Transputer alle Verbindungen über Kommunikationskanäle vom Typ 1:1
sind, muß die Übermittlung der entsprechenden Nachrichten und Antworten von einem I/O-Controller übernommen
werden. Die Server bestehen aus einem Dispatcher (Verteiler), der die Aufgabe hat, die Anfragen zu puffern, ihre Abarbeitung zu steuern und durch Worker-Prozesse (Arbeiter) ausführen zu lassen. Können zwei Anfragen unabhängig
voneinander bearbeiten werden, erzeugt der Dispatcher entsprechende Worker-Prozesse, die dann parallel zueinander
arbeiten. Ansonsten werden die Anfragen strikt sequentiell bearbeitet. Die Server sind zustandslos und so ausgelegt,
daß Anfragen beliebig oft wiederholt werden können und nicht auf Resultate vorhergehender Anfragen aufbauen.
Ein großer Vorteil dieses Konzepts liegt in der Parallelisierung der unterschiedlichen Funktionen. Wesentlich ist, daß
dem Server entweder die auszuübende Funktionalität oder die zu bearbeitenden Daten direkt oder indirekt übergeben
werden müssen.

## 5. Konzept und Funktion der Wissensbank

Bei der Reimplementierung der Wissensbank bietet sich aus mehreren Gründen, die später noch eingehender betrachtet werden sollen, eine enge Anlehnung an das Client-Server Konzept an. Die Wissensbank implementiert die datenorientierte Verteilung, da der Kommunikationsaufwand so vergleichsweise gering gehalten werden kann. Es werden also nicht die Daten an die Server übergeben, sondern die durchzuführende Funktionalität wird dem Datenobjekt über eine Nachricht mitgeteilt.

Somit ist ein Datenobjekt der Wissensbank entweder von der Klasse Kreuzung oder Strecke und besteht im wesentlichen aus einer dynamischen Datenstruktur (Liste) und der Dispatcher-Prozedur, die gemäß der geforderten Funktionalität Worker-Prozesse erzeugt. Da die Worker-Prozesse eines Datenobjekts jedoch auf derselben Datenstruktur operieren, ist eine Steuerung dieses Zugriffs unumgänglich. Diese Steuerung geschieht mit Hilfe von Semaphoren, die einen gleichzeitigen Zugriff mehrerer Worker-Prozesse auf die gleiche Datenstruktur synchronisieren.

Um die Wissensbank möglichst flexibel zu gestalten, ist das Zugangsprotokoll so ausgelegt, daß ein Worker nicht nur Dienste leisten kann, sondern selbst welche anfordern und so die Rolle eines Client übernehmen kann. Der zentrale Zugangspunkt für die gesammte Wissensbank ist ein globaler Access_Manager, der die Zuordnung der Anfragen an die einzelnen Datenobjekte regelt. Er liegt an der Eingangsseite des mit dem Host-Rechner verbundenen Transputers. Die Zuordnung der Anfragen geschieht über interne Adressen, die aus dem Namen der Instanzen der Datenobjekte berechnet werden, ähnlich einer Hash-Funktion.

Ein wesentlicher Unterschied zu dem etwas allgemeineren Client-Server Konzept ist, daß bestimmte Server (Datenobjekte) direkt, d.h. ohne auf den Access_Manager zurückzugreifen, miteinander kommunizieren können, da verkehrstechnisch benachbarte Datenobjekte häufiger Daten austauschen müssen. Diese Möglichkeit erleichert die Abbildung der Topologie der Verkehrswege auf die Topologie der Kommunikationspartner.

## 6. Implementierungstechnische Details

An dieser Stelle soll auf einige Details bei der Implementierung eingegangen werden. Eine vollständige Betrachtung kann jedoch nicht Sinn dieser Arbeit sein. Trotzdem hoffen wir, daß verschiedene Entwurfsentscheidungen und Probleme im weiteren Verlauf klar werden.

### 6.1 Abbildung der Struktur auf Transputerprimitive

Die uns zur Verfügung stehende Entwicklungsumgebung hat wesentlichen Einfluß auf eine erste Reimplementierung der Wissensbank. Der LSC C-Compiler bietet die Transputerprimitve auf relativ niedrigem Niveau an, ohne ein Betriebssystem im Hintergrund. Es stehen also im wesentlichen die maschinensprachlichen Funktionen und Befehle für die Prozeßverwaltung und Kommunikation zur Verfügung.

Um eine möglichst einfache Implementierung zu erreichen, ist die komplette Wissensbank als Task angelegt. Analog zur Modellierung des Objekts "Agent" in der Lisp-Umgebung, wird jedes Datenobjekt der Wissensbank als Prozeß auf dem Transputernetzwerk verwaltet, deren Nachrichtenaustausch jedoch über synchrone Kanäle abgewickelt wird. Um das Datenobjekt nicht durch das synchrone Nachrichtenprotokoll zu blockieren, werden eintreffende Nachrichten (Anfragen) von dynamisch erzeugten und transienten Verarbeitungsprozessen bearbeitet.

Die Anzahl der Kreuzungen ermöglicht eine Abschätzung der Streckenanzahl. Es kann maximal zweimal soviele Strecken wie Kreuzungen geben. Unter dem LSC C-Compiler führt die Größe des auf der CPU sich befindenden Speicher (T800 - 4KB) zu einer Höchstgrenze von 128 Datenobjekten, da sonst die Kommunikations- und Adresstabellen zu groß werden. Aus diesem Grund sieht die jetzige Version maximal 43 Kreuzungen und 84 Strecken vor. Da die Datenobjekte (Prozesse) für die Kommunikation eindeutig identifizierbar sein müssen, ist jedem Datenobjekt eine maximal 8-stellige Binärzahl zugeordnet.


## 6.2 Nachbildung der Infrastruktur


Benachbarte Strecken müssen miteinander Daten austauschen können, damit ein Agent im Verlauf seiner Fortbewegung einen Streckenwechsel vornehmen kann. Um den zentralen Kommunikationsprozeß (Acces_Manager, vgl. Bild 3) nicht mit Kommunikationsaufträgen zu überlasten, haben deswegen Strecken, die durch eine Kreuzung miteinander verbunden sind, private Kommunikationskanäle. Also drückt sich die Topologie des Straßennetzes in der Wissensbank durch eine entsprechende Vernetzung mit Kommunikationskanälen aus. Dabei werden jeweils die Kreuzung und alle sich dort treffenden Strecken mit privaten Kanälen verbunden (n*(n-1)/2 viele). Der Aufbau dieser Kommunikationsmöglichkeit kann jedoch nicht verteilt erfolgen, da jeder Kanal nur eine unidirektionale Nachrichtenverbindung zwischen zwei Prozessen darstellt, falls man ihn nicht durch Semaphore für eine gesteuerte Mehrfachnutzung erweitert. Der dazu nötige Aufwand führt direkt zu einer sequentiellen Lösung, wobei die Topologie mit Hilfe von dynamischen Speicherstrukturen aufgebaut wird. In einem zweiten Schritt werden dann die den Datenobjekten zugeordneten Prozesse erzeugt. Diese Aufgaben übernimmt die Prozedur Map_Generator (vgl. Bild 3), die als Eingabe ein Textfile mit Angaben über die zugrundeliegende Infrastruktur erhält. Da die den Prozessen zu übergebenden Daten nicht nur in ihrer Anzahl verschieden sind, sondern auch noch von großer Zahl sind, werden sie in Speicherblöcken auf dem Heap abgelegt, und es wird dem jeweiligen Prozeß nur ein Zeiger auf diesen Speicherblock übergeben. In einer Initialisierungsphase übernimmt jedes Datenobjekt die Daten in den privaten Arbeitsspeicherbereich, der anwendungsbezogen sehr klein gewählt werden konnte (1KB). Im Anschluß daran wird der Speicherblock wieder freigegeben.

## 6.3 Kommunikation

Einerseits soll man die Prozesse beliebig auf mehrere Transputer verteilen können. Andererseits soll eine Anfrage nicht nur von Außen über den Access_Manager gestellt werden können, sondern jedes Datenobjekt soll auch von sich aus Anfragen an andere Datenobjekte stellen können. Um diese Aufgaben einheitlich behandeln zu können, ist ein standardisiertes Kommunikationsprotokoll notwendig.

Damit eine variable Anzahl von Parametern ohne Overhead übertragen werden kann, erfolgt die Kommunikation zweistufig. Im ersten Schritt wird die Länge des Nachrichtenpaketes in 2 Bytes übertragen. Im zweiten Schritt werden dann Empfänger- und Senderadresse, Funktionskode, Zeitstempel und die Parameter übertragen.

## 6.4 Abarbeitung der Anfragen

Erhält ein Datenobjekt eine Nachricht, so wird durch den darin enthaltenen Funktionskode eine Aktion ausgelöst (vgl. Bild 3).

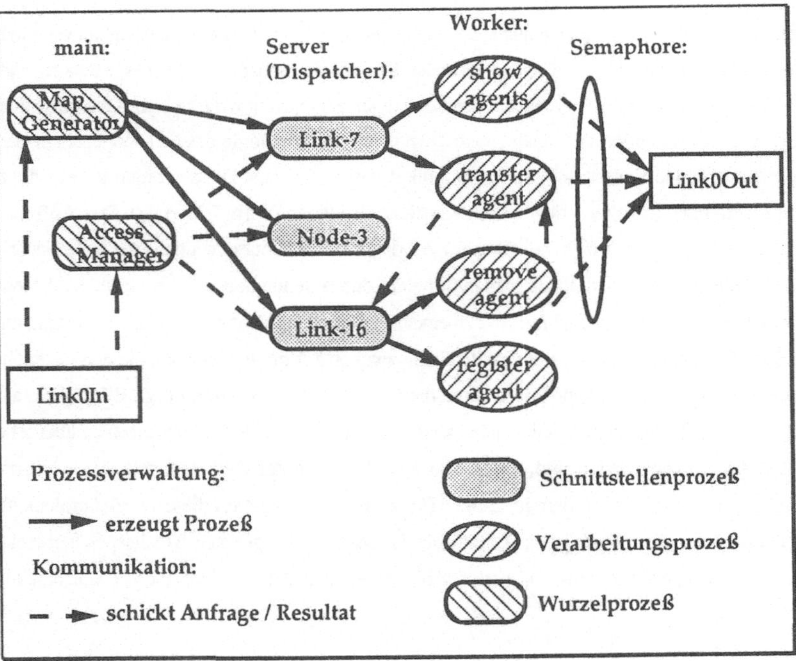


Bild 3: Statische und dynamisch erzeugte Prozesse der Wissensbank Infrastruktur.

Die Grundhaltung eines Datenobjekts ist somit das Warten auf eine Nachricht über einen der Eingangskanäle. Legt man eine parallele Verarbeitung (auf einem einzelnen Transputer zumindest quasiparallele) zugrunde, so ergeben sich aus diesem Szenario sofort mehrere Probleme. Einerseits treten Verklemmungen dann auf, wenn zwei Datenobjekte gegenseitig Anfragen absenden möchten. Andrerseits konkurrieren voneinander unabhängige Anfragen um die Ausgabemöglichkeit, den Ausgabekanal. Zusätzlich konkurrieren Anfragen, die sich auf dasselbe Datenobjekt beziehen, noch um dessen Attribute. Um trotzdem eine hohe Nebenläufigkeit zu erreichen, sind Datenobjekt und Verarbeitung getrennt. Das Datenobjekt besteht aus einem Dispatcher, der für jede Anfrage einen eigenen Verarbeitungsprozeß abspaltet, der die Zugriffsfunktion ausführt. Der Zugriff auf die veränderlichen Attribute muß natürlich durch Semaphore wohlgeordnet werden. Alle zu einem gegebenen Zeitpunkt aktiven Verarbeitungsprozesse konkurrieren untereinander um den Semaphor für den Ausgabekanal.

Die Verarbeitungsprozesse enthalten genug Intelligenz, um direkt eine vollständige Ausgabe zu erzeugen. Durch diese Struktur ergeben sich zwei neue Probleme. Damit Anfragen nicht nur durch die Benutzer, sondern auch durch einen beliebigen Verarbeitungsprozeß ausgelöst werden können, muß man einen Weg finden, damit zwei Verarbeitungsprozeß miteinander kommunizieren können. Dies wird dadurch gelöst, daß innerhalb des Parametersatzes einer Anfrage die Adresse eines privaten Antwortkanals mitübergeben werden kann. Das Resultat der Anfrage wird dann über diesen Kanal abgesetzt und so automatisch an den auslösenden Verarbeitungsprozeß zurückgegeben.

Da nun Anfragen an dasselbe Datenobjekt gleichzeitig bearbeitet werden können, entsteht das Problem, die Ausgabe eindeutig zuzuordnen. Es hat sich gezeigt, daß selbst im quasiparallelen Betrieb die Anfragen durchaus in unterschiedlicher Reihenfolge beantwortet werden können. Diese eindeutige Zuordnung geschieht mittels eines Zeitstempels bei Anfrageeingabe. Nach der Abarbeitung der Anfrage vernichten sich die Verarbeitungsprozesse selbständig.


Danksagung


Diese Arbeit wird vom BMFT im Rahmen des EUREKA-Projekts PROMETHEUS, Teilbereich PRO-ART, gefördert.


Literatur


/HUHN 88/          Huhn, A.; Fleischmann, S.; Wild, B.; Levi, P.:
                  *Verkehrssimulationsrahmen für Verteiltes Planen*
                  In Autonome Mobile Systeme, 4. Fachtagung, Karlsruhe '88,
                  Hrsg. P. Levi und U. Rembold, S. 44 - 56

/NIEMANN 87/      Niemann, H.; Bunke, H.:
                  *Künstliche Intelligenz in Bild- und Sprachanalyse*
                  B. G. Teubner, Stuttgart, 1987

# PARALLELE DYNAMISCHE SPIELBAUMAUSWERTUNG AUF TRANSPUTERN


Max Böhm[1], Ewald Speckenmeyer[1]
Heinrich Heine Universität Düsseldorf
Institut für Mathematik / Abteilung Informatik


## 1.  Einleitung

Die Suche in Spielbäumen von "Zweipersonen Nullsummenspielen mit vollständiger Information" wie z.B. Schach ist eine Aufgabe mit hohem Bedarf an Rechenleistung. Ein vollständiger Spielbaum der Tiefe d (depth) mit konstantem Grad b (branches) hat $b^d$ Blätter, die möglicherweise alle besucht werden müssen um den Minimax-Wert der Wurzel zu bestimmen.

Der Suchaufwand läßt sich mit dem Alpha-Beta Algorithmus ($\alpha$-$\beta$) normalerweise erheblich reduzieren [KM75]. $\alpha$ ist eine untere und $\beta$ eine obere Schranke für den Minimax-Wert der Wurzel. Fällt der Minimax-Wert eines Teilbaums aus dem aktuellen $\alpha$-$\beta$ Fenster heraus, braucht dieser Teilbaum nicht weiter untersucht zu werden, da er den Wert der Wurzel nicht mehr verändern kann. Vorraussetzung für solche "cutoffs" sind die bisherigen Ergebnisse der Suche, aus denen das aktuelle $\alpha$-$\beta$ Fenster resultiert. Der $\alpha$-$\beta$ Algorithmus arbeitet sequentiell und hat für steigende Tiefe der Spielbäume asymptotisch eine Optimalitätseigenschaft, da die Zahl der zu besuchenden Blätter dann gegen die untere Schranke von $2\,b^{d/2}-1$ konvergiert [P84].

Versuche den $\alpha$-$\beta$ Algorithmus auf einer MIMD mit k Prozessoren zu parallelisieren führen auf das Problem Prozessoren Teilbäumen zuzuordnen, die unabhängig voneinander durchsucht werden können. Dabei sollen nicht wesentlich mehr Blätter besucht werden, als im sequentiellen Fall. Bekannte Verfahren sind der "Tree-Splitting-Algorithmus" von Finkel und Fishburn (ein Prozessorbaum mit Grad f und Tiefe q wird von links nach rechts durch den Spielbaum geschoben) [FF82], "Mandatory-Work-First Search" von Akl, Banard und Doran (zunächst werden die im "Best case" erforderlichen Blätter besucht) [ABD82,A89] oder "Parallel $\alpha$-$\beta$ of width w" von Karp und Zhang (es werden nur Blätter mit "Pruning Number" von höchstens w besucht) [KZ89]. Diese Vefahren benutzen eine statische Prozessorzuteilung, die - falls keine "cutoffs" eintreten - unabhängig von der Spielbauminstanz ist.

In dieser Arbeit wird ein recht neues Verfahren zur parallelen $\alpha$-$\beta$ Suche beschrieben, das zeigt, wie zusätzliche Informationen über den Spielbaum die Suche wesentlich effizienter machen können. Der sogenannte "dynamische Prozessorbaum Algorithmus" [B89] ist eine Verallgemeinerung des "Tree-Splitting Algorithm" von Finkel & Fishburn. Er berechnet die Wahrscheinlichkeit, daß ausstehende Ergebnisse von parallel bearbeiteten Teilbäumen die Anzahl der zu untersuchenden Knoten in noch nicht besuchten Teilbäumen beeinflussen. Prozessoren werden auf solche Teilbäume plaziert, für die diese Wahrscheinlichkeit möglichst


[1] Diese Arbeit wurde unterstützt durch den Minister für Wissenschaft und Forschung des Landes Nordrhein-Westfalen unter AZ A 3 - 800 957 89 -.

klein ist. Für diese Heuristik werden Informationen über die Verteilungen der Werte an den Blättern des Spielbaums benötigt.

Die Arbeit ist wie folgt aufgebaut: In Kapitel 2 werden Begriffe zu Spielbäumen, sowie der sequentielle $\alpha$-$\beta$ Algorithmus erläutert. In Kapitel 3 folgt ein Überblick über bisherige Versuche den $\alpha$-$\beta$ Algorithmus zu parallelisieren. Der dynamische Prozessorbaum Algorithmus wird in Kapitel 4 vorgestellt und die Testergebnisse dazu folgen in Kapitel 5.

## 2. Spielbäume und sequentielle Alpha-Beta Suche

Unter einem Spielbaum versteht man einen Baum, der alle möglichen Spielverläufe eines "Zwei-Personen Nullsummenspiels mit vollständiger Information" darstellt. Die Knoten des Baums repräsentieren die Stellungen und die Kanten die Züge des Spiels.
Die Wurzel des Baums entspricht der Grundstellung. Die Söhne der Wurzel sind Stellungen, die der erste Spieler mit einem Zug erreichen kann. Die Söhne dieser Stellungen entstehen durch die Antworten des zweiten Spielers usw. Die Blätter des Baums entsprechen (End-) Stellungen, die durch eine heuristische Bewertungsfunktion bewertet werden. Je besser die Stellung für den beginnenden Spieler ist, desto höher soll diese Bewertung sein. Beim Schach geht in die Bewertungsfunktion u.a. der Figurenvorteil ein.

In den folgenden Kapiteln werden wir uns auf vollständige Spielbäume mit festem Verzweigungsgrad **b** (branches) und Tiefe **d** (depth), also mit $b^d$ Blättern, beschränken.

Wir wollen im folgenden den Spieler, der den ersten Zug macht mit **MAX** bezeichnen und seinen Gegenspieler mit **MIN**.
Einen Knoten bezeichnen wir als **MAX (MIN)**-Knoten, wenn in der zugehörigen Stellung der Spieler **MAX (MIN)** am Zug ist. Wir werden **MAX**-Knoten durch Quadrate und **MIN**-Knoten durch Kreise darstellen.

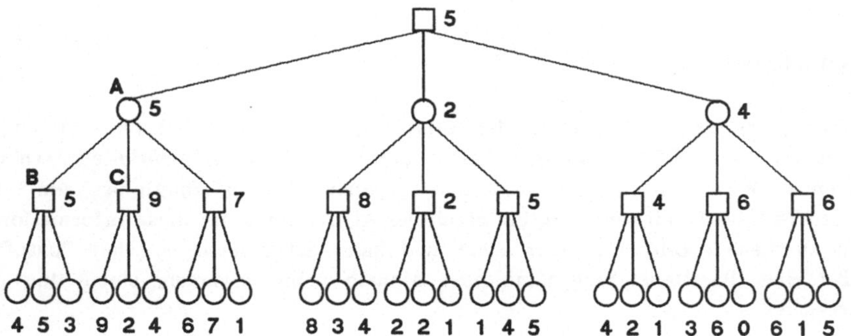

Bild 1: Spielbaum mit Minimax-Werten

Jedem inneren Knoten kann man einen sogenannten **Minimax-Wert** zuordnen, der angibt, welchen Wert der Spieler **MAX (MIN)** aus dieser Stellung bestenfalls erreichen kann. Eine Stellung ist für den Spieler **MAX (MIN)** umso besser, je größer (kleiner) der zugehörige Minimax-Wert ist. Der Minimax-Wert eines **MAX**-Knotens (**MIN**-Knotens) ist das Maximum (Minimum) der Minimax-Werte seiner Söhne.

Dies kann man sich am einfachsten dadurch klarmachen, indem man zunächst die Knoten direkt über den Blättern betrachtet. Spieler **MAX (MIN)** würde von einem solchen Knoten zu dem Blatt mit dem größten (kleinsten) Wert ziehen. Der Minimax-Wert eines solchen Blattes gibt also genau den Wert an, den der entsprechende Spieler aus dieser Stellung bestenfalls erreichen kann. Für die darüber folgenden Ebenen im Spielbaum kann die gleiche Argumentation verwendet werden.

Der sequentielle Alpha-Beta Algorithmus ($\alpha$-$\beta$) ist der am weitesten verbreitete Algorithmus zur Auswertung von Spielbäumen. Er durchsucht den Spielbaum von links nach rechts (direktional) und überspringt dabei Teilbäume, deren Ergebnisse den Minimax-Wert der Wurzel nicht mehr beeinflussen können.
An jedem Knoten wird mit Hilfe des sogenannten $\alpha$-$\beta$ Fensters ein Bereich angegeben, in dem nach den bisherigen Informationen der Minimax-Wert der Wurzel liegen muß. Sobald feststeht, daß der Minimax-Wert eines Knotens außerhalb dieses Fensters liegt, braucht dieser Knoten nicht weiter untersucht zu werden, da er den Wert der Wurzel nicht mehr beeinflussen kann.

Wir wollen die Arbeitsweise kurz an einem Beispiel erläutern. In dem in Bild 1 dargestellten Spielbaum ist nach Besichtigung der ersten drei Blätter mit den Werten 4, 5 und 3 der Minimax-Wert 5 des darüberliegenden **MAX**-Knotens **B** bekannt. Für den Knoten **A** bedeutet dies, daß **MIN** aus dieser Stellung den Wert 5 erreichen kann (oder weniger, falls **MAX** dumm zieht), nämlich wenn er zur Stellung **B** zieht. Nach Besichtigung des nächsten Blatts steht fest, daß **MAX** aus der Stellung **C** den Wert 9 (oder mehr) erreichen kann. **MIN** würde deshalb schon jetzt nicht nach **C** ziehen sondern nach **B**, weil er seinem Gegner möglichst wenig Punkte zukommen lassen will. Diese Entscheidung kann getroffen werden, ohne daß die folgenden beiden Blätter besucht werden müssen. Hier tritt ein sogenannter "cutoff" ein. Das $\alpha$-$\beta$ Fenster für die Stellung **A** ist hier $(-\infty, 5)$ und für die Stellung **B** $(5, +\infty)$
Der $\alpha$-Wert ($\beta$-Wert) eines Knotens gibt also den Wert an, den der Spieler **MAX (MIN)** in dem bisher durchsuchten Teil des Spielbaums mindestens (höchstens) erreichen kann, wenn er optimal spielt.


## 3. Bekannte Parallelisierungen

Die Vorteile vom $\alpha$-$\beta$ Algorithmus gegenüber der vollständigen Suche, nämlich die Möglichkeit bestimmte Teilbäume von der Suche auszuschließen, beruhen auf der sequentiellen Struktur dieses Algorithmus. Wird ein Teilbaum untersucht, gehen alle Informationen von dem zuvor unteruchten Teil des Spielbaums ein. Ein paralleler Algorithmus hat diese Informationen im allgemeinen zu diesem Zeitpunkt noch nicht und kann daher nicht so viele "cutoffs" durchführen. Bei einer Parallelisierung kann man deshalb nicht erwarten, einen "linearen speedup" zu erreichen.

Ein Verfahren zur parallelen $\alpha$-$\beta$ Suche ist "Parallel Tree-Decomposing" bzw. "Mandatory-Work-First Search" von Akl, Barnard und Doran [ABD82]. Dieser Algorithmus untersucht in einem ersten Schritt nur den sogenannten "best case" Teilbaum, der in jeden Fall durchsucht werden muß. Dadurch erhalten alle inneren Knoten dieses Baums temporäre $\alpha$- bzw. $\beta$-Schranken. In einem zweiten Schritt werden dann, soweit möglich, $\alpha$-$\beta$ Schnitte durchgeführt bzw. die noch nicht untersuchten Teilbäume des Spielbaums jeweils von links nach rechts bearbeitet.

Ein anderes Verfahren, der "Tree-Splitting Algorithm" von von Finkel & Fishburn [FF82], den wir im folgenden auch als als "statischen Prozessorbaum Algorithmus" bezeichnen werden, arbeitet mit einem Prozessorbaum fester Struktur mit Grad **f** (fanout) und die Tiefe **q**. Die Prozessoren an den Blättern führen den sequentiellen $\alpha$-$\beta$ Algorithmus aus.

Es ist sinnvoll möglichst wenig Prozessoren an benachbarten Teilbäumen arbeiten zu lassen, da das Ergebnis für den ersten Teilbaum die Laufzeit für die anderen Teilbäume im sequentiellen Fall reduzieren könnte, im parallelen Fall jedoch noch nicht vorliegt. Der statische Prozessorbaum Algorithmus verfolgt diesen Ansatz, indem nur jeweils **f** benachbarte Knoten parallel bearbeitet werden, wobei **f** möglichst klein sein sollte. An jedem der **f** parallel bearbeiteten Knoten werden wieder jeweils **f** Söhne parallel bearbeitet usw. Dies wird bis zu einer Tiefe **q** fortgeführt. Es ergibt sich der sogenannte **Prozessorbaum** mit Grad **f** und Tiefe **q** mit **f**$^q$ Prozessoren an den Blättern.

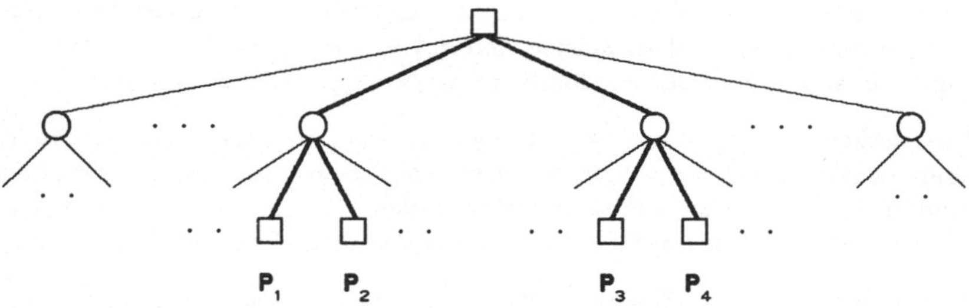


Prozessorbaum mit fanout **f** = 2 und Tiefe **q** = 2 ( 4 Prozessoren )

Der Prozessorbaum ist ein vollständiger Teilbaum des Spielbaums mit Grad **f**, Tiefe **q** und gleicher Wurzel. Die Ebene im Spielbaum, auf der die Blätter des Prozessorbaums liegen (Tiefe **q**), wollen wir als **Prozessorlevel** bezeichnen. Dort befindlichen sich die Prozessoren und bearbeiten jeweils noch Teilbäume der Tiefe **d-q** mit dem sequentiellen $\alpha$-$\beta$ Algorithmus. Der Prozessorbaum wird bei diesem Algorithmus sozusagen von links nach rechts durch den Spielbaum geschoben.

## 4. Der dynamische Prozessorbaum Algorithmus

Wenn man bei der Auswertung von Spielbäumen Informationen über die Verteilung der Werte an den Blättern und damit auch der Minimax-Werte an den inneren Knoten hat, kann man den statischen Prozessorbaum Algorithmus noch verbessern. Wir werden zunächst die Modelle "Random Game Tree" und "Ordered Game Tree" für zufällige Spielbäume einführen. In diesen Modellen sind die Verteilungen der Blätter und inneren Knoten bekannt.

Wir betrachten Bäume mit konstanter Tiefe **d** und Verzweigungsgrad **b**, deren Blätter über unabhängige Zufallsvariablen bewertet werden. Sind die Zufallsvariablen der Blätter identisch verteilt, nennen wir den Spielbaum einen "Random Game Tree" [P84]. Aus den Verteilungen an den Blättern lassen sich die Verteilungen der inneren Knoten rekursiv berechnen.

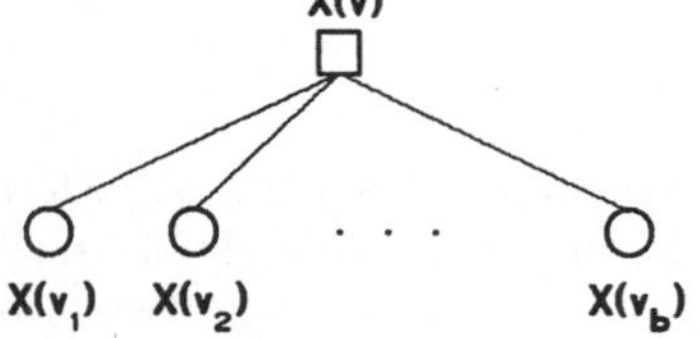


**MAX**-Knoten:

$$X(v) = \max ( X(v_1), \ldots , X(v_b) )$$

$$F_{sons(v)} := F_{X(v_1)} = \ldots = F_{X(v_b)}$$

Wie man leicht zeigen kann gilt für die Verteilungsfunktion von $X(v)$:

$$F_{X(v)}(r) = (F_{sons(v)}(r))^b \qquad \text{für MAX-Knoten } v$$

$$1 - F_{X(v)}(r) = (1 - F_{sons(v)}(r))^b \qquad \text{für MIN-Knoten } v$$

Zu beachten ist, daß auch auf den inneren Ebenen im Spielbaum die Zufallsvariablen weiterhin voneinander unabhängig bleiben. Sie hängen zwar jeweils von ihren Söhnen ab, da aber die Söhne zweier Knoten verschieden und voneinander unabhängig sind, sind auch die Knoten selbst voneinander unabhängig.

In einem "Ordered Game Tree" (siehe auch "Strongly Ordered Game Trees" [MC82]) wird jedem Sohn i eines Knotens eine bestimmte Wahrscheinlichkeit $p_i$ zugeordnet, mit der er das Maximum bzw. Minimum unter allen Söhnen liefert ( $p_i = P(X(v_i) = X(v))$ , $1 \leq i \leq b$ ). Die Wahrscheinlichkeiten $p_i$ sollen geometrisch abfallen ( $p_{i-1} = q \cdot p_i$ , $2 \leq i \leq b$ , $0 < q < 1$ ).

Die Idee des dynamischen Prozessorbaum Algorithmus ist es, Prozessoren auf solche Teilbäume zu plazieren, deren $\alpha$-$\beta$ Fenster möglichst nicht durch Ergebnisse parallel arbeitender Prozessoren geändert werden. Diese Teilbäume würden dann in gewisser Weise "optimal" bearbeitet, nämlich mit den gleichen $\alpha$-$\beta$ Fenstern wie im sequentiellen Fall.

Wir wollen zunächst den Knoten im Spielbaum wie folgt Prädikate zuordnen. Teilbäume an den mit **s** (solved) gekennzeichneten Knoten sind bereits gelöst. Der Minimax-Wert dieser Knoten liegt vor. Teilbäume an den mit **w** (working) gekennzeichneten Knoten werden gerade von Prozessoren bearbeitet. Sie besitzen bereits aktuelle $\alpha$ bzw. $\beta$ Schranken, jedoch liegt ihr endgültiger Minimax-Wert noch nicht vor. Die mit **f** (free) gekenzeichnete Knoten sind bisher von dem Algorithmus noch nicht untersucht worden.
Den Teilbaum des Spielbaums, der aus den mit **w** gekennzeichneten Knoten besteht, wollen wir den aktuellen **Prozessorbaum** nennen. Die Prozessoren befinden sich an den Blättern des Prozessorbaums auf einer festen Tiefe **q** im Spielbaum, dem sogenannten **Prozessorlevel**. Betrachten wir nun den im folgenden Bild dargestellten Teil eines Spielbaums. Der aktuelle Prozessorbaum ist durch dicke Linien hervorgehoben. Die drei Prozessoren $P_1,...,P_3$ arbeiten bereits parallel an drei Teilbäumen. Prozessor $P_4$ soll an eine möglichst günstige Stelle im Spielbaum plaziert werden.

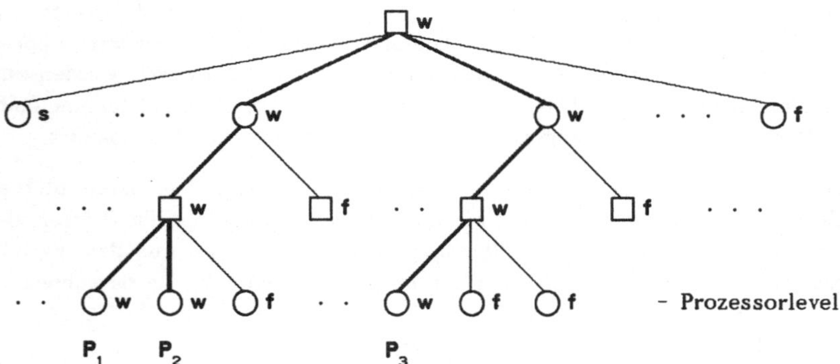


Der Prozessor $P_4$ soll auf einen noch nicht bearbeiteten Knoten auf dem Prozessorlevel des Spielbaums gesetzt werden. Wir erreichen dies, indem wir einen neuen Pfad von einem Knoten mit Prädikat **w** über einen Knoten mit Prädikat **f** bis herunter zum Prozessorlevel an den Prozessorbaum anfügen. Der Prozessor $P_4$ wird auf den Knoten am Ende dieses Pfades gesetzt und bearbeitet den dort wurzelnden Teilbaum.

Für die Wahl dieses Pfades wollen wir bei mehreren benachbarten Knoten mit Prädikat f jeweils nur den ersten in Betracht ziehen. Bei einem Random Game Tree sind diese Knoten aus Symmetriegründen gleichwertig und bei einem Ordered Game Tree hat der erste die höchste Wahrscheinlichkeit $p_i$, den Minimax-Wert zu liefern und ist damit der vielversprechendste Kandidat.

Es bleibt jedoch die Frage für welchen der möglichen Knoten mit Prädikat f wir uns entscheiden sollen. Die Idee vom dynamischen Prozessorbaum Algorithmus ist es, eine heuristische Funktion h zu verwenden, die für jeden Knoten v des Prozessorbaums angibt, wie günstig es ist von dort aus den neuen Pfad zu beginnen. Der Knoten mit größtem Wert h(v) ist dabei der Gewinner.

Die Funktion h(v) soll dabei die Wahrscheinlichkeit angeben, mit der das aktuelle $\alpha$-$\beta$ Fenster von v durch Ergebnisse seiner parallel bearbeiteten Söhne **nicht** geändert wird. Wird das $\alpha$-$\beta$ Fenster nicht geändert, ist dieser Knoten "günstiger" Vater eines neuen, parallel zu bearbeitenden Knotens bzw. Teilbaums. Dies liegt daran, daß der neue Knoten mit dem $\alpha$-$\beta$ Fenster gestartet werden kann, das auch im sequentiellen Fall vorliegen würde, also insofern optimal ist.

Zur Berechnung der heuristischen Funktion h betrachten wir folgende Situation an einem **MAX**-Knoten:

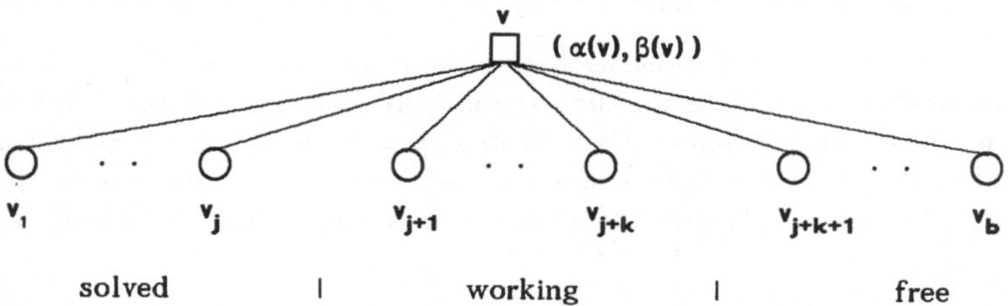


Die Teilbäume, die an den Knoten $v_1,...,v_j$ wurzeln sind bereits gelöst. Die Teilbäume an den Knoten $v_{j+1},...,v_{j+k}$ werden gerade von Prozessoren parallel bearbeitet. Ihre Minimax-Werte können den Wert $\alpha(v)$ verändern. Die Teilbäume an den Knoten $v_{j+k+1},...,v_b$ sind bisher noch nicht untersucht worden.

Für die Wahrscheinlichkeit, daß der $\alpha$-Wert des **MAX**-Knotens v von Ergebnissen der Teilbäume an den Knoten $v_{j+1},...,v_{j+k}$ nicht geändert wird, gilt:

$$h(v) \quad = \quad P(\, X(v_{j+i}) \leq \alpha(v),\ 1 \leq i \leq k\,)$$

$$= \quad \prod_{1 \leq i \leq k} P(\, X(v_{j+i}) \leq \alpha(v)\,) \qquad (\text{Unabhängigkeit})$$

$$= \quad \prod_{1 \leq i \leq k} F_{X(v_{j+i})}(\, \alpha(v)\,)$$

Für die Wahrscheinlichkeit, daß der $\beta$-Wert an einem **MIN**-Knoten v nicht von Ergebnissen seiner zur Zeit bearbeiteten Söhne $v_{j+1},...,v_{j+k}$ geändert wird, gilt analog:

$$h(v) \quad = \quad \prod_{1 \leq i \leq k} 1 - F_{X(v_{j+i})}(\, \beta(v)\,)$$

Für einen Random Game Tree können wir wegen der identisch verteilten Zufallsvariablen die Funktion noch vereinfachen.

$$F_{sons(v)} := F_{X(v_1)} = \cdots = F_{X(v_b)}$$

$$\Rightarrow \quad h(v) = \begin{cases} (F_{sons(v)}(\alpha(v)))^k & \text{falls } v \text{ ein } \textbf{MAX}\text{-Knoten ist} \\ (1 - F_{sons(v)}(\beta(v)))^k & \text{falls } v \text{ ein } \textbf{MIN}\text{-Knoten ist} \end{cases}$$

## 5.  Testergebnisse

Der dynamische Prozessorbaum Algorithmus, sowie die oben genannten Parallelisierungen wurden auf einem Megaframe System von Parsytec mit 33 T800 Transputern in der Programmiersprache OCCAM II implementiert und miteinander verglichen. Es wurden Testreihen mit Random Game Trees und Ordered Game Trees durchgeführt. Bäume der Tiefe 4 mit maximalem Grad 100 bis zur Tiefe 9 mit maximalem Grad 10 wurden untersucht. Die Zahl der besuchten Blätter wurde aus jeweils 50 Einzelergebnissen gemittelt. Der dynamische Prozessorbaum Algorithmus besuchte immer wesentlich weniger Blätter als die Vergleichsalgorithmen. Besonders bei den Ordered Game Trees kann der Algorithmus durch die zusätzliche Information über die Blattverteilungen wesentlich bessere speedup Werte erreichen.

Es folgen einige Testergebnisse des dynamischen Prozessorbaum Algorithmus (dynamic), Finkel und Fischburn (static) und Akl, Banard und Doran (Akl) mit 16 Prozessoren (Prozessorlevel 4 beim dynamischen und statischen Algorithmus). Die erste Tabelle bezieht sich auf Random Game Trees und die zweite Tabelle auf Ordered Game Trees mit Faktor $q = 0.8$. Die Zal der besuchten Blätter ist absolut und relativ zum sequentiellen Fall angegeben.

| d | b | leaves | seq. | dynamic | static | Akl | $\frac{dyn.}{seq.}$ | $\frac{stat.}{seq.}$ | $\frac{Akl}{seq.}$ |
|---|---|--------|------|---------|--------|-----|------|------|------|
| 4 | 10 | 10000 | 1990 | 2735 | 2861 | 3540 | 1.37 | 1.44 | 1.78 |
| 4 | 20 | 160000 | 17233 | 21881 | 23388 | 33430 | 1.27 | 1.36 | 1.94 |
| 4 | 30 | 810000 | 60998 | 73750 | 79934 | 101424 | 1.21 | 1.31 | 1.66 |
| 4 | 40 | 2560000 | 155959 | 186010 | 199053 | 245364 | 1.19 | 1.28 | 1.57 |
| 4 | 100 | 100000000 | 3166918 | 3531814 | 3750917 | 4067919 | 1.12 | 1.18 | 1.28 |
| 5 | 10 | 100000 | 11600 | 14405 | 15387 | 20045 | 1.24 | 1.33 | 1.73 |
| 5 | 20 | 3200000 | 164043 | 195324 | 212312 | 302830 | 1.19 | 1.29 | 1.85 |
| 5 | 30 | 24300000 | 809514 | 929841 | 1017429 | 1287824 | 1.15 | 1.26 | 1.59 |
| 5 | 40 | 102400000 | 2571839 | 2918025 | 3179406 | 3891089 | 1.13 | 1.24 | 1.51 |
| 6 | 10 | 1000000 | 60122 | 72897 | 80061 | 115890 | 1.21 | 1.33 | 1.93 |
| 6 | 20 | 64000000 | 1457508 | 1740831 | 1870802 | 3021219 | 1.19 | 1.28 | 2.07 |
| 9 | 10 | 1000000000 | 8431178 | 10152291 | 11605897 | 16623398 | 1.2 | 1.38 | 1.97 |

Tabelle 1, "Random Game Trees"

| d | b | leaves | seq. | dynamic | static | Akl | $\frac{dyn.}{seq.}$ | $\frac{stat.}{seq.}$ | $\frac{Akl}{seq.}$ |
|---|---|---|---|---|---|---|---|---|---|
| 4 | 10 | 10000 | 864 | 1251 | 1559 | 2092 | 1.45 | 1.8 | 2.42 |
| 4 | 20 | 160000 | 3127 | 3831 | 5973 | 12844 | 1.23 | 1.91 | 4.11 |
| 4 | 30 | 810000 | 6207 | 7318 | 12711 | 25863 | 1.18 | 2.05 | 4.17 |
| 4 | 40 | 2560000 | 9345 | 10780 | 20334 | 42361 | 1.15 | 2.18 | 4.53 |
| 4 | 100 | 100000000 | 46322 | 49658 | 114032 | 226198 | 1.07 | 2.46 | 4.88 |
| 5 | 10 | 100000 | 4498 | 5752 | 6729 | 9537 | 1.28 | 1.5 | 2.12 |
| 5 | 20 | 3200000 | 23752 | 27899 | 36679 | 60911 | 1.17 | 1.54 | 2.56 |
| 5 | 30 | 24300000 | 62818 | 71554 | 96911 | 125395 | 1.14 | 1.54 | 2.00 |
| 5 | 40 | 102400000 | 125607 | 139852 | 197961 | 238312 | 1.11 | 1.58 | 1.90 |
| 6 | 10 | 1000000 | 16519 | 20432 | 25704 | 41262 | 1.24 | 1.56 | 2.5 |
| 6 | 20 | 64000000 | 107762 | 129371 | 177719 | 432345 | 1.20 | 1.65 | 4.01 |
| 9 | 10 | 1000000000 | 1218529 | 1498615 | 1836584 | 2974634 | 1.23 | 1.51 | 2.44 |

$$\text{Tabelle 2, "Ordered Game Trees", } \frac{P_i}{P_{i+1}} = 0.8$$

# Literatur


[A89]   S.G. Akl, "The Design and Analysis of Parallel Algorithms", Prentice Hall, Englewood Cliffs, New Jersey 07632, 1989, 310-340.

[ABD82]   S.G. Akl, D.T. Bernard, and R.J. Doran, "Design, Analysis, and Implementation of a Parallel Tree Search Algorithm.", IEEE Transactions on Pattern Analysis and Machine Intelligence, Vol. PAMI-4, 1982, 192-203.

[B89]   M. Böhm, "Parallele Alpha-Beta Suche und Ordered Game Trees", Diplomarbeit FB Informatik, Universität Dortmund 1989.

[FF82]   R.A. Finkel and J.P. Fishburn, "Parallelism in Alpha-Beta Search", Artificial Intelligence 19, 1982, 89-106.

[KM75]   D.E. Knuth and R.W. Moore, "An analysis of alpha-beta pruning", Artificial Intelligence 6, 1975, 293-326.

[KZ89]   R.M. Karp and Y. Zhang, "On Parallel Evaluation of Game Trees", ACM, SPAA 1989, 409-420.

[MC82]   T.A. Marsland and M. Campbell, "Parallel Search of Strongly Ordered Game Trees", Computing Surveys 14, 1982, 533-551.

[P84]   J. Pearl, "Heuristics - Intelligent Search Strategies for Computer Problem Solving", Reading MA, Addison-Wesley, 1984.

# Portierung eines neuronalen Netzwerksimulators auf ein Transputersystem

Bernhard Schätz
Technische Universität München

## 0 Zusammenfassung

Wegen ihres massiv parallelen Rechenparadigmas bieten sich Simulatoren für konnektionistische Modelle, die meist nur seriell implementiert werden (z.B. [God87], [RZ86], [MR88]), besonders für Implementierungen mittels nichtserieller Hardware - z.B. durch Transputersysteme - an. Hier sollen deshalb am Beispiel der Parallelisierung eines seriellen Netzwerksimulators allgemein verwendbare Techniken der Portierung auf Transputerarchitekturen besprochen werden.

## 1 Aufgabenbeschreibung

Ausgehend von einer seriellen Implementierung ([Sch89]) soll ein Generator für parallele Simulatoren konnektionistischer Modelle entwickelt werden. Die bisherige Version produziert aus einer hochsprachlichen Spezifikation des Netzwerktyps einen Simulator für die Klasse der spezifizierten Netzwerke. Zur Laufzeit wird dann die aktuelle Architektur durch die Angabe von Elementen und Verbindungen geschaffen. Eine ausführliche Beschreibung findet sich in [DS90].

Bei der Portierung sollen folgende Randbedingungen eingehalten werden:

- die bisherige Benutzeroberfläche soll beibehalten werden; dem Benutzer sollen die hardware-spezifischen Eigenschaften, wie die Anzahl der Transputer und deren Vernetzung, verborgen bleiben

- der Generator soll bezüglich der Hardware flexibel sein; er soll mit minimalem Aufwand an Änderungen der Transputerkonfiguration anpaßbar sein

- der bisherige Code soll in größtmöglichem Umfang wiederverwendet werden

Dabei stellen sich Probleme, die zum Großteil unabhängig von konnektionistischen Anforderungen sind und sich auch bei vielen anderen Portierungen serieller Versionen von Programmen auf Transputersystemen ergeben.

## 2 Implementierung

Bei der Implementierung konnektionistischer Modelle durch Transputersysteme stellt sich sofort ein grundlegendes Problem:

Die Architekturen konnektionistischer Modelle weisen im Regelfall eine hohe Verbindungsdichte auf; gleichzeitig sind sie oft sehr unstrukturiert, d.h. kaum in Komponenten untergliederbar, die einerseits in sich eine hohe Vernetzung aufweisen, und andererseits wenige Verbindungen nach außen hin haben.

Dies bedeutet für die Simulation, daß zwar zuerst für jede Berechnung in einem konnektionistischen Element eine große Menge an Information, die nicht lokal in diesem Element vorhanden ist, bereitgestellt werden muß. Danach kann jedoch die Berechnung unabhängig von anderen Elementen durchgeführt werden.

Damit bieten sich zwei Klassen von Rechnerarchitekturen an:

- SIMD-Architekturen, wie z.B. Feld- oder Matrixrechner

- Multiprozessorsysteme mit einem gemeinsamen Datenspeicher

Will man ein Transputersystem zur Implementierung verwenden, so stellen sich damit zwei Aufgaben:

- das Zergliedern der Daten des Netzwerks, damit die Berechnungen in den einzelnen Transputern unabhängig durchgeführt werden können

- Das Bereitstellen eines Mechanismus für den Austausch der Daten, die nicht lokal gehalten werden können

In der Implementierung wird dies durch zwei Schritte erzielt:

- das Bereitstellen einer Nachrichtenvermittlungsschicht zur direkten Kommunikation zwischen zwei Transputern

- das Aufspalten der bisher verwendeten Datenstruktur durch mehrfaches lokales Halten der gleichen Information

## 2.1  Die Nachrichtenvermittlungsschicht

Bei der Simulation des Netzwerks wird in den Transputern Information benötigt, die nicht lokal vorhanden ist. Da Transputersysteme keinen gemeinsamen Speicher besitzen, muß die Kommunikation durch i.a. asynchrone Nachrichtenübermittlung erfolgen. Da das verwendete Programmiersystem (Parallel C, [3L 88]) dies im Gegensatz zu anderen Systemen (z.B. HELIOS) nicht anbietet, muß zusätzlich eine eigene, vorzugsweise problemunabhängige Nachrichtenvermittlungsschicht bereitgestellt werden. Dieses unabhängige Modul arbeitet in zwei Phasen:

- der Initialisierungsphase, also dem Aufbau der Wegetafel

- der Arbeitsphase, also dem Zustellen von Nachrichten mittels "Senden", "Empfangen" und "Broadcast"

Dieses Modul erlaubt, durch seine selbstkonfigurierende Initialisierungsphase und seine hardwarekonfigurationsunabhängige Arbeitsphase, einen flexiblen Einsatz des Simulators auf unterschiedlichen Transputersystemen.

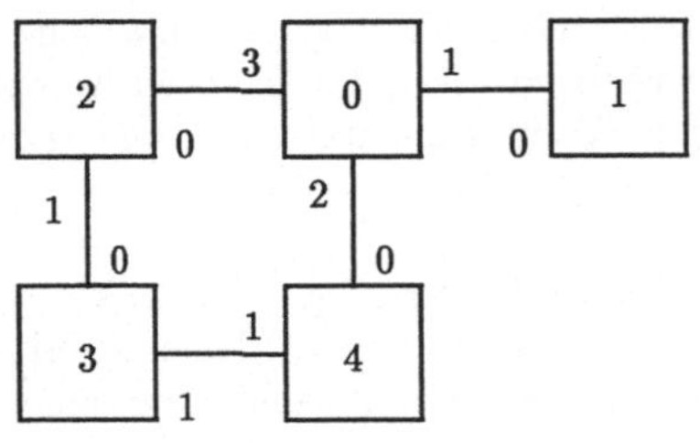



Netzwerk mit fünf Transputer und den
Hardwarelinks mit Kanalnummer

Abbildung 1: Bespielnetzwerk mit Wegetafel für Transputer 1

## 2.1.1 Der Aufbau der Wegetafel

Für die Nachrichtenvermittlung muß jedem Transputer im Netzwerk eine Tafel mit den Adressen der anderen Knoten bereitgestellt werden. Die Adressen werden als einfache Pfadbeschreibungen realisiert durch die Angabe derjenigen Hardwarelinks, über die die Nachricht zugestellt werden muß. Dabei sollen die Pfade jeweils möglichst kurz sein. Es muß also für jeden Transputer eine eigene Tafel berechnet werden.

Bei der Erstellung wird nach Art eines Algorithmus zur Aktivierungsausbreitung ähnlich den Wurmalgorithmen aus [Inm89] zur Berechnung der Anzahl der Knoten im Transputernetzwerk vorgegangen. Anschließend werden die Tafeln durch ein getaktetes Austauschen von Marken aufgebaut.

Unter der Annahme, das Netzwerk sei baumartig aufgebaut, kann die Anzahl der Knoten "rekursiv" durch wiederholtes Ausführen einer einfachen Routine auf allen Transputern errechnet werden:

```
if Anzahl der Sohntransputer = 0
then Anzahl := 1
else begin
     führe die Routine für alle Sohnknoten durch
     Anzahl :=  Summe der Antworten der Sohnknoten + 1
end
liefere Anzahl an Vaterknoten zurück
```

Falls das Netzwerk Zyklen enthält, terminiert dieser Algorithmus nicht mehr. Doch kann durch das Ignorieren von Verbindungen jedes Netzwerk baumartig strukturiert werden. Dies geschieht hier dadurch, daß die Routine nur in solchen Sohnknoten gestartet wird, die diese Routinen noch nicht durchgeführt haben; sonst werden sie ignoriert.

Auf entsprechende Weise kann nun jedem Transputer eine Nummer als identifizierende Marke zugewiesen werden. Die Wegetafel enthält dann in der der Nummer entsprechenden Spalte die Adresse des jeweiligen Transputers. Die Adresse ist hier durch die Nummer der jeweiligen Hardwarelinks der Knoten gegeben, die auf dem Weg der Nachricht beim Zustellen liegen. Diese Links werden durch die Kanalnummer relativ zum jeweiligen Transputer eindeutig bestimmt.

Diese Pfadbeschreibung wird durch einen auf allen Transputern gleichzeitig ablaufenden Algorithmus erstellt. Dazu schickt jeder Transputer seine Marke an alle Nachbarknoten. Beim Empfangen einer solchen Nachricht wird jeweils immer das Hardwarelink hinzugefügt, über das die Nachricht empfangen wurde. Dann wird der Pfad unter der Marke in die Tafel eingetragen (Abbildung 1). Später ankommende Nachrichten mit der gleichen Marke werden ignoriert. Anschließend wird die Marke mit dem bisherigen Pfad an alle Nachbarn außer den Sender weitergegeben. Wenn alle Knoten alle Marken einmal empfangen haben, ist der Algorithmus beendet, alle einzelnen Tafeln sind komplett. Es ist auch eine Modifizierung mit konsistenten Tafeln für Wegbeschreibungen möglich, bei dem jede Tafel nur den nächsten zu verwendenden Hardwarelink auf dem Weg zum Zielknoten angibt.

Dieser Algorithmus liefert aber nicht notwendigerweise die kürzesten Pfade. Dies wird dadurch erreicht, daß die Nachrichten jeweils getaktet ausgetauscht werden, d.h. zwei Knoten tauschen die angesammelten Nachrichten immer nur vollständig aus. Dadurch werden in jedem Takt die Pfadbeschreibungen gleichzeitig im gesamten Netzwerk um ein Element verlängert. Damit werden die kürzesten Pfade zuerst generiert und in die Tafel eingetragen.

### 2.1.2  Die Nachrichtenvermittlung

Sind die Tafeln aufgebaut, so wird in jedem Knoten ein Vermittler gestartet. Dieser nimmt zwei Arten von Aufträgen entgegen:

**von der Anwendungsschnittstelle:**  es wird ein Schreib- oder Leseauftrag entgegengenommen, und - falls möglich - bearbeitet

**von anderen Vermittlern:**  es wird eine Nachricht zum Weiterleiten oder Zustellen entgegengenommen

Erfolgt ein Auftrag von seiten der Anwenderschnittstelle, so übernimmt der Vermittler von dieser die Adresse des Empfängers und die zuzustellende Nachricht. Aus der Adresse wird mittels der Wegetafel ein Leitblock mit der Pfadbeschreibung aufgebaut. Falls es sich um einen Broadcastauftrag handelt, wird ein spezieller Leitblock generiert. Dann wird die Nachricht mit dem Leitblock im Vermittlerpuffer abgelegt, und es wird wie im zweiten Fall verfahren.

Aufträge von anderen Vermittlern werden zuerst im Vermittlerpuffer abgelegt. Falls der Leitblock einen Broadcastauftrag anzeigt, wird der Pufferinhalt an alle Nachbartransputer außer dem Sender des Auftrags weitergegeben. Außerdem wird die Nachricht - ohne den Leitblock - über die Anwendungsschnittstelle zugestellt. Falls ein Leitblock mit einer Pfadbeschreibung gefunden wird, wird deren erstes Element untersucht. Wird das Pfadende angezeigt, so wird die Nachricht - wie oben - ohne Leitblock zugestellt. Ansonsten wird das Hardwarelink ermittelt, über das die Nachricht samt Leitblock weitergeleitet werden muß. Dieses Hardwarelink wird durch das erste Element der Pfadbeschreibung angezeigt. Dieses Link wird nun verwendet, um die Nachricht mit dem Leitblock, der um das erste Element verkürzt worden ist, weiterzuleiten.

## 2.2  Die Parallelisierung des Codes

Hauptziel der Reimplementierung ist es, den rechenintensivsten Teil der Simulation des konnektionistischen Modells, die Neuberechnung des Netzwerkzustandes, zu parallelisieren. Durch die Dienste der Nachrichtenvermittlungsschicht können nun unmittelbar Daten zwischen allen Transputern des Netzwerks ausgetauscht werden. Damit wird es möglich, die zu bearbeitende Information auf unterschiedliche Knoten zu verteilen. Als Folge müssen aber Mechanismen geschaffen werden, um die zwei Arten von Diensten, die vom Simulator angeboten werden, nämlich das Schaffen und Bearbeiten von Elementen und Verbindungen, sowie das Simulieren des konnektionistischen Modells, zu realisieren. Zur Realisierung dieser Zergliederung werden folgende Konzepte eingesetzt:

- die Aufspaltung der Datenstruktur in unabhängige Teile

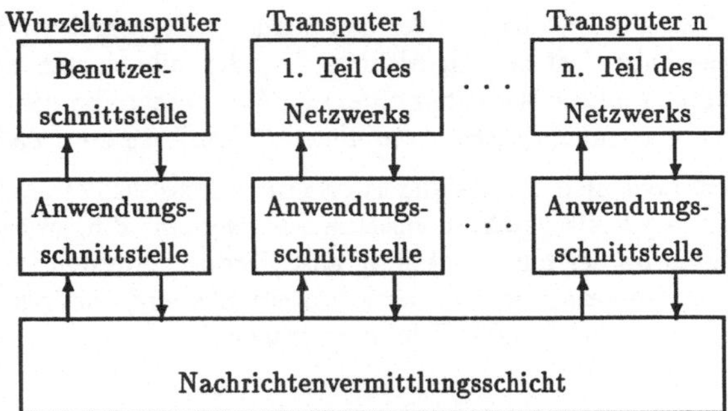



Abbildung 2: Struktur des Simulators

- der "remote procedure call" zum Zugriff auf die verteilten Daten

- die Datenausbreitung zur Konsistenzerhaltung der verteilten Information

Damit ergibt sich auch ein neuer Ablauf bei der Bearbeitung der Datenstruktur, also bei der Simulation eines konnektionistischen Modells. Dieser Ablauf ist in erster Linie vom Austauschen von Nachrichten geprägt.

### 2.2.1  Die Aufspaltung der Datenstruktur

Um die Neuberechnung in entsprechender Weise parallelisieren zu können, muß zuvor die Datenstruktur, die in der seriellen Implementierung das konnektionistische Netzwerk enthält, aufgespalten werden. Dies geschieht so, daß eine starke Parallelisierung durch hohe Datenunabhängigkeit erzielt werden kann. Da die Struktur des konnektionistischen Netzwerks nicht von vornherein bekannt ist, muß ein sehr genereller Ansatz zur Verteilung der Datenstruktur verwendet werden. In dieser Implementierung wird dazu die mehrfache, konsistente Haltung von Daten eingesetzt. Die Grundidee ist dabei, daß in jedem Transputer ausreichend Information vorhanden ist, um zeitweise unabhängig rechnen zu können. Dabei wird in Kauf genommen, daß die gleichen Daten mehrfach vorhanden sind, und deshalb für die Erhaltung ihrer Konsistenz explizit gesorgt werden muß.

Für die Implementierung des Simulators bedeutet dies, daß jedem Transputer unterschiedliche Teile des gesamten konnektionstischen Netzwerks zur Verfügung gestellt werden. Zum einen wird jedem der $n$ Transputer des Transputernetzwerks (den Wurzelknoten ausgenommen) jeweils ein $n$-ter Teil der Elemente des konnektionistischen Modells zugewiesen (Abbildung 2). Dieser Teil enthält die gesamte Information dieser Elemente, also alle ihrer Parameter und Werte, und alle ihre zuführenden Verbindungen. Für diese Elemente und deren Verbindungen ist der jeweilige Transputer bezüglich Neuberechnung und Zugriff auf die Werte alleine zuständig. Des weiteren wird jedem Transputer noch die Information zur Verfügung gestellt, die er zur Neuberechnung seiner von ihm verwalteten Elemente und Verbindungen benötigt, ihm aber nicht bereits durch die von ihm verwalteten Elemente zur Verfügung steht. In dieser Version des Simulators wird dazu nur die Ausgabe der nichtlokalen Elemente verwendet.

Die Zuordnung der Verantwortung der konnektionistischen Elemente an die Transputerknoten erfolgt hier auf "unintelligente Weise" durch ein "round robin"-Verfahren. Bei $n$ Knoten übernimmt also der erste Transputer die vollständige Information des $1, n+1, 2n+1, \ldots$ konnektionistischen Elements inklusive all ihrer Verbindungen. Darüberhinaus werden dem Knoten noch die Ausgaben der $2, 3, \ldots, n, n+2, \ldots$ Elemente zugeteilt.

Da die Information in der Datenstruktur nicht mehr konzentriert gehalten wird, müssen nun einerseits die Dienste an diese Verteilungs angepaßt werden. Andererseits muß auch die Konsistenz der mehrfach gehaltenen Daten gesichert werden.

### 2.2.2  Der "remote procedure call"

In der seriellen Implementierung stehen alle Informationen lokal auf einem Prozessor zur Verfügung. Die Module, die dabei die einzelnen Dienste realisieren, kommunizieren dazu durch Funktionsaufrufe.

Da nun die Information auf mehrere Transputer verteilt ist, ist dies nicht mehr möglich. Deshalb wird hier das Konzept des "remote procedure call" unter Zuhilfenahme der Nachrichtenvermittlungsschicht verwendet. Dazu wird der Funktionsaufruf in eine Nachricht mit entsprechendem Inhalt - dem Funktionsnamen und den Parametern - umgewandelt. Anschließend wird der Zieltransputer ermittelt, und die Nachricht zugestellt. Am Zielort wird diese wieder in einen entsprechenden Funktionsaufruf umgesetzt, und dieser ausgeführt. Nach der Ermittlung des Funktionswerts wird dieser in entsprechender Weise an den auftraggebenden Transputer zurückgeleitet.

Dadurch ergeben sich zwei wesentliche Vorteile: einerseits entsteht dadurch eine einheitliche, kompakte und leicht zu testende Kommunikationsschnittstelle. Andererseits können so große Teile des bereits vorhandenen seriellen Codes wiederverwendet werden.

### 2.2.3  Die Konsistenzerhaltung

Wie oben angesprochen, gibt es außer der durch den Benutzer verursachten "remote procedure calls" eine weitere Art von Nachrichten im Simulationsbetrieb, nämlich die Ausbreitung der lokal in den einzelnen Transputern neu berechnete Information. Diese zweite Art von Nachrichten bleibt dem Benutzer vollständig verborgen. Sie werden vom verantwortlichen Transputerknoten nach jedem Neuberechnen eines konnektionistischen Elements an alle weiteren Knoten außer der Wurzel verschickt. Falls das konnektionistische Netzwerk seine Neuberechnung synchron oder teilweise synchron vornimmt, werden am Ende jeder Neuberechnung mehrere Nachrichten simultan verschickt. Zur Beschleunigung wird dazu der "Broadcast"-Mechanismus verwendet. Anschließend ist die verteilte Datenstruktur wieder in einem konsistenten Zustand. Damit kann die Neuberechnung des konnektionistischen Modells in den einzelnen Knoten wieder unabhängig und parallel durchgeführt werden. Damit findet ein ständiger Wechsel von lokaler, paralleler Neuberechnung und globaler, synchronisierter Konsistenzschaffung statt.

## 3  Bewertung

Wie bereits oben angesprochen, eignen sich Transputer der jetzigen Generation nur bedingt für die Simulation konnektionistischer Modelle. Durch den Aufwand der Kommunikation sind sie, ohne den Einsatz von zusätzlichen Heuristiken zur Zergliederung des konnektionistischen Netzwerks, naturgemäß Mehrprozessorsystemen mit einem gemeinsamen Hauptspeicher unterlegen.

Im allgemeinen läßt sich eine Verbesserung der Leistung durch Parallelisierung nur bei solchen Verfahren erzielen, bei denen unabhängige Berechnungen durchgeführt werden können. Deshalb ist die parallele Implementierung der seriellen für die Klasse vollständig asynchron neuberechnender Netzwerke unterlegen.

Aber auch im Falle der synchronen Netzwerke sind dem hier vorgeschlagenen Ansatz Grenzen gesetzt.

Nach jeder Neuberechnung folgt eine Informationsausbreitung mit dem Aufwand

$$T = (k \cdot \bar{m})/n,$$

wobei $k$ die Anzahl der konnektionstischen Elemente, $\bar{m}$ der mittlere Aufwand zur Ausbreitung der Information für ein Element, und $n$ die Anzahl der Transputerknoten ist. Da aber $\bar{m}$ von der mittleren Pfadlänge und damit von $n$ abhängig ist, ist eine Laufzeitverbesserung durch Erhöhung der Knotenzahl nur in begrenzten Umfang möglich.

# Literatur


[3L 88]  3L Ltd., Livingston, GB. *Parallel C User Guide*, 1988.

[DS90]  Marco Dorigo and Bernhard Schätz. *Mapping a Generator for Neural Network Simulators to a Transputer System*. FKI-Bericht FKI-137-90, Technische Universität München, 1990.

[God87]  Nigel Goddard. *The Rochester Connectionist Simulator, Volume I: User Manual*. Rochester, NY, USA, 1987.

[Inm89]  Inmos Ltd, Bristol, GB. *The Transputer Applications Notebook: Systems and Performance*, 1989.

[MR88]  James L. McClelland and David E. Rumelhart. *Explorations in Parallel Distributed Processing: A Handbook of Models, Programs and Exercises*. MIT Press, 1988.

[RZ86]  Daniel Rabin and David Zipser. P3: A Parallel Network Simulating System. In *Parallel Distributed Processing*. MIT Press, 1986.

[Sch89]  Bernhard Schätz. *Ein konnektionistischer Ansatz zur Schemaadaption*. Diplomarbeit an der Technischen Universität München, 1989.

# SIMULATION EINES NEURONALEN NETZES ZUR HAUPTKOMPONENTENANALYSE UND DATENKOMPRESSION AUF EINEM TRANSPUTERNETZ


Hans J. Reusch

Dornier GmbH

Postfach 1420

7990 Friedrichshafen

Abteilung FOT



In dieser Arbeit wird die Simulation eines adaptiven Verfahrens zur Hauptkomponentenanalyse und Datenkompression von multivariaten Eingabedaten mit Hilfe neuronaler Netze (Artifical Neural Systems auch ANS) auf einem Transputernetz untersucht. Es sind verschiedene Modelle von ANS vorgeschlagen worden, welche eine Hauptkomponentenanalyse durchführen. Wir untersuchten ein neuronales Netz, wie es von Rubner u. a.[1, 2, 3] Anfang dieses Jahres vorgestellt worden ist. Dabei interessierten uns primär drei Fragen und zwar, wie schnell das neuronale Netz die Eigenvektoren der Kovarianzmatrix ermittelt, wie es zur Datenkompression eingesetzt werden kann und welcher Geschwindigkeitsvorteil durch Parallelverarbeitung zu erzielen ist. Im ersten Teil geben wir eine Einführung in die Bedeutung der Hauptkomponentenanalyse für multivariate Datensätze, analysieren ein neuronales Netz genauer und zeigen, warum es zur Hauptkomponentenanalyse einsetzbar ist.


Sehr häufig steht man vor dem Problem, daß ein Feld von Sensoren, teilweise bestehend aus mehr als hundert einzelnen Meßsensoren, ein Satz von multivariaten Datenvektoren liefert. Die einzelnen Komponenten der Datenvektoren sind in den seltensten Fällen vollständig unabhängig voneinander. Die Frage ist nun, wie erhalte ich aus dem gemessenen Datensatz die eigentliche Information und wie ignoriere ich den redundanten Anteil? Diese Fragestellung soll an einem kleinen Beispiel erläutert werden. In der Abbildung 1 sind 100 zweidimensionale Datenvektoren aufgetragen. Deutlich ist zu erkennen, daß die Daten sich beidseitig einer Geraden orientieren. Somit hätten wir eine Großteil der Information aus dem Datensatz extrahiert, wenn wir die Richtung dieser Geraden bestimmen würden. Wir wollen nun jeden zweidimensionalen Datenpunkt mit einer einzigen Zahl beschreiben. Dies soll so geschehen, daß wir, obwohl die zweidimensionalen Datenpunkte auf eindimensionale reduziert werden, möglichst wenig Information verlieren. Dies bedeutet, daß wir einen Einheitsvektor $\vec{e}_H = (e_{H1}, e_{H2})$ suchen, der die Eigenschaft besitzt, die Varianz der Projektion der Datenpunkte auf $\vec{e}_H$

$$Var = <(\vec{x}\vec{e}_H - <\vec{x}\vec{e}_H>)^2> \tag{1}$$

zu maximieren und damit in die Richtung der oben erwähnten Geraden zeigt. In (1) ist $\vec{x} = (x_1, x_2)$ und $<>$ der Mittelwert über alle Datenpunkte. Der Term $Var$ ist gerade dann maximal, wenn $\vec{e}_H$ der Eigenvektor ist, der zum größten Eigenwert der Kovarianzmatrix

$$\{C_{ij} = <(x_i - <x_i>)*(x_j - <x_j>)>\}_{j=1,2}^{i=1,2} \tag{2}$$

gehört[4]. Dieses ist die sogenannte Hauptkomponente oder auch erste Hauptkomponente. Der Eigenvektor zum zweitgrößten Eigenwert der Kovarianzmatrix ist dann die zweite Hauptkomponente u.s.w. Für die Werte in Abbildung 1 gilt $< x_1 >= 0.022$ und $< x_2 >= -0.043$. Die Eigenwerte der zugehörigen Kovarianzmatrix sind $\lambda_1 = 1.124$ und $\lambda_2 = 0.143$ mit den Eigenvektoren $(0.947, 0.321)$ und $(-0.321, 0.947)$.

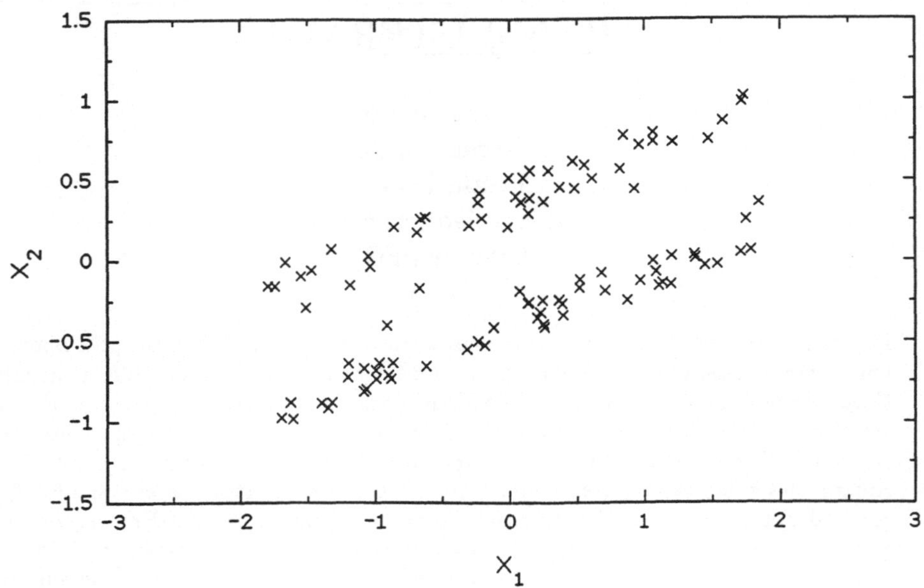

Abbildung 1: 100 Datenpunkte in der Ebene $x_1 - x_2$

In dem obigen Beispiel sind alle Meßdaten bekannt und es besteht die Möglichkeit die Kovarianzmatrix direkt zu bestimmen. Häufig finden sich in der Praxis jedoch Situationen, in denen die Hauptkomponenten sich mit der Zeit verändern und es wünschenswert wäre, wenn man ein adaptives Verfahren hätte, welches die relevanten Richtungen in dem multidimensionalen Raum der Datenvektoren bestimmt. Solch ein Verfahren mit einem neuronalen Netz ist in diesem Jahr von Rubner u.a.[1, 2, 3] vorgeschlagen worden. In Abbildung 2 ist dieses Netz für zwei Eingabeknoten und zwei Ausgabeknoten skizziert. Dabei ist die Idee, daß zu jedem Zeitpunkt die Meßdaten, in der Abbildung 2 jeweils zwei Werte, an dem Netz anliegen $(I_1, I_2)$ und an den Ausgabeknoten $(O_1, O_2)$ die Projektionen des Eingabevektors auf die erste und zweite Hauptkomponente ermittelt werden.

Das Model wird auf $N$ Eingabeknoten und $M$ Ausgabeknoten erweitert. Jeder Ausgabeknoten $i$ ist mit dem Eingabeknoten $j$ über das Gewicht $w_{ij}$ verbunden. Zwischen den Ausgabeknoten $i$ und $l$ existiert eine gerichtete seitliche Verbindung $u_{il}$, die nur für $i < l$ ungleich Null ist. Zur Orthogonalisierung der $\vec{w}$ Vektoren sind die $u_{il}$ notwendig, wie Kühnel und Tavan[5] gezeigt haben. Die Aktivität an dem Ausgabeknoten $O_i$ ergibt sich zu

$$O_i(t) = \sum_{k=1}^{N} w_{ik}(t) * I_k(t) + \sum_{k<i} u_{ki}(t) * O_k(t) \tag{3}$$

mit der Eingabeaktivität $I_k$ an dem Eingabeknoten $k$.

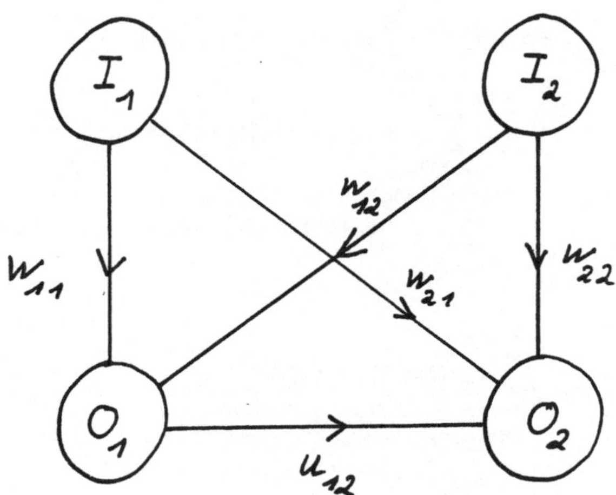


Abbildung 2: Ein neuronales Netz zur Hauptkomponentenanalyse mit den Eingabeknoten $I_i$, den Ausgabeknoten $O_l$ und den Gewichten der gerichteten Verbindungen der Knoten $w_{ij}$ und $u_{kl}$.

Wir nehmen im folgenden an, daß ein Satz von $N$ periodischen Funktionen $f_i(t)$ mit $< f_i(t) >_t = 0$ vorgegeben ist. Dabei ist $<>_t$ das zeitliche Mittel. Die Kovarianzmatrix ist dann analog zu der Formel (2) $C_{ij} = < f_i(t) * f_j(t) >_t$. Die Eingabeaktivität $I_k(t)$ ist gleich $f_k(t)$. Wir nehmen im weiteren an, daß die N Eigenwerte $\lambda_i$ von $C_{ij}$, die alle ungleich Null sind, da $C_{ij}$ eine reelle symmetrische Matrix ist, die Voraussetzung $\lambda_1 > \lambda_2 > \cdots > \lambda_{N-1} > \lambda_N$ erfüllen. Die zugehörigen Eigenvektoren seien $\vec{e}_1, \cdots, \vec{e}_N$. Mit den Parametern $\eta > 0$ und $\mu > 0$ (Lernparameter) ergeben sich die dynamischen Beziehungen (Lernregeln), nach denen sich die Gewichte $u_{kl}$ und $w_{ij}$ verändern, zu

$$\frac{d}{dt} u_{lm}(t) = -\mu * O_l(t) * O_m(t) \quad l < m \tag{4}$$

und

$$\frac{d}{dt} w_{ml}(t) = \eta * \{O_m(t) * I_l(t) - O_m(t) * O_m(t) * w_{ml}(t)\}. \tag{5}$$

Rubner u.a.[1, 2, 3] haben eine andere Lernregel für die $w_{ij}$ untersucht und zwar

$$\frac{d}{dt} w_{ml} = -w_{ml}(t) + \frac{w_{ml}(t) + \eta I_l(t) * O_m(t)}{\sqrt{\sum_r (w_{mr}(t) + \eta I_r(t) * O_m(t))^2}}. \tag{6}$$

Die von uns vorgeschlagene Beziehung (5) benötigt keine explizite Normierung der Gewichtsvektoren $\vec{w}$, da sie eine natürliche Normierung ausnutzt, wie sie von Oja[7] eingeführt wurde. Falls die Parameter $\eta$ und $\mu$ klein sind, können die Beziehungen (4) und (5) ersetzt werden durch

$$\frac{d}{dt}w_{ml}(t) = \eta * \left\{ \sum_{k=1}^{N} C_{lk} * w_{mk}(t) + \sum_{j=1,k=1}^{j<m,k=N} u_{jm}(t) * C_{lk} * w_{jk}(t) \right.$$

$$-w_{ml}(t) * \left\{ \sum_{k,j=1}^{N} w_{mk}(t) * C_{kj} * w_{mj}(t) \right.$$

$$+2 * \sum_{l,n,j=1}^{l<m,n,j=N} u_{lm}(t) * w_{mn}(t) * C_{nj} * w_{lj}(t) \tag{7}$$

$$\left. \left. + \sum_{r,l,k,j=1}^{r<m,l<m,j,k=N} u_{lm}(t) * u_{rm}(t) * w_{lk}(t) * C_{kj} * w_{rj}(t) \right\} \right\}$$

und

$$\frac{d}{dt}u_{ml}(t) = -\mu \left\{ \sum_{k,j=1}^{N} w_{mk}(t) * C_{kj} * w_{lj}(t) \right.$$

$$+ \sum_{r,n,j=1}^{r<m,n,j=N} u_{rm}(t) * w_{rn}(t) * C_{nj} * w_{lj}(t)$$

$$+ \sum_{r,n,j=1}^{r<m,n,j=N} u_{rl}(t) * w_{mn}(t) * C_{nj} * w_{rj}(t) \tag{8}$$

$$\left. + \sum_{r,s,k,j=1}^{r<m,s<m,j,k=N} u_{rl}(t) * u_{sm}(t) * w_{rk}(t) * C_{kj} * w_{sj}(t) \right\}$$

mit $m < l$ in der Gleichung (8). Es wird nun gezeigt, daß dieses System genau dann einen stabilen Fixpunkt besitzt, wenn alle $u_{il}$ gleich Null werden und die $\vec{w}$ parallel zu den Eigenvektoren der Kovarianzmatrix $C_{ij}$ sind. Genauer gesagt, muß für jeden Vektor $\vec{w}$ gelten, daß ein $1 \leq n \leq N$ mit $(\vec{w}\vec{e}_n)^2 = 1$ existiert. Da es für die Beweisführung keine entscheidende Rolle spielt, nehmen wir immer $\vec{w}\vec{e}_n = 1$ an.

Es sei $M = 1$ angenommen. Diese Situation wurde schon vollständig von Oja[6, 7] und anderen[8] analysiert. Es ergibt sich nach Gleichung (7) nur noch eine Beziehung für die Komponenten des Vektors $\vec{w}_1$.

$$\frac{d}{dt}w_{1l}(t) = \eta * \left\{ \sum_{k=1}^{N} C_{lk} * w_{1k}(t) - w_{1l}(t) * \sum_{k,j=1}^{N} w_{1k}(t) * C_{kj} * w_{1j}(t) \right\} \tag{9}$$

Diese Gleichung hat Fixpunkte ($\frac{d}{dt}w_{1l}(t) = 0$) für $\vec{w}_1 = \vec{e}_n$. Der Vektor $\vec{w}_1$ muß also gleich einem Eigenvektor der Kovarianzmatrix sein. Um festzustellen welche dieser Fixpunkte stabil sind, entwickeln wir den Vektor $\vec{w}_1$ nach den Eigenvektoren der Kovarianzmatrix, die eine Basis des $R^N$ bilden, da die Eigenwerte alle verschieden sind.

$$\vec{w}_1(t) = \sum_{\alpha=1}^{N} d_{1\alpha}(t)\vec{e}_\alpha \tag{10}$$

Wir erhalten mit $\frac{d}{dt}d_{1\alpha} = \dot{d}_{1\alpha}$, dem Kronekerdelta $\delta_{\alpha\beta}$ und Einsetzung der Beziehung (10) in die Gleichung (9)

$$\frac{1}{\eta}\frac{\partial}{\partial d_{1k}}\dot{d}_{1l} = \lambda_l \delta_{lk} - \delta_{lk} \sum_{r=1}^{N} \lambda_r d_{1r}^2 - 2\lambda_k d_{1l}d_{1k}. \tag{11}$$

An einem Fixpunkt gilt $d_{1l} = \delta_{ln}$, da $\vec{w}_1 = \vec{e}_n$ für ein $1 \le n \le N$ sein muß. Damit folgt

$$\frac{1}{\eta}\frac{\partial}{\partial d_{1k}}\dot{d}_{1l} = \delta_{kl}(\lambda_l - \lambda_n - 2\lambda_n\delta_{ln}). \tag{12}$$

Dieser Ausdruck muß an einem stabilen Fixpunkt bei festgehaltenem $n$ für alle $1 \le l \le N$ und $l = k$ negativ sein. Diese Bedingung kann jedoch nur für $n = 1$ erfüllt werden. Damit ist nur $\vec{w}_1 = \vec{e}_1$ ein stabiler Fixpunkt.

Im weiteren untersuchen wir den Fall $M > 1$. Da der letzte Ausgabeknoten, dieses ist der Ausgabeknoten $M$, nach der Beziehung (3) keinen Einfluß auf die anderen Ausgabeknoten hat, können wir annehmen, daß sich das System in Bezug auf die M-1 Ausgabeknoten an einem Fixpunkt befindet. Wir haben also $\vec{w}_1 = \vec{e}_1, \cdots, \vec{w}_{M-1} = \vec{e}_{M-1}$ und $u_{lm} = 0 \ \forall m < M$. Damit reduzieren sich die Beziehungen (7) und (8) unter Ausnutzung von (10) zu

$$\frac{1}{\mu}\frac{d}{dt}u_{lM} = -\lambda_l(d_{Ml} + u_{lM}) \tag{13}$$

und

$$\frac{1}{\eta}\frac{d}{dt}d_{M\alpha} = \quad \lambda_\alpha d_{M\alpha} + u_{\alpha M}\lambda_\alpha\Theta(M - \alpha)$$
$$-d_{M\alpha}\{\sum_{r=1}^{N}\lambda_r d_{Mr}^2 + 2\sum_{l<M}u_{lM}d_{Ml}\lambda_l + \sum_{l<M}\lambda_l u_{lM}^2\} \tag{14}$$

mit $\Theta(x) = 1$ für $x > 0$ und $\Theta(x) = 0$ sonst. Um zu untersuchen, ob $u_{lm} = 0$ und $\vec{w}_m = \vec{e}_m \ \forall m \le M$ ein stabiler Fixpunkt ist, haben wir die Eigenwerte der Matrix

$$M_{\dot{x}_j x_i} = \frac{\partial \dot{x}_j}{\partial x_i} = \quad \delta_{\alpha\beta}\{\delta_{\dot{x}_j d_{M\beta}}\eta\{(1 - \delta_{\alpha M})(\lambda_\alpha - \lambda_M)\delta_{x_i d_{M\alpha}} - 2\lambda_M\delta_{M\beta}\delta_{x_i d_{MM}}\}$$
$$-\delta_{\dot{x}_j \dot{u}_{\beta M}}\lambda_\alpha\Theta(.M - \alpha)(\mu\delta_{x_i u_{\alpha M}} + \eta\delta_{x_i d_{M\alpha}})\} \tag{15}$$

mit $\dot{x}_j\epsilon\{\dot{d}_{M\beta}, \dot{u}_{\beta M}\}$ und $x_i\epsilon\{d_{M\alpha}, d_{MM}, d_{M\alpha}, u_{\alpha M}\}$ zu berechnen. Die Eigenwerte der Matrix $M_{\dot{x}_j x_i}$ haben nur dann keinen positiven Realteil, wenn die Bedingung

$$\frac{\mu}{\eta} > \frac{\lambda_\alpha - \lambda_M}{\lambda_\alpha}, \quad \forall\alpha < M \tag{16}$$

erfüllt ist. Da aber

$$\frac{\lambda_\alpha - \lambda_M}{\lambda_\alpha} < 1, \quad \forall\alpha < M \tag{17}$$

gilt, muß nur die Bedingung $\frac{\mu}{\eta} > 1$ eingehalten werden, damit der Fixpunkt stabil ist. Ist dies der einzige stabile Fixpunkt? An einem Fixpunkt muß nach Gleichung (13) $\forall l < M$, $d_{Ml} = -u_{lM}$ gelten. Damit vereinfacht sich Gleichung (14)

$$\frac{1}{\eta}\frac{d}{dt}d_{M\alpha} = -d_{M\alpha}\sum_{r=M}^{N}\lambda_r d_{Mr}^2. \tag{18}$$

Somit gilt an einem stabilen Fixpunkt $\forall\alpha < M, d_{M\alpha} = u_{\alpha M} = 0$. Damit hat das hier untersuchte ANS nur den oben gefundenen stabilen Fixpunkt. Eine genauere Untersuchung von ähnlichen neuronalen Netzen ist in der neuesten Arbeit von T.K.Leen[9] zu finden.

Wir simulierten das ANS, wie es von Rubner[1] vorgeschlagen wurde, auf einem Transputernetz von 4 Transputern. Dabei wurde als Host ein AT eingesetzt. Damit eine einfache Portierung auf

Nicht-Transputersysteme vorgenommen werden kann, schrieben wird den Code nicht in OCCAM sondern in Parallel C. Als Simulationsproblem wählten wir ein ANS mit 200 Eingabeknoten und bis

| Anzahl der Ausgabe- knoten | Anzahl der Transputer im Netz | | | | |
|---|---|---|---|---|---|
| | | Eingabewerte simuliert | | Eingabewerte weitergereicht | |
| | 1 | 2 | 4 | 2 | 4 |
| 4 | 37 | 23 | 15 | 23 | 17 |
| 8 | 68 | 39 | 24 | 45 | 32 |
| 12 | 98 | 58 | 35 | 68 | 47 |
| 16 | 130 | 78 | 46 | 92 | 61 |
| 20 | 161 | 99 | 57 | 106 | 77 |
| 24 | 193 | 118 | 69 | 140 | 91 |
| 28 | 225 | 139 | 80 | 164 | 106 |
| 32 | 258 | 158 | 91 | 186 | 123 |

Tabelle 1: Es sind die Laufzeiten in Sekunden der einzelnen Simulationen des neuronalen Netzes mit 200 Eingabeknoten nach 1000 Iterationsschritten auf einem Transputernetz dargestellt. "Eingabewerte simuliert" bedeutet, daß jeder im Netz vorhandene Transputer den Eingabevektor berechnete. Im Fall "Eingabewerte weitergereicht" errechnete der Root-Transputer den Eingabevektor und reichte ihn an die anderen Transputer weiter.

zu 32 Ausgabeknoten. Das Problem wurde so parallelisiert, daß jeder involvierte Transputer die gleiche Anzahl von Ausgabeknoten berechnete. Die sich aus den Eingabewerten ergebende Kovarianzmatrix besaß nur neun von Null verschiedene Eigenwerte (23.61, 19.16, 13.61, 9.18, 5.16, 4.27, 1.71, 0.44, 0.36). Die Laufzeiten einiger Simulationen nach 1000 Iterationsschritten sind in der Tabelle 1 in Sekunden dargestellt.

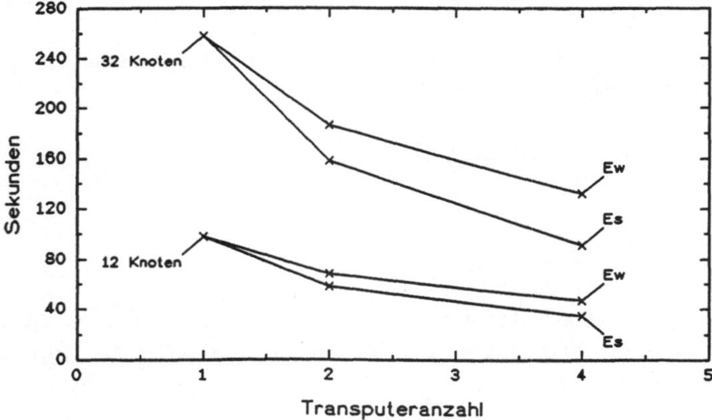


Abbildung 3: Es sind die Laufzeiten von 1000 Iterationen der Simulation eines neuronalen Netzes zur Hauptkomponentenanalyse mit 12 und 32 Ausgabeknoten bei jeweils 200 Eingabeknoten, wie sie in der Tabelle 1 angegeben sind, graphisch dargestellt. Ew bedeutet "Eingabewerte weitergereicht" und Es "Eingabewerte simuliert".

In Tabelle 1 bedeutet "Eingabewerte simuliert", daß jeder im Netz vorhandene Transputer den Eingabevektor berechnete. Im Fall "Eingabewerte weitergereicht" ermittelte der Root-Transputer den Eingabevektor und reichte ihn an die beteiligten Transputer weiter. Die Laufzeiten der Simulation mit 12 und 32 Ausgabeknoten sind in der Abbildung 3 graphisch dargestellt. In der Tabelle 2 ist angegeben, wie sich die einzelnen Gewichtsvektoren des neuronalen Netzes mit der Anzahl der Iterationen entwickelten. Die Eingabewerte wiederholten sich nach 10 Iterationen, somit bedeuten 100 Iterationen 10 Periodendurchläufe.

| Iteration | $\vec{w}_1\vec{e}_1$ | $\vec{w}_2\vec{e}_2$ | $\vec{w}_3\vec{e}_3$ | $\vec{w}_4\vec{e}_4$ |
|---|---|---|---|---|
| 100 | 0.756 | -0.132 | -0.327 | -0.027 |
| 200 | 0.955 | -0.358 | -0.344 | -0.074 |
| 500 | 0.997 | -0.922 | -0.839 | 0.733 |

Tabelle 2: In der ersten Spalte ist die Iterationszahl aufgelistet und in der zweiten bis fünften die Projektion des ermittelten Eigenvektors $\vec{w}_i$ auf den zugehörigen exakten Eigenvektor $\vec{e}_i$.

Ein ANS mit 100 Eingabeknoten und 4 Ausgabeknoten setzten wir zur Datenkompression ein. Dabei haben wir die ersten beiden Gewichtsvektoren konstant gehalten, da wir die Situation simulieren wollten, daß zwei Richtungen, die nicht unbedingt orthogonal zueinander sind, vorgegeben werden. Damit variieren die verbleibenden Vektoren $\vec{w}_3$ und $\vec{w}_4$ nur in dem zu $\vec{w}_1$ und $\vec{w}_2$ orthogonalen Unterraum. Falls nur eine reine Datenkompression von Interesse ist, würde man natürlich alle Gewichtsvektoren variabel halten. So ist es ja auch im eigentlichen Model vorgesehen. Wir speicherten pro Iteration die Werte aller vier Ausgabeknoten und nach jeweils fünfzig Iterationen die zwei sich verändernden Gewichtsvektoren. Dies entspricht einem Datenkompressionsfaktor von 12.5. Mit den abgespeicherten Werten rekonstruierten wir die Eingabevektoren.

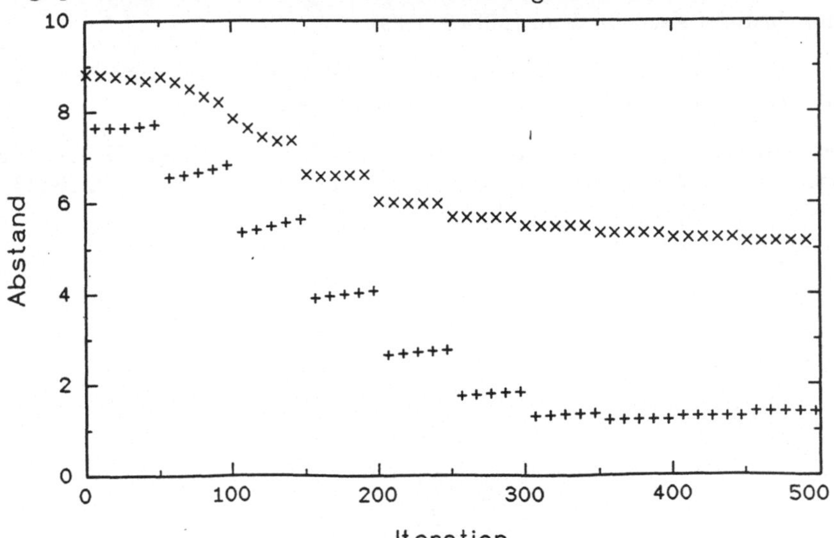

Abbildung 4: Es ist der $Abstand = \sum_{i=1}^{100} |v(i)_{berechnet} - v(i)_{gemessen}|$ in Abhängigkeit von der Iterationszahl für zwei ausgewählte Datenvektoren dargestellt.

Auf der Ordinate der Abbildung 4 ist der Wert $Abstand = \sum_{i=1}^{100} |v(i)_{berechnet} - v(i)_{gemessen}|$ als Maß für die Rekonstruktionsfähigkeit zweier Eingabevektoren $\vec{v}$ in Abhängigkeit von der Iterationszahl (Abszisse) aufgetragen.

Unsere Simulationen zeigen, daß die vorgeschlagenen neuronalen Netze nicht nur zur adaptiven Ermittelung von Hauptkomponenten sondern auch zur Datenkompression von Signalvektoren einsetzbar sind. Da bei dem hier betrachteten ANS der Rechenteil im Verhältnis zum Kommunikationsteil klein ist, eignen sie sich nicht unbedingt zur Parallelisierung auf "distributed memory" Systemen, wie die dargestellten Messungen in der Tabelle 1 und Abbildung 3 zeigen. Wir planen in einem weiteren Projekt, das hier vorgestellte neuronale Netz als Teil eines größeren Systems einzubinden, so daß eine grobkörnigere Parallelisierung möglich wird.

# Literatur


[1] J.Rubner und K.Schulten, Biol. Cybern. 62, 193-199 (1990).

[2] J.Rubner und P.Tavan, Europhys. Lett. 10, 693-698 (1990).

[3] J.Rubner, K.Schulten und P.Tavan, in *Parallel Processing in Neural Systems and Computers* ed. R.Eckmiller, G.Hauske und G.Hartmann, North-Holland, Amsterdam 1990.

[4] B.Flury und H.Riedwyl, *Angewandte multivariate Statistik*, Gustav Fischer Verlag, Stuttgart 1983.

[5] H.Kühnel und P.Tavan, in *Parallel Processing in Neural Systems and Computers* ed. R.Eckmiller, G.Hauske und G.Hartmann, North-Holland, Amsterdam 1990.

[6] E.Oja, J. Math. Biol. 15, 267-273 (1982).

[7] E.Oja, Int. Journ. of Neural Systems 1, 61-68 (1989).

[8] A.Krogh und J.Hertz, in *Parallel Processing in Neural Systems and Computers* ed. R.Eckmiller, G.Hauske und G.Hartmann, North-Holland, Amsterdam 1990.

[9] T.K.Leen, *Dynamics of Learning in Recurrent Hebbian Networks*, Oregon Graduate Institute, Department of Computer Science and Engineering, Technical Report No. CS/E 90-013, August 1990.

# SPEZIFIKATION EINER SPRACHE ZUR SIMULATION VON PRAM–MODELLEN UND IHRE ÜBERSETZUNG NACH OCCAM


Thomas Seifert, Ewald Speckenmeyer[1]
FB Informatik, Universität Dortmund



**Abstract:** A parallel programming language PRAM for the shared memory multiprocessor machine model including recursion, dynamic data structures, the concept of common and private variables and of grouping processors is described. The concept of common memory variables is extended in the sense that the common memory property may be restricted to processor groups. A compiler translating PRAM programs into OCCAM 2 programs executable on a transputer network will be developed offering several advantages to the programmer of parallel programs for a transputer network.

- The shared memory concept of PRAM frees the programmer from the explicit organization of message exchange between the processors as it is necessary when using OCCAM.

- The shared memory view of PRAM offers a more comfortable mean for expressing parallel algorithms compared to OCCAM.

- A fairly large number of efficient parallel algorithms for a variety of algorithmic problems have been designed based on the parallel random access machine model, which can easily be formulated in PRAM, thus having these algorithms immediately executable on a transputer network.


## 1 Einführung

Die zur Zeit existierenden Parallel–Rechnersysteme können grundsätzlich in zwei Kategorien aufgeteilt werden. Die erste Sparte bilden die 'verteilten Systeme'. Hierunter werden alle Rechnersysteme verstanden, deren Prozessoren ausschließlich über lokale Hauptspeicher verfügen. Die Zusammenarbeit der Prozessoren geschieht durch den Austausch von Nachrichten über ein Kommunikationsnetzwerk. Die zweite Gruppe bilden die 'Multi–Prozessor'–Rechnersysteme, deren Prozessoren Zugriff auf einen gemeinsam benutzten Hauptspeicher haben.

Beide Kategorien umfassen jeweils eine große Anzahl von verschiedenen Rechnerarchitekturen. Unterscheidungsmerkmale von verteilten Systemen sind unter anderem die Struktur des Kommunikationsnetzwerkes, die geographische Verteilung der Prozessoren sowie die Geschwindigkeit und Zuverlässigkeit des Nachrichtenaustauschs. Bei den Multi–Prozessor–Systemen können ebenfalls Unterscheidungsmerkmale wie zum Beispiel die zeitliche Abstimmung der Prozessoren (synchrone oder asynchrone Programmabarbeitung), die physikalische Realisierung des gemeinsam genutzten Hauptspeichers, die Art der erlaubten Zugriffsmodi und die verschiedenen Schreibkonfliktregelungen bei gleichzeitigem Speicherzugriff angeführt werden.

Ähnlich den vielen Unterscheidungsmerkmalen der Hardware existiert eine vergleichbar große Vielfalt von Aspekten im Softwarebereich der Parallelrechnerwelt. Neben den Unterscheidungsmerkmalen, die auch bei sequentiellen Sprachen anzutreffen sind (z.B. die Unterscheidung zwischen imperativen, funktionalen und logischen Sprachen), kommen bei parallelen Sprachen noch weitere Gesichtspunkte hinzu. Bal, Steiner und Tanenbaum führen in [4] drei charakteristische Eigenschaften paralleler Programmiersprachen an: 1. Der Gebrauch von mehreren Prozessoren, 2. die Zusammenarbeit zwischen


[1]Diese Arbeit wurde unterstützt durch den Minister für Wissenschaft und Forschung des Landes Nordrhein-Westfalen unter AZ A 3 - 800 957 89 -.

den Prozessoren und 3. die Möglichkeit des Ausfalls von einzelnen Prozessoren. Punkt 1 beinhaltet die Art und Weise, wie eine Sprache die Parallelisierung von Prozessabläufen realisiert. Punkt 2 bezieht sich darauf, wie eine Sprache die Kommunikation zwischen parallel ablaufenden Prozessen unterstützt. Hierunter fällt insbesondere die Unterscheidung, ob das der Programmiersprache zugrundeliegende Kommunikationsmodell auf der Benutzung von gemeinsam benutzten Datenstrukturen oder dem Nachrichtenaustausch basiert. Ebenfalls fallen hierunter die verwendeten Synchronisationsmechanismen, falls solche vorhanden sind. Punkt 3 bezieht sich auf die Möglichkeiten einer Programmiersprache auf Fehler während des Programmablaufs zu reagieren. In [4] wird eine ausführliche Darstellung der existierenden Programmiersprachen für verteilte Systeme gegeben.

Im folgenden wird eine neue parallele Programmiersprache PRAM (benannt nach dem gleichlautenden Akronym für das parallele Rechnermodell 'Parallel Random Access Machine') spezifiziert und ein Übersetzerprogramm zur Erzeugung von OCCAM-Quelltexten vorgestellt. Dem PRAM-Programmierer wird logisch ein Multiprozessorsystem zur Verfügung gestellt, dessen Prozessoren sowohl lesend als auch schreibend auf den vorhandenen Hauptspeicher zugreifen können. Die Zielsprache OCCAM hingegen wurde in Hinblick auf die Fähigkeiten von Transputernetzwerken (TPNen), ein spezielles verteiltes System, entwickelt und stellt dem Benutzer das Nachrichtenkommunikationsmodell zur Verfügung. Die in OCCAM vorhandenen Kommunikationsbefehle korrespondieren direkt mit physikalischen Aktionen in dem benutzten TPN. Für die Befehle zur Nutzung des gemeinsamen Speichers in PRAM hingegen stehen keine äquivalenten OCCAM-Befehle zur Verfügung. Durch die Übersetzung von PRAM nach OCCAM wird eine Simulation eines Multiprozessorsystems auf einem verteilten System realisiert.

Es existieren bereits viele Sprachen, die physikalisch auf einem verteilten System ausgeführt werden und auch logisch verteilt arbeiten. Beispiele hierfür sind OCCAM, CSP, NIL, Ada und Concurrent C. Alle diese Sprachen verwenden jedoch in irgendeiner Form das Konzept der Nachrichtenübermittlung. Dahingegen existieren nur wenige Sprachen, die das Konzept der verteilten Datenstrukturen unterstützen. Vertreter dieser Kategorie sind Linda [1], Orca [5], SDL und Tuple Space Smalltalk. Linda verwendet ein neuartiges Kommunikationsmodell, den Tupel Raum (TR). Prozesse kommunizieren durch Einfügen, Lesen und Löschen von Tupeln in den TR. Tupel können Daten verschiedenen Typs beinhalten. Sie werden nicht durch Adressen angesprochen, sondern durch eine Form des Pattern Matching zugeordnet. Schreibkonflikte sind dadurch in Linda ausgeschlossen. Prozesse können in Linda synchronisiert werden, indem sie auf die Verfügbarkeit eines Tupels warten. Eine Implementierung von Linda existiert auf einem auf Ethernet-Basis arbeitenden MicroVax-Netzwerk.

Alle genannten Sprachen stellen jedoch keine Datenstrukturen zur Verfügung, die die gleichen Zugriffsmöglichkeiten besitzen, wie sie durch die Prozessoren einer PRAM auf deren Hauptspeicher möglich sind. In PRAM können Variablen der Speicherklasse CM deklariert werden, deren Zugriffsmöglichkeiten denen einer CRCW-PRAM (Concurrent Read/Concurrent Write) nachgebildet wurden. Neben der Möglichkeit, Variablen der Speicherklasse CM gleichzeitig durch mehrere Prozessoren zu lesen, kann auch der Schreibzugriff auf ein Schreibziel gleichzeitig erfolgen. In diesem Fall kommt die folgende Schreibkonfliktregelung zur Anwendung: Unter allen beteiligten Prozessoren führt der Prozessor mit der höchsten Priorität die Schreibzuweisung effektiv aus.

Durch PRAM und die Bereitstellung des Übersetzers werden die folgenden Ziele erreicht:

- Durch PRAM wird dem Benutzer logisch ein gemeinsam benutzbarer Speicher zur Verfügung gestellt. Das PRAM zugrundeliegende Rechnermodell besitzt mächtigere Ausdrucksmöglichkeiten als Netzwerkmodelle und bietet dem Programmierer hierdurch mehr Komfort.

- Eine große Anzahl von Algorithmen, die basierend auf dem 'shared memory'-Modell (PRAM) formuliert sind, werden unmittelbar auf TPNen verfügbar gemacht.

- In der Literatur existieren viele für das Maschinenmodell PRAM formulierte Algorithmen.

Die Notationen und Darstellungsformen sind sehr vielfältig. Die Sprache PRAM stellt eine Möglichkeit zur einheitlichen Darstellung dieser Algorithmen zur Verfügung.

- PRAM beinhaltet Verbesserungen gegenüber der Zielsprache OCCAM wie die Möglichkeiten des rekursiven Prozeduraufrufs und der Definition von dynamischen Feldern. Der Programmierer wird von dem Konzept der Kanalkommunikation befreit.

- Mit der Bereitstellung eines Übersetzers nach OCCAM ist die Sprache PRAM unmittelbar auf allen Transputersystemen verfügbar.

- Der PRAM–Compiler ist in ANSI–C geschrieben, was eine leichte Portierung auf viele Rechner gestattet.

## 2  Die Sprache PRAM

Der Programmierer formuliert ein PRAM–Programm mit der Vorstellung, daß die ausführende Hardware eine PRAM (s. [6]) ist, d.h. aus $p$ Prozessoren und einem gemeinsam benutzten Hauptspeicher (CM) besteht. Zusätzlich verfügt jeder Prozessor über einen lokalen Speicher (PM), in dem prozessorspezifische Daten abgelegt werden können. Alle Prozessoren arbeiten gemeinsam den in PRAM–formulierten Algorithmus ab. Die Ausführung unterschiedlicher Operationen und die Benutzung verschiedener Daten wird durch das Konzept von Systemvariablen und dem lokalen Speicher ermöglicht.

Die Sprache PRAM unterstützt das Konzept der Gruppenbildung von Prozessoren. Dies hat folgende Gründe. Der erste Grund ist simulationstechnischer Natur und hängt mit der Tatsache zusammen, daß die PRAM–Prozessoren bzw. die Transputer im Netzwerk, auf die diese abgebildet werden, sich zeitweise synchronisieren müssen. Dieses Problem wird im Abschnitt 4 behandelt. Der zweite Grund liegt in der folgenden Beobachtung: Viele parallele Algorithmen, die ein gegebenes Problem für eine Eingabedatenmenge mit einer Menge von Prozessoren lösen, teilen sowohl die Eingabedatenmenge als auch die Prozessorenmenge auf und ordnen entstehende Datenteilmengen den entstehenden Prozessorenteilmengen zu. Hierbei ist es von Vorteil, wenn die Prozessorennumerierung in den neu entstandenen Gruppen und die Indizierung der Teilfelder mit Null beginnt. In PRAM wird dies durch das Gruppenkonzept ermöglicht.

Das Gruppenkonzept gestaltet sich wie folgt. Jeder Prozessor ist zu jedem Zeitpunkt der Programmabarbeitung einer logischen Prozessorengruppe zugeordnet. Hierzu sind die Prozessoren der PRAM mit 0 beginnend aufsteigend durchnumeriert. Eine Gruppe besteht immer aus mindestens einem Prozessor und beinhaltet nur Prozessoren mit aufeinander folgenden Nummern. Zum Programmstart bilden alle $p$ Prozessoren eine einzige Gruppe. Diese Gruppe bleibt zwar während des gesamten Programmablaufs bestehen, jedoch bietet PRAM in Verbindung mit Unterprogrammaufrufen die Möglichkeit neue Gruppen zu bilden und ältere Gruppen für die Dauer eines Prozeduraufrufs unsichtbar zu machen. Logisch stellt sich eine Gruppe dem PRAM–Programmierer wie folgt dar. Eine Gruppe besteht aus $g$ Prozessoren, die mit 0 beginnend aufsteigend durchnumeriert sind. Bei der Bildung von neuen Gruppen wird eine bestehende Gruppe in $k$ neue Gruppen aufgeteilt, die ebenfalls mit 0 beginnend aufsteigend durchnumeriert sind. Die genannten Größen werden dem PRAM–Programmierer durch die folgenden Systemvariablen zur Verfügung gestellt:

- Die Variable '#' enthält die Nummer des Prozessors bzgl. der Numerierung der Prozessoren in seiner aktuellen Gruppe.

- Die Variable '$\#g\_size$' enthält die Anzahl der Prozessoren der aktuellen Gruppe.

- Die Variable '$\#g\_num$' enthält die Anzahl der Gruppen, die bei der letzten Aufteilung gebildet wurden.

- Die Variable '$\#g\_id$' enthält die Nummer der Gruppe bzgl. der Numerierung der Gruppen, die bei der letzten Aufteilung gebildet wurden.

- Die Variable '$\#p\_id$' enthält die Nummer des Prozessors bzgl. der initialen Numerierung der Prozessoren.

Bei der Definition einer Variablen werden dieser mehrere Attribute wie z.B. Typ, Speicherklasse und Speicherplatzbedarf zugeordnet. Bei CM-Variablen ist zusätzlich die Definitionsgruppe der Variablen ein unveränderliches Attribut. Die Definitionsgruppe ist die zum Zeitpunkt der Definition der Variablen existierende Prozessorengruppe. Diese Begriffsbildung ist bei Zuweisungen an CM-Variablen von Bedeutung. Der Programmierer muß gewährleisten, daß alle Prozessoren der Definitionsgruppe einer Variablen A auf alle Zuweisungen an A in ihrem Programmablauf treffen. Dieses ist notwendig, da die PRAM-Prozessoren der Definitionsgruppe sich bei jeder Zuweisung an A synchronisieren.

Eine Zuweisung in PRAM besitzt den folgenden syntaktischen Aufbau:

$$[< expr1 >] \; < target\_var > := < expr2 > \tag{1}$$

Die Semantik ist wie folgt definiert: Alle Prozessoren der Definitionsgruppe von $< target\_var >$ müssen im Verlauf der Programmabarbeitung auf (1) treffen, werten den booleschen Ausdruck $< expr1 >$ aus und führen die Zuweisung genau dann aus, wenn $< expr1 >$ den Wert *TRUE* annimmt. Der Ausdruck $< expr1 >$ heißt die Prozessorspezifikation der Zuweisung. Diese ist notwendig, um die Prozessoren der Definitionsgruppe in eine aktive und eine passive Gruppe zu unterteilen. Der Wert von $< expr2 >$ wird ausgewertet und der Zielvariablen $< target\_var >$ zugewiesen. Die effektive Zuweisung findet zu dem Zeitpunkt statt, in dem alle Prozessoren der Definitionsgruppe die Zuweisungsanweisung (1) im Programmablauf erreicht haben. Die Ausdrücke $< expr1 >$ und $< expr2 >$ können durch verschiedene Prozessoren zu verschiedenen Werten ausgewertet werden, ebenso kann die Zielvariable für verschiedene Prozessoren unterschiedliche Speicherstellen repräsentieren. Wir betrachten als Beispiel die folgenden PRAM-Programmsegmente:

$$CM$$
$$cmvar \; [\#g\_size/4]; \tag{2}$$
$$\cdots$$
$$[\# < \#g\_size/2] \; cmvar[\#/2] := \#; \tag{3}$$

Wir nehmen an, daß $\#g\_size = 4n$ gilt für eine natürliche Zahl $n$. Dann besitzt der Programmteil folgende Semantik: In (2) wird ein eindimensionales, dynamisches Integer-Feld definiert, das $\#g\_size/4$ Komponenten besitzt. In (3) werden Komponenten des Feldes wie folgt beschrieben: Die erste Hälfte der Prozessoren der Definitionsgruppe von *cmvar* ist aktiv, die zweite Hälfte passiv. Die Prozessoren $i$ und $i + 1$ für $i \in \{0, 2, \cdots, (\#g\_size/2) - 2\}$ haben das gleiche Schreibziel, nämlich $cmvar[i/2]$ bzw. $cmvar[(i+1)/2]$. Den Schreibkonflikt gewinnt der Prozessor mit der höheren Priorität, d.h. in der gegenwärtigen Implementierung der Prozessor mit der höheren Nummer. Im Fall '$\#g\_size = 8$' ergibt sich somit die Belegung '$cmvar[0] = 1$' und '$cmvar[1] = 3$'.

Das Programmkonstrukt zum Aufteilen der aktuellen Gruppen ist in den Unterprogrammaufruf integriert, der folgende Syntax besitzt:

```
CALL < procedure_name > { MAKING < expression > GROUPS
{ WITH < variable > PROCESSORS } } ( < formal_par_list > )
```

Wir erläutern die Bedeutung des Unterprogrammaufrufs in der Fassung mit dem Schlüsselwort *MAKING* und ohne das Schlüsselwort *WITH*. Die Prozessoren der aktuellen Gruppe werden in < *expression* > viele Gruppen aufgeteilt, deren Größen sich paarweise maximal um 1 unterscheiden. Anschließend wird die Prozedur < *procedure_name* > ausgeführt, in der die neue Gruppenaufteilung gültig ist. Als Parameterübergabemechanismen stehen sowohl 'Call by Reference' als auch 'Call by Value' für alle Speicherklassen zur Verfügung. Unter Verwendung des Schlüsselwortes WITH ist eine allgemeinere Gruppenbildung möglich, bei der die Gruppengrößen individuell definiert werden können.

Abschließend zur Betrachtung der Sprache PRAM zeigen wir eine vollständige PRAM-Prozedur. Die Prozedur berechnet parallel und rekursiv das Minimum aus $n$ Eingabewerten, die sich in den PM-Variablen mynumber der ausführenden Prozessoren befinden. Das Ergebnis wird in der Variablen fathergroupmins[0] abgelegt.

```
PROC minimum (PMREF mynumber, CMREF fathergroupmins[2])

    CM minima[2];

    IF #g_size>2 THEN
      CALL minimum MAKING 2 GROUPS (mynumber, minima);
      IF minima[0] < minima[1] THEN
        [true] fathergroupmins[#g_id] := minima[0]
      ELSE
        [true] fathergroupmins[#g_id] := minima[1]
      FI
    ELSE
      IF #g_size = 2 THEN
        [true] minima[#] := mynumber;
        IF minima[0] < minima[1] THEN
          [true] fathergroupmins[#g_id] := minima[0]
        ELSE
          [true] fathergroupmins[#g_id] := minima[1]
        FI
      ELSE { #g_size = 1 }
        [true] fathergroupmins[#g_id] := mynumber
      FI
    FI

  CORP,
```

# 3   Die Übersetzung nach OCCAM

PRAM-Programme können direkt mit dem in ANSI-C implementierten Übersetzer nach OCCAM übersetzt werden. Das übersetzte OCCAM-Programm ist dann unmittelbar auf Transputersystemen lauffähig.

Die Konfiguration des gegebenen TPNes wird mittels der Informationen einer im Vorspann des PRAM-Programms angegebenen Beschreibung berechnet. Durch diese Informationen werden neben der Prozessorenzahl der simulierten PRAM auch die OCCAM-Kommunikationswege definiert und Tabellen zum Routing der Nachrichten erstellt.

Die durch die Übersetzung des PRAM-Programms erzeugten OCCAM-Quelltexte werden durch vordefinierte OCCAM-Prozeduren ergänzt. Das Zusammenfügen und textuelle Ersetzen von Konstanten, die sich erst beim Übersetzungsvorgang ergeben haben, wird durch einen Postprozessor durchgeführt. Als Endergebnis liegen dann die folgenden drei OCCAM-Dateien vor:

- Programmtext, der den im TPN laufenden OCCAM–Prozeß darstellt.

- Die Konfigurationsdatei, in der die Zuordnungen zwischen logischen OCCAM–Prozessen und physikalischen Transputern sowie logischen OCCAM–Kanälen und physikalischen Links definiert werden.

- Der Programmtext des im HOST–Transputer laufenden OCCAM–Prozesses. Dieser Transputer muß als einziger Ein- und Ausgabefähigkeiten besitzen.

Der PRAM–Compiler und –Postprozessor wurde auf einem Personal–Computer unter Verwendung eines ANSI–C–Compilers entwickelt. Die erzeugten OCCAM–Programme wurden auf einem Netzwerk mit 17 Transputern unter dem TDS getestet.

# 4 Die Simulation der PRAM

Unter der Simulation einer PRAM auf einem TPN wird der Vorgang verstanden, bei dem das TPN eine Eingabe $(p, i)$ in eine Ausgabe $o$ überführt. Hierbei bezeichnet $p$ ein auf einer PRAM (ggf. nach der Übersetzung durch einen geeigneten Compiler) ausführbares Programm, $i$ die Eingabe für das Programm $p$ und $o$ die auf der PRAM durch $p$ bei der Eingabe $i$ berechnete Ausgabe.

Die grundlegende Idee für die Durchführung der hier vorgestellten Simulation besteht darin, die elementaren Einzelschritte der PRAM–Prozessoren durch Folgen von Anweisungen der Transputer zu realisieren. Hierbei soll jedem PRAM–Prozessor ein Transputer zugeordnet werden, der dessen Aktionen simuliert. Es wird gefordert, daß die Transputer gleiche oder ähnliche grundlegende Fähigkeiten wie die PRAM–Prozessoren besitzen (z.B. ähnliche Befehlssätze und Adressierungsarten). Der wesentliche Unterschied besteht darin, daß die Transputer die Fähigkeit haben, über Verbindungen Daten auszutauschen, ihnen jedoch die Möglichkeit der gemeinsamen und insbesondere gleichzeitigen Nutzung eines Datenspeichers fehlt.

Das Problem der Simulation einer PRAM auf einem TPN besteht somit im wesentlichen darin, den gemeinsamen Speicher (CM) in einer geeigneten Form auf die lokalen Speicher der Transputer abzubilden und die PRAM–Speicher–Zugriffe durch Folgen von Aktionen im TPN umzusetzen.

Viele der in der Literatur vorgestellten Simulationen verfolgen den Ansatz, den gemeinsamen Speicher auf die lokalen Speicher der Netzwerkprozessoren zu verteilen. Unterschiede bestehen unter anderem in den Anforderungen an die Topologie des Netzwerkes und des Netzwerkgrades. So wird zum Beispiel in [7] ein probabilistischer Algorithmus vorgestellt, der eine CRCW–PRAM mit $n$ Prozessoren auf einem Butterfly–Netzwerk mit $n$ Prozessoren simuliert, bei der ein PRAM–Schritt in der Zeit $O(\log n)$ mit hoher Wahrscheinlichkeit ausgeführt wird. In [2] wird gezeigt, daß es möglich ist, eine PRAM auf einem Netzwerk mit beschränkten Grad in Zeit $O((\log n)^2)$ zu simulieren. Die Existenz eines solchen Algorithmus wird nachgewiesen, jedoch kann er z. Zt. nicht explizit angegeben werden.

Wir wählen die folgende Abbildung des CM auf die lokalen Speicher der Transputer: Der CM wird vollständig in jedem lokalen Speicher verwaltet. Hierbei gilt jedoch die Einschränkung, daß CM–Variablen mit eingeschränkter CM–Eigenschaft nur in den Transputern verwaltet werden, die einen Prozessor der der CM–Variablen zugeordneten Prozessorengruppe (Definitionsgruppe) simulieren. Aus dieser Entscheidung ergeben sich unmittelbar die folgenden Konsequenzen:

1. Lesende Zugriffe auf den CM können lokal innerhalb der Transputer behandelt werden. Bei ihrer Simulation ist keine Kommunikation im Netzwerk notwendig.

2. Bei schreibenden CM–Zugriffen hingegen müssen alle im TPN vorhandenen lokalen Versionen des CM einheitlich und der Schreibkonfliktregelung der PRAM entsprechend verändert werden.

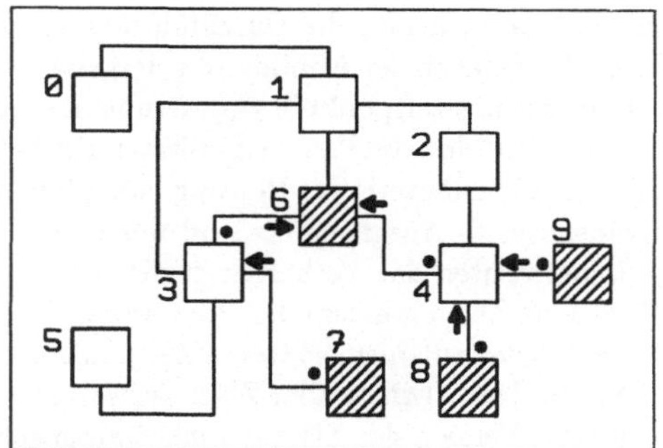

Abbildung 1: Die Zentralisierung einer Nachricht in einem TPN

Für die Simulation eines Schreibzugriffes im Fall einer einzigen logischen Prozessorengruppe benötigen wir Zeit $O(d * z)$, wobei $d$ den Durchmesser des TPNes und $z$ die Anzahl der Schreibziele bezeichnet. Bei Schreibzugriffen auf CM–Variablen mit eingeschränkter CM–Eigenschaft und Verwendung eines geeigneten TPNes verbessert sich diese Schranke auf $O(d_G * z)$. Hierbei bezeichnet $d_G$ den Durchmesser des durch die Transputer, die die Prozessoren der Definitionsgruppe $G$ der CM–Variablen verwalten, definierten Teilnetzwerkes.

Für die Simulation eines Lesezugriffes benötigen wir stets konstanten Zeitbedarf. In vielen Algorithmen überwiegt die Anzahl der Lesezugriffe gegenüber der Anzahl der Schreibzugriffe.

Ein Schreibzugriff wird in zwei Phasen simuliert. In der ersten Phase werden die Informationen zur Durchführung eines Schreibzugriffes in einem ausgezeichneten Transputer, dem Auswertungstransputer (AWT), zusammengezogen. In der zweiten Phase werden die in der ersten Phase berechneten CM–Änderungen im TPN verteilt und die lokalen Speicher der Transputer entsprechend abgeändert.

Die im TPN durchgeführte Kommunikation beruht auf einem Nachrichtenkonzept. Die Nachrichten werden mittels der in jedem Transputer enthaltenen Routing–Tabellen zu ihrem Ziel weitergeleitet. Die Auswahl des Links, über den eine Nachricht weitergeleitet werden muß, kann dadurch in konstanter Zeit erfolgen.

In der ersten Phase versendet jeder Transputer eine Zentralisierungs–Nachricht (ZN), die folgende Informationen enthält: 1. Die Routing–Information bestehend aus der Definitionsgruppe, 2. die Priorität des schreibenden Prozessors und 3. die Definition des Schreibzugriffes bestehend aus der Adresse und dem zu schreibenden Wert.

Die in einem Transputer eintreffenden ZNen werden zu einer einzigen ZN zusammengefaßt, so daß in jedem Transputer höchstens 3 (im AWT 4) ZNen eintreffen können und genau eine (im AWT keine) ZN versendet werden muß. Das Zusammenfassen der ZNen erfolgt durch die Benutzung geeigneter Datenstrukturen in Zeit $O(z)$. Eine ZN hat Länge $O(z)$, wobei $z$ die Anzahl der Schreibziele bezeichnet. Die Information, wieviele ZNen in einem Transputer vor dem Weitersenden erwartet werden müssen, ist ebenfalls in einer Tabelle enthalten. Alle Tabellen werden bereits zur Übersetzungszeit anhand der gegebenen Netzwerktopologie berechnet. Die Längen der Routingwege sind minimal.

In der zweiten Phase werden die Informationen aus den im AWT eingegangenen ZNen im TPN verteilt. Hierzu wird eine Aktualisierungs–Nachricht (AN) bestehend aus Routing–Informationen, einer Liste der zu ändernden Speicherstellen und ihren neuen Werten versendet. Das Weiterleiten von ANen wird wie das Weiterleiten der ZNen in der ersten Phase mittels Routing–Tabellen gesteuert. Durch diesen Routing–Mechanismus ist gewährleistet, daß alle Transputer der Definitionsgruppe der Zielvariablen die AN erhalten.

Abschließend soll der Routing–Mechanismus für die Durchführung der ersten Phase an einem Beispiel erläutert werden. Wir betrachten das in der Abbildung 1 dargestellte TPN. Die Prozessoren der simulierten PRAM sind zum Betrachtungszeitpunkt in zwei Gruppen eingeteilt. Die Transputer sind entsprechend der Gruppenzugehörigkeit der von ihnen simulierten PRAM–Prozessoren gekennzeichnet (schraffiert und unschraffiert). Wir erläutern das Routing von ZNen der schraffiert dargestellten Gruppe. Der AWT ist der Transputer 6. Ausgabelinks sind mit einem Kreis gekennzeichnet, Eingabelinks mit einem Pfeil. Wir betrachten das Verhalten des Prozessors 4, der zur unschraffierten Gruppe gehört. Dieser empfängt eine ZN von einem der Prozessoren 8 oder 9, speichert diese Information intern ab und mischt sie mit der zu einem späteren Zeitpunkt eintreffenden ZN des anderen Prozessors der schraffierten Gruppe. Nach Erhalt aller ZNen (erwartet werden solche auf den Links 0 und 3) wird die zusammengefaßte Version der ZN auf Link 2 ausgegeben. Alle übrigen Transputer verhalten sich nach dem Empfang einer ZN analog. Der AWT sendet nach dem Empfang aller erwarteten ZNen keine ZN weiter, sondern initiiert die zweite Simulationsphase des Schreibzugriffs. An der Kommunikation für die Zentralisierung sind alle Prozessoren der schraffierten Gruppe sowie die Prozessoren 3 und 4, die zur unschraffierten Gruppe gehören, beteiligt.

Durch die Wahl eines geeigneten OCCAM–Prozeß–Schemas wird gesichert, daß dieses Routing–Verfahren frei von Deadlocks ist, insbesondere auch dann, wenn mehrere Gruppen gleichzeitig kommunizieren. Eine notwendige Voraussetzung hierfür ist jedoch, daß immer alle Prozessoren einer Gruppe an einer diese Gruppe betreffenden Kommunikation beteiligt sind. In dieser Notwendigkeit liegt die Forderung begründet, daß stets alle Prozessoren einer logischen Gruppe auf eine Schreibzuweisung in ihrem Programmablauf stoßen müssen.

Die Synchronisation der Prozessoren bei einer Schreibzuweisung, die eine Kommunikation erfordert, wird dadurch erreicht, daß alle Prozessoren nach Versendung einer ZN bis zum Eintreffen einer AN warten. Somit ist sichergestellt, daß nachfolgende Operationen erst nach der Aktualisierung des CM ausgeführt werden.

# Literatur


[1] Ahuja, Carriero, Gelernter. *Linda and friends.* Computer 19, 1986, 8(Aug.), 26–34.

[2] Alt, Hagerup, Mehlhorn, Preparata. *Deterministic simulation of idealized parallel computers on more realistic ones.* SIAM J. Comput., 1987, Vol. 16, 5(Oct).

[3] Andrews, Schneider. *Concepts and Notations for Concurrent Programming.* Comp. Surveys, 1983, Vol. 15, 1(Mar.), 3–43.

[4] Bal, Steiner, Tanenbaum. *Programming Languages for Distributed Computing Systems.* ACM Comp. Surv., 1989, Vol. 21, 3(Sep.), 261–322.

[5] Bal, Tanenbaum. *Distributed programming with shared data.* Proc. IEEE CS 1988 Int. Conf. on Comp. Languages, 82–91.

[6] Fortune, Wyllie. *Parallelism in random access machines.* Proc. 10th Annual ACM Symp. on Theory of Comput., 1978, 114–118.

[7] Ranade. *How to emulate shared memory.* Proc. 28th Symp. on Foundations of Computer Science. IEEE: 1987, 185–194.

[8] Seifert. *Spezifikation einer Sprache zur Simulation von PRAM–Modellen und ihre Übersetzung nach OCCAM.* Diplomarbeit. Universität Dortmund. 1990.

# IMPLEMENTATION UND TEST PARALLELER BASISALGORITHMEN DER LINEAREN ALGEBRA


Matthias Pester

Sektion Mathematik, Technische Universität Chemnitz

PF 964,   9010 Chemnitz


## 1. Einleitung

Die numerische Behandlung von Aufgaben der mathematischen Physik, die Berechnung des statischen oder dynamischen Verhaltens technischer Konstruktionen sind außerordentlich rechen- und speicherintensive Prozesse, mit denen die jeweils leistungsfähigsten Rechner bis an ihre Grenzen ausgelastet werden. Neue Perspektiven ergeben sich durch die Nutzung paralleler Rechnerarchitekturen auch für die numerische Mathematik. Aufgrund der meist beträchtlichen Datenmengen werden Parallelrechnersysteme mit verteiltem Speicher gegenüber denen mit gemeinsamem Speicher favorisiert. Das von Shared-Memory-Modellen bekannte Problem möglicher Speicherkonflikte wird verlagert auf die Organisation eines effektiven Message-Passing-Systems. Der Transputer bietet in dieser Beziehung hardwareseitig gute Voraussetzungen. Mit der Prozessoranzahl werden zugleich Speicherkapazität und Rechenleistung vergrößert. Bei „konventionellen" Superrechnern treten dabei schon eher technische Probleme auf. Die flexible Verbindung von Transputern über ihre Links erlaubt den Aufbau nahezu beliebiger logischer Netzwerke. Als vernünftiger Kompromiß zwischen technischem Aufwand (Anzahl der notwendigen Links) und effektiven Message-Passing-Methoden bewährt sich der Hypercube. Im folgenden werden kurz die für die Implementation numerischer Algorithmen wichtigsten Kommunikationsprinzipien genannt. Es folgen Beispiele zur Implementation paralleler Algorithmen für elementare Operationen mit Matrizen und Vektoren, sowie einige auf Transputern erzielte Testergebnisse.

## 2. Kommunikationsprinzipien im Hypercube

Eine Anordnung von $p = 2^n$ Prozessoren als $n$-dimensionaler Hypercube ist aufgrund der innewohnenden binären Struktur ein programmtechnisch relativ leicht zu beherrschendes Modell, wenn jedem Prozessor seine eigene Prozessornummer ($P = 0, \ldots, p - 1$) und die Anzahl seiner Nachbarn ($n$) bekannt sind. Jeder Bitposition der binär dargestellten Prozessornummer wird genau ein Link zugeordnet. Die Nummern der benachbarten Prozessoren unterscheiden sich genau in der Bitposition, die dem verbindenden Link entspricht (Abb. 1), d. h. zwei Prozessoren $P$ und $Q$ mit $\text{XOR}(P, Q) = 2^k$ sind jeweils über ihr Link $k$ verbunden. Mit „$\text{XOR}(P, Q)$" wird die bitweise Verknüpfung der Zahlen $P$ und $Q$ durch *„exclusive or"* bezeichnet.

Die Auswahl bestimmter Links in einer Hypercubearchitektur erzeugt andere wichtige Teilstrukturen (vgl. [3, 6]). Beispiele zeigt Abbildung 2:

- Ringstruktur: Sie entsteht durch Permutation der Prozessornummern, so daß benachbarte Elemente der Permutation nur in einer Bitposition verschieden sind (Gray-Code); eine solche Reihenfolge erhält man z. B. durch

$$P_i = \text{XOR}\left(\left[\frac{i}{2}\right], i\right)$$

- Baumstruktur: Bei einem Prozessor beginnend, werden in $n$ Schritten ($k = 0, \ldots, n - 1$) sukzessive all jene Prozessoren hinzugezählt, die über die nächste Cube-Dimension (Link $k$) erreichbar sind, wodurch sich die Anzahl verdoppelt (binärer Baum).

Eine *lokale* Kommunikation findet zwischen zwei direkt miteinander verbundenen Prozessoren statt, von denen einer eine *SEND*-Operation, der andere eine *RECEIVE*-Operation ausführt. Abgesehen von synchronisationsbedingten Wartezeiten bei ungleicher Prozessorlast, beträgt der Aufwand für das Senden bzw. Empfangen von $m$ Datenelementen

$$T_1(m) = t_0 + t_m.$$

Dabei bezeichnet $t_0$ die Setup-Zeit für die Vorbereitung der Datenübertragung und $t_m$ die reine Übertragungszeit für $m$ Elemente (mit: $t_m = mt_1$).

Häufig sind Informationen zwischen zwei Prozessoren auszutauschen (je einmal *SEND* und *RECEIVE*). Dabei ist die Reihenfolge bei sequentieller Ausführung, in Abhängigkeit von der Prozessornummer, entscheidend für die Verhinderung von Deadlocks. Laufen *SEND* und *RECEIVE* als parallele Teilprozesse, so entfällt dieses Synchronisationsproblem. Da die Links in beide Richtungen zugleich Daten übertragen können, ist für die Gesamtzeit lediglich die Setup-Zeit beider Operationen als sequentieller Anteil zu berücksichtigen:

$$T_2(m) = 2t_0 + t_m.$$

Die Übertragungszeit verdoppelt sich in diesem Fall nicht.

Wichtige *globale* Kommunikationsprinzipien sind *Tree-Down* und *Tree-Up*, bei denen die binäre Baumstruktur genutzt wird, um Informationen von einem Prozessor (*root*) in $n$ Schritten an alle Prozessoren zu senden oder umgekehrt, sowie der *Global-Exchange-Algorithmus* (Abb. 3). Letzterer nutzt in optimaler Weise die Hypercube-Struktur zur Verteilung von Informationen von allen Prozessoren an jeweils alle anderen, indem in $n$ Schritten $i = 0, \ldots, n-1$ alle mittels Link $i$ verbundenen Prozessorpaare ihre bis dahin gesammelten Informationen austauschen. Die ausgetauschten Daten müssen entweder nach jedem Kommunikationsschritt unter Verdoppelung ihres Umfangs akkumuliert oder in anderer Art und Weise verarbeitet werden.

So ist z. B. die parallele Berechnung von Skalarprodukten zweier Vektoren möglich, deren Komponenten zu gleichen Teilen auf die $p$ Prozessoren verteilt sind. Nach der parallel ablaufenden Berechnung der $p$ Teilsummen folgen $n$ Kommunikationsschritte, nach denen jeweils die ausgetauschten Werte auf allen Prozessoren addiert werden, um danach die Summen mit dem nächsten Nachbarn auszutauschen.

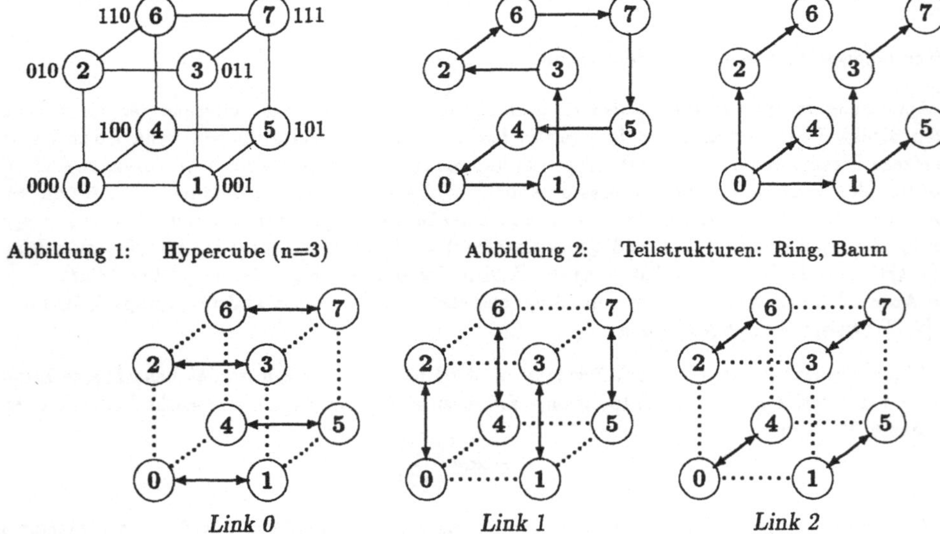

Abbildung 1:  Hypercube (n=3)

Abbildung 2:  Teilstrukturen: Ring, Baum



Abbildung 3:  Global-Exchange im Hypercube

Testergebnisse mit unterschiedlicher Prozessoranzahl weisen die hohe Effektivität bei großer Dimension $N$ der Vektoren nach ([3]). Bei relativ niedriger Dimension (mit nur wenigen Komponenten lokal auf jedem Prozessor) überwiegt dagegen die Kommunikationszeit gegenüber der Arithmetik.

## 3. Basisalgorithmen für numerische Verfahren

Viele Algorithmen der numerischen Mathematik lassen sich bezüglich der Verarbeitung von Matrizen und Vektoren auf wenige elementare Operationen zurückführen. Betrachtet man etwa die Methode der konjugierten Gradienten, eines der modernsten und effektivsten Verfahren zur iterativen Lösung von Gleichungssystemen $Ax = b$, so wird dies deutlich:

$$
\begin{aligned}
(1) \quad & w \;=\; C^{-1}r \\
(2) \quad & s \;=\; w + \beta \breve{s}, \qquad \text{mit} \quad \beta = \frac{(w,r)}{(\breve{w},\breve{r})} \\
(3) \quad & u \;=\; As \\
(4) \quad & \hat{x} \;=\; x + \alpha s, \qquad \text{mit} \quad \alpha = -\frac{(w,r)}{(s,u)} \\
(5) \quad & \hat{r} \;=\; r + \alpha u
\end{aligned}
$$

Hier bezeichnen $\breve{x}$, $x$, $\hat{x}$ jeweils die drei aufeinanderfolgenden Iterationswerte eines Vektors $x$.
Das Residuum $r$ ist zu Beginn aus der Startnäherung $x_0$ zu bestimmen: $r = Ax_0 - b$.

Gegenüber direkten Lösungsverfahren werden iterative Methoden besonders bei Systemen hoher Dimension bevorzugt, weil die Koeffizientenmatrix dabei nicht verändert wird. Das ist vorteilhaft, wenn entweder aus Kapazitätsgründen die Daten auf externen Speichermedien abgelegt werden müssen, oder wenn wie hier an die parallele Verarbeitung gedacht wird, wo direkte Verfahren erheblich mehr Kommunikation erfordern. Als wesentliche Operationen dieses CG-Verfahrens treten auf:

- Skalarprodukte $(w,r)$ bzw. $(s,u)$;
- Linearkombination von Vektoren;
- Multiplikation Matrix $*$ Vektor $(As)$;
- Vorkonditionierungsoperator $(C^{-1}r)$.

Für Skalarprodukte beschränkt sich der Kommunikationsbedarf, wie oben erwähnt, auf eine abschließende globale Summation aller auf den einzelnen Prozessoren ermittelten Teilsummen. Linearkombinationen können ohne jegliche Kommunikation völlig parallel auf den einzelnen Prozessoren gebildet werden. Die beiden anderen Operationen werden im folgenden näher betrachtet.

## 4. Matrix–Vektor–Multiplikation

Diese Operation ist eine der aufwendigsten bei oben erwähntem Iterationsverfahren. Die meisten bekannten Diskretisierungsmethoden für Differentialgleichungen führen auf schwachbesetzte Koeffizientenmatrizen. Dagegen entstehen speziell bei Randintegralmethoden (vgl. [5]) auch vollbesetzte Matrizen, bei denen durch die Parallelisierung ein besonders hoher Effekt erwartet wird.

Die Matrix–Vektor–Multiplikation für vollbesetzte Matrizen $A$

$$
y := Ax, \qquad x, y \in \mathbb{R}^N, \quad A \in \mathbb{R}^{N \times N}
$$

wird in $p$ gleichartige Teiloperationen zerlegt, die nahezu unabhängig voneinander auf den verschiedenen Prozessoren ausgeführt werden können. Die Daten (Matrizen, Vektoren) werden bei derartigen parallelen Algorithmen stets von Beginn an bereits verteilt gespeichert, von der Generierung bis zur Lösung (vgl. [2]). Es ist naheliegend, die Vektoren $x$ und $y$ zu gleichgroßen Komponentenblöcken auf die Prozessoren verteilen:

114

$$ x = \begin{pmatrix} x^{(0)} \\ \vdots \\ x^{(p-1)} \end{pmatrix}, \quad y = \begin{pmatrix} y^{(0)} \\ \vdots \\ y^{(p-1)} \end{pmatrix} \quad \text{mit} \quad x^{(i)} = \begin{pmatrix} x_{im+1} \\ \vdots \\ x_{(i+1)m} \end{pmatrix}, \quad y^{(i)} = \begin{pmatrix} y_{im+1} \\ \vdots \\ y_{(i+1)m} \end{pmatrix}, \quad m = \frac{N}{p} $$

Für die Matrix $A$ ergeben sich durch verschiedene Aufteilungsmöglichkeiten auf die Prozessoren auch unterschiedliche Varianten zur Realisierung der Teiloperationen (Abb. 4).

## Variante 1: Vector Exchange

Jeder Prozessor $i$ $(i = 0, \ldots, p-1)$ speichert eine *Hyperzeile* $A^{(i)}$, bestehend aus $m$ Zeilen der Matrix $A$ analog zu oben genannter Unterteilung bei Vektoren.

In Anbetracht des Speicherbedarfs von $\frac{N^2}{p}$ Elementen für $A^{(i)}$ ist die Länge eines Vektors unbedeutend. Die redundante Speicherung des *gesamten* Vektors $x$ auf allen Prozessoren ist somit ohne wesentlichen Speicherplatzverlust möglich. In diesem Fall kann die Operation

$$ y^{(i)} = A^{(i)}x, \qquad A^{(i)} \in \mathbb{R}^{m \times N}, \quad x \in \mathbb{R}^N, \quad y^{(i)} \in \mathbb{R}^m $$

auf Prozessor $i$ ohne Kommunikation ausgeführt werden. Vom Vektor $y$ entsteht dabei der zum Prozessor $i$ gehörende Teil. Im Hinblick auf die iterative Nutzung muß aber der gesamte Vektor wieder allen Prozessoren zur Verfügung stehen. Dies wird durch den Global-Exchange-Algorithmus mit $n$ Austauschoperationen erreicht.

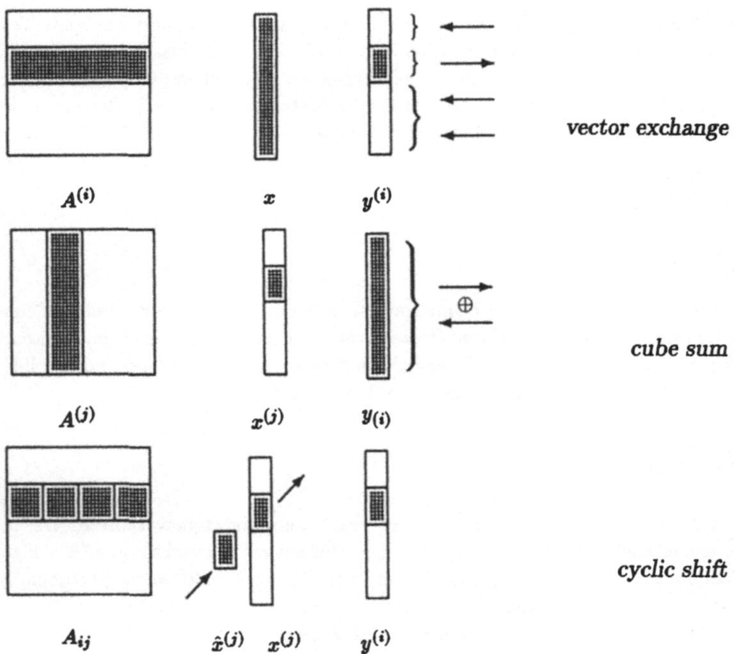


Abbildung 4:     Beispiel–Varianten zur lokalen Speicherung von Matrizen und Vektoren

## Variante 2: Cube Sum

Jeder Prozessor $j$ $(j = 0, \ldots, p - 1)$ speichert eine *Hyperspalte* $A^{(j)}$, bestehend aus $m$ Spalten der Matrix $A$. Lokal wird auf jedem Prozessor nur eine Teilsumme berechnet:

$$y_{(j)} = A^{(j)} x^{(j)}, \qquad A^{(j)} \in \mathbb{R}^{N \times m}, \quad x^{(j)} \in \mathbb{R}^m, \quad y_{(j)} \in \mathbb{R}^N.$$

Die globale Summe

$$y = \sum_{j=0}^{p} y_{(j)}$$

ist über die jeweiligen Teilsummen aller Prozessoren $j$ zu bilden. Dies erfolgt ebenfalls mittels Global-Exchange-Algorithmus mit $n$ Austausch- und Summationsschritten.

## Variante 3: Cyclic Shift

Wie bei Variante 1 speichert jeder Prozessor eine Hyperzeile der Matrix, wobei jedoch die Numerierung der Prozessoren entsprechend ihrer Reihenfolge im Prozessor-Ring erfolgt. Die Hyperzeile $A^{(i)}$ besteht aus $p$ quadratischen Teilmatrizen $A_{ij}$ $(j = 0, \ldots, p-1)$. Die Vektoren $x$ und $y$ werden redundanzfrei gespeichert, also auf jedem Prozessor nur die zur jeweiligen Hyperzeile passenden Teile $x^{(i)}$ und $y^{(i)}$. Ein zusätzlicher Vektor $\hat{x}^{(i)}$ gleicher Länge dient als Puffer für den Datenaustausch.

Nach der Initialisierung $y^{(i)} = 0$ erfolgt die Multiplikation von $A^{(i)}$ mit $x$ in $p$ Schritten, von denen jeder aus drei parallel ausführbaren Teiloperationen besteht:

- Berechnung von $y^{(i)} = y^{(i)} + A_{ik} x^{(i)}$, mit: $\quad A_{ik} \in \mathbb{R}^{m \times m}, \quad x^{(i)}, y^{(i)} \in \mathbb{R}^m$;

- *SEND*: $x^{(i)}$ an Prozessor $(i - 1) \bmod p$ (Vorgänger im Ring);

- *RECEIVE*: $\hat{x}^{(i)}$ von Prozessor $(i + 1) \bmod p$ (Nachfolger im Ring);

mit: $k = (i + j) \bmod p$, $\quad j = 0, \ldots, p - 1$. Nach jedem Schritt $j$ ist die Verwendung von $x^{(i)}$ und $\hat{x}^{(i)}$ zu tauschen.

Nach $p$ Schritten hat jede Komponente von $x$ den Prozessor-Ring vollständig durchlaufen und befindet sich wieder an ihrer ursprünglichen Position.

| $y := Ax$ | Kommunikationsaufwand | Reihenfolge Arithmetik/Transfer |
|---|---|---|
| vector exchange | $2nt_0 + \left(1 - \frac{1}{p}\right) N t_1$ | sequentiell |
| cube sum | $2nt_0 + nN t_1$ | teilweise parallel |
| cyclic shift | $2pt_0 + N t_1$ | vollständig parallel |

Tabelle 1: Kommunikation bei Matrix * Vektor

## Vergleich der Varianten

Der arithmetische Aufwand liegt für alle genannten Implementationsvarianten mit $O\left(\frac{N^2}{p}\right)$ Operationen in der gleichen Größenordnung. Bei Variante 2 sind allerdings zur Bildung der globalen Summe mehr Additionen erforderlich als bei den anderen Varianten. Wesentliche Unterschiede bestehen nur in der Realisierung des Datenaustauschs. Tabelle 1 zeigt den Kommunikationsaufwand in Abhängigkeit von Setup-Zeit $t_0$ und Übertragungszeit $t_1$ pro Element.

Die teilweise parallele Ausführung von Datenübertragung und Arithmetik bei Variante 2 bringt nur geringen Nutzen (s. [4]) und wird deshalb hier nicht näher betrachtet. Auffallend ist die höhere Anzahl

| $p = 8$ | vector exchange | | | cube sum | | | cyclic shift | | |
|---|---|---|---|---|---|---|---|---|---|
| N | $T_G$ | $T_K$ | $T_W$ | $T_G$ | $T_K$ | $T_W$ | $T_G$ | $T_K$ | $T_W$ |
| 80 | 11 | 1 | 2 | 13 | 5 | 6 | 12 | 1 | 0 |
| 160 | 36 | 3 | 3 | 44 | 8 | 12 | 35 | 3 | 0 |
| 240 | 76 | 4 | 4 | 87 | 11 | 18 | 74 | 3 | 0 |
| 320 | 130 | 4 | 5 | 144 | 14 | 24 | 127 | 4 | 0 |
| 400 | 199 | 5 | 6 | 217 | 18 | 30 | 195 | 5 | 0 |
| 480 | 282 | 6 | 7 | 303 | 21 | 36 | 277 | 6 | 0 |
| 560 | 380 | 7 | 9 | 405 | 24 | 42 | 374 | 7 | 0 |
| 640 | 492 | 8 | 10 | 521 | 28 | 48 | 485 | 8 | 0 |
| 720 | 619 | 9 | 11 | 651 | 31 | 54 | 611 | 9 | 0 |

$T_G$ – Gesamtzeit (Zeiten in ms)

$T_K$ – reale Kommunikationsdauer

$T_W$ – Wartezeit des Prozessors bei Kommunikation

Tabelle 2: Multiplikation Matrix $*$ Vektor auf 8 Prozessoren

| $p =$ | 1 | 2 | | | 4 | | | 8 | | |
|---|---|---|---|---|---|---|---|---|---|---|
| N | $T_G$ | $T_G$ | $T_K$ | $T_W$ | $T_G$ | $T_K$ | $T_W$ | $T_G$ | $T_K$ | $T_W$ |
| 80 | 61 | 33 | 1 | 1 | 18 | 1 | 2 | 11 | 1 | 2 |
| 160 | 238 | 124 | 2 | 2 | 65 | 2 | 3 | 36 | 3 | 3 |
| 240 | 532 | 273 | 2 | 3 | 141 | 3 | 4 | 76 | 4 | 4 |
| 320 | 942 | 480 | 2 | 4 | 246 | 4 | 5 | 130 | 4 | 5 |
| 400 | 1468 | 745 | 3 | 6 | 380 | 4 | 6 | 199 | 5 | 6 |
| 480 | 2111 | 1069 | 4 | 7 | 544 | 5 | 7 | 282 | 6 | 7 |
| 560 | 2871 | 1451 | 4 | 8 | 736 | 6 | 8 | 380 | 7 | 9 |
| 640 | 3746 | 1891 | 5 | 9 | 958 | 7 | 9 | 492 | 8 | 10 |
| 720 | — | 2389 | 5 | 10 | 1208 | 8 | 10 | 619 | 9 | 11 |

(Zeiten in ms)

Tabelle 3: Multiplikation Matrix $*$ Vektor (Variante 1) auf $p$ Prozessoren

einzelner Kommunikationsoperationen für Variante 3. Sie fällt jedoch durch die völlige Parallelität mit der lokalen Arithmetik nicht ins Gewicht. Die in Tabelle 2 zusammengefaßten Ergebnisse für eine Implementation der drei Varianten auf 8 Prozessoren bestätigen dies. Schließlich zeigt Tabelle 3 durch einen Vergleich für wachsende Prozessoranzahl eine nahezu optimale Beschleunigung besonders bei hoher Dimension $N$.

## 5. Schnelle Fouriertransformation (FFT)

Neben ihrer physikalischen Bedeutung (z. B. in der Signalverarbeitung) findet die Fouriertransformation

$$y = F \cdot x = \left( \sum_{k=0}^{N-1} x_k e^{2\pi i \frac{ik}{N}} \right)_{j=0}^{N-1}, \qquad N = 2^m,\ i^2 = -1$$

auch in der Mathematik für spezielle Aufgaben Anwendung. Mit ihrer Hilfe lassen sich für bestimmte Matrizen $C$ Gleichungssysteme effektiv lösen. Deshalb kann diese Methode als gute Vorkonditionierung für Iterationsverfahren dienen (vgl. [5]). Der FFT-Algorithmus nutzt bekanntlich die sehr wesentliche

Beziehung $N = 2^m$, um $y$ in nur $m$ Schritten der folgenden Art zu berechnen:

$$y_j^{(s)} = f_l y_{j1}^{(s+1)} + y_{j0}^{(s+1)}$$

mit:

$$\begin{aligned}
s &= m-1,\ldots,0; \qquad y^{(m)} = x \\
j1 &= j_{m-1}\ldots j_{s+1}1j_{s-1}\ldots j_0 = \mathrm{OR}(j, 2^s) \\
j0 &= j_{m-1}\ldots j_{s+1}0j_{s-1}\ldots j_0 = j1 - 2^s \\
l &= j_{m-1}\ldots j_s = [j \cdot 2^{-s}]
\end{aligned}$$

wobei $f_l$ die entsprechenden Koeffizienten der auszuführenden *Butterfly*-Operationen sind (vgl. [4]).

| p | FFT-Schritte | | Umordnung | |
|---|---|---|---|---|
|   | CPU | LINK | CPU | LINK |
| 1 | 1050 | — | 791 | — |
| 2 | 592 | 58 | 390 | 57 |
| 4 | 326 | 58 | 195 | 86 |
| 8 | 176 | 44 | 100 | 100 |

$N = 4096$          (Zeiten in ms)

Tabelle 4: Anteil von Kommunikation und Umordnung an der Gesamtzeit bei FFT

| N | p=1 | p=2 | p=4 | p=8 |
|---|---|---|---|---|
| 16 | 3.3 | 2.5 | 2.0 | 2.0 |
| 32 | 7.4 | 5.0 | 3.7 | 3.1 |
| 64 | 16.7 | 10.6 | 7.2 | 5.4 |
| 128 | 37.4 | 22.7 | 14.6 | 10.2 |
| ⋮ | | | | |
| 4096 | 1841.3 | 1038.0 | 606.8 | 377.3 |
| 8192 | 3940.9 | 2206.0 | 1278.0 | 786.5 |

(Zeiten in ms)

Tabelle 5: Gesamtzeit für parallelen FFT-Algorithmus bei unterschiedlicher Dimension und Prozessoranzahl

Der Ergebnisvektor $y$ entsteht aus $y^{(0)}$ durch eine Umordnung der Komponenten, die sich aus der Spiegelung der binär ausgedrückten Indizes ergibt (Abb. 5, rechte Spalte).

Die $N = 2^m$ Komponenten des zu transformierenden Vektors $x$ seien, wie im vorangegangenen Abschnitt beschrieben, auf die $p = 2^n$ Prozessoren verteilt. Der globale Index $j$ einer Komponente definiert dann mit seinen ersten $n$ Binärziffern die Prozessornummer $P$ sowie mit den restlichen $m - n$ Ziffern den lokalen Index $j_{loc}$ der Komponente auf diesem Prozessor:

$$P = j_{m-1}\ldots j_{m-n}, \qquad \text{und} \qquad j_{loc} = j_{m-n-1}\ldots j_0.$$

Bei jedem FFT-Schritt treffen jeweils zwei Komponenten aufeinander, deren Indizes ($j1$ und $j0$) sich in genau einem Bit unterscheiden, wobei der Summand mit dem größeren Index ($j1$) durch den Koeffizienten $f_l$ gewichtet wird.

In den ersten $n$ Schritten ($s = m - 1,\ldots,m - n$) unterscheiden sich somit gerade die Prozessornummern in einem Bit, während die lokalen Indizes übereinstimmen. In diesem Fall besteht die Butterfly-Operation im Austausch aller lokalen Komponenten zwischen je zwei Prozessoren über ihr Link $n - (m - s)$ sowie der anschließenden gewichteten Vektoraddition.

In den letzten $m-n$ Schritten ($s = m-n-1,\ldots,0$) unterscheiden sich die Indizes der beiden Komponenten nur noch im lokalen Bereich. Die Operationen verlaufen ohne weitere Kommunikation. Der größte Teil

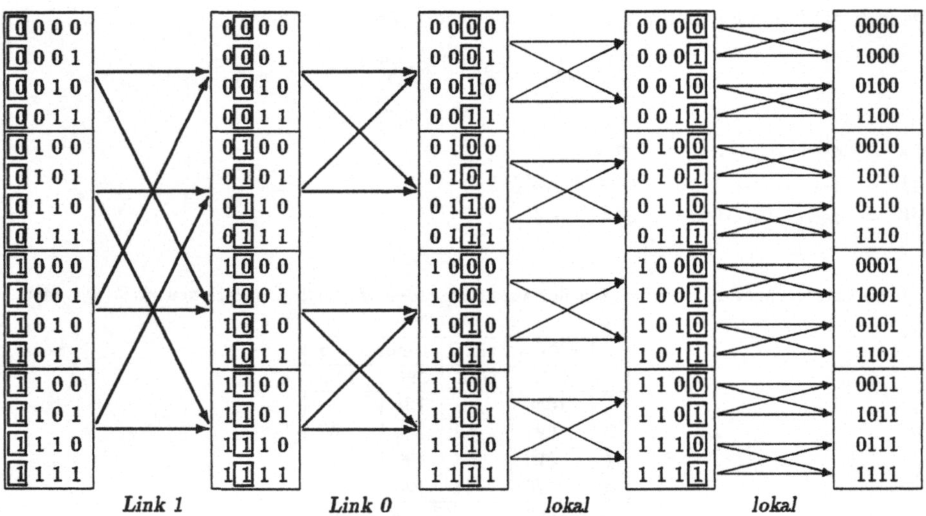



Abbildung 5: Datenfluß bei FFT (4 Prozessoren)

des FFT-Algorithmus erfolgt also für $m \gg n$ völlig parallel mit fast optimalem Speed-Up $S_p \approx p$. Den Datenfluß am Beispiel $n = 2$, $m = 4$ verdeutlicht Abbildung 5. Der für die ersten $n$ FFT-Schritte notwendige Kommunikationsaufwand von

$$2nt_0 + \frac{n}{p}Nt_1$$

nimmt für eine feste Dimension $N$ bei wachsender Prozessoranzahl sogar mit $\frac{n}{p}$ ab ($n \geq 2$). In Tabelle 4 werden an einem Beispiel die Anteile der einzelnen Schritte an der Gesamtzeit gegenübergestellt. Weitere Testergebnisse zeigt Tabelle 5 einschließlich des Zeitaufwandes für das Umordnen der Komponenten.

Die in diesem Artikel genannten parallel implementierten Basisalgorithmen wurden mit gutem Erfolg im CG-Verfahren für Randintegralmethoden eingesetzt. Als Speed-Up wurde bei vier Prozessoren $S_4 \approx 3$ erreicht.

## Literatur


[1] Akl, S. G., *The Design and Analysis of Parallel Algorithms*, Prentice Hall, 1989

[2] Meyer, A., *A parallel preconditioned conjugate gradient method using domain decomposition and inexact solvers on each subdomain*, Computing 45(1990), pp. 217–234

[3] Pester, M., *Zur Implementation paralleler Algorithmen – Kommunikation im Hypercube*, TU Karl-Marx-Stadt, Preprint Nr. 152, 1990

[4] Pester, M., *Zur Implementation paralleler Algorithmen – Elementare Operationen mit Matrizen und Vektoren im Hypercube*, TU Chemnitz, Preprint Nr. 166, 1990

[5] Rjasanow, S., *Vorkonditionierte iterative Auflösung von Randelementgleichungen für die Dirichlet-Aufgabe*, Wiss. Schriftenreihe der TU Chemnitz, 7/1990

[6] Saad, Y., Schultz, M. H., *Topological Properties of Hypercubes*, Res. Rep. 389, Dept. Computer Science, Yale University, 1985

[7] Saad, Y., Schultz, M. H., *Data Communication in Hypercubes*, Journal of parallel and distributed computing, 6(1989), pp. 115–135

# Paralleles Lösen großer Systeme
# linearer Gleichungen


Eckard Gehrke


SFB 123, Universität Heidelberg
Im Neuenheimer Feld 294
D-6900 Heidelberg
e-mail: AS8 @ DHDURZ2.bitnet




**Zusammenfassung**

Im folgenden wird das effiziente Lösen großer, vollbesetzter linearer Gleichungssysteme mit Hilfe einer parallelen LR-Zerlegung und eines parallelen Dreieckslösers diskutiert.
Anhand von umfangreichen Testrechnungen auf einem Parsytec-Supercluster System mit 128 T800 Transputern werden insbesondere der Einfluß der Granularität des Problems auf die erzielbare Effizienz, die Leistungsfähigkeit eines solchen Systems, und schließlich die Abbildungsgüte von HELIOS untersucht.


## 1. Einführung

Eine effiziente Implementierung der Basisalgorithmen der linearen Algebra ist immer eine Herausforderung auf neuen Rechnertypen. Zugleich kann man mit ihnen sehr gut die Leistungsfähigkeit von Rechnern austesten. Es sei hier nur beispielsweise der LINPACK-Benchmark [2] erwähnt, der auf skalaren und vektoriellen Rechnern der nominellen Peak-Performance eine tatsächlich erzielbare Leistung gegenüberstellt. Gerade diese Leistung sollte mit Hilfe der zu entwickelnden Programme für den Supercluster festgestellt werden, um entscheiden zu können, ob es sich lohnt, auch umfangreichere Aufgabenstellungen aus dem Bereich der numerischen Mathematik mit einem Parallelrechner, der auf Transputern basiert, anzugehen.

## 2. Die parallelen Algorithmen

Das Lösen großer, vollbesetzter linearer Gleichungssysteme

$$Ax = b, \qquad A \in IR^{n \times n} \text{ regulär }, \qquad x, b \in IR^n$$

zerfällt in zwei Teilprobleme, nämlich, der LR-Zerlegung der Matrix $A$ in das Produkt einer unteren und oberen Dreicksmatrix

$$PA = LR$$

und der anschließenden Vorwärts- und Rückwärtssubstitution

$$Ly = Pb \qquad Ux = y,$$

wobei $P$ die Permutationsmatrix ist, die bei dem zur Erhaltung der numerischen Stabilität notwendigen (Zeilen-)Pivoting entsteht.
**Die parallele LR-Zerlegung:** Da Transputersysteme Parallelrechner mit verteiltem Speicher sind, ist es erforderlich, die Matrix $A$ auf die verschiedenen Prozessoren $1, \ldots, p$ zu verteilen. Würde man die Spalten blockweise verteilen, ergibt dies eine sehr ungünstige Verteilung der Arbeit. Beispielsweise wäre Prozessor 1 bereits fertig, wenn alle anderen Prozessoren $2, \ldots, p$ noch Arbeit hätten.

Eine wesentlich günstigere Auslastung der Prozessoren kann man erreichen, wenn die Spalten zyklisch mit Hilfe der *wrap around* Methode auf die Prozessoren verteilt werden. Prozessor $\mu$ hat dann die Spalten

$$A_\mu(1:n,1:l) = A(1:n,\mu:p:n)$$

zu bearbeiten, wobei in Anlehnung an FORTRAN-90 $\mu:p:n$ die Spalten $\mu,\mu+p,\mu+2p,\ldots,\mu+(l-1)p \leq n$ bezeichnet. Das sich daraus ergebende Speicherschema der Matrizen $L$ und $R$ ist in Abbildung 1 dargestellt.

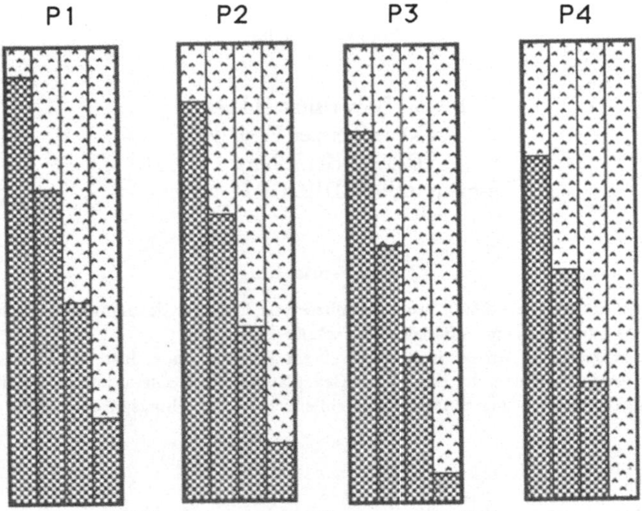

Abbildung 1: Speicherschema der LR-Zerlegung

Die Grundidee der parallelen LR-Zerlegung besteht nun darin, daß im $k$ten Zerlegungsschritt der Prozessor $\mu$, der die Pivotspalte besitzt, zunächst die Eliminationsfaktoren $L_k$ berechnet und diese, bevor er seine restlichen Spalten damit transformiert, an alle anderen Prozessoren mit einem *global broadcast* schickt. Diese Prozessoren verwenden dann $L_k$, um ihre lokalen Spalten zu transformieren. Im $k+1$ten Schritt muß dann der Prozessor $\mu+1$ die Faktoren $L_{k+1}$ berechnen, und so weiter, bis schließlich die Matrix $A$ vollständig in die Faktoren $L$ und $R$ zerlegt ist [4].

Nun erlaubt die Hardware von Transputersystemen kein globales Verschicken von Nachrichten. Deshalb werden die Prozessoren in einem Ring angeordnet, und die Faktoren $L_k$ in einer Pipeline von Prozessor zu Prozessor weitergereicht. Dies bedeutet, daß der Prozessor $\mu$ anstatt einem globalen broadcast die Faktoren $L_k$ an den Prozessor $\mu+1$ schickt, der diese sofort an seinen rechten Nachbarn, also Prozessor $\mu+2$, weiterschickt, bevor er mit Hilfe der Faktoren $L_k$ seine Restspalten transformiert. Dieses Weiterreichen der Information geschieht solange, bis alle Prozessoren die Faktoren $L_k$ haben.

Numerische Tests zeigen, daß sich der aufgrund dieser Kommunikationsstruktur entstehende Overhead durch die Verwendung der sogenannten *send ahead* Strategie [5] bei asynchroner Kommunikation reduzieren läßt. Die send ahead Strategie fordert von jedem Prozessor ein möglichst frühes Bereitstellen der Daten, die von anderen Prozessoren benötigt werden. Für die LR-Zerlegung bedeutet dies, daß der Prozessor, der im $k+1$ten Zerlegungsschritt die Eliminationsfaktoren $L_{k+1}$ zu berechnen hat, im $k$ten Schritt $L_k$ nur auf seine erste Restspalte anwendet, aus der er dann die Faktoren $L_{k+1}$ berechnet. Erst nachdem er diese an seinen rechten Nachbarn weitergeschickt hat, wendet er auf seine übrigen Restspalten die Transformationen $L_k$ und $L_{k+1}$ an.

Der sich hieraus ergebende Algorithmus ist in Abbildung 2 dargestellt.

```
Prozessor_μ
    k = 1; j = 1; col = μ : p : n; l = length(col);
    A_μ(1 : n, 1 : l) = A(1 : n, μ : p : n)

    while j ≤ l
        if k = col(j)
            if k ≠ 1
                empfange L_{k-1} vom linken Nachbarn und schicke es an den Rechten weiter
                wende L_{k-1} auf Spalte j an
            endif
            berechne Eliminationsfaktoren L_k
            if k < n schicke L_k an den rechten Nachbarn
            if k ≠ 1 wende L_{k-1} auf die restlichen (lokalen) Spalten an
            wende L_k auf die restlichen (lokalen) Spalten an
            k = k + 1; j = j + 1
        else
            empfange L_k vom linken Nachbarn
            schicke L_k an den rechten Nachbarn, falls erforderlich
            wende L_k auf die restlichen (lokalen) Spalten an
            k = k + 1
        endif
    endwhile
    stop
```

Abbildung 2: Algorithmus für die parallele LR-Zerlegung

Mit Hilfe dieses Algorithmus gelingt es, die arithmetischen Gesamtkosten der LR-Zerlegung von $\mathcal{O}(2n^3/3)$ gleichmäßig auf die $p$ Prozessoren zu verteilen, d.h., jeder Prozessor hat an seinem Teil der Matrix $A$ etwa

$$\frac{2n^3}{3p} \; Flops$$

durchzuführen. Jeder Prozessor muß jedoch $\mathcal{O}(n^2)$ reelle Zahlen, nämlich die Eliminationsfaktoren, in insgesamt $n-1$ Kommunikationsschritten empfangen und verschicken.

Darüberhinaus entstehen bei dem Algorithmus zunächst am Anfang Wartezeiten, bis jeder Prozessor mit seiner Arbeit anfangen kann. Da insbesondere gegen Ende der Zerlegung das Verhältnis zwischen Kommunikation und verbleibender Arbeit schlechter wird, entstehen zwischen dem Durchführen der Transformation $L_k$ und dem Empfangen der Faktoren $L_{k+1}$ zusätzliche Wartezeiten.

**Ein paralleler Dreickslöser:** Nachdem die Matrix zerlegt wurde, müssen noch die beiden entstehenden Dreieckssysteme $Ly = Pb$ und $Ux = y$ gelöst werden. Da jede Umorganisation der Datenstrukturen bedeutende Kommunikationskosten verursachen würde, bleiben jene erhalten. Zusätzlich muß jedoch noch die rechte Seite $b$ verteilt werden. Dies geschieht analog zur Verteilung der Matrix $A$ mit der wrap around Methode. Der Prozessor $\mu$ erhält folgende Komponenten von $b$:

$$b_\mu(1 : l) = b(\mu : p : n).$$

Auf die gleiche Art und Weise werden die Komponenten von $x$ und $y$ verteilt. Falls das Pivoting während der LR-Zerlegung zu Zeilenvertauschungen geführt hat, kann es erforderlich sein, daß auch die Komponenten von $b$ zwischen Prozessoren vertauscht werden müssen. Dies kann jedoch vor der eigentlichen Lösung der Dreieckssysteme geschehen.

Der populäre *fan in* Algorithmus [9] kann auf Transputersystemen nicht effizient benutzt werden, da dieser zur Berechnung der benötigten Skalarprodukte eine globale Kommunikation erfordert. Wesentlich besser geeignet, ist der von Li und Coleman in [7] vorgeschlagene Algorithmus, da dieser nur eine Kommunikation zwischen Ringnachbarn erfordert. Hier werden die Skalarprodukte mit Hilfe eines zyklisch um den Ring laufenden Vektors $w$ aufaddiert und zum entsprechenden Prozessor transportiert. Der dafür benötigte zusätzliche Speicherplatzbedarf hält sich in Grenzen. Der gesamte Algorithmus für das Lösen eines unteren Dreieckssystem ist in Abbildung 3 wiedergegeben. Das Lösen von oberen Gleichungssystemen erfolgt ganz analog. Zu beachten ist jedoch, daß die Laufrichtung des Vektors $w$ sich umkehrt.

$$
\begin{aligned}
&\text{Prozessor}_\mu \\
&\quad j = 1;\ z(1:n) = 0;\ w(1:p) = 0;\ col = \mu : p : n;\ l = \text{length}(col); \\
&\quad L_\mu(1:n, 1:l) = L(1:n, \mu:p:n);\ b_\mu(1:l) = b(\mu:p:n) \\
&\quad \textbf{while } j \leq l \\
&\qquad k = col(j) \\
&\qquad \textbf{if } k \neq 1 \textbf{ empfange } w(1:p-1) \text{ vom linken Nachbarn} \\
&\qquad b_\mu(j) = b_\mu(j) - z(k) - w(1) \\
&\qquad \textbf{if } k < n \\
&\qquad\quad \text{aktualisiere den Teil von } z, \text{ der sofort benötigt wird} \\
&\qquad\qquad q = \min(n, k + p - 1) \\
&\qquad\qquad z(k+1:q) = z(k+1:q) + L_\mu(k+1:q, j)b_\mu(j) \\
&\qquad\quad \text{aktualisiere den umlaufenden Vektor } w \\
&\qquad\qquad w(p) = 0 \\
&\qquad\qquad l = \min(p, n - k + 1) \\
&\qquad\qquad w(2:l) = w(2:l) + z(k+1:k+l-1) \\
&\qquad\quad \textbf{schicke } w(2:p) \text{ an den rechten Nachbarn} \\
&\qquad\quad \text{aktualisiere den Rest des Vektors } z \\
&\qquad\qquad z(q+1:n) = z(q+1:n) + L_\mu(q+1:n, j)b_\mu(j) \\
&\qquad \textbf{endif} \\
&\qquad j = j + 1 \\
&\quad \textbf{endwhile} \\
&\quad \textbf{stop}
\end{aligned}
$$

Abbildung 3: Algorithmus für das parallele Lösen von Dreieckssystemen

Wie schon bei der LR-Zerlegung führt auch dieser Algorithmus zu einer gleichmäßigen Verteilung der arithmetischen Kosten auf die verschiedenen Prozessoren, nämlich:

$$
\frac{n^2}{p} Flops
$$

pro Prozessor. Da jedoch jeder Prozessor in $n/p$ Kommunikationsschritten jeweils $p$ reelle Zahlen an seinen Nachbarn schicken muß, ist das Verhältnis der Kosten für Arithmetik und Kommunikation deutlich schlechter als das bei der LR-Zerlegung. Dies und die inhärente Rekursivität des Problems lassen eine nur geringe Beschleunigung des Lösens von Dreickssystemen erwarten. Dies wurde durch die numerischen Resultate auch bestätigt. Es ist jedoch anzumerken, daß das Lösen der beiden Dreickssysteme nur einen Bruchteil der Zeit benötigt, die für die LR-Zerlegung erforderlich ist.

## 3. Die Implementierung

Die Algorithmen wurden in FORTRAN unter dem Betriebssystem HELIOS auf einem Multicluster mit vier T800 Prozessoren implementiert und auf ihre Korrektheit überprüft. Die zahlreichen Tests, die im nächsten Abschnitt dokumentiert werden, wurden dann auf dem (frei-konfigurierbaren) Supercluster von Parsytec mit 128 T800 Transputern mit je 4MB Speicher durchgeführt.
Es stand eigentlich schon von Anfang an fest, daß für die Entwicklung von numerischen Algorithmen OCCAM nicht in Frage kommt, da man unter OCCAM sehr nah an der Hardware programmieren

muß. Außerdem bietet OCCAM keine Unterstützung in Bezug auf ein Betriebssystem. Der Vorteil einer besseren Performance wird aber nicht durch die kürzeren Entwicklungszeiten, die durch die Wahl einer "vertrauten" Umgebung, nämlich eines Betriebssystems, hier HELIOS, und einer dem Problem angepaßten Programmiersprache, hier FORTRAN, entstehen, aufgewogen.

Da es sich gezeigt hat [1], daß sich die Arithmetikleistung eines Transputers steigern läßt, wenn man für besonders rechenintensive Indexrechnungen den auf jedem T800-Transputer zur Verfügung stehenden 4K großen schnellen Speicher, das sogenannte *on-chip* RAM, benutzt, wurde bei der Implementierung darauf geachtet, daß möglichst oft BLAS-1 Routinen zur Verwendung kamen. Die Basic Linear Algebra Subprogramm Routinen [6], kurz BLAS genannt, erlauben es einerseits dem Entwickler, im Bereich der linearen Algebra auf einer höheren Ebene zu programmieren. Andererseits läßt sich bei den hier verwendeten – in Assembler optimierten – BLAS-1 Routinen, die Vektoroperationen unterstützen, eben dieser on-chip RAM effizient nutzen [8].

Wie bei allen anderen Parallelrechnern erlaubt auch die Hardware des Transputers nur synchrone Kommunikation zwischen zwei Prozessoren. Es ist aber möglich, auf Softwareebene eine asynchrone Kommunikation mit Hilfe eines (zusätzlichen) Puffers zu realisieren [3]. Tests haben gezeigt [1], daß sich bei Verwendung einer asychronen Kommunikation für die LR-Zerlegung im Vergleich zur synchronen Kommunikation bessere Resultate erzielen lassen, so daß man gerne bereit ist, den zusätzlichen Speicherbedarf für eine bessere Performance zur Verfügung zu stellen. Da bei der Auflösung der Dreieckssysteme die Granularität relativ fein ist, ist hier die Verwendung einer asynchronen Kommunikation jedoch kontraproduktiv.

Es sei hier noch darauf hingewiesen, daß das Verteilen der Spalten der Matrix auf die einzelnen Prozessoren nach der wrap-around Methode für den Benutzer eines Gleichungslösers doch etwas unkomfortabel ist. Die Routinen wurden daher so implementiert, daß der Benutzer die Spalten blockweise in alphabetischer Reihenfolge auf die Prozessoren verteilt kann. Die Anwendung des oben aufgeführten Algorithmus auf diese Verteilung bedeutet numerisch nur eine a-priori Vertauschung von Spalten, die die Stabilität des Algorithmus nicht beeinträchtigt.

Die Tatsache, daß auf allen Prozessoren identische Programme ablaufen, trägt ebenfalls zur Vereinfachung der Benutzung der entwickelten Routinen bei.


## 4. Numerische Resultate

Allen im folgenden angegeben Daten liegen Tests zugrunde, bei denen bei der LR-Zerlegung asynchron und bei der Lösung der Dreieckssysteme synchron kommuniziert wurde. Darüberhinaus wurden die für den Transputer optimierten BLAS-1 Routinen verwendet. Sämtliche Rechnungen wurden mit einer 64 Bitarithmetik durchgeführt.

Üblicherweise gehört zu den Performancedaten eine parallelen Programms auch der Speedup, der hier durch

$$S_p = \frac{\text{Performance für } p \text{ Prozessoren}}{\text{Performance für einen Prozessor}}$$

definiert sei, wobei sich für die Performance auf einem Prozessor anhand des Linpack-Benchmarks [2] 0,85MFlops ergibt. Die gewöhnlich verwendete Definition des Speedup als Quotient aus dem Zeitbedarf des schnellsten sequentiellen Programms zur Lösung eines bestimmten Problems und dem parallelen Programm zur Lösung des gleichen Problems ist hier nicht brauchbar, da sich insbesondere die Gleichungssysteme großer Dimension nicht auf einem Prozessor lösen lassen.

Die Effizienz wird durch

$$E_p = \frac{S_p}{p} \in [0,1]$$

definiert, woraus folgt, daß die Hardware umso besser genutzt wird, je näher die Effizienz bei eins liegt.

**Performance für unterschiedliche Granularität:** Die Frage nach der Effizienz eines Algorithmus bei unterschiedlicher Granularität, d.h. die Veränderung des Verhältnisses zwischen Arithmetik und Kommunikation, ist für alle parallele Algorithmen zu untersuchen. Hier wird diese Fragestellung dadurch behandelt, daß für ein festes $n = 4200$ das Gleichungssystem mit unterschiedlich vielen Prozessoren gerechnet wird. Da pro Knoten etwa 3,5 MByte Speicher zur Verfügung steht, sind mindestens 40 Prozessoren erforderlich. Wie aus der Abbildung 4 zu ersehen ist, nehmen die Kosten für die Arithmetik

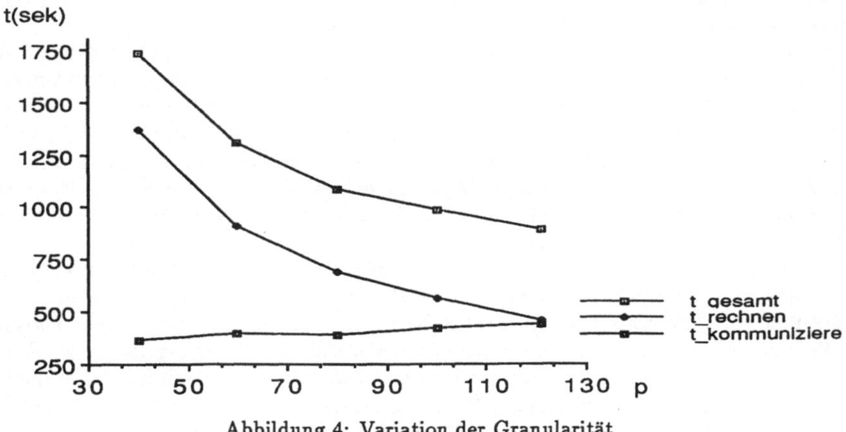


Abbildung 4: Variation der Granularität

erwartungsgemäß wie $1/p$ ab. Die Kommunikationskosten enthalten sowohl die Zeit für das Übertragen der Informationen, als auch die Wartezeit, bis diese gelesen werden können. Da der Pfad, den die Nachrichten jeweils zurückzulegen haben, mit der Anzahl der verwendeten Knoten wächst, erhöhen sich die Wartezeiten. Die Anzahl der Kommunikationsschritte je Prozessor erhöht sich hingegen nicht.

| $n = 4200$ | $p = 40$ | $p = 60$ | $p = 80$ | $p = 100$ | $p = 121$ |
|---|---|---|---|---|---|
| Mflops | 28,6 | 37,9 | 45,7 | 50,0 | 55,5 |
| $S_p$ | 34,4 | 45,0 | 54,3 | 59,5 | 66,0 |
| $E_p$ | 0,84 | 0,75 | 0,68 | 0,60 | 0,55 |

Tabelle 1: Performancedaten für unterschiedliche Granularität

In Tabelle 1 sind die sich ergebenden Leistungsdaten zusammengestellt. Aus ihr wird ersichtlich, daß es durchaus noch effizient ist, für das gleiche Problem die Prozessoranzahl zu verdoppeln bzw. zu verdreifachen.

**Erzielbare Leistung des Supercluster:** Aus den obigen Daten ist klar erkennbar, daß sich das System am effizientesten nutzen läßt, wenn jeder Knoten maximal ausgelastet ist. Wie die Tabelle 2 zeigt, läßt sich mit dem Supercluster maximal ein lineares Gleichungssystem der Dimension 7500 lösen, wobei sich bei der Verwendung von 128 Prozessoren eine Leistung von 75 MFlops erzielen läßt. Die absoluten Zeiten sind in der folgenden Abbildung 5 dargestellt.

Zum Vergleich sei hier angegeben, daß der Linpack-Benchmark auf der IBM3090 für $n = 500$ etwa 30 MFlops erzielt, wobei jedoch anzumerken ist, daß diese Leistung für ein System von 7500 Gleichungen nicht erzielbar ist, da auf Grund des beschränkten Kernspeichers für ein solches Problem ein deutlicher Overhead für I/O Operationen entstehen würde.

**Abbildungsgüte von HELIOS:** Unter Helios wird die Kommunikation über logische Kanäle durchgeführt, die dann auf das tatsächlich physikalisch vorhandene Netzwerk abgebildet werden. Es versteht sich von selbst, daß ein Programm am effizientesten die Hardware nützt, wenn die logische Kommunikationstopologie mit der physikalisch vorhandenen Topologie übereinstimmt. Wie die Abbildung 6 jedoch zeigt, lassen sich auch auf anderen physikalischen Netzwerken respektable Ergebnisse erzielen. Wie schon von der Theorie zu erwarten ist, schneidet der Binärbaum am schlechtesten ab, denn bei ihm muß eine Nachricht, die einmal um den logischen Ring läuft, eine Pfadlänge von etwa $2p$ zurücklegen.

Neben der eher theoretischen Untersuchung hier hat dieses Verhalten jedoch auch insbesondere für große

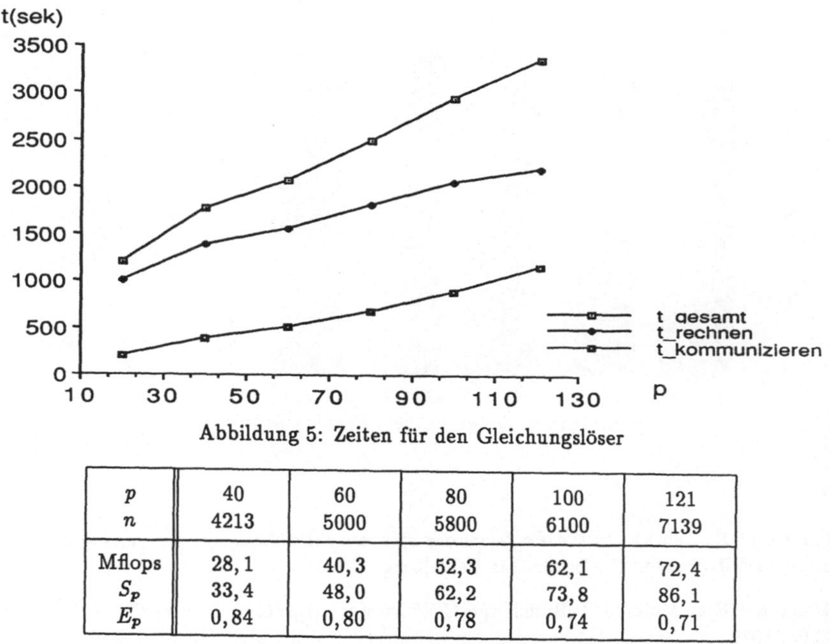



Abbildung 5: Zeiten für den Gleichungslöser

| $p$ | 40 | 60 | 80 | 100 | 121 |
| $n$ | 4213 | 5000 | 5800 | 6100 | 7139 |
| --- | --- | --- | --- | --- | --- |
| Mflops | 28,1 | 40,3 | 52,3 | 62,1 | 72,4 |
| $S_p$ | 33,4 | 48,0 | 62,2 | 73,8 | 86,1 |
| $E_p$ | 0,84 | 0,80 | 0,78 | 0,74 | 0,71 |

Tabelle 2: Performancedaten für den Gleichungslöser

Rechnersysteme Auswirkungen. Um einen physikalischen Ring zu realisieren, reichen 2 Links pro Transputer aus. Die beiden weiteren Links wurden bei den Ringnetzwerken so geschaltet, daß innerhalb des Rings eine möglichst optimale Vermaschung entstand. Dies ist unter anderem deshalb sinnvoll, da neben der problemabhängigen Kommunikation auch das Betriebssystem noch Kommunikation betreibt. Mit einer zunehmenden Anzahl von Prozessoren wird es jedoch immer schwieriger, technisch ein freikonfigurierbares System zu realisieren. So ist auch der Supercluster in seinen konfigurierbaren Netzwerktopologien eingeschränkt, da eine beliebige Vernetzung nur innerhalb eines Clusters von jeweils 16 Prozessoren möglich ist. Diese Cluster werden dann über Network Configuration Units verbunden, was zu Einschränkungen in den konfigurierbaren Topologien führt.
Tatsächlich bestand bei den oben dokumentierten Testläufen für $p = 100$ und $p = 121$ das physikalische Netzwerk aus einem Torus der entsprechenden Dimension.

## 5. Schlußausführungen

Anhand der oben aufgeführten Ergebnisse ist erkennbar, daß man mit einem Parallelrechner, der auf Transputern basiert, durchaus in der Lage ist, effiziente numerische Berechnungen durchzuführen. Für das Lösen von linearen Gleichungssytemen wurde sogar annähernd ein linearer Speedup erzielt.

## 6. Danksagung

Für die freundliche Bereitstellung von asychronen Kommunikationsroutinen und auf den Transputer optimierten BLAS Routinen möchte der Autor der Arbeit den Mitarbeitern der Firma Parsytec herzlich danken.

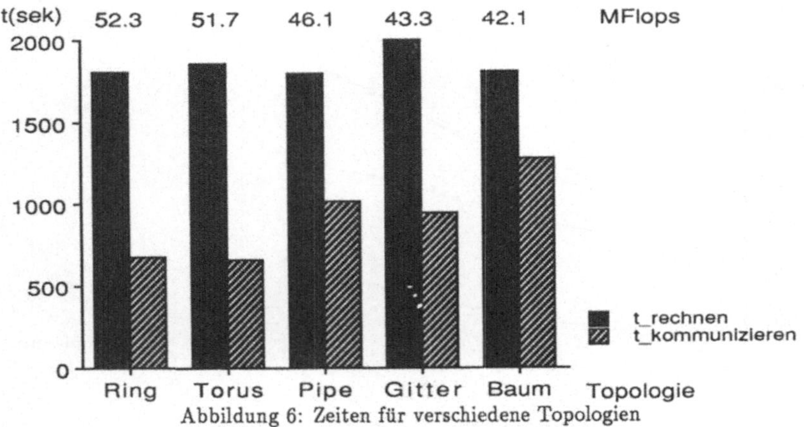



Abbildung 6: Zeiten für verschiedene Topologien

## Literatur


[1] G. Bader und E. Gehrke *On the Performance of Transputer Networks for solving linear Systems of Equations*, IWR-Preprint 7, Universität Heidelberg, 1990.

[2] J.J. Dongarra, C.B. Moler, J.R. Bunch und G.W. Stewart: *LINPACK Users Guide*, SIAM Publication 78-78206, 1979.

[3] H. J. Ermen: *HELIOS extended communication Library*, Parsytec GmbH, Aachen 1990.

[4] G. A. Geist und C. H. Romine: *LU Factorization Algorithms on Distributed Memory Multiprocessor Architectures*, SIAM J. Sci. and Stat. Comp. 9, 639-649, 1988.

[5] I. Gutheil, W. Rönsch and H. Strauß: *Lineare Algebra für SUPRENUM*, Report Jül-2345, Kernforschungszentrum Jülich, 1990.

[6] C. Lawson, R. Hansen, D. Kincaid und F. Krough : *Basic linear algebra subprograms for FORTRAN usage*, ACM Trans. Math. Software 5, 308-1371, 1979.

[7] G. Li und T. Coleman: *A Parallel Triangular Solver for a Distributed-Memory Multiprocessor*, SIAM J. Sci. and Stat. Comp. 9, 485-502, 1988.

[8] F. Lücking: *Efficient BLAS level 1 Library for Transputers*, Parsytec GmbH, Aachen 1990.

[9] C. H. Romine und J. M. Ortega: *Parallel Solution of Triangular Systems of Equations*, Parallel Computing 6, 109-114, 1988.

<u>EFFIZIENTE LÖSUNG HOCHDIMENSIONALER BOOLESCHER PROBLEME</u>
<u>MITTELS XBOOLE AUF TRANSPUTER</u>


Bernd Steinbach
Nico Kümmling
Technische Universität Chemnitz
Sektion Informationstechnik


PSF 964, Chemnitz 9010


BOOLEsche Probleme sind in sehr vielen Gebieten von Wissenschaft und
Technik zu lösen. Man denke zum Beispiel an
- die schnelle Funktionswerteberechnung in Steuerungssystemen
- den logischen Entwurf von Schaltnetzwerken und Automaten,
  darunter die Synthese, die Analyse, die Optimierung und die
  Testdatenberechnung
- verschiedene Anwendungen von Graphen und Relationen
- die Signal- und Bildverarbeitung.
Binäre Variablen können nur zwei verschiedene Werte annehmen. Jedoch
lassen sich $2^n$ verschiedene Binärvektoren für n binäre Variablen
bilden. Schon bei wenigen Variablen ergeben sich deshalb sehr viele
mögliche Binärvektoren. Bei 50 Variablen muß die Lösung immerhin aus
$1,12 * 10^{15}$ Vektoren ausgewählt werden. Die Lösungsvielfalt wächst
also exponentiell mit der Anzahl der Variablen.

Bereits über 10 Jahre arbeitet eine Forschungsgruppe der Technischen
Universität Chemnitz unter Leitung von Prof. Bochmann an der effizienten Lösung solcher Aufgaben. Durch Anwendung verschiedener algorithmi-
scher Wirkprinzipien konnte die Schranke der tatsächlichen Berechen-
barkeit immer weiter in Richtung höherer Variablenzahlen verschoben
werden. Als bisher leistungsfähigstes Ergebnis steht mit XBOOLE eine
Implementierungsfamilie des Algorithmensystems "O" /Ste84/ zur Verfügung, die gekennzeichnet ist durch
- logisch unbegrenzter Anzahl binärer Variablen
- dynamische Speicherplatzverwaltung in einem Fachsystem
- Raumkonzept (Ausführung von Berechnungen in mehreren BOOLEschen
  Räumen beliebiger Dimension)
- akkumulatorfreie Arbeitsweise.

Sie umfaßt  in einer Bibliothek 108 Operatıonen in den folgenden Operationenklassen.

| | | |
|---|---|---|
|  1. | Mengenoperationen | (6) |
|  2. | Ableitungsoperationen | (6) |
|  3. | Konvertierungsoperationen | (14) |
|  4. | Ternärmatrixoperationen | (13) |
|  5. | Testoperationen | (14) |
|  6. | Variablenmengenoperationen | (9) |
|  7. | Prädikatsbestimmung | (8) |
|  8. | Objektverwaltung | (12) |
|  9. | Externe Speicherung | (5) |
| 10. | Speicherverwaltung | (17) |
| 11. | Fehlerbehandlung | (4) |

**Die Mengenoperationen**

| | |
|---|---|
| to = UNI(ti1,ti2) | (union, Vereinigung) |
| to = ISC(ti1,ti2) | (intersection, Durchschnitt) |
| to = DIF(ti1,ti2) | (difference, Differenz) |
| to = SYD(ti1,ti2) | (symmetric difference, symmetrische Differenz) |
| to = CSD(ti1,ti2) | (complement of SYD, Komplement der SYD) |
| to = CPL(ti) | (complement, Komplement) |

bilden eine vollständige Operationenbasis und eignen sich bei entsprechender Dateninterpretation unmittelbar zum Ausführen BOOLEscher Operationen für Funktionen.
Aus dem BOOLEschen Differentialkalkül /BoPo81/ werden die Ableitungsoperationen

| | |
|---|---|
| to = MINK(ti,tmi) | (minimum k-times, k-faches Minimum) |
| to = MAXK(ti,tmi) | (maximum k-times, k-faches Maximum) |
| to = DERK(ti,tmi) | (derivation k-times, k-fache Ableitung) |
| to = MINV(ti,tmi) | (minimum vectorial, vektorielles Minimum) |
| to = MAXV(ti,tmi) | (maximum vectorial, vektorielles Maximum) |
| to = DERV(ti,tmi) | (derivation vectorial, vektorielle Ableitung) |

unmittelbar zur Verfügung gestellt. Alle anderen Ableitungsoperationen und Differentialoperatoren lassen sich durch Anwendung von Ternärmatrixoperationen und Mengenoperationen bilden.
Umfassende Informationen über diese und alle anderen XBOOLE-Operationen können /StDr89.6/ und /StDr89.8/ entnommen werden. Die algorithmischen Grundlagen werden in /Ste84/, /PoSt79.1/ und /PoSt79.8/ vermittelt und über die außerordentlich vielseitigen Anwendungsmöglichkeiten werden in /BoSt91/ und /StLe88/ Anregungen gegeben.

Die zentrale Datenstruktur zur Lösung binär kodierter Probleme mit XBOOLE ist die Ternärvektorliste (TVL), die außer den binären Elementen '0' und '1' zusätzlich das Element '-' enthalten darf. Mit Hilfe dieses '-'-Elementes gelingt es, extrem große Mengen von Binärvektoren außerordentlich kompakt zu speichern. Jeweils zwei Binärvektoren können zu einem Ternärvektor zusammengefaßt werden, wenn sie sich nur an einer Stelle unterscheiden; der Ternärvektor erhält an dieser Stelle das '-'-Element und stimmt ansonsten mit den beiden Binärvektoren überein. Für zwei Ternärvektoren, die sich nur in einer Spalte unterscheiden und dort eine (01)-Kombination aufweisen, besteht die gleiche Möglichkeit der Zusammenfassung. Durch das Bilden von Ternärvektoren wirken wir dem von der Variablenzahl abhängigen exponentiellen Wachstum der möglichen Binärvektormengen mit dem gleichen Wirkprinzip entgegen.

```
a b c d e f g h i j          s         2^s

0 1 - - 0 1 - 0 - -          5         32
1 - 0 1 - - - 0 0 1          4         16
- 0 - 0 1 - 0 - - 1          5         32
1 - 0 - 1 0 1 1 - -          4         16
1 0 0 - 0 1 0 1 - 0          2          8

                          Summe        100
```

Bild 1. Beispiel einer orthogonalen Ternärvektorliste, die durch 5 Ternärvektoren 100 Binärvektoren repräsentiert

Ternärvektorlisten werden, teilweise unter anderen Bezeichnungen, schon seit langem als Darstellungsmittel genutzt. Wir verwenden diese Datenstruktur mit optimierter interner Kodierung /Ste84/ um unmittelbar BOOLEsche Probleme mit effizienten Algorithmen zu lösen. Dabei bevorzugen wir orthogonale Ternärvektorlisten, bei denen jeder Binärvektor nur in einem Ternärvektor enthalten ist.

Ternärvektorlisten eignen sich in verschiedenen Interpretationen als Modell sehr vieler Sachverhalte /BoSt91/. Wir wollen hier ihre Anwendung am Beispiel der Verhaltensberechnung digitaler Schaltungen illustrieren. Mit einer als Phasenliste interpretierten Ternärvektorliste kann das Verhalten von Logikgattern, Flipflops oder Schaltern (Transistoren) modelliert werden. Jede Phase (Binärvektor) die in der Phasenliste enthalten ist, beschreibt das zu einem Zeitpunkt für das Schaltelement mögliche Verhalten. Alle überhaupt möglichen Phasen für ein Schaltelement sind in der Phasenliste zusammengefaßt. Die Tafel 1 enthält für einige Elemente die lokalen Phasenlisten.

Tafel 1. Lokale Phasenlisten für Schaltelemente

| Element | BOOLEsche Gleichung | lokale Phasenliste |
|---|---|---|
| 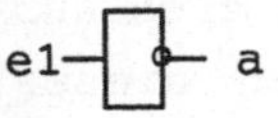 e1 —▷o— a | $a = \overline{e1}$ | e1 a<br>F = 0 1<br>    1 0 |
| 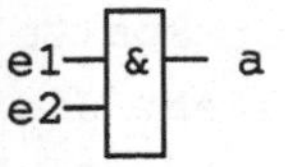 e1 —[&]— a<br>e2 — | $a = e1\ \&\ e2$ | e1 e2 a<br>    1 1 1<br>F = 0 − 0<br>    1 0 0 |
| 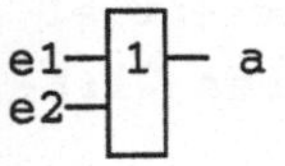 e1 —[1]— a<br>e2 — | $a = e1\ \mathrm{v}\ e2$ | e1 e2 a<br>    0 0 0<br>F = 1 − 1<br>    0 1 1 |
| 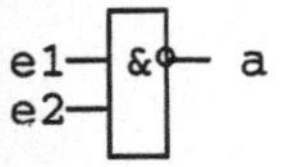 e1 —[&o]— a<br>e2 — | $a = \overline{(e1\ \&\ e2)}$ | e1 e2 a<br>    1 1 0<br>F = 0 − 1<br>    1 0 1 |
| 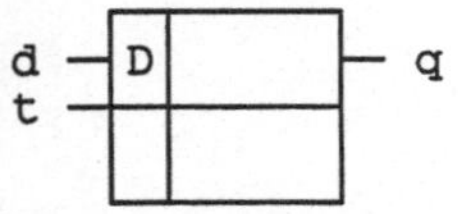 d —[D]— q<br>t — | $qf = d$ | d qf<br>F = 0 0<br>    1 1 |
| 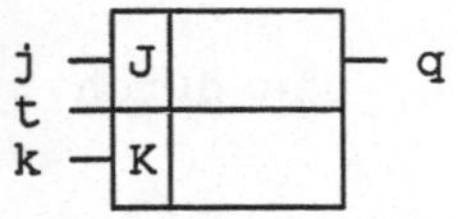 j —[J]— q<br>t —<br>k —[K] | $qf = j\overline{q}\ \mathrm{v}\ \overline{k}q$ | j k q qf<br>1 − 0 1<br>F = − 0 1 1<br>0 − 0 0<br>− 1 1 0 |
| 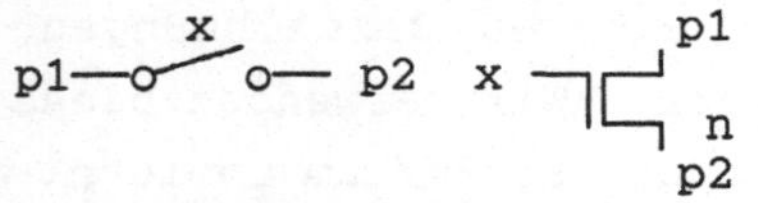 p1 —o／o— p2   x ⌐∟ p1, n, p2 | $x(p1 \sim p2)\ \mathrm{v}\ \overline{x} = 1$ | p1 x p2<br>F = 0 1 0<br>    1 1 1<br>    − 0 − |
| 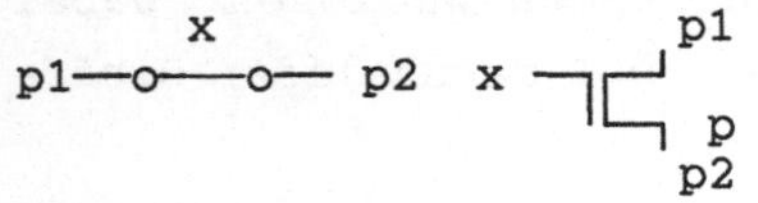 p1 —o—o— p2   x ⌐∟ p1, p, p2 | $\overline{x}(p1 \sim p2)\ \mathrm{v}\ x = 1$ | p1 x p2<br>F = 0 0 0<br>    1 0 1<br>    − 1 − |

Bereits die XBOOLE-Operation ISC genügt, um ausgehend von den für eine
Schaltung spezifierten lokalen Phasenlisten mit dem einheitlichen
XBOOLE-Modul gen_gphl die globale Verhaltensberechnung für kombinatorische Gatterschaltungen, kombinatorische Kontakt- (Transistor-)
Schaltungen oder auch für sequentielle Schaltungen auszuführen. Unter
Beibehaltung der Orthogonalität verkürzt die XBOOLE-Operation OBB
(orthogonal blockbuilding - orthogonale Blockbildung) die Phasenliste,
ohne am Informationsgehalt Änderungen vorzunehmen. Der XBOOLE-Modul
gen_gphl berechnet die globale Phasenliste, die für alle Eingangsbele-
gungen der Schaltung und falls vorhanden alle Speicherbelegungen die
Belegungen aller Signalknoten beschreibt.

```
XBOOLE_MODUL gen_gphl

Geg.: FL_Feld[1..m] : Feld, das m lokale Phasenlisten enthält
      m                : Anzahl der lokalen Phasenlisten (m>1)

Ges.: Funktion gen_gphl(FL_Feld,m), die die globale Phasenliste
      erzeugt
      (die globale Phasenliste FG(x,g,f)  gibt für alle x die
      Belegungen der inneren Leitungen g und Ausgangsleitungen
      f an).

Lösung:

function gen_gphl(var FL_Feld:tvla;m:integer):tvl;
var FG : tvl;
    i : integer;
begin
FG := FL_Feld[1];
for i := 2 to m do  FG := ISC(FG,FL_Feld[i]);
gen_gphl := OBB(FG);
end;
```

```
XBOOLE_MODUL gphl_to_phl

Geg.: FG : globale Phasenliste FG(x,g,f)
      g  : Variablenmenge der inneren Leitungen {g}

Ges.: Funktion gphl_to_phl(FG,g), die die Phasenliste F(x,f)
      erzeugt  (F gibt für alle x die Belegungen der Ausgangs-
      leitungen f an).

Lösung:

function gphl_to_phl(FG,g:tvl):tvl;
var F : tvl;
begin
F := MAXK(FG,g);
gphl_to_phl := OBBC(F);
end;
```

132

Um das Zusammenwirken von Teilschaltungen untersuchen zu können,
genügt die Kenntnis des Klemmenverhaltens dieser Schaltungen. Dieses
Sollverhalten bezogen auf die Ein- und Ausgänge (einschließlich des
Speicherverhaltens sequentieller Schaltungen) berechnet der XBOOLE-
Modul gphl_to_phl mit Hilfe der XBOOLE-Operation MAXK. Die XBOOLE-
Operation OBBC (orthogonal blockbuilding and change - orthogonale
Blockbildung und Blocktausch) führt gegenüber OBB durch zusätzliche
Berechnungsschritte /PoSt79.1/ zu einer im Vergleich zu OBB stärkeren
Verkürzung der TVL.

Das Bild 2 zeigt anhand dreier einfacher überschaubarer Schaltungen,
welche Resultate durch Anwendung dieser beiden XBOOLE-Moduln entstehen.

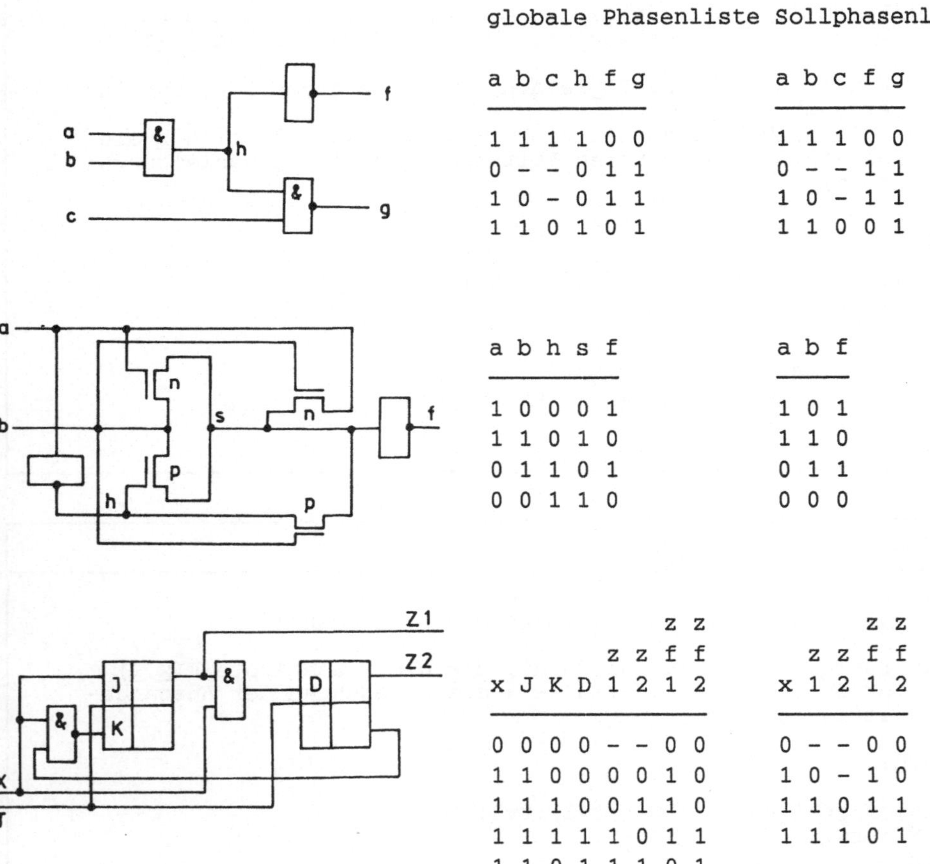

globale Phasenliste

| a | b | c | h | f | g |
|---|---|---|---|---|---|
| 1 | 1 | 1 | 1 | 0 | 0 |
| 0 | - | - | 0 | 1 | 1 |
| 1 | 0 | - | 0 | 1 | 1 |
| 1 | 1 | 0 | 1 | 0 | 1 |

Sollphasenliste

| a | b | c | f | g |
|---|---|---|---|---|
| 1 | 1 | 1 | 0 | 0 |
| 0 | - | - | 1 | 1 |
| 1 | 0 | - | 1 | 1 |
| 1 | 1 | 0 | 0 | 1 |

| a | b | h | s | f |
|---|---|---|---|---|
| 1 | 0 | 0 | 0 | 1 |
| 1 | 1 | 0 | 1 | 0 |
| 0 | 1 | 1 | 0 | 1 |
| 0 | 0 | 1 | 1 | 0 |

| a | b | f |
|---|---|---|
| 1 | 0 | 1 |
| 1 | 1 | 0 |
| 0 | 1 | 1 |
| 0 | 0 | 0 |

| x | J | K | D | $z_1$ | $z_2$ | $f_1$ | $f_2$ |
|---|---|---|---|---|---|---|---|
| 0 | 0 | 0 | 0 | - | - | 0 | 0 |
| 1 | 1 | 0 | 0 | 0 | 0 | 1 | 0 |
| 1 | 1 | 1 | 0 | 0 | 1 | 1 | 0 |
| 1 | 1 | 1 | 1 | 1 | 0 | 1 | 1 |
| 1 | 1 | 0 | 1 | 1 | 1 | 0 | 1 |

| x | $z_1$ | $z_2$ | $f_1$ | $f_2$ |
|---|---|---|---|---|
| 0 | - | - | 0 | 0 |
| 1 | 0 | - | 1 | 0 |
| 1 | 1 | 0 | 1 | 1 |
| 1 | 1 | 1 | 0 | 1 |

Bild 2. Beispiele zur Verhaltensberechnung digitaler Schaltungen mit
den XBOOLE-Moduln gen_gphl und gphl_to_phl

Der Implementierungsfamilie XBOOLE gehört seit diesem Jahr auch eine Implementierung für den Transputer T800 an. Die XBOOLE-Funktionsbibliothek wurde auf ein "Single-Transputer-System" portiert. Damit steht XBOOLE in seiner vollständigen Leistungsfähigkeit auch allen Anwendern zur Verfügung, die ihre Probleme mit Transputern lösen. Beim Lösen BOOLEscher Probleme auf dem Transputer mit Hilfe des "know how" von XBOOLE erreicht man eine Effizienz, die die erreichbare Leistung bei der Anwendung von Standardprogrammiersprachen weit übertrifft. Diese erste Transputer-Implementierung erlaubt zunächst nur eine "äußere" Parallelisierung. Auf mehreren Transputern können BOOLEsche Teilaufgaben von mehreren XBOOLE-Programmbausteinen parallel gelöst werden. Die Kommunikation muß dabei vorerst vom XBOOLE nutzenden Programm organisiert werden.
Gegenwärtig arbeiten wir an einer algorithmischen Erweiterung zur "inneren" Parallelisierung von XBOOLE. Ohne das bereits vorliegende sequentielle Anwenderprogramme geändert werden müssen, kann mit dieser neuen Implementierung zukünftig die vom Transputersystem bereitgestellte parallele Rechnerleistung umfassend zum Lösen BOOLEscher Probleme eingesetzt werden.

Um die Leistungsfähigkeit von XBOOLE zu veranschaulichen, wenden wir die bereits vorgestellten Moduln gen_gphl und gphl_to_phl auf eine 4 Bit Addierschaltung an. Unsere Beispielschaltung hat 9 Eingänge, 5 Ausgänge und 45 innere Leitungen. Sie enthält 50 Gatter, die vom einfachen Negator bis hin zu Komplexgattern reichen. Die Anzahl von 59 Leitungen (Variablen) bedeutet für uns, daß wir unsere Rechnungen mindestens in einem BOOLEschen Raum der Dimension 59 durchführen müssen. Unsere Beispielrechnung führen wir im Raum $B^{64}$ durch.
Im XBOOLE_Modul gen_gphl werden 50 lokale Phasenlisten zur globalen Phasenliste verknüpft. Diese globale Phasenliste beschreibt in 512 Ternärvektoren mit je 59 Variablen vollständig das Schaltungsverhalten. Der Modul gphl_to_phl eliminiert die inneren Leitungen aus der Phasenliste und liefert uns das Klemmenverhalten. Es entsteht die Sollphasenliste, die nur noch 14 Variable (Eingänge und Ausgänge) enthält und 512 Zeilen lang ist.

Für die gesamte Berechnung benötigen wir auf einer PC-Transputerkarte mit einem Transputer T800 und 20 MHz Taktfrequenz etwa eine Sekunde. Die Ergebnisse weiterer Laufzeituntersuchungen zu Mengenoperationen, Ableitungsoperationen und zum Lösen BOOLEscher Gleichungen werden in /Hesse90/ dargestellt.

Die Transputersysteme eröffnen für die Lösung der hochkomplexen BOOLE-schen Probleme neue Möglichkeiten. Das trifft insbesondere für den Datendurchsatz und für die verfügbaren Ressourcen zu. Bereits jetzt steht dafür mit dem XBOOLE-System die erforderliche Basissoftware zur Verfügung, die künftig die Parallelisierungsmöglichkeiten von Transputersystemen noch umfassender nutzen wird.

## Literatur

/BoPo81/   Bochmann, D.; Posthoff, Ch.: Binäre dynamische Systeme. Akademie-Verlag Berlin 1981, Oldenbourg-Verlag München, Wien 1981

/BoSt91/   Bochmann, D.; Steinbach, B.: Logikentwurf mit XBOOLE. Verlag Technik Berlin 1991

/Hesse90/ Hesse, K.: Implementierung des Programmsystems XBOOLE / XB_PORT auf einem Transputersystem. Großer Beleg Techn. Univ. Karl-Marx-Stadt 1990

/PoSt79.1/ Posthoff, Ch.; Steinbach, B.: Binäre Gleichungen - Algorithmen und Programme. Wissenschaftliche Schriftenreihe der Techn. Hochsch. Karl-Marx-Stadt 1/1979

/PoSt79.8/ Posthoff, Ch.; Steinbach, B.: Binäre dynamische Systeme - Algorithmen und Programme. Wissenschaftliche Schriftenreihe der Techn. Hochsch. Karl-Marx-Stadt 8/1979

/Ste84/    Steinbach, B.: Theorie, Algorithmen und Programme für den rechnergestützten logischen Entwurf digitaler Systeme. Dissertation B, Techn. Hochsch. Karl-Marx-Stadt 1984

/StDr89.6/ Steinbach, B.; Dresig, F.: XBOOLE/XB-PORT - Informationen für den Programmierer. Techn. Univ. Karl-Marx-Stadt 1989

/StDr89.8/ Steinbach, B.; Dresig, F.: XBOOLE/XB_PORT-Kurzdokumentation. Techn. Univ. Karl-Marx-Stadt 1989

/StLe88/   Steinbach, B.; Le, T.Q.: Tools für den Logikentwurf. Wissenschaftliche Schriftenreihe der Techn. Univ. Karl-Marx-Stadt 9/1988

# KONZEPT FÜR DATENVERARBEITUNG IN DER 3D-LICHTMIKROSKOPIE

Clemens Storz und Ernst H.K. Stelzer
Programm für Physikalische Instrumentation
Gruppe für Lichtmikroskopie
Europäisches Laboratorium für Molekularbiologie (EMBL)
Meyerhofstraße 1, Postfach 10 22 09, D-6900 Heidelberg
Tel.: 06221/387 354, FAX 06221/387 306

## Zusammenfassung

In einem modernen Lichtmikroskop für biologische Anwendungen kann zwischen verschiedenen Kontrasten, Abtastverfahren und Detektionseinrichtungen gewählt werden. Der Schwerpunkt des 'Modular Confocal Microscope' (MCM) am EMBL liegt in der dreidimensionalen (3D) Abtastung von immunfluoreszent markierten Proben, wobei mehrere Eingangskanäle gleichzeitig erfaßt werden. Das MCM zeichnet konfokale Serien in kurzer Zeit auf, um dynamische Vorgänge *in vivo* zu erfassen. Dabei fallen große Datenmengen an, deren 3D-Information aufbereitet, interaktiv kontrolliert, am Bildschirm präsentiert und mit geringem Aufwand dokumentiert werden muß. Ein Transputernetz übernimmt beim MCM einen großen Teil der Datenbearbeitung. Es ergänzt das modulare Konzept des Mikroskops.

## Einführung

Das MCM basiert auf Modulen. Der Anwender trifft eine Auswahl aus verschiedenen Detektionssystemen. Zur Verfügung stehen folgende Eingangskanäle:

> Videokamera mit Restlichtverstärker
> Fluoreszenz1
> Fluoreszenz2
> Fluoreszenzspektrometer
> Auflicht
> Transmission

Mit Ausnahme der Videokamera können zwei beliebige Kanäle in einem Experiment simultan verwendet werden. Diese Kanäle werden Punkt für Punkt gleichzeitig vom Lichtstrahl und vom "Detektionsstrahl" abgerastert. Dabei fallen deren Fokuspunkte im Objekt zusammen (Stelzer *et al.* 1980). Die Daten lassen sich nach der Erfassung auch mit den Videodaten kombinieren. Die anfallenden Bearbeitungsschritte sind beispielhaft für einen Kanal in Abbildung 1 zusammengefaßt.

## Erfassen der Rohdaten

Vorgegeben sind der Datenerfassung folgende Forderungen:

> 2D-Schnitt bis zu 1024*1024 Bildpunkte.
> 2D-Schnitt ohne 'leere' Rasterbewegung erfassen.
> 3D-Datensatz mittlerer Größe im Speicher halten (25MByte/Kanal).
> Sofortige Datenkontrolle am Bildschirm.

Das schnelle Abtastmodul des MCM rastert ca. 8000 Zeilen pro Sekunde. Die Abtastung erfolgt mechanisch über Spiegelbewegung für die x/y-Abtastebene und über Objektivbewegung für die z-Richtung. Je nach der Anzahl an Zeilen pro Bild werden zwischen 6 und 30 Bilder pro Sekunde (8000/1024 = 7.8, 8000/256 = 31.3) aufgezeichnet. Da durch die mechanische, sinusförmige Bewegung für eine Abtastung mit geringer Positionsverzerrung nur jeweils der Nulldurchgang mit +/- 30 Grad genutzt werden kann, liegt die Bildpunktrate innerhalb einer Zeile bei 25 MHz (1024 Pixel/Zeile * 8000 Zeilen/sec * 360 Grad/(2*60)Grad = 25 Millionen Pixel/sec = 25 MHz).

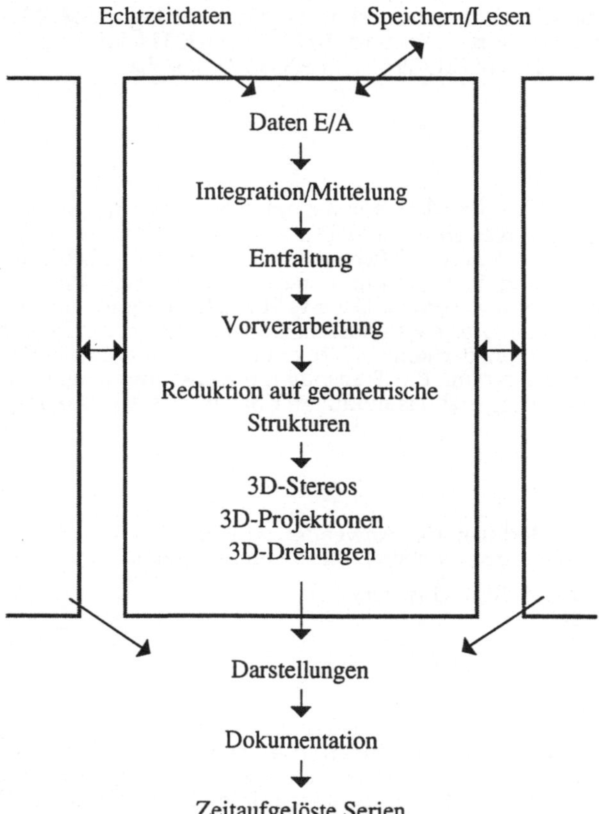


**Abbildung 1:** Aufgaben der Mikroskopworkstation am Beispiel eines Kanals. Die einzelnen Bearbeitungsschritte werden nach Bedarf ausgeführt. So wird ein bereits bearbeiteter Datensatz direkt dargestellt oder dokumentiert.

Die Erfassung der Daten innerhalb eines Bildes (2D-Schnitt) erfolgt ohne Datenverlust. Die einkommenden Daten müssen mit maximal 6 MHz weitergereicht werden, da durch den vertikalen Rücksprung eine Pause entsteht. Der komplette 3D-Abtastvorgang findet ohne Verzögerung statt, um zeitabhängige Vorgänge im Objekt einzufrieren.

Diese Aufgabe kann nur durch Verteilen auf mehrere Prozessoren gelöst werden. Deshalb werden die Daten über Zeilenpuffer angeboten, auf die über den lokalen Speicherbereich der Prozessoren zugegriffen wird. Das Datenaufkommen ist damit auf die mittlere Datenrate innerhalb eines Bildes reduziert (siehe Abb. 2).

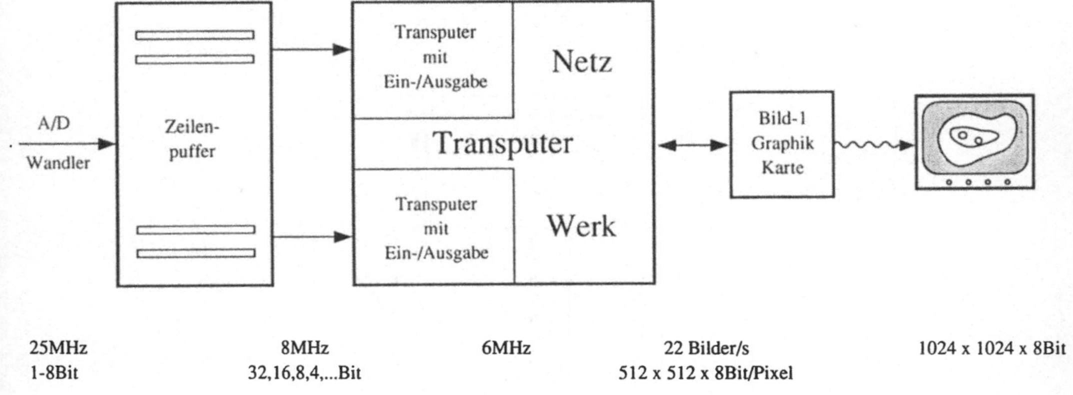



**Abbildung 2:** Der Datenfluß eines Kanals während der Datenerfassung.

## Datenfilterung

Wegen des niedrigen Signals ist in der Fluoreszenzmikroskopie ein Filter zur Signalverbesserung notwendig. Rauschunterdrückungsfilter arbeiten mit einer kleinen lokalen Umgebung. Da die Bilder als Teilvolumina den Prozessoren zugeordnet sind, ist kein oder ein nur geringer Datenaustausch zwischen den parallel arbeitenden Prozessoren nötig.

Als Standardmethode wird die Mittelung der Intensitäten von wiederholt abgetasteten Bildpunkten benutzt. Die Integration zu 16bit Daten und anschließende Mittelung zu 8bit wird direkt beim Einlesen der Zeilenpuffer auf den ersten Prozessoren durchgeführt. Dabei wird auch der Kommunikationsaufwand innerhalb des Transputernetzes verringert. Der Rechenaufwand für die Filterung bestimmt auch die Anzahl der benötigten Dateneinzugsprozessoren. Die Datenzeilen (x-Achse) werden auf die Dateneinzugsprozessoren verteilt. Jeder Dateneinzugsprozessor erzeugt somit ein Teilvolumen des gefilterten 3D-Satzes.

Eine vielversprechende Möglichkeit zur Rauschfilterung ist eine angepaßte Hybrid-Median-Filterung (Hänninen *et al.* 1990). Die Kombination aus linearem und nichtlinearem Filter unter Verwendung der physikalischen Abtastparameter erlaubt die Reduzierung der Abtastwiederholungen zur Rauschfilterung. Nur gewisse Filter dieses Typs lassen sich in Echtzeit auf Transputern integrieren. Werden sie als dreidimensionale Filter implementiert, müssen Zwischenergebnisse im Speicher gehalten werden. Daher ist es auf dem verteilten Bildspeicher innerhalb des Netzes implementiert, welches eine Parallelisierung der lokalen Umgebungsbearbeitung erlaubt.

## Minimalkonfiguration des Transputernetzes

Abbildung 3 zeigt die Minimalkonfiguration eines Kanals. Sie umfaßt 8 T800/25MHz mit je 4 MByte lokalem Speicher, so daß ein 3D-Datensatz mit ca. 25 MByte im Speicher gehalten werden kann. Die Dateneinzugsprozessoren greifen über Speicheraddressen gleichzeitig auf verschiedene Teile des doppelten Zeilenpuffers zu, während die nächste Zeile geschrieben wird. Der Puffer richtet die Zeilen aus und packt die Daten in ein 32bit Format, das direkt weiterverarbeitet werden kann. So lassen sich bis zu 4 Millionen einfacher arithmetischer Pixeloperationen pro Sekunde auf einem Prozessor erreichen.

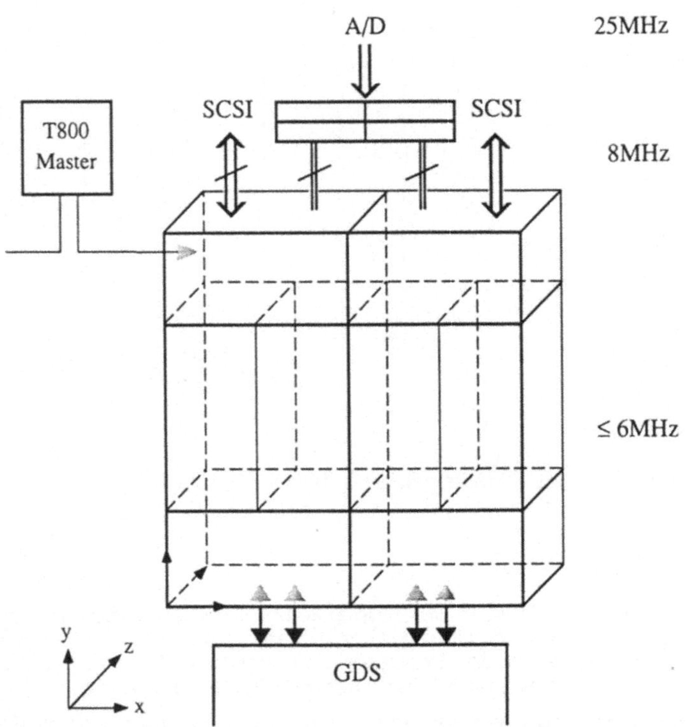



**Abbildung 3:** Die Minimalkonfiguration eines Kanals erfüllt die vorgegebenen Anforderungen. Dargestellt sind die Dateneinzugspfade A/D-Wandler und Festplattenspeicher, die 3D-Verteilung der Daten auf die Prozessoren und die zu bewältigenden Datenraten von der Datenentstehung bis zur Bilddarstellung.

Den Dateneinzugsprozessoren stehen Festplatten zur Verfügung, um zwischen zwei 3D-Abtastungen die Verarbeitungsergebnisse mit 2 MByte/sec pro Detektionskanal zwischenspeichern zu können. Das Bearbeiten der Daten von den Platten ist somit identisch zur Bearbeitung von direkt erfaßten Daten gehalten.

Mindestens je 4 Linkverbindungen entlang des Datenpfades zwischen Dateneinzug und Datendarstellung werden benötigt, um die Transportrate von 8bit-Daten bis zu 6 MHz zu ermöglichen (siehe Abb. 3)

Weiterhin sind Querverbindungen für den Datenaustausch vorhanden. Durch die datenflußorientierte Kommunikation wird die visuelle Verzögerung der Datenkontrolle am Bildschirm vor allem durch die Anzahl der Linkverbindungen bestimmt, die von einer Datenzeile bis zur Graphikkarte durchlaufen werden müssen.

**Organisationschema des gesamten Transputernetzes**

Entsprechend der Minimalkonfiguration werden mehrere Datenkanäle als Teilnetze parallel konfiguriert. Auch das Graphiksystem, der Steuertransputer und die Datenerfassung sind als logische Teilnetze implementiert. Ausführungsbefehle lassen sich somit innerhalb eines Teilnetzes identisch behandeln und nur das Teilnetz selbst muß die genaue Konfiguration seiner Prozessoren für den Datenaustausch wissen. Auf diese Art lassen sich für speziellere Anwendungen auch mehrere Teilnetze mit verschiedenen Topologien innerhalb des Datenpfades eines Kanals installieren.

## Datentransport

Tabelle 1 stellt die Ergebnisse eines Tests dar, bei dem kontinuierlich über 4 Linkverbindungen Daten in das Bilddarstellungssystem geschoben werden, dem langsamsten Modul innerhalb des Netzes (siehe Abb. 4). Dabei wurden zwei verschiedene Datenblockgrößen verwendet.

Der Datendurchsatz liegt bei mindestens 1.6 Mbyte pro Sekunde auf jedem der 4 parallel genutzten Kanälen. Die CPU-Leistung auf dem Graphiktransputer fällt bei maximaler Datenrate auf ca. 50% ab, je nach Verwaltungsaufwand der Kommunikation. Das Ergebnis stellt die erreichbaren Leistungen dar, die bei einem Datenfluß ohne Kommunikationsüberhang möglich sind. Die endgültigen Leistungen in einem größeren Netz hängen stark von der Konfiguration und den benutzten Optimierungsstrategien ab.

**Tabelle 1:** Maximaler Datendurchsatz in den Graphiktransputer eines Kanals entsprechend Abbildung 4 und verbleibende Rechenleistung in Abhängigkeit von der Datenblockgröße des Transportes, der Anzahl gleichzeitig benutzter Links und der Verwendung von internem oder externem RAM jeweils sowohl für den Code und die Daten des Rechenprozesses.

**Dateneinzug und Rechenleistung des Graphik-Transputers**

| parallele Kanäle | - | 1 | 2 | 3 | 4 |
|---|---|---|---|---|---|
| **64 kByte Datenblockgröße:** | | | | | |
| Datenfluß [MByte/sec/Kan] | - | 1,64 | 1,64 | 1,64 | 1,64 |
| intern [%] | **100** | 97 | 93 | 89 | 89 |
| extern [%] | 79 | 74 | 70 | 66 | 60 |
| **256 Byte Datenblockgröße:** | | | | | |
| Datenfluß [MByte/sec/Kan] | - | 1,60 | 1,60 | 1,60 | 1,60 |
| intern [%] | **100** | 94 | 87 | 79 | 70 |
| extern [%] | 79 | 71 | 63 | 55 | 47 |

[%] meint [% CPU Rechenleistung im internen oder externen RAM].

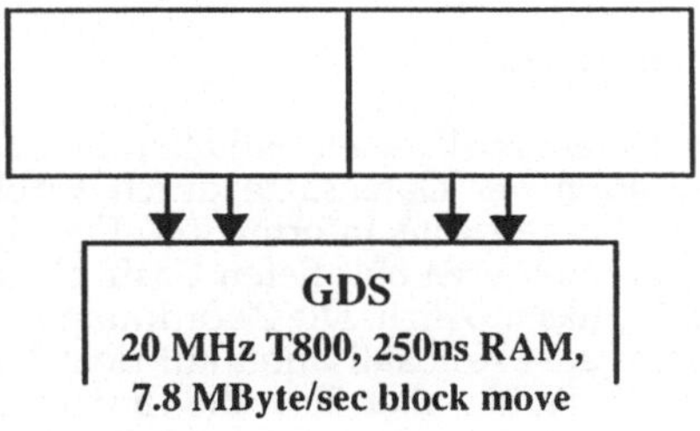


**Abbildung 4:** Die Konfiguration für den Datenflußtest mit dem schwächsten Modul.

## Entfaltung im drei-dimensionalen Raum

Durch Messungen der Übertragungsfunktion an einem geeichten Objekt und durch Hinzufügen von *a priori* Wissen über das optische System zu einer Entfaltungsfunktion wird der komplette 3D-Datensatz aufgearbeitet. Das Ergebnis ist eine Anhebung der höheren Frequenzanteile. Die Methode läßt sich auch auf konfokale Datensätze anwenden.

Durch die Verteilung der Daten innerhalb des Transputernetzes bietet sich eine Entfaltung im Ortsraum an. Für die konfokale Entfaltung kann die Hauptarbeit von den lokalen Prozessoren des verteilten Bildspeichers durchgeführt werden. Jeder Prozessor hat zwar nur ein x/y-Teilfeld aber dessen volle z-Ausdehnung und somit ein zusammenhängendes Teilvolumen in seinem lokalen Speicher. Die z-Höhe der Datensätze ist meist geringer als die x/y-Ausdehnung. Der Aufwand für die Entfaltung ist auf Transputern nur für bestimmte Datensätze sinnvoll. Auf absehbare Zeit läßt sich die Entfaltung nicht zwischen den einzelnen 3D-Datensätzen während einer zeitaufgelösten 3D-Serienabtastung rechnen.

## Datenreduktion auf geometrische Strukturen

Zum Einsatz auf Graphiksystemen werden die Voxelinformationen eines 3D-Datensatzes in eine Objektbeschreibung umgesetzt. Dabei wird der Datensatz abstrahiert. Die geometrische Datenreduktion schafft sinnvolle Bedingungen für den Transport, das Speichern und das Visualisieren auf Graphiksystemen.

Durch die Verteilung der Daten in Teilvolumina auf die Netzprozessoren bietet sich eine Bildpyramidenbearbeitung an. Die Prozessoren können parallel ihre lokalen Daten rekursiv bearbeiten und die Ergebnis- und Steuerparameter über den Master kontrollieren lassen. Die Rechenzeiten schließen die Anwendung für die schnelle Visualisierung nach der Erfassung eines 3D-Datensatzes aus.

## Datenvisualisierung

Zur visuellen Kontrolle der Daten sind schnelle 3D-Visualisierungsmethoden notwendig. Eine einfache Projektion in z-Richtung eines Voxel-Datensatzes kann im lokalen Speicherbereich der Prozessoren gerechnet werden und dauert bei 20 Schnitten mit je 512*512 Voxel 0,5 Sekunden auf 8 Transputern. Da die Projektion ein Grundelement für weitere Methoden wie Stereoprojektionen, kleinere 3D-Animationen sowie komplette Drehungen des 3D-Datensatzes darstellt, sind diese Berechnungen zur schnellen Visualisierung zwischen der Erfassung einzelner 3D-Datensätze geeignet.

Vollständige Drehungen benötigen Projektionen mit Skalierung und Interpolation, da die drei Dimensionen mit verschiedenen Schrittgrößen abgetastet werden. Der Datenaustausch zwischen den Prozessoren und die Rechenzeiten sind von den Projektionswinkeln abhängig. Der Zeitaufwand steigt je nach Methode gegenüber einfachen Projektionen um ein Vielfaches. Zur Erstellung guter Bilddokumente einer Arbeitssitzung ist dieser Aufwand direkt am Mikroskop gerechtfertigt.

## Zusammenfassung komplementärer Kanäle

Die Daten der verschiedenen Detektionskanälen enthalten meist orthogonale Informationen über eine Zelle. Die Kolokalisation der Datensätze durch Farbkodierung und entsprechende Datenaufbereitung ergeben die gesuchte Information. Eine Lösung ohne Rechenaufwand wird durch die Benutzung von mehreren 8bit tiefen Grafikebenen mit je einem eigenen Transputer und dem Zugang über 4 Links möglich. Die Zuordnung je eines RGB-Farbausgangs zu einer der 8bit Ebenen ergibt dann eine Kolokalisation auf dem Bildschirm mit Farbkodierung. Für Farbgestaltungen müssen die Farben aber über alle Grafikebenen hinweg beliebig mit Farbdefinitionen konfigurierbar sein. In unserer Lösung wird über 2 Transputer auf einen gemeinsamen 8bit tiefen Bildspeicher zugegriffen. Eine Darstellung mehrerer Kanäle in einem Bild bedarf daher einer Kodierungsprozedur und ist nicht immer für die sofortige Datenkontrolle durchführbar, aber zwischen den 3D-Abtastvorgängen einsetzbar.

## Übertragung der Bild- oder Graphikinformationen

Das Weiterreichen von kompletten 3D-Voxeldaten oder deren graphische Kodierung an vorhandene Graphik-Workstations ist über Ethernet-Verbindungen (ca. <= 100kByte/sec) während einer zeitaufgelösten 3D-Serienerfassung nicht möglich. Die zu transportierenden Daten werden auf den Hostrechner ausgelagert, der an das Netzwerk angeschlossen ist, um das Transputernetz wieder schnell verfügbar zu haben. Zur Übertragung von zwischengespeicherten Datensätzen oder Ergebnissen erreicht eine Reduzierung des Datenaufkommens durch Kompressionsmethoden eine Beschleunigung. Die Datenkomprimierung kann auf dem Transputernetz ausgeführt werden.

## Erstellen von digitalen Kopien

Von wichtigen Datensätzen und Ergebnissen werden Sicherungen durchgeführt. Einzelne Datensätze werden komplett auf einem Speichermedium abgespeichert, indem über das Dateisystem des Hostprozessors auf eine optische Platte geschrieben wird. Alternativ kann auch über Ethernet auf Sicherungsmedien zugegriffen werden. Da die Schreibgeschwindigkeit digitaler Sicherungsmedien des Gigabyte-Bereichs bei 200kbyte/sec liegt, läßt sich nur über die Datenkomprimierung auf dem Transputernetz etwas gewinnen.

## Animation

Bewegte Sequenzen von 3D-Objekten mit wechselnden Ansichten bieten dem Benutzer die ganze Fülle der räumlichen Informationen. Die Animationsobjekte reichen von einzelnen 3D-Objekten bis zu bewegten Zeitraffern von zeitaufgelösten 3D-Sequenzen. Solche Animationen lassen sich zum einen interaktiv auf leistungsfähigen Graphiksystemen erzeugen, mit denen das Mikroskop über LAN direkt verbunden ist (siehe Abb. 5). Durch die geometrische Datenreduktion sind auch Systeme mittlerer Leistungsfähigkeit sinnvoll einsetzbar. Außerdem können auf dem Transputernetz Animationssequenzen gerechnet werden und mit bis zu 22 Bilder (512*512 Pixel) pro Sekunde direkt in den Bildschirmspeicher gespielt werden. Über Standard-Videokarte lassen sich komplette Sequenzen auf Videoband oder Bildplatte spielen. Das sind die schnellsten Speichermedien.

## Erstellen der Dokumentation

Das Konzept der Mikroskop-Workstation sieht die Integration aller Arbeitsschritte vom Auflegen des Objektes bis zur Mitnahme der zur Vorführung, Diskussion oder Veröffentlichung geeigneten Bilddokumenten sowie zugehöriger schriftlicher Bemerkungen und Unterlagen vor. Dazu sind entsprechende Ausgabegeräte wie 'Freeze-Frame' für Farbphotos, Videoansteuerung für Bildplatte, Videoband und Videodrucker direkt vom Steuertransputer ansprechbar oder über LAN-Verbindung verschiedene gepufferte Ausgabemedien wie Laserdrucker und 'Slidewriter' zu verwenden.

Die Mikroskopumgebung ist über die Benutzerschnittstelle voll programmierbar und mit einem Editor verknüpft. 3D-Datensätze und die komplette Arbeitssitzung können sofort dokumentiert und protokolliert werden. Im Idealfall verläßt der Benutzer das Mikroskop mit einer vollständigen, diskussionsreifen Dokumentation, ohne die aufgezeichneten Daten irgendwohin abspeichern zu müssen.

## Aussichten

Die obigen System- und Leistungsbeschreibungen gehen immer von dem Einsatz reiner Transputermodule aus, wie sie zum Beispiel von der Firma Parsytec erhältlich sind. Der Zeilenpuffer sitzt auf einer Prozessor-Buserweiterung des MSC-Standardmoduls von Parsytec. Mit dem Aufkommen von leistungsfähigen Vektor- oder Pipelineprozessoren als Koprozessoren auf Transputermodulen können gezielt Netzwerkbereiche für bestimmte Aufgaben verstärkt werden. Auf absehbare Zeit wird dennoch für einen Teil der Aufgaben keine Echtzeitlösung innerhalb vorstellbarer Preisrelationen für die 3D-Lichtmikroskopie möglich sind.

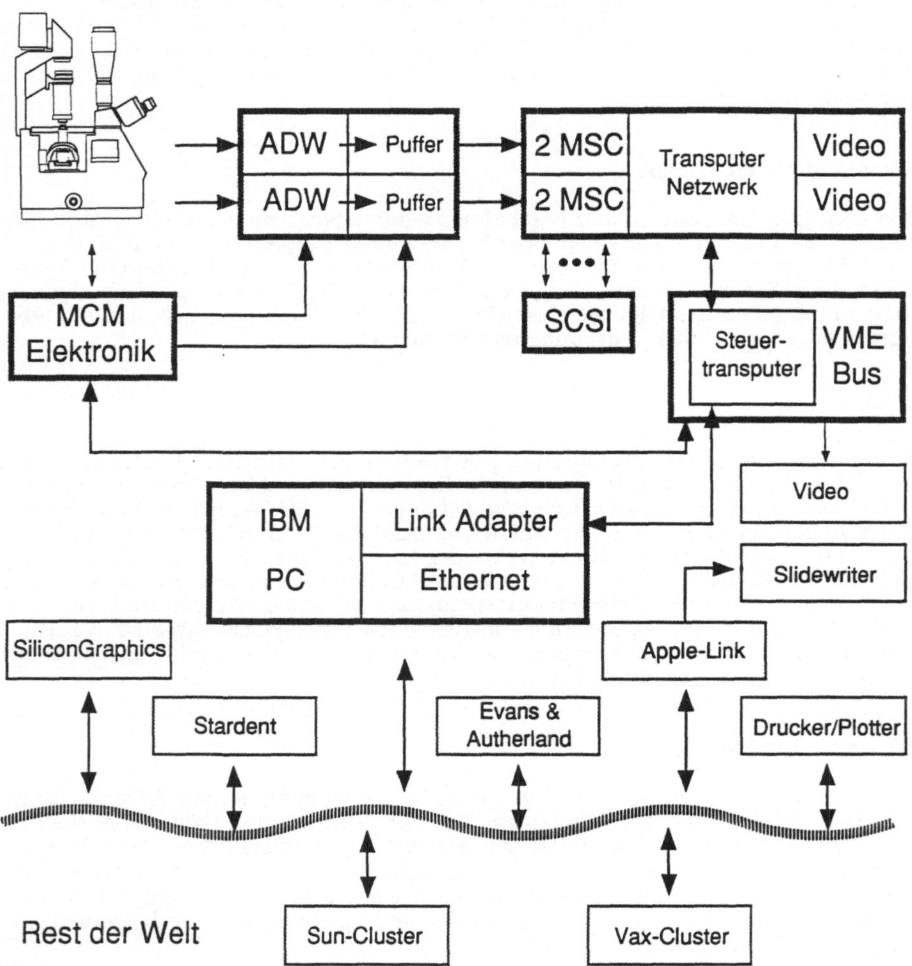


**Abbildung 5:** Das MCM ist in eine leistungsfähige Umgebung mit speziellen Graphiksystemen und Datenausgabeeinheiten eingebettet.


Hänninen, P., Salo, J., Stelzer, E.H.K. (1990). "Non-Linear Filtering Methods for Improving the Image Quality in Conventional and Confocal Fluorescence Microscopy" Proceedings of SPIE, SPSE Symposium on Electronic Imaging, February 1990.

Pawley, J. (1990). "Handbook of biological confocal microscopy", Plenum Press, New York.

Stelzer, E.H.K., Stricker, R., Pick, R., Storz C.(1988). "Confocal Fluorescence Microscopes for biological research", SPIE 1028:146-151.

# Transputer–Einsatz in der parallelen Bildvorverarbeitung
## – Messungen am Kommunikationssystem TRACOS –

**C.–W. Oehlrich** (Inform.–Forschungsgruppe E)      **A. Quick** (IMMD VII)
Universität Erlangen–Nürnberg, Martensstraße 3, D–8520 Erlangen, Germany

## *Überblick*

*Die hier beschriebenen Arbeiten stehen im Kontext der parallelen Bildvorverarbeitung auf MIMD–Multiprozessorsystemen. Stellvertretend für die Gruppe der Multiprozessoren mit verteiltem Speicher werden in diesem Beitrag Messungen an einem Transputer–System vorgestellt. Bei Algorithmen der parallelen Bildvorverarbeitung auf dieser Klasse von Rechnern hat das Problem des Datentransports zwischen den einzelnen Rechnerknoten besondere Relevanz. Gegenstand der Messungen ist daher das in der Programmiersprache C implementierte paketorientierte Kommunikationssystem TRACOS, sein Aufbau, seine Struktur und seine Leistungsfähigkeit in der parallelen Bildvorverarbeitung. Zur Ermittlung der präsentierten Leistungsdaten wurden ereignisgesteuerte Hybrid–Messungen einer instrumentierten synthetischen Kommunikationslast mit dem verteilten Hardware–Monitorsystem ZM4 durchgeführt.*

## 1. Einleitung

Eine derzeit weit verbreitete Methode zur Reduzierung der Rechenzeit komplexer Bildvorverarbeitungsalgorithmen ist der Einsatz von Multiprozessorsystemen. Insbesondere Transputer bieten sich hierfür wegen ihrer einfachen Handhabbarkeit und der hohen Rechenleistung an. Unter Bildvorverarbeitung soll in diesem Beitrag die Manipulation von Bilddaten verstanden werden, die in Form einer orthogonalen Matrix von Abtastwerten vorliegen. Diese Werte werden typischerweise mit einer Kamera oder einem Scanner gewonnen. Bei der Parallelisierung von Aufgaben der Bildvorverarbeitung kann grundsätzlich zwischen zwei Parallelisierungsarten, der Daten– und der Funktionenpartionierung unterschieden werden. Bei beiden müssen Bilddaten und Zwischenergebnisse unter den einzelnen Prozessoren ausgetauscht werden. Dieser Datenaustausch findet gewöhnlich nicht nur zwischen benachbarten Prozessoren statt. Deshalb wurde das paketorientierte Kommunikationssystem TRACOS ([Oeh89]) entwickelt, dessen Aufbau und Struktur im Abschnitt 2 näher erläutert wird. Um nun die Leistungsfähigkeit des parallelen Systems ermitteln und damit die Grundlage für eine Verbesserung des Systems legen zu können, müssen die internen Abläufe im System beobachtet werden. Hierfür ist ereignisgesteuertes Monitoring ein geeignetes Verfahren. Durch die Definition relevanter Ereignisse und ihrer zeitgerechten Beobachtung wird das Verhalten des beobachteten Systems nach außen hin sichtbar gemacht und in Ereignisspuren erfaßt. Die Ereignisspuren dienen als Basis für qualitative und quantitative Analysen des beobachteten Systems.

Die nächsten drei Abschnitte geben einen Überblick über Kommunikation in Transputernetzen, über den Aufbau und die Funktion des Kommunikationssystems TRACOS sowie über die Grundlagen des Monitoring. Abschnitt 5 widmet sich den Meßergebnissen und deren Interpretation.

## 2. Kommunikation in Transputernetzen

Mit der Entwicklung des Transputers [INM88] konnten erstmals freikonfigurierbare Multiprozessorsysteme mit vergleichsweise geringem Aufwand realisiert werden. Die Haupteigenschaften der Transputer sind: RISC–Architektur, Integration eines vollständigen Computers auf einem Chip, eingebauter Mutitasking–Betriebssystemkern und einfache Konfigurierbarkeit über Links.

Das Kommunikationsmedium zwischen den einzelnen Transputern im Netzwerk ist der Link. Links sind bidirektionale bitserielle Kommunikationskanäle mit einer Geschwindigkeit von 20 Mbit/s. Der Zugriff auf die Links wird vom eingebauten Multitasking–Betriebssystemkern gesteuert. Zu diesem Zweck existieren der Datentyp Channel und die beiden auf diesem Datentyp arbeitenden Operatoren IN und OUT. Der Datentyp Channel und die beiden Operatoren dienen nicht nur der Interprozessorkommunikation über Links, sondern sie realisieren vielmehr auch die Kommunikation und Koordinierung verschiedener Prozesse innerhalb eines Transputers nach dem Rendezvous–Prinzip ([Hoa85]). Realisiert ist der Datentyp Channel als Variable im Arbeitsspeicher, die erst durch die auf sie angewandten In– und OUT–Operationen ihre prozeßkoordinierende Wirkung bekommt.

Die den Links zugeordneten Channel–Variablen sind auf spezielle Speicheradressen im unteren Adreßbereich des Arbeitsspeichers abgebildet. Softwaremäßig besteht somit kein Unterschied zwischen der Kommunikation zweier Prozesse auf benachbarten Transputern und auf demselben Transputer. Dieses Konzept impliziert aber zwangsweise, daß Prozesse auf zwei nicht benachbarten Transputern mit Hilfe des Channel–Mechanismus keine Nachrichten austauschen können ([MTMB90]). Um eine netzwerkweite Interprozessorkommunikation zu ermöglichen, muß das Channel–Konzept daher durch ein in Software realisiertes Kommunikationssystem erweitert werden.

# 3. TRACOS: Ein Kommunikationssystem für Transputer

Das Fehlen geeigneter Interprozessorkommunikationsmöglichkeiten führte zur Entwicklung des Betriebssystems HELIOS ([HEL89]). Stark an UNIX angelehnt, stellt es den Anspruch, ein universelles Betriebssystem zu sein, das neben der umfangreichen UNIX–Grundfunktionalität ([UNI87]) auch die Interprozessorkommunikation abdeckt. In Bezug auf die beabsichtigte Anwendung in der parallelen Bildvorverarbeitung weist es aber entscheidende Nachteile auf (statische Systemkonfiguration, hoher Speicherplatzverbrauch, langsame Interprozessorkommunikation, schwierige Programmierung), die die Entwicklung eines kompakten, effizienten und speziell auf die Bildvorverarbeitung zugeschnittenen Kommunikationssystems wie TRACOS rechtfertigen.

## 3.1. Der Aufbau von TRACOS

Hauptaufgabe des Kommunikationssystems TRACOS ist die Weitervermittlung von Paketen innerhalb eines Transputernetzwerks. Hierzu wird das über einen beliebigen Link an einem Transputer ankommende Paket mittels einer beim Systemstart (Booten) erstellten Routing–Tabelle über einen anderen Link an einen benachbarten Transputer weitergegeben. Dieser Vorgang wiederholt sich so lange, bis das Paket beim Empfänger eingetroffen ist ([Oeh89], [Geu89]). Abb. 1 gibt einen Überblick über die interne Struktur von TRACOS.

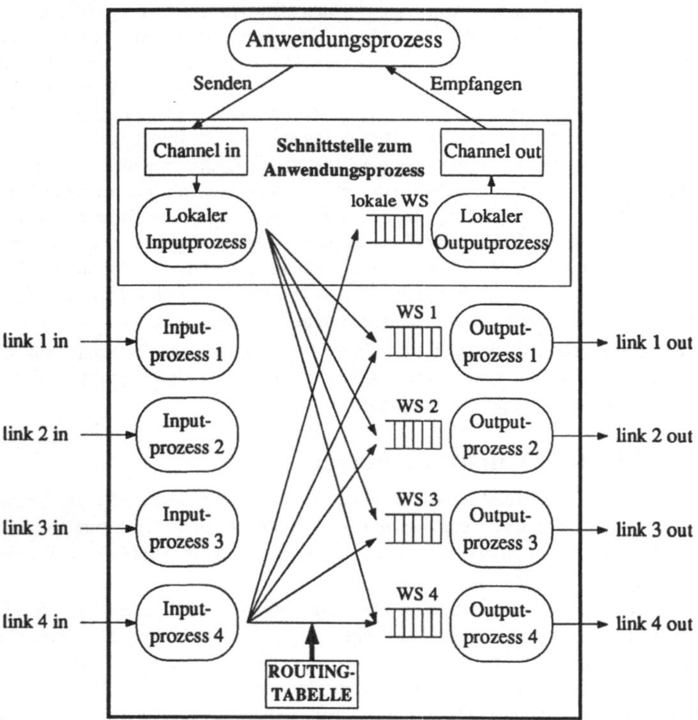


**Abb. 1:** Die Struktur des Kommunikationssystems TRACOS

TRACOS ist nach dem Booten in der dargestellten Form auf jedem Transputer des Netzwerks vorhanden. Die Paketvermittlungsaufgabe ist innerhalb der einzelnen Transputer durch hochpriore Input- und Outputprozesse — je ein Paar pro Link — die über Warteschlangen miteinander kommunizieren realisiert. Jeder der vier Inputprozesse (1–4) wartet dazu an dem ihm zugeteilten Link auf die Ankunft eines Paketes. Aus dem Kopf des ankommenden Paketes wird die Prozessoridentifikation (ID) des Empfängers extrahiert, aus der anhand der Routing–Tabelle bestimmt wird, in welche der vier Warteschlangen (WS1–WS4) der Inputprozeß das empfangene Paket anschließend einträgt. Jeder der vier Warteschlangen ist ein Outputprozeß (1–4) zugeordnet. Dieser entnimmt Pakete aus seiner Warteschlange und versendet sie über den ihm zugeordneten Link an einen benachbarten Transputer. Die Schnittstelle zum niederprioren Anwendungsprozeß ist auch durch ein lokales Input– und Outputprozeß–Paar und die zugehörige Warteschlange realisiert. Der lokale Input– und Outputprozeß kommunizieren im Gegensatz zu den anderen Input– und Outputprozessen (1–4) nicht über Links mit anderen Transputern, sondern über zwei interne Channel–Variable mit dem Anwendungsprozeß. Für jedes zu versendende Paket übergibt der Anwendungsprozeß, über "Channel in", einen Zeiger auf den zugehörigen Paketkopf an den lokalen Inputprozeß. Die ID des im Paketkopf enthaltenen Empfängers entscheidet darüber, in welche der Warteschlangen (WS1–WS4) das Paket eingetragen wird. Hat das Paket den Empfänger erreicht (Empfänger ID im Paketkopf gleich ID des Transputers), wird es vom zugehörigen Inputprozeß (1–4) nicht mehr über WS1–WS4 weitergereicht, sondern in die lokale Warteschlange eingetragen. Der lokale Outputprozeß hat dann die Aufgabe, die Zeiger auf die angekommenen Paketköpfe der Reihe nach an den Anwendungsprozeß weiterzugeben. Um einen möglichst hohen Datendurchsatz zu erreichen, wurde bei der Implementierung der Input– und Outputprozesse insbesondere darauf geachtet, daß zu keiner Zeit Paketköpfe oder Nutzdaten im System kopiert werden müssen. Aus diesem Grund werden an der Schnittstelle zum Anwendungsprozeß auch nicht die Pakete, sondern nur die Zeiger auf die Paketköpfe übergeben.

## 3.2. Systemstart und Routing

Anwendungen, die auf dem paketvermittelnden Kommunikationssystemen TRACOS aufsetzen, zeichnen sich dadurch aus, daß sie, unabhängig von der aktuellen Netzwerkkonfiguration, lauffähig sind. Erreicht wird das durch netzwerkweit eindeutige Prozessoridentifikationen (ID). Ebenso wie das automatische Booten des Gesamtnetzwerks gestattet diese Tatsache auch die automatische Vergabe der Prozessor–IDs. Das Booten von TRACOS wird baumartig durchgeführt und lehnt sich an das in [Def88] veröffentlichte WORM–Programm an. Die Ermittlung der lokalen Routing–Tabellen der einzelnen Transputer geschieht parallel. Dazu teilt zunächst jeder Transputer am Ende des Boot–Baums (Kind–Transputer) dem, der ihn gebootet hat (Vater–Transputer), die IDs seiner Nachbarn mit. Der Vater, nun zum Kind geworden, ergänzt diese Tabelle durch die IDs seiner eigenen Nachbarn und gibt die so erweiterte Tabelle an seinen Vater weiter. Dieser Vorgang wiederholt sich solange rekursiv, bis die Information über die gesamte Netzwerktopologie beim "Root–Transputer" eingetroffen ist. Dieser erstellt eine globale Verbindungtabelle, die entlang des Boot–Baums an alle Transputer im Netzwerk weitergereicht wird. Sie ist die Grundlage für die lokalen Routing–Tabellen, die nun jeder Transputer für sich aus der globalen Verbindungtabelle berechnet. Die lokale Routing–Tabelle ist ein eindimensionaler Vektor der Länge N, wobei N die Anzahl der Transputer im Netzwerk ist. Jedes Vektorelement enthält die Identifikation einer Warteschlange (WS1–WS4). Um zu entscheiden, in welche Warteschlange ein angekommenes Paket einzutragen ist, benutzen die Inputprozesse die Prozessor–ID des Empfängers im Paketkopf ($0 \leq ID < N$) als Zugriffsindex auf die lokale Routing–Tabelle. Damit ist die Identifikation der Warteschlange bekannt.

# 4. Ereignisgesteuertes Monitoring — Grundlagen und Werkzeuge

Ereignisgesteuertes Monitoring ermöglicht es, das dynamische Verhalten eines Programms — abstrahiert auf charakteristische Ereignisse — in Ereignisspuren zu erfassen. Beim ereignisgesteuerten Monitoring mit Quellbezug zum beobachteten Programm (Software– oder Hybrid–Monitoring) ist ein Ereignis ein bestimmter Punkt im Programmablauf, an dem eine sog. Meßanweisung eingefügt worden ist (Instrumentierung). Durch die Instrumentierung wird definiert, welche Ereignisse aufgezeichnet werden sollen ([KQS91]).

Beim Monitoring verteilter Systeme (wie z.B. Transputernetzwerke) ist es nicht ausreichend, nur einen Monitor zu verwenden (vgl. Abb. 2), da mit diesem nur das (lokale) Verhalten eines Prozessors bzw. einer begrenzten Anzahl von Prozessoren erfaßt werden kann. Daher ist, um nicht nur Kommunikationsereignisse wie *send/receive* in eine richtige Reihenfolge bringen zu können, eine systemweit gültige Zeitbasis notwendig. Mit einer globalen Zeitbasis können alle aufgenommenen Ereignisse in eine richtige Reihenfolge gebracht sowie Aussage über deren Abstand gemacht werden.

Die in dieser Arbeit beschriebenen Messungen wurden als Hybrid–Messungen ([Kla85]) mit dem ZM4 ([Hof90]) durchgeführt. Bei dieser Meßtechnik werden vom instrumentierten Programm Ereigniskennungen an einer für die Messungen bestimmten Hardware–Schnittstelle ausgegeben und mit einem Hardware–Monitor erfaßt.

## 4.1. Der Hardware–Monitor ZM4

Der ZM4 (Zählmonitor 4) ist ein verteilter Hardware–Monitor, der in Master/Slave–Technik gebaut ist. Die Steuerung erfolgt durch einen zentralen Steuer– und Auswerterechner (**STAR**, UNIX–Computer), die Auswertung der Meßdaten wird off–line auf dem STAR mit der Auswerteumgebung SIMPLE ([Moh90]) vorgenommen. Die Ereignisströme werden mit einer beliebig erweiterbaren Zahl von Monitoragenten (**MA**, IBM–PC) erfaßt. Die einzelnen Komponenten sind über ein Monitor–Netzwerk (Datenkanal und Taktkanal) miteinander verbunden (siehe Abb. 2). Der Taktkanal dient zur Synchronisation der lokalen Monitoruhren mit der Uhr des Meßtaktgenerators MTG. Dadurch wird eine systemweit gültige globale Zeitbasis zur Verfügung gestellt. Die Auflösung der Uhr beträgt 100 ns. Der Datenkanal (Ethernet mit TCP/IP–Protokoll) dient zur Übertragung der Steuersignale vom STAR zu den Monitoragenten und in umgekehrter Richtung zur Übertragung der gemessen Daten. Die eigentliche Erkennung und Erfassung der Ereignisse wird von sog. DPUs (Dedicated Probe Unit) vorgenommen. MTG und DPUs wurden am IMMD VII entwickelt und als PC–Einsteckkarten realisiert ([Hof90]).

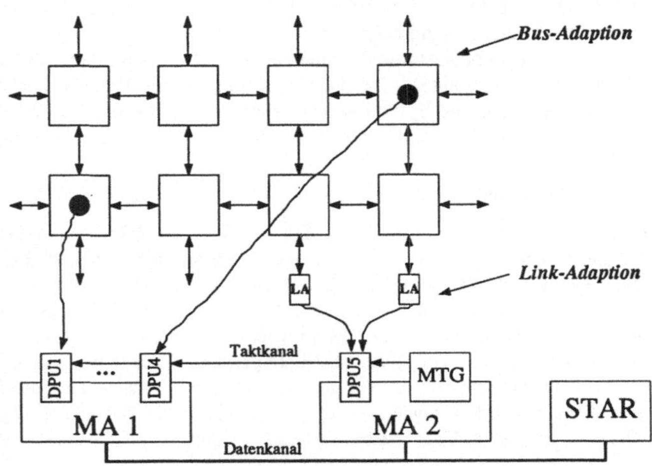


**Abb. 2:** Beispiel einer ZM4–Konfiguration und Adaptionsmöglichkeiten an ein Transputernetzwerk

## 4.2. Hybrid–Monitoring in Transputernetzwerken

Beim Hybrid–Monitoring werden die instrumentierten Ereigniskennungen an einer für die Messung reservierten Systemschnittstelle ausgegeben, wo diese dann von einem Hardware–Monitor erfaßt werden. Dabei sind zwei Adaptierungen eines Hardware–Monitors möglich: **Bus–Adaption** und **Link–Adaption**.

- **Bus–Adaption**

  Die Ereigniskennungen werden einem nicht verwendeten Teil des Hauptspeichers zugewiesen. Die Erfassungseinheit der DPU muß den Tranputerbus überwachen, Zuweisungen an den reservierten Speicherbereich als Ereignisse erkennen und diese aufnehmen. Diese Methode hat nur minimale Rückwirkungen auf das beobachtete Programm, da jede instrumentierte Meßanweisung nur eine Verzögerung von ca. 100 ns bedeutet. Weiterhin bedeutet diese Methode keine Einschränkungen an die Transputerkonfigurierung, da bei dieser Adaption keine Links für Meßzwecke reserviert werden müssen. Ein Nachteil dieser Methode ist der größere Hardware–Aufwand gegenüber der Link–Adaption.

- **Link–Adaption**

  Die Ereigniskennungen werden über einen Link ausgegeben, vom INMOS Link–Adapter IMS C012 (LA in Abb. 2) gespeichert und von einer DPU aufgenommen. Diese Adaption kann ohne größeren Hardware–Aufwand durchgeführt werden, die Rückwirkungen auf den gemessenen Ablauf sind jedoch größer als bei der Bus–Adaption, da die Ausgaben über einen Link wie eine Intertransputerkommunikation behandelt werden (vgl. Abschnitt 2). Ist mehr als ein Prozeß auf einem Transputer implementiert, so wird das Prozeß–Scheduling und damit der Abfolge aller Prozesse auf diesem Transputer verändert. Um diese Störungen zu vermeiden, wurde die Prozedur *mon_out* für Meßzwecke implementiert. Durch diese Prozedur wird der Ablauf für jede

Meßanweisung um ca. 200 $\mu$s verzögert, die Abfolge der Prozesse wird jedoch nicht mehr verändert. Wenn nur ein Prozeß auf einem Transputer ist, so braucht diese Prozedur nicht verwendet werden und die durch eine Meßanweisung verursachte Verzögerung beträgt nur 4 $\mu$s. Link–Adaption ist nur möglich, wenn an dem zu untersuchenden Transputer ein Link für Meßzwecke reserviert werden kann (Abb. 2).

# 5. Meßergebnisse

Zur Ermittlung der Leistungsfähigkeit des Kommunikationssystems TRACOS wurden Messungen an einem aus drei Transputern bestehenden Netzwerk vorgenommen (Abb. 3). Zur Aufzeichnung der Ereignisspur wurde die Link–Adaption verwendet und der ZM4 an jeden Transputer über einen im untersuchten Netzwerk unbenutzten Link angeschlossen.

## 5.1. Die untersuchte Transputerkonfiguration

Für die Messung wurde eine synthetische Kommunikationslast implementiert, die aus drei Anwendungsprozessen besteht, je einer pro Transputer. Diese synthetische Last wurde an charakteristischen Stellen instrumentiert. Auf dem Transputer $T_1$ befindet sich der **Paketerzeuger (E)**. Dieser sendet Pakete an den Verbraucher (V) auf Transputer $T_3$, deren Länge und Paketrate parametrierbar sind. Auf dem Transputer $T_2$ befindet sich ein **Arbeitsprozeß (A)**, der nicht an der Kommunikation teilnimmt, dafür aber andauernd eine instrumentierte Schleife durchläuft. Mit seiner Hilfe können die im Transputer $T_2$ durch TRACOS verursachten Leistungseinbußen (A wird langsamer) für niederpriore Anwendungsprozesse ermittelt werden.

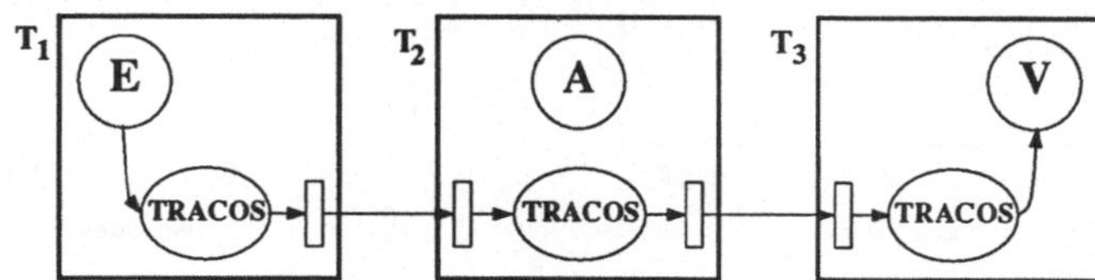


**Abb. 3:** Die untersuchte Transputerkonfiguration (E: Erzeuger, A: Arbeitsprozeß, V: Verbraucher)

Jede Ereigniskennung wird bei der Aufzeichnung in der DPU mit einem global gültigen Zeitstempel versehen und in einer lokalen Ereignisspur im Monitoragent gespeichert. Durch anschließendes Sortieren der einzelnen lokalen Ereignisspuren nach der Zeit wird eine globale Ereignisspur erzeugt, die der Ausgangspunkt aller anschließenden Untersuchungen ist. So kann aus ihr zum Beispiel die genaue Paketübertragungszeit (Zeit von Ende des Sendens auf $T_1$ bis zum Ende des Empfangens auf $T_3$) abgeleitet werden. Eine ausführliche Beschreibung der Instrumentierung und der erzielten Meßergebnisse befindet sich in [Met90].

## 5.2. Die Leistungsfähigkeit des Kommunikationssystems TRACOS

Abb. 4 zeigt den gemessene Zusammenhang zwischen Paketgröße und der dabei erreichten Paketrate (durchgezogene Linie). Man erkennt, daß die zu erreichende Paketrate mit zunehmender Paketgröße abnimmt. Den größten Einfluß auf dieses Verhalten hat dabei die begrenzte Bandbreite der Links.

Deutlich fällt, insbesondere bei Paketen, deren Länge 4 KByte unterschreitet, die Abweichung zwischen den theoretisch möglichen Paketraten (gestrichelte Linie) und den gemessenen Paketraten auf. Die Kurve der theoretisch möglichen Paketraten wurde dabei aus der Bandbreite der Links errechnet. Für die Abweichung zwischen beiden Kurven sind zwei Gründe verantwortlich:

- Bei kleinen Paketen (<256 Bytes) wird die Paketrate durch die nötigen internen Verarbeitungsschritte wie Speicherbereitstellung und Paketverwaltung begrenzt. Besonders interessant ist dabei eine Anomalie bei Paketen der Länge 16 und 64 Bytes: Hier dauert die Speicherbereitstellung für 16 Byte große Pakete länger als für Pakete der Länge 64.
- Für große Pakete (>4 KBytes) wird die Paketrate hauptsächlich durch die Bandbreite der Links begrenzt. Bemerkenswert ist jedoch der große Unterschied zwischen der theoretischen Paketrate bei 1 KByte großen Paketen und dem Ergebnis der Messungen. Nach genaueren Untersuchungen stellte sich heraus, daß dieses Verhalten auf eine in Bezug auf die Parallelarbeit nicht optimale Implementierung der Input- und Outputprozesse zurückzuführen ist. Dies hat die sequentielle Abarbeitung der Aktionen "Paketverwaltung"

(408$\mu$s) und "Daten über Link versenden" (563$\mu$s) zur Folge und verringert damit die Paketrate. Nach der Beseitigung dieses Implementierungsfehlers kann für 1 KByte große Pakete von einer Paketrate von ca. 1500 Paketen/s ausgegangen werden.

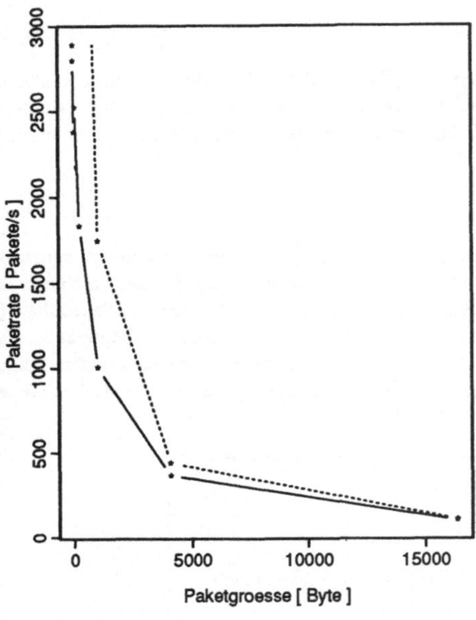

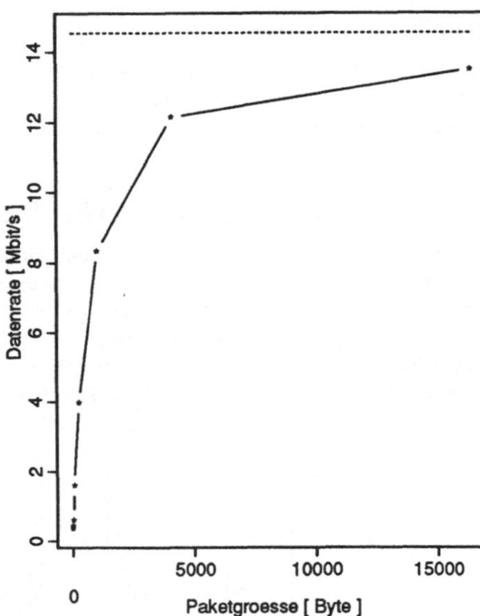

**Abb. 4:** Paketgröße vs. Paketrate

**Abb. 5:** Datenübertragungsrate in TRACOS

Abb. 5 zeigt die maximal erreichbare Datenrate (Mbit/s) von TRACOS. Auch hier sieht man, daß die Datenrate bei großen Paketen durch die Link–Bandbreite von 14.5 Mbit/s begrenzt ist. Nachdem die Zeit zur Paketverwaltung bei zunehmender Paketlänge vernachläßigbar wird, ist es naheliegend, daß die höchste Datenrate bei maximaler Paketgröße erreicht wird. Bei kleinen Paketen beobachtet man einen nahezu linearen Anstieg der Datenrate bei zunehmender Paketgröße, da hier die Zeit zur Datenübertragung im Vergleich zur Paketverwaltungszeit vernachlässigbar ist.

Die Abbildungen 6 und 7 zeigen eine ablauforientierte Darstellung der Zusammenhänge zwischen dem Erzeuger– und dem Verbraucherprozeß in Form von Gantt–Diagrammen (Zeit–Zustands–Diagramme). Gantt–Diagramme dienen der gleichzeitigen Darstellung ausgewählter Aktivitäten im zeitlichen Zusammenhang und erlauben weiter-gehende Analysen. Hier wird die Kommunikation zwischen $T_1$ und $T_3$ dargestellt. Aus diesen Gantt–Diagrammen kann z.B. die Paketrate aus dem Kehrwert des zeitlichen Abstands zweier am Verbraucherprozeß ankommender Pakete errechnet werden. Man erkennt bei Paketen mit der Länge 0, daß der Abstand ankommender Pakete (ca. 350 $\mu$s) nur von der Zeit für Packetverwaltung und Speicherbereitstellung bestimmt ist. Für Pakete der Länge 16 KByte ist die Ankunftsrate aufgrund der begrenzten Link–Bandbreite 10 ms. Auch die Paketübertragungszeit von $T_1$ über $T_2$ nach $T_3$ kann aus den Gantt–Diagrammen abgelesen werden: Für Pakete der Länge 0 ist sie konstant und beträgt für jedes Paket 390 $\mu$s; bei 16 KByte Paketen ist sie zum einen größer und hängt zum anderen stark vom Füllstand der internen Warteschlangen ab.

Transputer kommunizieren gewöhnlich synchron nach dem Rendezvous–Konzept (siehe Abschnitt 2). Da TRACOS aber die Pakete in Warteschlangen zwischenspeichert, muß der Erzeuger nicht mehr auf den Empfang des Paketes beim Verbraucher warten und produziert daher sofort das nächste Paket. Dieses Verhalten kann Abb. 7 entnommen werden. Bevor das erste vom Erzeuger produzierte Paket den Verbraucher erreicht hat, werden genau 51 Pakete in den Warteschlangen von TRACOS abgelegt (50 Pakete in $T_1$, ein Paket in $T_2$). In diesem Gantt–Diagramm kann weiterhin eine Lücke in der Paketerzeugung auf $T_1$ zum Zeitpunkt $t = 10$ $ms$ beobachtet werden. Diese Lücke hat ihre Ursache in der unterschiedlichen Priorität von Anwenderprozeß und TRACOS. Der niederpriore Erzeuger wird nämlich vom hochprioren Outputprozeß genau dann unterbrochen, wenn das erste Paket vollständig

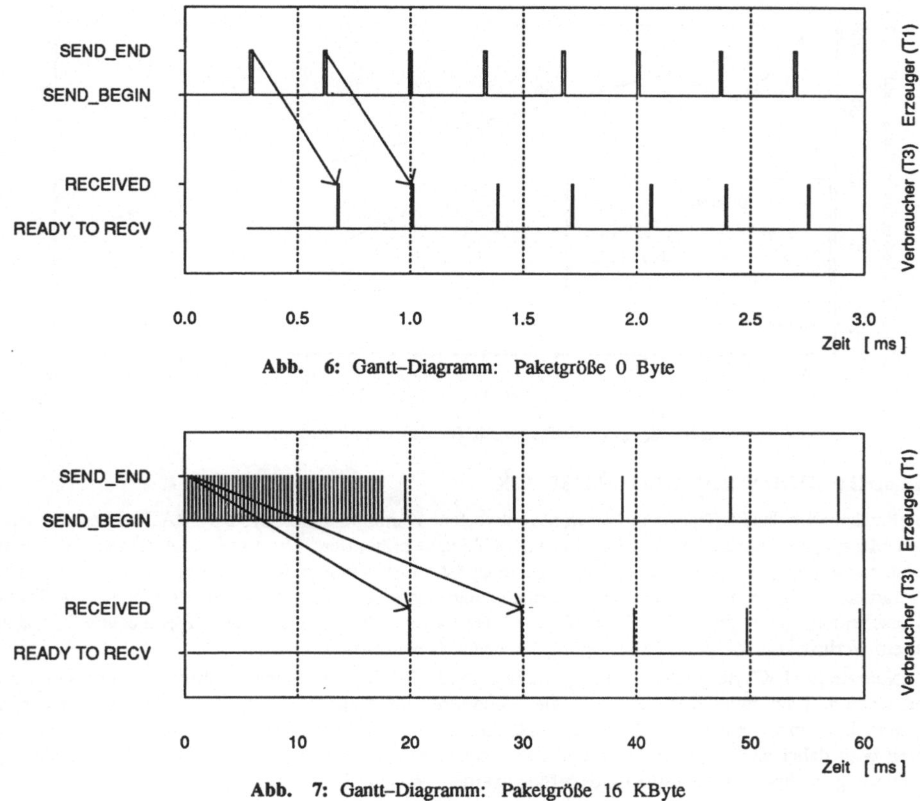

**Abb. 6:** Gantt–Diagramm: Paketgröße 0 Byte

**Abb. 7:** Gantt–Diagramm: Paketgröße 16 KByte

an $T_2$ übertragen wurde und der hochpriore Outputprozeß daher das zweite Paket an $T_2$ absenden muß. Danach wird der Erzeuger wieder aktiviert.

## 5.3. Einfluß von TRACOS auf Anwendungsprozesse

Ziel eines Kommunikationssystems muß es sein, die von ihm pro Paketübertragung verbrauchte CPU–Zeit auf ein Minimum zu beschränken, so daß die Anwendungsprozesse möglichst ungehindert ablaufen können. Abb. 8 zeigt die dem Anwendungsprozeß auf $T_2$ verbleibende CPU–Leistung in Prozent bei gleichzeitiger Paketvermittlung von $T_1$ nach $T_3$ durch TRACOS.

- Bei gegebener Paketgröße verringert sich die CPU–Verfügbarkeit linear mit zunehmender Paketrate, da die benötigten CPU–Zeiten für Paketverwaltung und Speicherbereitstellung bei jedem Paket gleich sind.
- Bei gegebener Paketrate fällt die CPU–Verfügbarkeit mit zunehmender Paketgröße. Dieser Einfluß ist auf den Verbrauch von Speicherbandbreite innerhalb des Transputers durch den Datentransfer der Links zurückzuführen.
- Bei gegebener Datenrate (Produkt aus Paketgröße und Paketrate) ist die Abnahme der CPU–Verfügbarkeit bei großen Paketen am kleinsten.

Aus diesen Gründen ist es für den Anwendungsprozeß am schlechtesten, wenn so viele kleine Pakete wie nur möglich von TRACOS weitervermittelt werden müssen. So reduziert sich z.B. die CPU–Verfügbarkeit bei Paketen mit 4 Byte Länge und einer Datenrate von 2800 Paketen/s auf ca. 18%. Bei Paketen der Länge 0 fallen die Ergebnisse günstiger aus, da hier nur der Paketkopf übertragen und somit keine CPU–Zeit zur Speicherbereitstellung verbraucht wird.

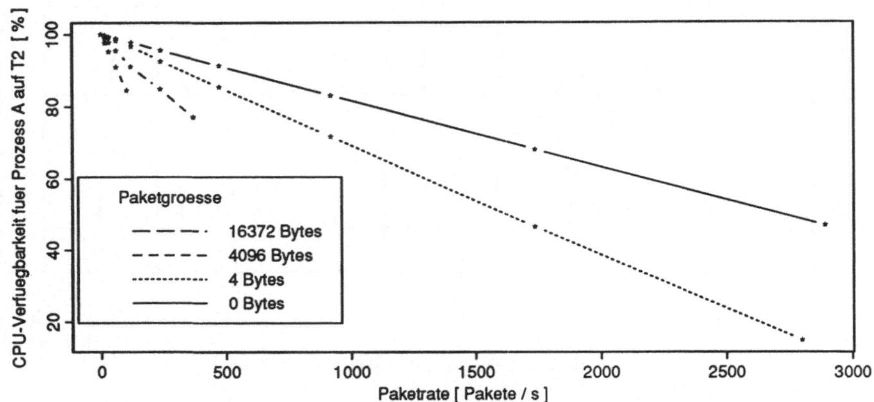


**Abb. 8:** CPU–Verfügbarkeit für den Arbeitsprozeß (A)

# 6. Zusammenfassung und Ausblick

In diesem Artikel wird das für Transputernetzwerke entworfene Kommunikationssystem TRACOS beschrieben, und es werden Messungen zur Ermittlung seiner Leistungsfähigkeit präsentiert. Die Ergebnisse zeigen, daß TRACOS gut zur Unterstützung paralleler Anwendungen geeignet ist. Insbesondere Anwendungen aus dem Bereich der Bildvorverarbeitung, bei denen typischerweise große Pakete übertragen werden, lassen den Einsatz von TRACOS sinnvoll erscheinen. So ergibt sich z.B. bei Paketen der Länge 4 KByte und einer Paketrate von 50 Paketen/s lediglich ein Verlust von 5% der CPU–Leistung für einen Arbeitsprozeß.

Um die Paketrate für 1 KByte große Pakete zu erhöhen, muß TRACOS auf einem niedrigeren Abstraktionsniveau analysiert werden. Dazu müssen insbesondere die hochprioren Input- und Outputprozesse instrumentiert werden, was mit dem hier vorgestellten Verfahren der Link–Adaption nicht ohne Verfälschung der Ergebnisse möglich ist. Derzeit wird daher an der Entwicklung eines Bus–Adapters gearbeitet, mit dessen Hilfe auch Messungen mit Instrumentierung hochprioror Prozesse durchgeführt werden können.

# Literatur


[Def88]    Definicon Systems Inc., Newbury Park, CA 91320, USA. *The Parallel Transputer System — Operation and Installation Manual, Release 2.0*, 2nd edition, 1988.

[Geu89]    D. Geuder. Ein allgemeines Kommunikationssystem zur Unterstützung paralleler Bildverarbeitungsalgorithmen auf Transputerbasis. Diplomarbeit, Universität Erlangen–Nürnberg, Lehrstuhl für Technische Elektronik, 1989.

[HEL89]    Perihelion Software LTD, Prentice–Hall, New York. *The HELIOS Operating System*, 1989.

[Hoa85]    C.A.R. Hoare. *Communicating Sequential Processes*. Prentice–Hall, Englewood Cliffs, NJ, 1985.

[Hof90]    R. Hofmann. Gesicherte Zeitbezüge beim Monitoring von Multiprozessorsystemen. In P. Müller-Stoy, Hrsg., *Architektur von Rechensystemen, Tagungsband 11. ITG/GI–Fachtagung München, März*, Seite 389–401, Berlin und Offenbach, 1990. vde–Verlag.

[INM88]    INMOS. *The Transputer Databook*, 1988.

[Kla85]    R. Klar. Das aktuelle Schlagwort — Hardware/Software–Monitoring. *Informatik–Spektrum*, 1985(8):37–40, 1985.

[KQS91]    R. Klar, A. Quick, and F. Sötz. Tools for a Model–driven Instrumentation for Monitoring. In G. Balbo, editor, *Proceedings of the 5th International Conference on Modelling Tools and Performance Evaluation of Computer Systems*. Elsevier Science Publisher B.V., 1991.

[Met90]    P. Metzger. Messungsunterstützte Analyse von Kommunikationsprozessen in einem Transputernetzwerk. Diplomarbeit, Universität Erlangen–Nürnberg, Oktober 1990.

[Moh90]    B. Mohr. Performance Evaluation of Parallel Programs in Parallel and Distributed Systems. In *Proceedings of the Joint Conference on Vector and Parallel Processing*. Springer, LNCS 457, 1990.

[MTMB90]  D.A.P. Mitchell, J.A. Thompson, G.A. Manson, and G.R. Brookes. *Inside the Transputer*. Computer Science Texts. Blackwell Scientific Publications, Oxford, London, Edinburgh, Boston, Melbourne, 1990.

[Oeh89]    C.-W. Oehlrich. *Objektorientierte Methoden für massiv parallele Algorithmen*, Seite 131–147. Arbeitsberichte des IMMD, 22/13. Universität Erlangen–Nürnberg, Oktober 1989.

[UNI87]    AT& T, Prentice–Hall, Inc., Englewood Cliffs. *UNIX System V — Programmer's Reference Manual*, 1987.

# Thinning auf einem Transputer-Netzwerk


Thomas Arend, Christian Neusius
Universität des Saarlandes
FB14 Informatik
W-6600 Saarbrücken
email: pool@cs.uni-sb.de


## 1.Einführung

Thinning-Algorithmen finden ihre Anwendung im Bereich der Bildverarbeitung. Sie berechnen die Skelette von Bildobjekten und dienen somit als Vorverarbeitungsschritte zur Mustererkennung oder zur Datenkompression. Dazu müssen die topologischen Eigenschaften eines Bildes bei der Skelettierung erhalten bleiben. Innerhalb unseres Projekts wurden neue Algorithmen entwickelt, die insbesondere effizient in verteilten Systemen angewandt werden können [3,6]. Dieser Artikel beschreibt die Implementierung des verteilten Algorithmus auf einem Transputer-Netzwerk und gibt eine Wertung der erreichten Performance.

## 2. Paralleles Thinning

Thinning Algorithmen arbeiten auf schwarz-weiß-Bildern. Sie berechnen das Skelett von Bildobjekten durch die iterative Entfernung der Bildpunkte (Pixel), die am Rande des Objekts liegen, aber nicht zum Skelett gehören. Ein Beispiel ist in Abb. 4 zu sehen, die einen Buchstaben B (Old English) und das gewonnene Skelett zeigt. Paralleles thinning erlaubt die unabhängige Berechnung eines jeden Pixels innerhalb einer Iteration [1], wohingegen die sequentiellen Algorithmen auf einer Berechnungs-Reihenfolge beruhen [2]. Bei den parallelen Algorithmen wird jedes schwarze Pixel darauf untersucht, ob es entfernt werden darf oder nicht, indem dazu lediglich die 8 direkten Nachbarn betrachtet werden, d.h. das 3x3 Fenster des Pixels (Abb.1).

| | | |
|---|---|---|
| $P_{i-1,j-1}$ | $P_{i,j-1}$ | $P_{i+1,j-1}$ |
| $P_{i-1,j}$ | $\mathbf{P_{i,j}}$ | $P_{i+1,j}$ |
| $P_{i-1,j+1}$ | $P_{i,j+1}$ | $P_{i+1,j+1}$ |

Abb. 1. 3x3 Fenster beim Parallelen Thinning.

Es existieren nun einige Techniken für parallele Thinning Algorithmen, die garantieren, daß weder Objekte völlig verschwinden, noch daß der Zusammenhang der Skeletts zerstört wird. Wir verwenden die 4-Subset Technik [3]: die Menge der Pixel wird aufgeteilt in 4 Untermengen, die jeweils in 4 nachfolgenden Subiterationen berechnet werden (siehe Abb. 3). Ein anschauliches Beispiel für die 2-Subset Technik etwa ist die Aufteilung der Pixel gemäß der eines Schachbretts in die Menge der weißen und die Menge der schwarzen Felder.

## 3. Verteiltes Thinning

T.Pavlidis bemerkt in [7], daß rein paralleles Thinning (ein Pixel wird berechnet von einem Prozessor) nicht sehr effizient ist, da viele der Prozessoren die meiste Zeit nichts zu berechnen haben. Wird hingegen eine kleine Matrix von Pixeln jedem Prozessor zugewiesen, erreicht man eine wesentlich gleichmäßigere Lastverteilung. Wir analysieren dies genauer in Abschnitt 4.

### Aufteilung der Daten

Der angewandte verteilte Algorithmus [3] wendet die von Pavlidis vorgeschlagene Datenverteilung an. Wir teilen das Bild in Rechtecke und verwenden die 4-Subfield Technik [8] (entspricht den 4-Subsets). Die Rechtecke haben eine gerade Anzahl von Pixeln in jeder Reihe und Spalte; sie bilden die *Subdomains*. Ein *Agent* ist eine Berechnungseinheit, die eine Subdomain verarbeitet. Jeder Agent besitzt seinen eigenen Prozessor und wendet den im folgenden skizzierten Thinning-Algorithmus in sequentieller Weise an [4,6]. Eine Subdomain besteht aus einer Matrix von schwarzen und weißen Pixeln, aufgeteilt in die 4 Subsets $S_A, S_B, S_C$, und $S_D$ (Abb. 3). Z.B. besteht das subset $S_A$ aus den Pixeln, die ungerade Koordinaten haben. Eine Iteration ist in 4 Subiterationen zerlegt, in denen jeweils nur Pixel des zugeordneten Subsets berechnet und somit ggf. entfernt werden. Die gewählte Reihenfolge der Berechnung ist $S_A, S_B, S_D, S_C$; jeder Subiteration geht jeweils ein Datenaustausch zwischen benachbarten Agenten voran. Dabei sind nur die Pixel am Rand der Matrix auszutauschen. Die kooperierenden Agenten haben 8 Nachbarn; vor einer Subiteration kommunizieren sie jeweils mit zwei Nachbarn. Der genaue Austausch ist in Abb. 3 skizziert.

### Der lokal angewandte Thinning-Algorithmus

Lokal wendet jeder Agent den Algorithmus aus [4,6] sequentiell an. Dieser Algorithmus benutzt als mathematische Basis zur Entfernung von Pixeln die Euler-Charakteristik und garantiert somit die Einhaltung der topologischen Eigenschaften von Bildobjekten. Die 4-subset Technik garantiert, daß keine Objekte verschwinden können. Die lokale Berechnung ist sehr einfach und sehr schnell (10 mal schneller als andere parallele Algorithmen). Deshalb ist zu erwarten, daß die lokalen Datenmengen nicht zu klein gewählt werden sollen. Die Terminierung des thinning kann lokal von jedem Agenten erkannt werden. Abb. 4 zeigt ein 128x128 Old English B, das von 9 Agenten (3x3 Aufteilung) gedünnt wurde.

## 4. Lastverteilung

Wir analysieren die Lastverteilung für einige Arten von Bildern, das Old English B (abgekürzt OEB) und ein Bild, das viele Objekte eines 24 point Bold Font enthält (abgekürzt TXT). Als Hauptfaktor der Lastverteilung wird die Anzahl der Iterationen bis zur lokalen Terminierung angegeben. Bei einem 128x128 Punkt großen TXT haben wir eine gute Lastverteilung auch bei sehr kleinen Subdomains. Bei einem 128x128 OEB, wird die Last schon bei einer 2x2 Aufteilung des Bildes unbalanciert (Abb. 2). Bei einer 3x3 Aufteilung werden einige Subdomains bereits nach 6 Iterationen gedünnt sein, wohingegen der langsamste fast das Doppelte an Iterationen benötigt.

|  (2x2) |    |    |  (3x3) |   |    |
|--------|----|----|--------|---|----|
| 8      | 11 |    | 6      | 6 | 11 |
| 8      | 9  |    | 8      | 7 | 8  |
|        |    |    | 7      | 8 | 9  |

Abb. 2. Lokale Iterationen beim 128x128 OEB (verschiedene Aufteilungen)

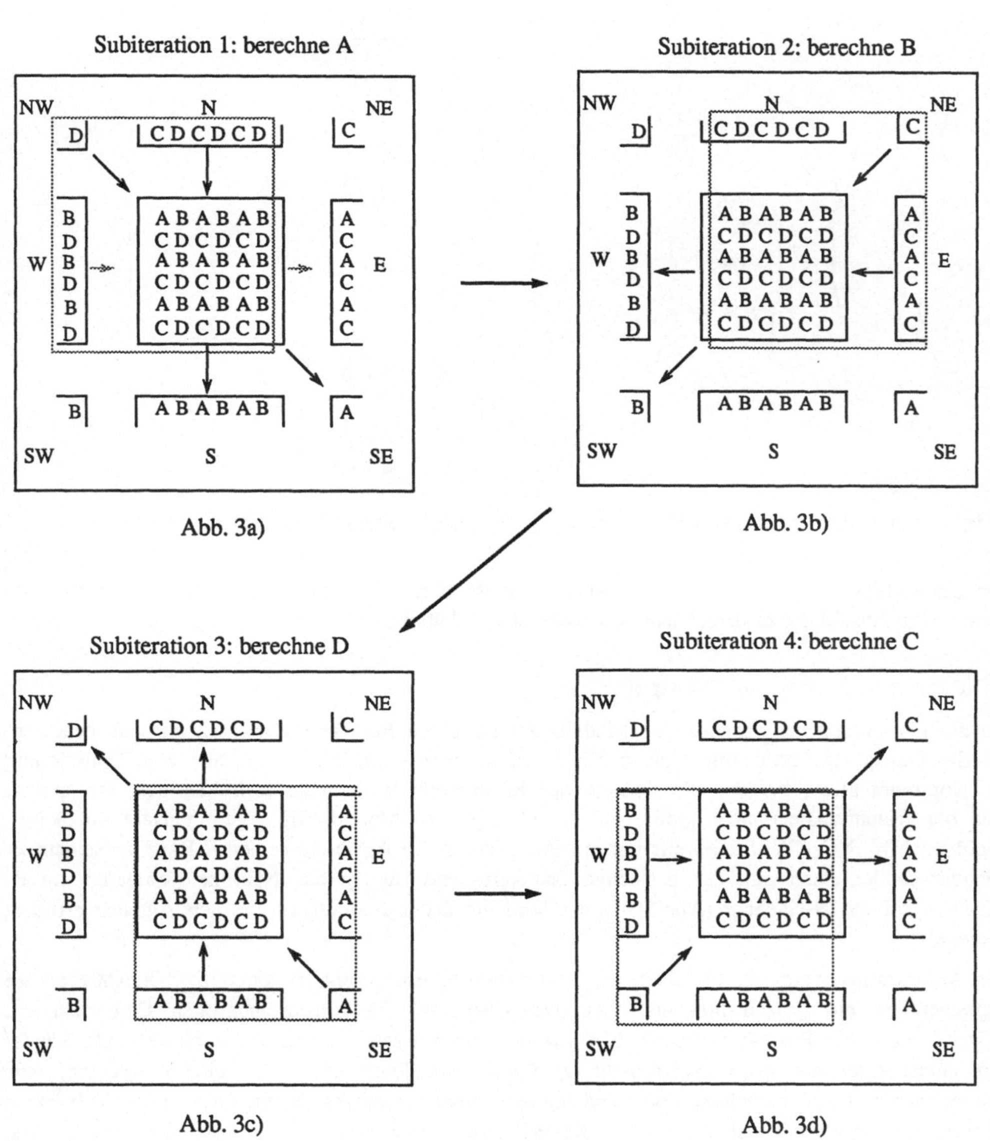



Abb. 3a)     Abb. 3b)

Abb. 3c)     Abb. 3d)

Abb. 3 zeigt den Datenaustausch in den vier Subiterationen. Betrachten wir z.B. Subiteration 2, in der alle B-Pixel berechnet werden (3b): es sind lediglich die Ränder der Nachbarn N, NE und E dazu notwendig. Offensichtlich wurde der N-Rand bereits in Subiteration 1 gesandt und dieser enthält nur C, D Pixel. Da in Subiteration 1 nur A Pixel berechnet wurden, blieb der N-Rand konstant. Es bleibt zu beachten, daß im allerersten Schritt der gesamten Berechnung jeder Agent seinen W-Rand zu seinem E-Nachbarn senden muß.

**Abb. 3. Daten-Austausch.**

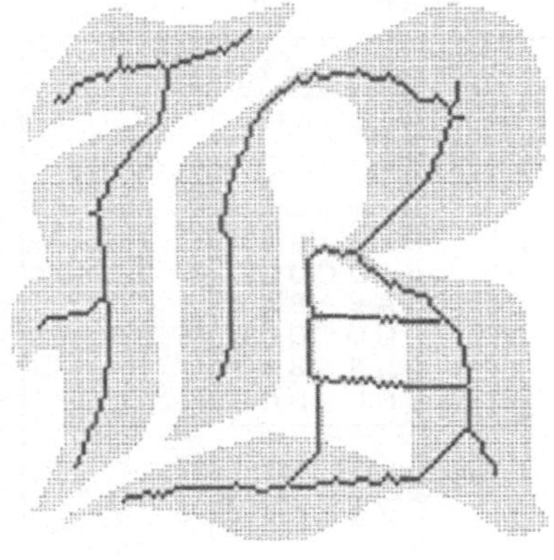

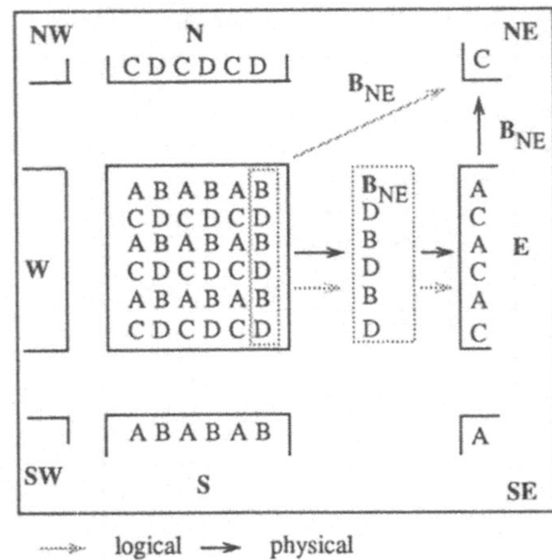



Fig. 4. 3x3 Thinning eines Old English B

Fig.5. **4-links** Data Exchange Protocol

Der Unterschied zwischen den lokalen Iterationen ist nicht so kritisch wie es scheint, da in jeder Iteration die Anzahl der zu berechnenden schwarzen Pixel abnimmt.

## 5. Die Implementierung auf Transputer

Bei der Umsetzung des vorgestellten Modells zur verteilten Berechnung müssen wir nun beachten, daß die Transputer Architektur 4 physikalische Links bereitstellt. Wir nutzen hier eine Optimierung der Kommunikation, bei der die Summe der Kommunikationsschritte zwischen den Transputern (und der Datentransfer) nicht größer ist als im logischen Modell. Ein Agent tauscht mit seinen Nachbarn NW, NE, SW, SE jeweils nur ein Pixel. Wenn ein Agent *Ag* seinen E-Rand zu seinem E-Nachbar sendet, kann nun der E-Nachbar stellvertretend für *Ag* das NE-Pixel (enthalten im E-Rand) zu seinem N-Nachbar (Abb.5). Damit wird die Daten-Redundanz von den Agenten effizient ausgenutzt.

Der Algorithmus wurde in OCCAM [5] implementiert. Ein Agent ist durch 5 OCCAM-Prozesse implementiert, ein Prozeß *thin* und vier *queue*-Prozesse, die zum asynchronen Datenaustausch zwischen den *thin* Prozessen dienen. Ein *queue*- Prozeß wartet alternativ auf eintreffende Ränder von außen oder auf einen Sende-Auftrag durch *thin*. Dies erlaubt es einem Agenten, eine Subiteration i+1 zu berechnen, während einige seiner Nachbarn Subiteration i noch beenden müssen bzw. noch auf den Erhalt von Rand-Pixeln warten müssen. Die Implementierung weist somit eine Daten-gesteuerte Berechnung auf. Ein Agent benötigt in jeder Subiteration die Rand-Pixel von genau zwei Nachbarn. Er kann die Subiteration i+1 starten, sobald diese Nachbarn die Rand-Pixel der Subiteration i übergeben haben.

Die Schritt-Diskrepanz lokaler Berechnungen führt zu Performance-Gewinnen im Vergleich zu dem Konzept der *compute communicate Runden*, die den global synchronisierten Daten-Austausch nach jeder Subiteration propagieren (d.h. es wird gewartet, bis alle Agenten bereit sind zur Kommunikation). In letzterem Modell bestimmt immer der jeweils langsamste Agent den Beginn der nächsten Runde. Dies ist nur dann kein Nachteil, wenn immer derselbe Agent der langsamste ist. Unsere Messungen zeigen jedoch, daß die Performance-Gewinne durch die Asynchronität i.a. von geringer Bedeutung sind.

*Die Terminierung* des Algorithmus kann lokal erkannt werden. Wenn nun ein *thin* Prozeß die Terminierung erkennt, sendet er diese Information zu den *queue* Prozessen seiner Nachbarn. Dadurch kann der *queue* Prozeß den Rand als *konstant bleibend* markieren und auf den Daten-Austausch im folgenden verzichten. Agenten kommunizieren somit nur, wenn dies wirklich erforderlich ist.

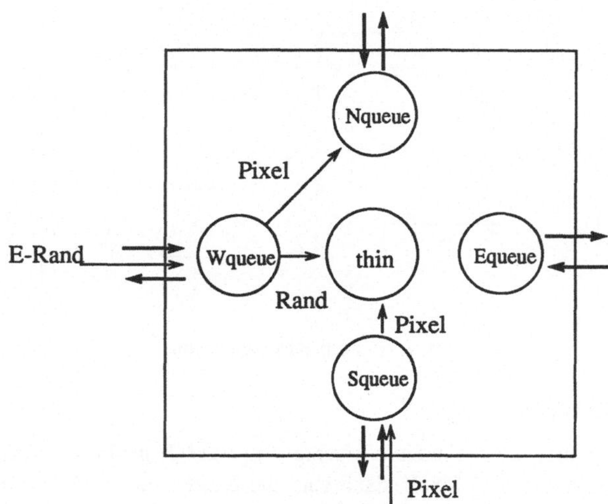


Abb. 6. Interne Prozeß-Struktur.

Abb. 6 zeigt die interne Struktur eines Agenten und skizziert einen Teil des Datenflusses, der vor jeder Subiteration No. 2 stattfindet. **thin** benötigt den E-Rand seines W-Nachbarn und das NE-Pixel seines SW-Nachbarn. Wenn Wqueue nun den E-Rand empfängt, delegiert er das daraus entnommene NE-Pixel zu Nqueue, der dies dann zum N-Nachbarn sendet. Parallel dazu sendet Wqueue den empfangenen Rand zum **thin** Prozeß. Das von **thin** benötigte NE-Pixel wird durch Squeue empfangen.

## 6. Die System-Konfiguration

Das System, auf dem der Algorithmus implementiert wurde, besteht aus T414 Transputern mit 1 MByte RAM, die mit einer Taktrate von 15 MHz betrieben werden. Die Transputer sind gitterförmig verbunden (Abb. 7). 9 Transputer agieren als die Slaves, die die Subdomains des Bildes berechnen, ein ausgezeichneter Transputer agiert als Master. Die **Start-up** Zeit setzt sich aus folgenden Zeiten zusammen. Der Master sendet das Bild parallel zu den Slaves, mit denen er verbunden ist. Diese senden das Bild zu ihren Ost-Nachbarn. Nach der lokalen Terminierung der Berechnung senden die Slaves die Teilbilder zurück zum Master, der diese zu dem vollständigen gedünnten Bild zusammensetzt. All diese Operationen werden zur Start-up-Zeit des verteilten Algorithmus zusammenaddiert.

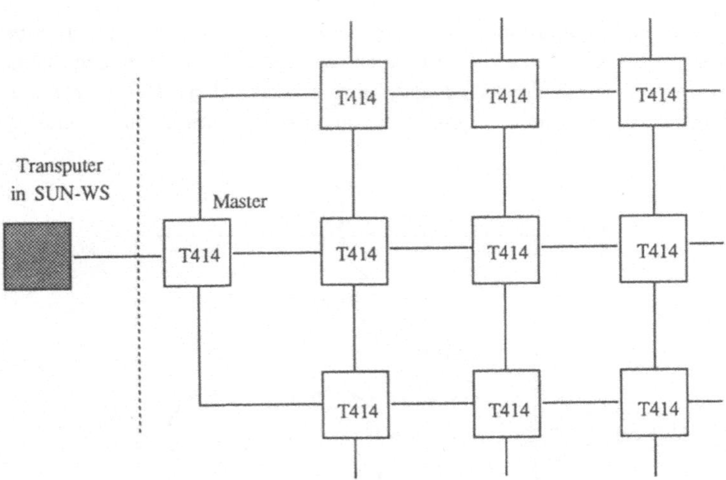


Abb. 7. System-Konfiguration.

## 7. Die gemessene Performance

Die Auswertung der gemessenen Laufzeit brachte folgende Ergebnisse. Wenn die Subdomains sehr klein sind (weniger als 50x50 Pixel), dann sind die Kosten für die Kommunikation zu teuer in Relation zur Rechenleistung des Prozessors. Die Start-up Zeit ist ein weiterer schwacher Punkt, der besonders bei Bildern mit dünnen Objekten und somit wenigen Iterationen zu Buche schlägt. Mit steigender Größe des Bildes und Dicke der darin enthaltenen Objekte  steigt auch die Effizienz. Die Tabelle in Abb. 8 vergleicht die Zeit Ts für das sequentielle thinning auf einem Transputer mit der Zeit Tp für die parallele Berechnung auf 9 Transputern. Die Effizienz ergibt sich aus Ts/(p*Tp), wobei P die Anzahl der Prozessoren im parallelen Fall ist. Es sollte erwähnt sein, daß wir keine erfahrenen OCCAM-Programmierer sind und dies unsere erste OCCAM-Anwendung (ohne Versuch von Optimierungen) war.

BLD ist die Abkürzung für Bilder mit einigen 128x128 Punkt Buchstaben. Die Messungen zeigen die hohen Start-up-Kosten. Zu beachten ist, daß die Last-Imbalance für  das OEB mit steigender Dicke ebenfalls ansteigt. Dennoch steigt die Effizienz, da die Start-up-Zeit weniger zu Buche schlägt.

|  | Ts | Tp<br>(9 Transputer) | Start-up<br>Time | Effizienz incl<br>(excl) Startup | Iterationen<br>max/min |
|---|---|---|---|---|---|
| 128x128 OEB | 1532 ms | 431 ms | 163 ms | 0.40 (0.64) | 11 / 6 |
| 256x256 OEB | 11186 ms | 2547 ms | 637 ms | 0.49 (0.65) | 20 /10 |
| 512x512 OEB | 83619 ms | 17501 ms | 2615 ms | 0.53 (0.62) | 38 /19 |
| 256x256 BLD | 6551 ms | 1658 ms | 637 ms | 0.44 (0.71) | 11 /11 |
| 384x384 BLD | 14731 ms | 3945 ms | 1486 ms | 0.42 (0.67) | 11 /11 |
| 512x512 BLD | 26657 ms | 7035 ms | 2615 ms | 0.42 (0.67) | 11 /11 |

Abb. 8. Performance Messungen

## 8. Zusammenfassung

Es wurde die die Implementierung eines effizienten verteilten Thinning-Algorithmus auf einem Transputer-Netzwerk beschrieben. Obwohl die aufgeführten Messungen gezeigt haben, daß die Start-up Zeit ein kritischer Punkt ist, konnte eine gute Performance erzielt werden. Es hat sich gezeigt, daß die zu dünnenden Teilbilder pro Transputer eine Mindestgröße aufweisen sollten, die 50x50 Pixel nicht unterschreiten. Für Bilder, deren Objekte i.a. sehr schmal sind, wird die Start-up Zeit besonders kritisch, da dieser nur wenige Iterationen zur Berechnung gegenüberstehen.

## Danksagung

Wir danken Martin Raber für seine Ratschläge während der Implementierung und seine Einführung in die OCCAM Programmierumgebung.

## Literatur

[1]   Guo, Z. and Hall, R.W. Parallel Thinning with Two-Subiteration Algorithms. CACM 32 (3), March 1989.

[2]   Kwok, P.C.K. A Thinning Algorithm by Contour Generation. CACM 31 (11), Nov. 1988.

[3]   Neusius, C. and Olszewski, J. An efficient distributed thinning algorithm. Sent as contribution to ACM Transactions on Mathematical Software.

[4]   Neusius, C. and Olszewski, J. Verdünnisierung. c't 1990, Heft 10

[5]   OCCAM 2 Reference Manual. Prentice Hall Int. Series in Comp. Sci., 1988.

[6]   Olszewski, J. A Flexible Thinning Algorithm Allowing Parallel, Sequential and Distributed Application. To appear in *ACM Transactions on Mathematical Software*.

[7]   Pavlidis, T. Algorithms for Graphics and Image Processing. Springer Verlag, 1982.

[8]   Preston,K. and Duff,M.J.B. Modern Cellular Automata. Plenum, New York, 1984.

# PHOTOGRAMMETRISCHE AUSWERTUNGEN
## AUF DER BASIS EINES TRANSPUTER-NETZWERKES

W. Jeschke, G. König, J. Storl, F. Wewel
Technische Universität Berlin
Fachgebiet Photogrammetrie und Kartographie, EB 9
Straße des 17. Juni 135, 1000 Berlin 12

## Einleitung

Mit Hilfe der Photogrammetrie können aus Stereobildern die Raumkoordinaten aller Objektpunkte eines zu vermessenden Gegenstandes bestimmt werden. Für diese Meßaufgaben werden spezielle optisch-mechanische Auswertegeräte eingesetzt, die allerdings nur die Auswertung von analogen Bilddaten, d.h. Photographien, erlauben. Erst durch den Einsatz der Digitalen Bildverarbeitung entstehen Digitale Stereophotogrammetrische Systeme, die erstmals eine vollständig automatische Bildauswertung erlauben. An der Technischen Universität Berlin wurde ein solches experimentelles System entwickelt, das eine Auswertung von digitalen Bilddaten ermöglicht, hinsichtlich der wirtschaftlichen Leistungsfähigkeit jedoch starken Einschränkungen unterliegt. Um ein operationelles Arbeiten zu erreichen, muß ein System auf der Basis innovativer Hardware konzipiert werden, die eine parallele Bearbeitung der Bilddaten erlaubt. Der Transputer stellt eine geeignete Hardwareplattform für die künftigen Entwicklungen in der Photogrammetrie dar.

## Arbeitsweise und Aufgaben der Photogrammetrie

Eine photogrammetrische Auswertung kann je nach Aufgabenstellung in einem einzelnen Bild, in einem Bildpaar oder gar in mehreren Bildern vorgenommen werden. Wird ein Objekt von mindestens zwei Aufnahmestandorten erfaßt, ist eine räumliche Auswertung durch Bestimmung von dreidimensionalen Objekt-Koordinaten möglich. Das Hauptanwendungsgebiet der Stereophotogrammetrie ist traditionell die Vermessung der Erdoberfläche und ihre Darstellung in Plänen bzw. topographischen Karten. Photogrammetrische Verfahren haben aber in den letzten Jahren auch Eingang in industrielle Fertigungstechnik, Medizin, Materialprüfung und weitere Aufgabengebiete gefunden. Dabei kommen zwei große Vorteile der Photogrammetrie zum Tragen, die dieser Meßtechnik zum Durchbruch verhalfen: zum einen die *berührungslosen Vermessung* in drei Dimensionen, und zum anderen die Möglichkeit, den hohen Informationsgehalt eines Meßbildes *räumlich und zeitlich unabhängig von der Aufnahme* auszuwerten.

Das Grundprinzip der stereophotogrammetrischen Auswertung besteht in der Messung der Bildkoordinaten von Objektpunkten, die in beiden Bildern sichtbar sein müssen. Aus diesen Bildkoordinaten lassen sich dann - bei Kenntnis der Aufnahmeanordnung, welche in der Regel durch einen Orientierungsvorgang erhalten wird - die dreidimensionalen Koordinaten dieser Punkte im Objektraum berechnen. In Abbildung 1 sind die geometrischen Beziehungen für die einfachste Aufnahmekonfiguration zu sehen, den sogenannten Normalfall der Stereophotogrammetrie. Bei diesem Beispiel sind die beiden Aufnahmeachsen parallel und stehen senkrecht auf der Basis b. Demzufolge sind die Objektkoordinaten nach folgenden Formeln zu berechnen:

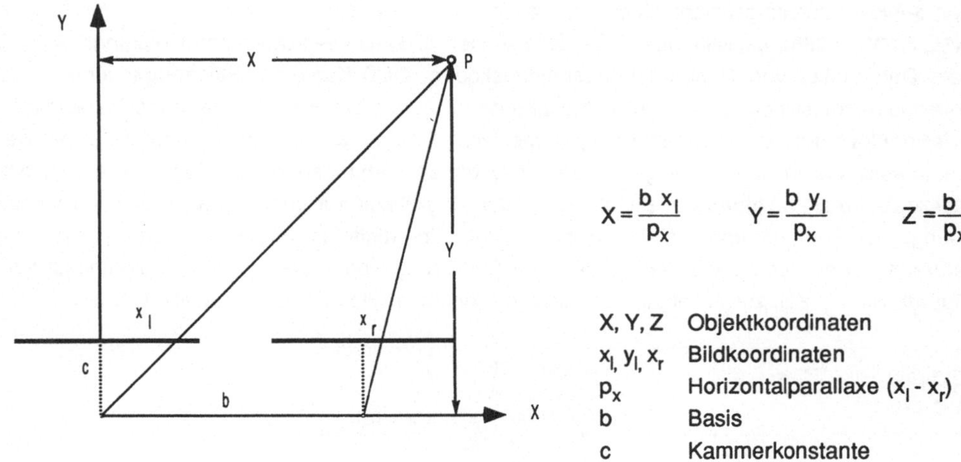


$$X = \frac{b\, x_l}{p_x} \qquad Y = \frac{b\, y_l}{p_x} \qquad Z = \frac{b\, c}{p_x}$$

$X, Y, Z$    Objektkoordinaten
$x_l, y_l, x_r$    Bildkoordinaten
$p_x$    Horizontalparallaxe $(x_l - x_r)$
$b$    Basis
$c$    Kammerkonstante

Abb. 1: Normalfall der Stereophotogrammetrie

In der Regel, zumal bei Luftbildern, muß die hier als bekannt vorausgesetzte äußere Orientierung, d.h die jeweilige Drehung und Lage der Bildkoordinatensysteme relativ zum Objektkoordinatensystem, erst ermittelt und in der Formel berücksichtigt werden.

Die meßtechnische Erfassung des Bildinhalts erfordert den Einsatz spezieller Auswertegeräte, die durch stereoskopische Betrachtung zweier Halbbilder die Wahrnehmung eines Raumbildes gestatten. Bei manueller Auswertung ist darüberhinaus die Einblendung einer Meßmarke erforderlich, die sich räumlich bewegen läßt. Die Bewegung dieser Raummarke kann registriert werden und ermöglicht es, das Raumbild durch den Auswerter abtasten und ausmessen zu lassen. Über Jahrzehnte hinweg ist eine Vielzahl von *analogen Geräten* konstruiert worden, bei denen die Raummarke mit Hilfe von zwei Handrädern und einer Fußscheibe in x-, y- und z- Richtung bewegt werden konnte.
Mit fortschreitender technologischer Entwicklung sind photogrammetrische Auswertesysteme seitdem stufenweise von der analogen zur digitalen Arbeitsweise übergegangen. Durch die Digitalisierung einzelner Systemkomponenten konnte die photogrammetrische Arbeitsweise zwar wesentlich flexibler gestaltet werden, dennoch ermöglichten die aktuellen Versionen solcher Systeme, die auch als *Analytische Auswertegeräte* bezeichnet werden, bisher nur die Auswertung von Daten analoger Bildträger. Der durch den photographischen Entwicklungsprozeß der Meßbilder bedingte Zeitverlust hat eine unmittelbare und automationsgerechte Auswertung bisher verhindert. Erst die neuen Entwicklungen auf dem Gebiet der elektronischen Kameras und Abtastsysteme erlauben eine direkte digitale Bilddatenaufnahme, so daß Echtzeit-Systeme für photogrammetrische Aufgaben denkbar werden, die der Photogrammmetrie neue Aufgabengebiete erschließen können.

**Arbeiten am Fachgebiet Photogrammetrie und Kartographie der TU Berlin**

Am Fachgebiet Photogrammetrie und Kartographie der Technischen Universität Berlin beschäftigt sich seit mehreren Jahren eine Arbeitsgruppe mit der Entwicklung eines vollständig digitalen Auswertesystems, das den Einstieg in eine neue, äußerst vielseitig einsetzbare Gerätegeneration darstellt. Diese Arbeiten führten unter Verwendung der dem Fachgebiet zur Verfügung stehenden Standard-Bildverarbeitungsanlage zu einem experimentellen System (ALBERTZ, KÖNIG 1984, KÖNIG, NICKEL, STORL 1988). Mit Hilfe dieses Systems können Bilddaten verschiedenen Ursprungs, wie z.B. digitale Datensätze von Rasterelektronenmikroskopen, CCD-Kameras, Flugzeugscannern oder Satellitenaufnahmesystemen, aber auch digitalisierte Bilder von Luftbildkammern sowie Meßkammern und Teilmeßkammern einer stereophotogrammetrischen Auswertung zugeführt werden. Dabei werden einerseits die in den bisherigen Auswertesystemen vorhandenen Funktionen, wie z.B. eine stereoskopische Betrachtung der Bilddaten mit der Möglichkeit zur interaktiven, dreidimensionalen Messung von Punkten und Linien mit den Mitteln der digitalen Bildverarbeitung verwirklicht, andererseits aber auch die vollständige Automatisierung von rasterförmigen Punktmessungen ermöglicht, wie sie z.B. zur Ableitung von Digitalen Höhenmodellen (DHM) eingesetzt werden.

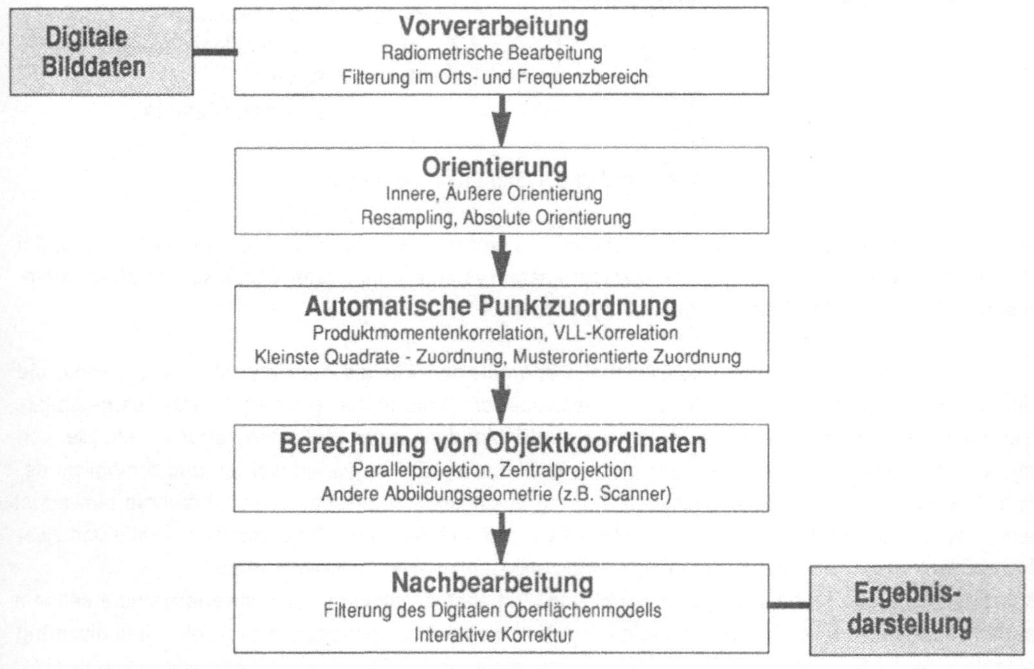


Abbildung 2: Ablaufschema der Ableitung eines DHM aus digitalen Bilddaten

Bei der Verarbeitung digitaler Stereobilder sind zwei Punkte zu beachten, die den praktischen Einsatz solcher vollständig digitaler Systeme bisher verhindert haben. Dies sind einmal die großen Datenmengen, die sehr hohe Anforderungen an die verfügbare Speicherkapazität und an die Transferraten stellen. Zum anderen sind die Algorithmen zur automatischen Ableitung eines DHM sehr rechenzeitaufwendig. Bei den in der Regel sehr großen Datensätzen - für ein digitalisiertes S/W-Luftbildpaar der

Größe 10K•10K Pixel werden mindestens 200 MB benötigt, für ein Farbbildpaar 600 MB - erweist sich die Leistungsfähigkeit konventioneller Rechnerarchitekturen als unzureichend. Rechenzeiten von mehreren Stunden oder gar Tagen für die Auswertung eines einzigen Stereobildpaares sind zwar bei Forschungsprojekten hinzunehmen, für eine wirtschaftliche Anwendung im größeren Rahmen jedoch nicht akzeptabel. Für die Akzeptanz auf dem eher konservativen Markt für photogrammetrische Instrumente und Systeme wird sicher auch entscheidend sein, daß ein solches System nicht nur zusätzliche Möglichkeiten gegenüber herkömmlichen Geräten bietet, sondern vor allem in Bezug auf grundlegende Aufgaben mit deren Leistungsdaten mithalten kann.

Stehen digitale Bilddaten zur Verfügung, so sind mit dem oben genannten System im wesentlichen fünf Arbeitsschritte zu leisten, bevor das DHM bestimmt ist und auf verschiedene Weise dargestellt werden kann (siehe Abb. 2). Für die ersten drei Schritte sind erhebliche Rechenzeiten erforderlich.

Abb. 3: Ausschnitt aus einem Meßbild einer 40 cm x 50 cm großen Bodenfläche

Dies betrifft zunächst die Vorverarbeitung der Bilddaten, wobei im wesentlichen Algorithmen zur Bildverbesserung, wie etwa Filterungen im Orts- und Frequenzbereich, auszuführen sind. Anschließend ist im Rahmen der Orientierung, d.h. der Bestimmung der Lage der Bilder zueinander bzw. innerhalb des Bezugssystems, ein Resampling durchzuführen. Hierdurch werden die Datensätze so transformiert, daß ein Objektpunkt in beiden Bildern in die gleiche Zeile abgebildet wird. Daran schließt sich die automatische Punktzuordnung durch Korrelation an. Ausgehend von Näherungswerten wird durch hierarchische Vorgehensweise ein Raster homologer Punkte (dies sind Abbildungen desselben Objektpunktes in beiden Bilddatensätzen) solange verfeinert, bis die angestrebte Punktdichte erreicht ist. Aus den so bestimmten Parallaxen werden die Objektkoordinaten berechnet und daraus das endgültige DHM gefiltert. Diese beiden Arbeitsgänge sind weniger zeitkritisch.

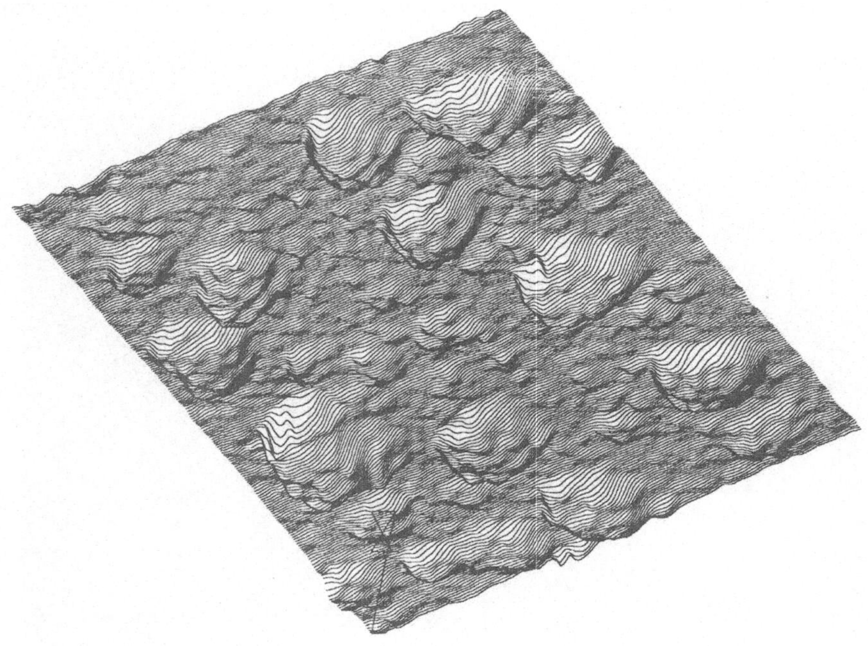

Abb. 4: DHM der Bodenoberfläche aus Abb. 3

Die Abbildungen 3 und 4 zeigen ein Beispiel aus der Nahphotogrammmetrie. Das Ziel der Auswertung ist hier die Erfassung der Oberflächen von verschieden bearbeiteten Ackerböden und deren Veränderung. Insbesondere der Einfluß des an der Oberfläche abfließenden Regenwassers auf das Bodenrelief und die Menge des Bodenabtrags ist von Interesse. Zu diesem Zweck wurden unter anderem an einem speziell konstruierten Regensimulator genau spezifizierte Bodenproben einem simulierten Regenfall von einstellbarer Intensität und Dauer unterzogen. Vor, während und nach der Beregnung wurde die Bodenoberfläche stereophotogrammetrisch aufgenommen. Der Vergleich der aus diesen Aufnahmen abgeleiteten Höhenmodelle erlaubt Rückschlüsse auf Quantität und Verteilung der Bodenerosion. Bei dem hier gezeigten Beispiel handelt es sich um den Zustand der Probefläche nach einem Regen von 60 Minuten Dauer und einer Intensität von 60 mm/h.

**Ein Transputernetzwerk als Basis eines photogrammetrischen Auswertesystems**

Im Rahmen der Entwicklung eines operationellen *Digitalen Stereophotogrammetrischen Systems* wurde eine SUN 4/330 Workstation um ein Transputersystem erweitert, um durch eine Parallelisierung der zeitkritischen Schlüsselalgorithmen den Datendurchsatz entscheidend zu erhöhen. In der gegenwärtigen Ausbaustufe besteht das System aus 14 TPM-4 Boards mit Transputern vom Typ T800 und vier Plattencontrollern MSC, welche jeweils eine Festplatte CDC Wren VI mit 630 MB Kapazität steuern. Zur Darstellung der Bilddaten werden zwei GDS-2 Graphiksubsysteme eingesetzt, wobei zur räumlichen Betrachtung ein Tektronix-Stereomonitor zur Verfügung steht.

Um die Portierung der bestehenden Software in die Transputerumgebung zu erleichtern, wurde auf das Betriebssystem HELIOS und die Programmiersprache C zurückgegriffen. Zunächst wird nur das Prinzip der geometrischen Parallelisierung verfolgt, das sich bei den meisten Aufgaben in der Bildverarbeitung anbietet, zumal bei derart großen Bilddatensätzen. Dies bedeutet, daß die Bilddaten auf die zur Verfügung stehenden Transputer verteilt werden; die Algorithmen selbst bleiben sequentiell. Zur Zeit wird der Einsatz des modularen Bildverarbeitungspakets UTOPIA (THIELING ET AL. 1990) getestet, das bereits wesentliche Grundfunktionen zur Bildvorverarbeitung abdeckt.

**Erste Erfahrungen**

Erste Untersuchungen zum Resampling von Stereo-Datensätzen in einem 2D-Array-Netzwerk zeigen, daß zur Optimierung der Systemleistung das I/O-Verhalten einer gründlichen Analyse unterzogen werden muß. Das Resampling kann nach verschiedenen Methoden durchgeführt werden. Die häufig verwendete bilineare Interpolation berechnet aus den Grauwerten der vier benachbarten Pixel den Grauwert in der Ergebnismatrix. Die bikubische Interpolation verwendet dagegen die 16 benachbarten Grauwerte, was die Bildqualität verbessert, aber auch einen erheblich höheren Rechenaufwand nach sich zieht. Der Datentransfer von und zu den Festplatten sowie die Kommunikation zwischen den einzelnen Transputern spielen wegen der bereits erwähnten großen Datenmengen eine zentrale Rolle. So hat sich herausgestellt, daß bei einer Blockgröße von 1,5 MB für die jeweiligen Bildblöcke, die den Transputern (mit 4 MB RAM) zur Bearbeitung zugewiesen werden, der Kommunikations- und I/O-Overhead am geringsten gehalten werden kann. Vergleichende Test-Implementationen bei unterschiedlichen Netzwerkkonfigurationen zeigten darüberhinaus einen Vorteil der Pipeline- und Farm-Konstrukte im Rechenzeitverhalten, wenn der Datentransfer zentral von Master-Prozeß-Transputern erfolgte, die den Plattencontrollern unmittelbar benachbart sind. Im Rahmen der relativen Orientierung von Stereo-Bildern ergaben sich für ein 100 MB-Bild folgende Zeitanteile für das Resampling:

|  | bilineare Interpolation | bikubische Interpolation |
|---|---|---|
| Lesen der Bilddaten | 1200 s | 1200 s |
| Schreiben der Bilddaten | 3500 s | 3500 s |
| Berechnung | 4700 s | 50000 s |

Tab. 1: Zeiten für die Transformation eines 10K •10K Bildes.

Der hohe I/O-Anteil hat zur Folge, daß eine wesentliche Beschleunigung des Resampling-Algorithmus nicht alleine durch die Verteilung der Daten bei der Berechnung zu erreichen ist, sondern auch eine Parallelisierung des Datenzugriffes erfolgen muß. Um diesen Engpaß zu umgehen, wurde ein Konzept entwickelt, mit dem durch eine Verteilung der Daten auf mehrere Plattenlaufwerke ein höherer Datendurchsatz realisiert werden kann. In Abb. 5 sind die logischen Datenströme zwischen den Tasks eines Resampling-Programmes mit vier Master-Prozessen (M) dargestellt. Zwei der Master-Prozesse sind für das Lesen der Daten von den Platten und für ihre Verteilung an die Worker-Prozesse (W) zuständig, während die anderen beiden Master-Prozesse die Ergebnisdaten von den Worker-Prozessen sammeln und auf die Platten schreiben.

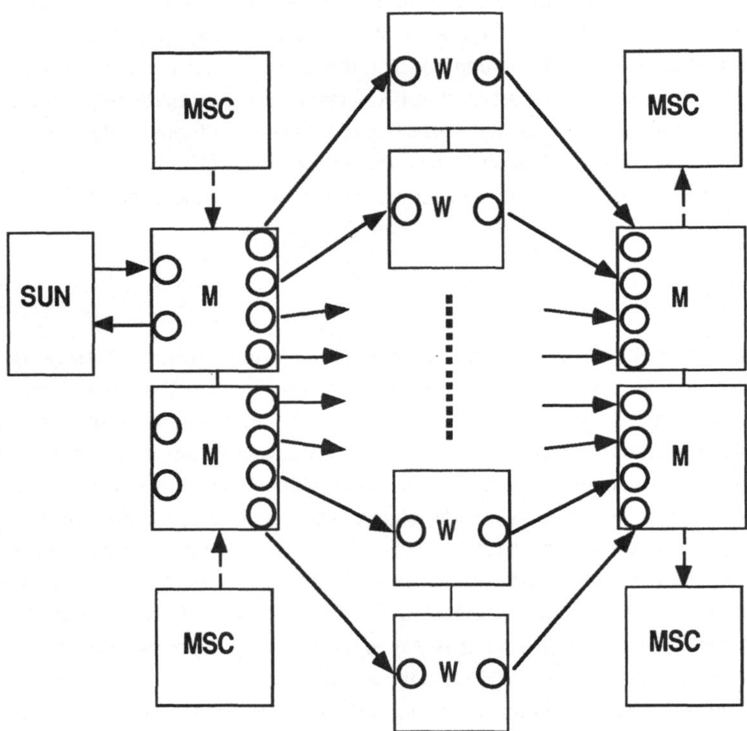


Abb. 5: Resampling Task Force mit 4 Master-Prozessen.

Testläufe mit einem, zwei und vier Master-Prozessen wurden mit allen 14 Transputern des Netzwerks durchgeführt. Die Auslastung der einzelnen Worker-Transputer und damit die Effizienz des Gesamt-Prozesses ist insbesondere für die nicht so rechenintensive Transformation bei bilinearer Interpolation sehr gering. In diesem Fall erweist sich die Task Force mit vier Master-Prozessen als günstigste Konfiguration. Die Berechnungszeit von 1850 Sekunden stellt eine Beschleunigung um etwa das 50-fache gegenüber der bisher für diese Aufgaben eingesetzten VAX 11/750 dar.

| Resampling Task Forces | bilineare Interpolation | | bikubische Interpolation | |
|---|---|---|---|---|
| | Zeit (s) | Auslastung (%) | Zeit (s) | Auslastung (%) |
| Sequentielles Programm | 9400 | 100 | 54700 | 100 |
| mit 1 Master-Prozeß | 5000 | 13 | 6500 | 60 |
| mit 2 Master-Prozessen | 3650 | 19 | 5300 | 74 |
| mit 4 Master-Prozessen | 1850 | 37 | 5600 | 70 |

Tab. 2: Berechnungszeiten für die Transformation eines 100 MB Bildes für verschiedene Resampling Task Forces und die Auslastung der Transputer-Systems.

Transformationen mit bikubischer Interpolation waren wegen der großen Datensätze und des immensen Rechenaufwandes bisher nicht vertretbar. Erst durch Einsatz eines Transputer-Netzwerkes können Rechenzeiten erreicht werden, die einen wirtschaftlichen Betrieb des digitalen Auswertesystems ermöglichen.

## Zusammenfassung

An der TU Berlin wurden Erfahrungen mit einem experimentellen System für digitale stereophotogrammetrische Auswertungen gesammelt. Dabei konnten Methoden zur automatischen Ableitung von Digitalen Höhenmodellen entwickelt und anhand verschiedener Beispiele ihre praktische Anwendbarkeit nachgewiesen werden. Das System geht damit über den Funktionsumfang der gebräuchlichen Analytischen Auswertegeräte hinaus. Die großen Datenmengen, die bei Berechnungen in der digitalen Photogrammetrie anfallen, führten allerdings bisher zu wirtschaftlich nicht vertretbaren Rechenzeiten. Da sich viele Bildverarbeitungs-Algorithmen für eine geometrische Parallelisierung eignen, wurde zur Lösung dieses Problems als Hardware-Plattform ein Transputernetzwerk gewählt, das sich durch ein günstiges Preis-Leistungs-Verhältnis auszeichnet und leicht zu erweitern ist. Die bisherigen Arbeiten verdeutlichen, daß ein Transputernetzwerk den Erfordernissen der stereophotogrammetrischen Auswertung wesentlich besser entspricht als konventionelle Bildverarbeitungssysteme, die durch ihre statische Architektur eingeschränkt sind. Insbesondere die flexible Erweiterbarkeit des Transputersystems gestattet es, das Problem des begrenzten Datenspeichers von Bildverarbeitungssystemen zu umgehen und die Leistung des Gesamtsystems zu steigern. Dies zeigt, daß eine neue leistungsfähige Gerätegeneration für photogrammetrische Aufgabenstellungen auf der Basis von Transputerhardware realisierbar ist.

## Literatur

ALBERTZ, J; KÖNIG, G. (1984): A Digital Stereophotogrammetric System. Int. Archives of Photogrammetry and Remote Sensing, Vol. XXV, Part A2, Rio de Janeiro 1984, S. 1-7.

KÖNIG, G.; NICKEL, W.; STORL, J. (1988): Digital Stereophotogrammetry - Experience with an Experimental System. Int. Archives of Photogrammetry and Remote Sensing, Vol. XXVII, Part A10, Kyoto 1988, S. II/326-331.

THIELING, L., FÖHR, R., BECCARD, M., MEISEL, A., AMELING, W. (1990): UTOPIA, ein Bildverarbeitungssystem auch unter HELIOS, in: GREBE, R. (Hrsg.): Parallele Datenverarbeitung mit dem Transputer, Informatik-Fachberichte 237, Berlin 1990, S. 202-209.

# Asynchrone Parallelisierungsstrategien zur Generierung des Hierarchischen Strukturcodes (HSC)


Lutz Priese, Volker Rehrmann, Ursula Schwolle
Fachbereich Mathematik/Informatik
Universität–Gesamthochschule–Paderborn
Postfach 1621
D-4790 Paderborn


## 1. Überblick

Im Fachbereich Elektrotechnik der Universität–Gesamthochschule–Paderborn wurde unter Leitung von Professor Hartmann der sogenannte Hierarchische Strukturcode (HSC) zur Bildverarbeitung entwickelt (vgl. [Hartmann 1987]), der ein von einer Kamera aufgenommenes Grauwertbild in Strukturinformationen über helle und dunkle Objekte und deren begrenzende Kanten zergliedert und diese als hierarchische Datenstruktur verwaltet. Die im Hexagonalraster abgetasteten Bildpunkte werden in sich überlappende Inseln eingeteilt und in fest vorgegebenen Inselgruppen (auf verschiedenen Hierarchieebenen) jeweils auf zusammenhängende Strukturen untersucht, woraufhin Codebäume des HSC entstehen. Da diese Operationen <u>lokal</u> ausgeführt werden, kann man die Verarbeitung jeder einzelnen Inselgruppe als eigenständigen Prozeß auffassen. Auf dieser Basis wurden von den Autoren verschiedene Parallelisierungsstrategien entwickelt und in OCCAM2 auf Transputern implementiert, um die HSC-Generierung zu beschleunigen. Dabei wurde die Laufzeit von mehreren Minuten auf einer SUN4 in den Bereich weniger Sekunden reduziert.

## 2. Kurze Einführung in den HSC

Das von einer Kamera aufgenommene Grauwertbild wird auf ein Hexagonalraster von $512 \times 512$ Bildpunkten abgebildet und in schwächere Auflösungen ($256 \times 256, 128 \times 128, \ldots, 7$ Pixel) transformiert, die den Bildinhalt vergröbert darstellen. Das Raster wird derart in überlappende Inseln eingeteilt, daß jede Insel 7 Pixel enthält und in weiteren Ebenen jeweils 7 Inseln zu einer größeren Insel zusammengefaßt werden (siehe Abb. 1).

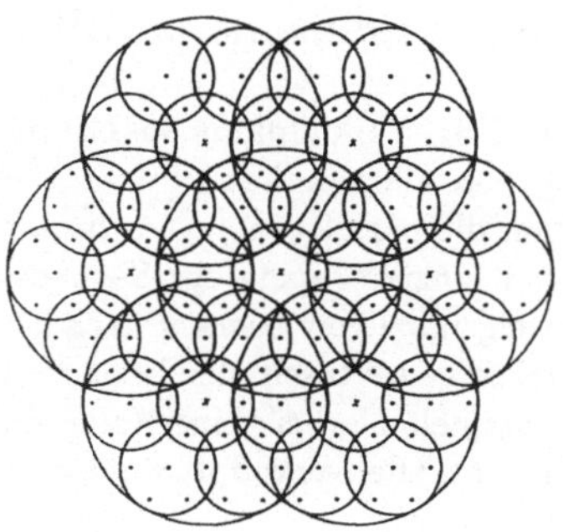

Abbildung 1: Hexagonalraster mit überlappenden Inseln

In der Grundcodierungsphase werden pro Insel auf allen Auflösungsebenen dunkle und helle Strukturen und deren begrenzende Kanten detektiert. Es entstehen somit Codeelemente des HSC, die die Typen helle oder dunkle Linie, heller oder dunkler Fleck (offen oder geschlossen) oder Kante besitzen können.

Da größere Bildobjekte durch das Inselraster künstlich zerschnitten worden sind und die riesige Datenfülle geordnet werden soll, wird in der Verknüpfungsphase nach zusammenhängenden Strukturen gesucht. Dabei wird jeweils in einer Gruppe von 7 Inseln überprüft, ob die dort vorliegenden Codeelemente aneinanderpassen, d.h. ob sie im Überlappungsbereich zweier Inseln dasselbe Pixel gesetzt haben bzw. auf höheren Verknüpfungsebenen eine gemeinsame Substruktur besitzen. Passen zwei oder mehr Elemente aneinander, so wird daraus ein Element in der Insel der nächst höheren Verknüpfungsebene generiert. Diese Verknüpfung wird für die unterschiedlichen Typen getrennt durchgeführt, wobei allerdings z.B. dunkle Linien und dunkle Flecken verbunden werden können.

Die Verknüpfung wird hierarchisch (bottom-up) solange fortgesetzt, bis jedes Objekt durch eine einzige Insel abgedeckt wird. Durch die Verzeigerung jedes Elementes mit seinen Substrukturen, aus denen es generiert wurde, entstehen Codebäume des HSC. Somit wird jedes Objekt durch einen eigenen Baum in der HSC-Datenbasis repräsentiert. Aus dem Baum läßt sich auf höherer Verknüpfungsebene eine Grobinformation über den Typ und die ungefähre Ausdehnung und Größe des Objekts extrahieren, die in tieferen Ebenen schrittweise verfeinert wird.

Die HSC-Erzeugung geschieht unabhängig vom realen Bildinhalt, d.h. für das Bild einer Straßenszene läuft der gleiche Algorithmus wie für die Sicht auf eine Werkbank.
Die auf den HSC-Daten ansetzenden Erkennungsstrategien sind dagegen bildabhängig. Das in einer Modellbibliothek abgelegte Wissen über ein Objekt muß mit dem vorliegenden Bildinhalt verglichen werden. Dabei wird typischerweise zunächst der Wurzelknoten eines Codebaumes von gewünschter Größe gesucht. Dieser Baum wird dann top-down mit verschiedenen kontextabhängigen Operationen (z.B. zur Formbestimmung) analysiert. Schlagen gewisse Operationen fehl, so wird ein anderer HSC-Baum betrachtet oder eine neue Hypothese untersucht, bis man schließlich eine Antwort über das gefundene Objekt erhält.
Detaillierte Informationen über die bisherigen Erkennungsstrategien sind in [Drüe 1988] zu finden.

# 3. Die HSC-Verknüpfung als inhärent paralleles Problem

Wie bereits erläutert, geschieht die HSC-Verknüpfung in Gruppen aus je 7 Inseln. Dabei wird jede Inselgruppe völlig unabhängig von allen anderen dieser Ebene bearbeitet. Es handelt sich also jeweils um eine lokale Operation, die parallel und asynchron auf allen Inselgruppen (derselben Ebene) ausgeführt werden kann. Der einzige Zwang zur Sequentialität liegt in der Hierarchie der Verknüpfungsebenen. Bevor eine Inselgruppe von Ebene $n$ nach Ebene $n+1$ verknüpft werden kann, muß sichergestellt sein, daß die zugehörigen 7 Inseln der Ebene $n$ fertig generiert sind.

Die Hierarchie der Auflösungsebenen spielt hierbei keine Rolle, da diese Ebenen völlig unabhängig voneinander sind und somit asynchron parallel verknüpft werden können (auf jeder Auflösungsebene setzt eine eigene Verknüpfungshierarchie auf).

Insgesamt betrachten wir jede einzelne Insel bzw. Inselgruppe als eigenständigen logischen Prozeß, der mit anderen Inselprozessen kommunizieren kann.

# 4. Parallelisierungsstrategie I: Die Prozessorfarm

Die erste Parallelisierungsstrategie besteht aus dem bekannten Paradigma der Prozessorfarm, das in [Atkin 1987] und [Packer 1987] vorgestellt wurde. Dabei werden von einem Kontrollprozeß unabhängige Teilaufgaben zusammengestellt und an mehrere Arbeitstransputer verschickt, die denselben Algorithmus ausführen und ihre Ergebnisse jeweils zu einem Ergebnissammelprozeß senden.

Der Vorteil dieser Methode liegt im automatischen Lastausgleich der Prozessoren. Die Zeiten zur Berechnung der Teilprobleme sind im allgemeinen unterschiedlich lang. Sobald ein Rechenprozeß seine Aufgabe bearbeitet hat, schickt er das Ergebnis an den Ergebnissammler. Dieser informiert den Kontrollprozeß, daß wieder ein Prozessor frei ist. Daraufhin schickt der Kontrollprozeß sofort ein neues Teilproblem an den freigewordenen Transputer. Auf diese Weise sind alle Prozessoren ständig beschäftigt.

Es ist klar, daß dieses Konzept für jede Problemstellung anwendbar ist, die sich in unabhängige Teilprobleme zerlegen läßt. Wie in Abschnitt 3 beschrieben, bilden die Verknüpfungsprozesse für die einzelnen Siebenergruppen solche eigenständigen Aufgaben. Der Hosttransputer, der die Bilddatenbasis verwaltet, enthält den Kontrollprozeß, der die Daten der Inselgruppen zusammenstellt und an die Verknüpfungstransputer schickt. Der Ergebnissammelprozeß ist ebenfalls auf dem Hosttransputer lokalisiert, da die Ergebniselemente wegen der hierarchischen Verknüpfung noch weiterverarbeitet, d.h. später in neuen Teilaufgaben verschickt werden müssen.

Das Transputernetz wird als beliebig große binäre oder ternäre Baumstruktur (wegen der jeweils 4 Links) mit dem Host an der Wurzel konfiguriert. Zur Organisation besitzen die Arbeitstransputer außer den eigentlichen Verknüpfungsprozessen auch noch Prozesse, die für das Durchreichen von Aufgaben und Ergebnissen zuständig sind.

Der Host trägt alleine die Verantwortung für die Verwaltung der riesigen Bilddatenbasis (Aufgaben zusammenstellen und verteilen bzw. Ergebnisse aufnehmen und abspeichern), was einen sequentiellen Anteil im Gesamtsystem darstellt. Der oben erwähnte automatische Lastausgleich ist also nur solange gewährleistet, wie der Host schnell genug hinreichend viele Aufgaben vorbereiten kann. Ist das Transputernetz dagegen zu groß bzw. zu tief verschachtelt, werden die hintersten Prozessoren nicht mehr mit Arbeit versorgt, da bereits die näher am Host gelegenen Transputer alle ins Netz geschickten Aufgaben leisten können. Mit dieser Strategie stießen wir deshalb auf eine untere Zeitschranke, die sich durch Hinzunahme weiterer Arbeitstransputer ($> 12$) nicht unterschreiten ließ.

# 5. Parallelisierungsstrategie II: Teilbilder auf einem Prozessorgitter

Die zweite Parallelisierungsstrategie beruht auf der in Abschnitt 3 erläuterten Logik, bei der alle Inseln als jeweils eigenständige, asynchron parallel laufende Prozesse betrachtet werden. Die HSC-Generierung, d.h. die Verbindung zusammenhängender Strukturen zu einer Grobstruktur, erfolgt dann durch Kommunikation der Inseln untereinander. Der Einsatz auf Transputernetzen erzwang allerdings Einschränkungen in dieser Logik. So hat eine Insel im zugrundeliegenden Hexagonalraster sechs Nachbarn, ein Transputer aber nur vier Verbindungsmöglichkeiten. Außerdem ist es unsinnig, Tausende von Inseln als parallele Prozesse auf einem Transputer laufen zu lassen, da die Zahl der nötigen Kanäle (von jeder Insel jeweils zu ihren Subinseln einer Ebene tiefer, zu den Vaterinseln auf nächst höherer Ebene und evtl. sogar zu den Nachbarinseln auf der gleichen Ebene) völlig unüberschaubar würde. Das Konzept der eigenständigen Inselprozesse mit Verbindungskanälen definiert nur die Logik des Algorithmus, die bei der Implementierung als OCCAM-Programm durch andere Techniken simuliert werden muß.

In unserer Implementierung werden statt einzelner Inseln deshalb Teilbildfelder als Prozesse betrachtet. Je nach Anzahl der zur Verfügung stehenden Transputer (bis zu 64 wurden getestet) wird der Bildinhalt streng nach Koordinaten in $(n \times m)$ rechteckige Teilbilder zerschnitten und auf ein gitterförmig verbundenes Netz aus $(n \times m)$ Transputern verteilt. Der Hosttransputer, der das Netz von außen mit den Bilddaten versorgt, muß im Gegensatz zur ersten Strategie nur zu Beginn der Verknüpfung einmal die Grundinformation verschicken; das Datenmanagement übernimmt jeder Netztransputer selbst für sein eigenes Teilbild. Hierbei entfällt also der zentrale Kontrollprozeß.

Wegen der Inselüberlappungen stehen an den Teilbildgrenzen keine vollständigen Daten der Inselgruppen zur Verfügung, d.h. eine oder mehrere Inseln einer Siebenergruppe können auf dem benachbarten Transputer gespeichert sein. Eine Gruppe wird jeweils auf dem Transputer verknüpft, der die mittlere Insel enthält. Er muß dazu die fehlenden Daten von seinem Nachbarprozessor erfragen. Dieser Austausch wird durch einen Kommunikationsmanagementprozeß gesteuert, der in jedem Teilbildprozeß enthalten ist.
Je nach Größe der Teilbilder gibt es aber auch Inselgruppen, deren Daten vollständig auf dem eigenen Transputer vorliegen, d.h. hierfür erübrigt sich ein Informationsaustausch über die Kanäle. Deshalb werden die zu bearbeitenden Inseln eines jeden Transputers in "innere Inseln" und "Randinseln" aufgeteilt, wobei nur die Randinseln den Kommunikationsmanager beanspruchen. Somit besitzt jeder Transputer grob betrachtet die folgende Prozeßstruktur:

```
PRI PAR
    Kommunikationsmanager
    Datenmanager
    PRI PAR
        Verknüpfe Randinseln
        Verknüpfe innere Inseln
```

Der Kommunikationsmanager ist der einzige Prozeß (auf jedem Transputer), der tatsächlich über die Hardware-Links kommuniziert. Die Randinselverknüpfung schickt ihre Wünsche an diesen Manager, der dann die Anfragen an die Nachbartransputer verschickt und deren Antworten empfängt. Andererseits nimmt der Kommunikationsmanager selbst Fragen seiner Nachbarn entgegen und bearbeitet sie. Selbstverständlich werden die Kommunikationen derart gepuffert, daß über alle 4 Links parallel kommuniziert werden kann.

Die Trennung der Verknüpfung in Randinseln und innere Inseln als zwei parallele Prozesse mit Priorisierung der Randinseln bietet enorme Vorteile. Während die Randinseln auf Antworten eines Nachbartransputers warten müssen, entsteht keine Ruhephase, sondern es werden die inneren Inseln verknüpft, die nur auf die lokalen Daten des eigenen Prozessors zugreifen müssen. Erhalten schließlich die Randinseln die gewünschte Information, so wird sofort auf ihre Verknüpfung umgeschaltet und dort fortgefahren, bis wieder eine Nachbarfrage gestellt werden muß. Diese Aufteilung führt also zu einer möglichst intensiven Auslastung des Transputers.
Ein weiterer Prozeß muß das Datenmanagement übernehmen, da die Randinseln und die inneren Inseln dieselbe Datenbasis benutzen. Will also der Randprozeß oder der Innenprozeß seine Ergebnisse eintragen, so fordert er beim Datenmanager eine bestimmte Eintraggröße an und erhält die nächsten freien Plätze für sich reserviert, an die er exklusiv schreiben darf.

Ist in einem Teilbild eine bestimmte Verknüpfungsebene abgearbeitet, so erfordert die Ebenenhierarchie erneut eine Kommunikation über die Links und damit eine gewisse Synchronisierung. Ein Transputer darf nämlich erst dann mit Ebene $n + 1$ beginnen, wenn sichergestellt ist, daß die dafür notwendigen (Rand-) Inseln der Ebene $n$ seiner Nachbartransputer fertig generiert sind. Hierin liegt ein weiteres Argument für die Priorisierung der Randinseln in der Verknüpfung.
Ist also ein Randstreifen (rechts, links, oben oder unten) auf Auflösungsebene $k$ und Verknüpfungsebene $n$ abgearbeitet, so wird an den entsprechenden Nachbarn eine Meldung verschickt. Jeder Transputer prüft dann vor Beginn der Ebene $(k, n + 1)$, ob die Randantworten von Ebene $(k, n)$ bereits angekommen sind.

Wie schon in Abschnitt 2 erwähnt, werden die Codeelemente über die Hierarchieebenen hinweg miteinander verzeigert. Wegen der im Transputernetz verteilt vorliegenden Datenbasis ist es hier nicht möglich, als Zeiger einfach eine Adresse anzugeben. Jedes beliebige Codeelement aus dem Gesamtbild ist eindeutig durch die Nummer des Transputers, auf dem es gespeichert ist, und durch die Adresse (Index) des Datenarrays dieses Transputers gekennzeichnet. Jeder Zeiger auf ein Codeelement enthält deshalb (als 32 Bit Integer codiert) zum einen die Transputernummer und zum anderen den Arrayindex.

Wie die Verzeigerung für eine besonders schnelle und elegante Verknüpfung verwendet wird, wurde bereits in [Priese et al. 1990] erläutert. Es soll allerdings nochmal betont werden, daß die HSC-spezifische Zeigerstruktur transputerübergreifend aufgebaut wird und somit ein HSC-Codebaum von seiner Wurzel aus durchwandert werden kann, obwohl seine Blätter vielleicht auf vielen verschiedenen Transputern verteilt liegen. Abbildung 2 zeigt schematisch einen auf 9 Teilbildern, d.h. 9 Transputern verteilt vorliegenden HSC-Baum.

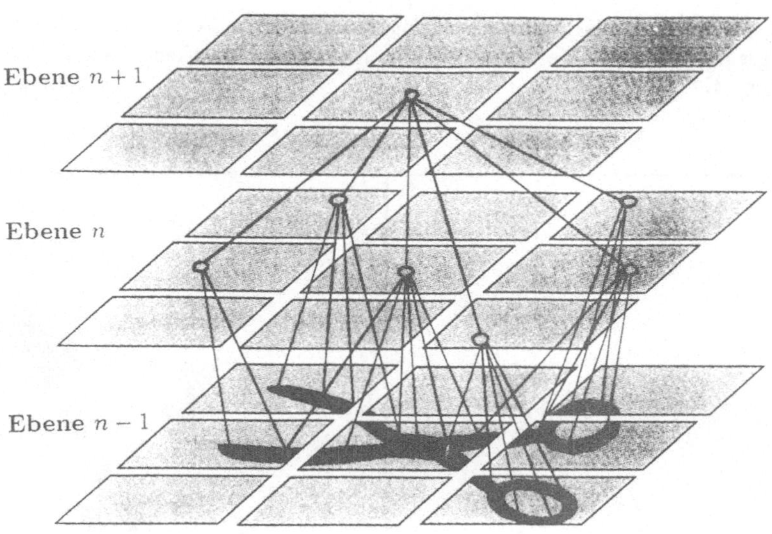

Abb. 2: Transputerübergreifende Zeigerstruktur (schematisch)

Gegenüber der ersten Parallelisierung in der Prozessorfarm hat der Teilbildansatz den Nachteil, daß je nach Bildinhalt (wenn große einfarbige Bereiche enthalten sind) nicht alle Prozessoren gleichmäßig ausgelastet sind. Liegt jedoch ein gut gefülltes, informationsreiches Bild vor (d.h. große Datenmengen), so benötigt jeder Prozessor etwa die gleiche Zeit für die einzelnen Hierarchieebenen seines Teilbilds.

Der entscheidende Vorteil der Teilbildstrategie gegenüber der Farm besteht in der verteilten Datenbasis, wodurch der zentrale Verwaltungsprozeß entfällt und das Datenmanagement ebenfalls auf alle Netztransputer verteilt wird. Es sind hier nur verhältnismäßig wenig Kommunikationen mit kleinen Datenmengen nötig. Unsere Tests zeigen, daß auch bei größeren Transputergittern gute Verbesserungen der Laufzeiten erzielt werden und im Gegensatz zur Farm bisher keine untere Schranke erkennbar ist.

## 6. Systemumgebung und Oberfläche

Um die OCCAM-Programme für die HSC-Generierung möglichst elegant bedienen und die Ergebnisse ansehen zu können, wurde eine graphische Benutzungsoberfläche in C unter X-Windows geschrieben, die auf einer SUN-Workstation unter UNIX lauffähig ist. Die SUN dient dabei als Hostrechner, der über einen VME-Bus mit dem Transputernetz verbunden ist. Dieses Netz wird aus bis zu 64 Prozessoren auf einem Supercluster der Firma Parsytec konfiguriert. Von der Graphikoberfläche, die über Menüs per Maus gesteuert wird, wird zunächst der OCCAM-Programmcode über den VME-Bus in das Transputernetz geladen. Es handelt sich hierbei also um ein sogenanntes *standalone transputer program*. Als nächstes werden von der Oberfläche aus die gewünschten Bilddaten an das Netz geschickt, woraufhin die Verknüpfung startet. Nach wenigen Sekunden werden die fertig generierten HSC-Daten zurückgesendet und können direkt auf dem Bildschirm angezeigt werden.

Abbildung 3 zeigt die Oberfläche mit dem codierten Bild einer Schere, links den Kantenverlauf auf Auflösungsebene 2, rechts die dunklen Typen (d.h. dunkle Flecken, Vertices und Linien) auf Auflösungsebene 4.

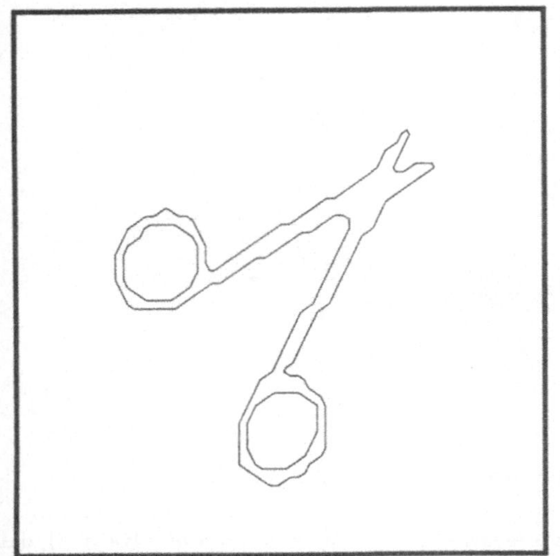
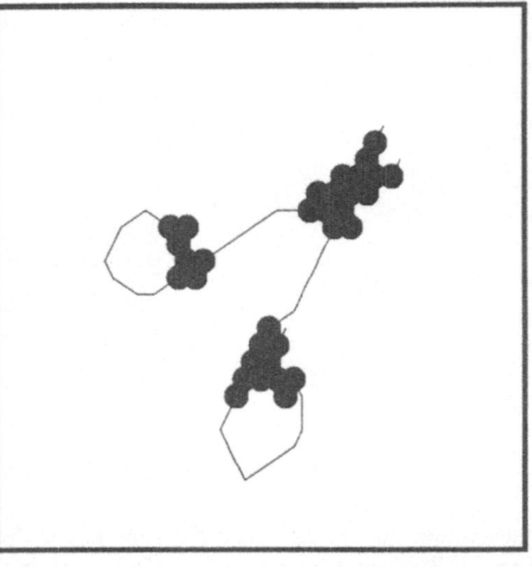

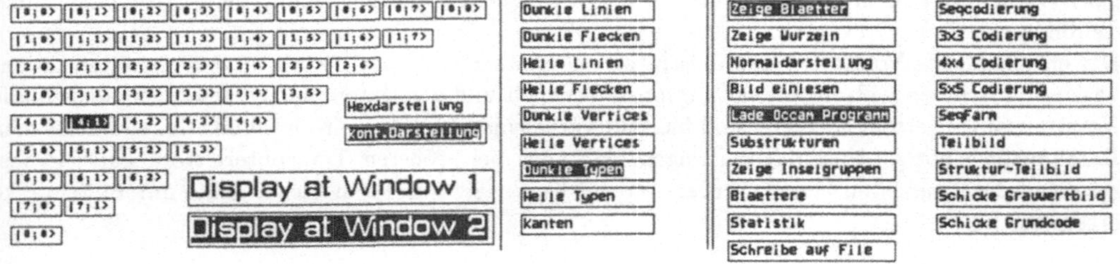


Abb. 3: Graphikoberfläche

Zu Testzwecken erlaubt die Graphik eine Anzeige einzelner Inselinhalte und Codeelemente, wobei auch entlang der Zeigerstrukturen in den HSC-Codebäumen navigiert werden kann.

## 7.  Ausblick

Derzeit ist ein durchgängiges System im Aufbau und in der Testphase, das den gesamten Weg vom Grauwertbild zum fertigen HSC durchläuft. Bisher mußten dafür mehrere verschiedene Rechner und Programme benutzt und deshalb die Daten jeweils auf Files zwischengespeichert werden. Die Arbeitsschritte vom Grauwertbild bis zur Grundcodierung wurden noch sequentiell ausgeführt, was abgesehen von der hierfür notwendigen Laufzeit den Nachteil hat, daß man die im Vergleich zu den Grauwertdaten viel größere Menge von grundcodierten Daten in das Transputernetz (über die langsamen Links) laden muß.

Für unser neues System wird zunächst von einer Kamera bzw. einem Scanner ein Grauwertbild aufgenommen, das in das Hexagonalraster von $512 \times 512$ Pixels umgerechnet wird. Diese Grauwertdaten werden dann von der SUN-Workstation aus der Graphikoberfläche heraus direkt in das gitterförmig konfigurierte Transputernetz geschickt, so daß dort bereits die Vorverarbeitung und Grundcodierung stattfinden. Die nötigen Vorarbeiten, auf denen die Verknüpfungsprozesse aufsetzen, werden nun also auch parallelisiert in Teilbildern durchgeführt, so daß die Eingangsdaten für die Verknüpfung gleich an Ort und Stelle vorliegen und direkt ohne Zeitverluste weiterverarbeitet werden. Das Ergebnis ist schließlich die vollständig generierte, verteilt gespeicherte HSC-Bilddatenbasis.

Das längerfristige Ziel besteht darin, auf der verteilten HSC-Datenbasis auch die Erkennungsstrategien anzusetzen. Das Navigieren in den Codebäumen ist durch die verbesserte Zeigerstruktur eleganter als im alten sequentiellen Erkennungssystem. Es sollen allerdings prinzipiell neue Strategien entwickelt werden, die parallel auf den Teilbildern arbeiten. Dabei kann man sich einzelne (Teile der) HSC-Bäume als intelligente Wesen vorstellen, die untereinander kommunizieren und ihre Form (z.B. Kreisbogen) oder andere Merkmale mitteilen.
Die Autoren erwarten, auf dieser Basis auch für die Erkennung von Objekten aus hierarchischstrukturcodierten Bildern gute Laufzeiten zu erzielen, so daß letztendlich vom Kamerabild bis zur Erkennung des Bildinhalts ein echtzeitnahes Gesamtsystem vorliegt.


**Literatur:**

Atkin, P.:
Performance Maximisation.
INMOS Technical Note 17, 1987

Drüe, S.:
Wissensbasiertes Erkennungssystem für hierarchisch-strukturcodierte linienhafte Objekte.
Dissertation, Universität–Gesamthochschule Paderborn, 1988

Hartmann, G.:
Recognition of Hierarchically Encodes Images by Technical and Biological Systems.
Biological Cybernetics 57, S. 73–84, Springer 1987

Packer, J.:
Exploiting Concurrency; A Ray Tracing Example.
INMOS Technical Note 7, 1987

Priese, L., Rehrmann, V., Schwolle, U.:
A Fast Generator for the Hierarchical Structure Code With Concurrent Implementation Techniques.
DAGM-Symposium Mustererkennung 1989, Proceedings, S. 416–419, Springer 1989

Priese, L., Rehrmann, V., Schwolle, U.:
An asynchronous parallel algorithm for picture recognition based on a transputer net.
Journal of Microcomputer Applications (1990) 13, S. 57–67, Academic Press 1990

# Echtzeitfähiges Lokalisieren von Polyedern im 3-D Raum

V. D. Sánchez A. und G. Hirzinger
Deutsche Forschungsanstalt für Luft- und Raumfahrt
Institut für Dynamik der Flugsysteme
Abteilung Automatisierung
D-8031 Weßling

**Zusammenfassung**

Das Problem des Lokalisierens von Polyedern im 3-D Raum (Positions- und Orientierungsbe-stimmung) wird behandelt. Zunächst werden Repräsentationsformen für 3-D Objekte und Objektlage im Raum erläutert. Dann wird das Lokalisierungsproblem formuliert. Anschließend wird eine analytisch geschlossene Lösung für die Orientierung und eine iterative Lösung für die Position entwickelt. Nach diesem Ansatz können Position und Orientierung parallel berechnet werden. Die Algorithmen sind aufgrund ihrer schnellen Berechnung für den Einsatz in echtzeitfähigen Bildverarbeitungssystemen geeignet. Die Rechenkomplexität der Algorithmen ist objektunabhängig.

Erste Ergebnisse für die Bestimmung von Position und Orientierung eines im Weltraum frei-schwebenden Objekts (DLR Freiflieger), die während des D2 ROTEX Experiments mit Hilfe eines Transputerbasierten Bildverarbeitungssystems berechnet werden soll, werden vorgestellt. Rechenzeiten auf einem T800 (20 $MHz$, 100 $ns$ DRAM) betragen weniger als 5 $ms$ für die Positionsbestimmung und weniger als 500 $\mu s$ für die Orientierungsbestimmung.

## 1 Einleitung

Eine geplante Aufgabe für den sechsachsigen Manipulator, der mit dem multisensoriellen DLR Greifer [1] ausgestattet ist und in einem Rack des Spacelab während der D2-Mission im Rahmen von ROTEX ("Robotics Technology EXperiment") [2] mitfliegen soll, besteht im Greifen eines freischwebenden Objekts (DLR Freifliegers). Für ROTEX bauen wir in unserem Labor derzeit eine Telerobotik-Bodenstation, die u.a. aus einem Transputerbasierten Bildverarbeitungssystem besteht, das die Verarbeitung der visuellen Sensordaten ermöglicht.

Die Sensordaten stammen aus den neuen Laserentfernungsmessern, die auf dem Triangulations-prinzip beruhen, und dem winzigen Stereokamerasystem - alle im Greifer eingebaut - sowie aus einem weiteren globalen Stereokamerasystem. Abbildung. 1 zeigt eine schematische Darstellung der ROTEX Steuerungs-strukturen sowie den DLR Freiflieger. Um die Bewegung des zu greifenden Objekts mitzuschätzen haben wir ein Konzept definiert, das aus einer Kalman-Filter-basierten Regelstruktur und der Berechnung von Position und Orientierung aus den Sensordaten besteht. Die letztgenannte Berechnung erfordert eine komplexe Bilddatenaufbereitung. Hinzu kommen die Anforderungen an die Verarbeitungsfrequenz. In diesem Beitrag wird ein mögliches Modul vorgestellt, das das Lokalisierungsproblem löst.

## 2 Repräsentation

### 2.1 3-D Objektrepräsentation

Es gibt mehrere Repräsentationsformen für 3-D Körper. Für einen Überblick kann z.B. [3] eingesehen werden. In unserem Fall, für die Erkennung und Lokalisierung im Raum werden Polyeder mit Hilfe eines Graphen repräsentiert. Abbildung 2 links zeigt die Grundelemente unseres Objektbeispiels, des DLR Freifliegers. Eckpunkte (V), Kanten (E) und Flächen (F) erscheinen durchnumeriert. In Abbildung 2 rechts werden die Beziehungen zwischen Grundelementen gezeigt: welche Eckpunkte gehören welchen

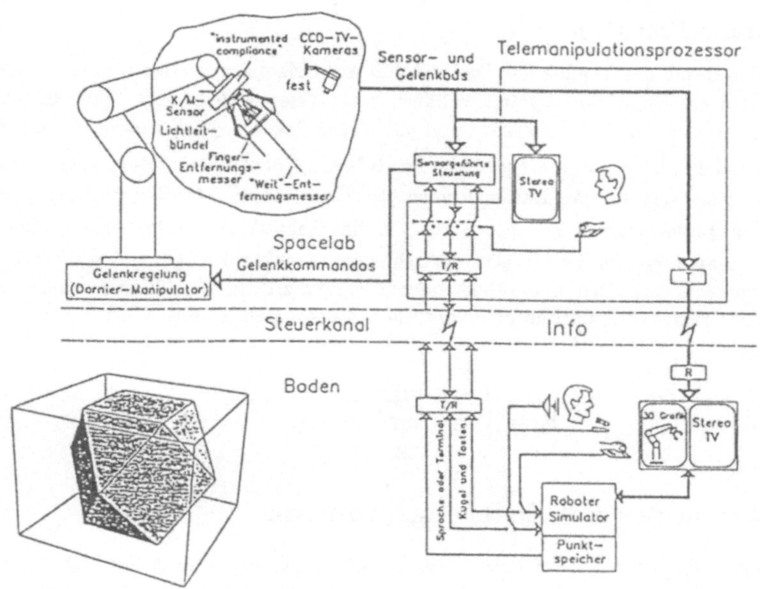


Abbildung 1: ROTEX Schematische Darstellung und DLR Freiflieger

Kanten an und welche Kanten gehören welchen Flächen an. Für die Lösung des Lokalisierungsproblems für Polyeder werden hier Eckpunkte, Kanten und Flächen jeweils durch Punkte, Geraden und Ebenen im dreidimensionalen Raum repräsentiert. Für die Repräsentation von Geraden und Ebenen werden ein Punkt und ein Vektor benötigt. Im Falle der Gerade handelt es sich um den Richtungsvektor, im Falle der Ebene um den Normalvektor.

* **Grundelemente für Polyeder:**

$$\text{Eckpunkt ('Vertex' V)} \Rightarrow \quad P = \begin{pmatrix} x \\ y \\ z \end{pmatrix}$$

$$\text{Kante ('Edge' E)} \Rightarrow \quad \mathcal{L} = (P_0, v_0), \qquad P_0 = \begin{pmatrix} P_{0x} \\ P_{0y} \\ P_{0z} \end{pmatrix}, \qquad v_0 = \begin{pmatrix} v_{0x} \\ v_{0y} \\ v_{0z} \end{pmatrix}$$

$$\text{Ebene ('Face' F)} \Rightarrow \quad \mathcal{P} = (P_0, n_0), \qquad P_0 = \begin{pmatrix} P_{0x} \\ P_{0y} \\ P_{0z} \end{pmatrix}, \qquad n_0 = \begin{pmatrix} n_{0x} \\ n_{0y} \\ n_{0z} \end{pmatrix}$$

* **Beziehungen ('Relationship' R) zwischen Grundelementen:**

$$\text{Graph('Graph'G)} \Rightarrow \quad G = \{\, V(i), E(j), F(k) \,/, V(i) \, R \, E(j),$$
$$E(j) \, R \, F(k), \, V(i) \, R \, F(k), \cdots \}$$

## 2.2 Repräsentation der Objektlage

Die Objektlage wird durch die Angabe der Position und der Orientierung eines 3-D Körpers im Raum definiert. Dazu wird ein Koordinatensystem willkürlich als Referenz festgelegt. So z.B. wird oft das Koordinatensystem eines Sensors als Referenz ausgewählt. Die Position des Körpers wird lediglich durch einen dreidimensional Punkt $\mathbf{P} = \begin{pmatrix} x & y & z \end{pmatrix}^T$ im Referenz-Koordinatensystem angegeben. Für die Orientierung gibt es mehrere Repräsentationsformen [4]. U.a. werden Rotationsmatrizen, Eulerwinkel $\begin{pmatrix} \psi & \vartheta & \varphi \end{pmatrix}$, oder Quaternionen $\begin{pmatrix} q_0 & q_1 & q_2 & q_3 \end{pmatrix}$ in der Robotik, im Rechnersehen ('Computer Vision') und in der Computergraphik eingesetzt. Verschiedene Aspekte der Diskussion über Vorteile und Nachteile einer Repräsentationsform gegenüber anderen können z.B. in [5], [6] eingesehen werden. Für die hier vorgestellte Orientierungsbestimmung wird die Rotationsmatrix verwendet:

$$\mathbf{R} = \begin{pmatrix} r_{11} & r_{12} & r_{13} \\ r_{21} & r_{22} & r_{23} \\ r_{31} & r_{32} & r_{33} \end{pmatrix}$$

# 3 Formulierung des Lokalisierungsproblems

In unserem gesamten Ansatz wird der Prozeß des Lokalisierens vom Prozeß des Erkennens getrennt (für einen integrierenden Ansatz siehe z.B. [7]). Der Erkennungsprozeß identifiziert Sensormerkmale und ihre korrespondierenden Modellmerkmale [8]. Sowohl die vorverarbeiteten Sensormerkmale als auch die Modellmerkmale sind in unserem Ansatz 3-D Merkmale. Das Lokalisierungsproblem besteht in der Bestimmung von Position und Orientierung eines Objektes in 3-D Raum, wenn einige Objektmerkmale erkannt worden sind. Die hier vorgestellten modellbasierten Algorithmen konzentrieren sich auf das Lokalisieren einzelner Polyeder.

Die erforderliche Eingabeinformation besteht aus:

- einem Objektmodell (vgl. Abbildung 2),

- Korrespondenz zwischen Sensor- und Modelldaten (aus dem Erkennungsprozeß),

- Geradenrepräsentation von drei nichtkoplanaren 3-D Objektkanten (Sensordaten), $\mathcal{L}_i = (\mathbf{P}_{0i}, \mathbf{v}_{0i})$, $i = 1, 2, 3$, und

- Entfernung o.g. Geraden von einem im Modell willkürlich definierten Schwerpunkt $\mathbf{P}$, $d_i = d(\mathcal{L}_i, \mathbf{P})$. Entfernungen sind geeignete Merkmale, denn sie sind translations- und rotationsinvariant. Die Entfernungen der einzelnen Geraden zum Schwerpunkt werden off-line mit den Modelldaten berechnet und werden als a priori Wissen über das Objektmodell angesehen. Dieser Prozeß wird Modell-Erweiterung genannt.

Die Lösung soll Ergebnisse in folgender Form liefern:

- Der Algorithmus für die Positionsbestimmung berechnet die Position $\mathbf{P}$ bzgl. des Modellkoordinatensystems, das als Referenz dient.

- Der Algorithmus für die Orientierungsbestimmung berechnet die erforderliche Rotation, gegeben durch die Rotationsmatrix $\mathbf{R}$, um das Referenzsystem in das objektzentriertes Koordinatensystem zu überführen, das mittels der Sensordaten implizit definiert wird.

In Abbildung 3 wird das Lokalisierungsproblem skizziert. Abbildung 4 stellt den Zusammenhang zwischen Erkennungs- und Lokalisierungsprozeß in unserem Ansatz dar.

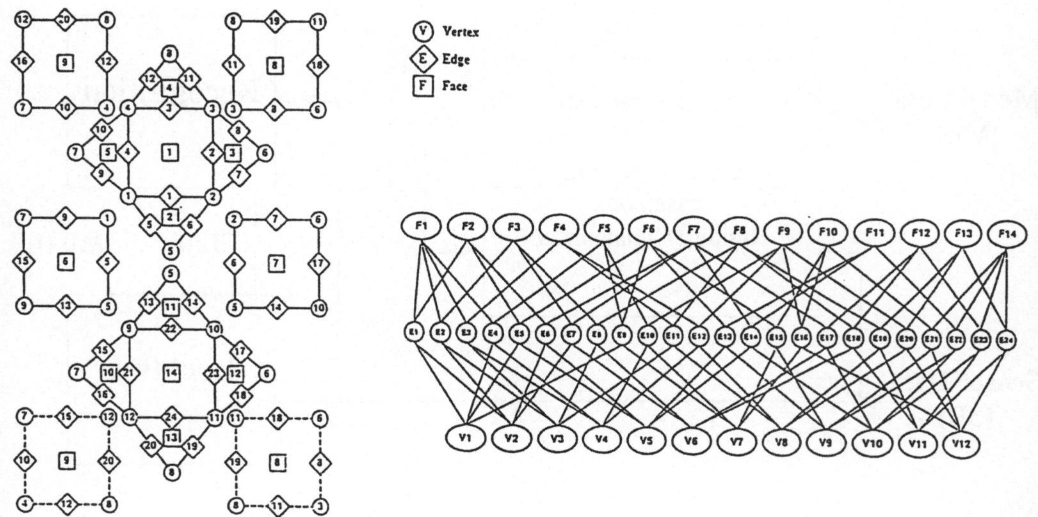



Abbildung 2: Graphdarstellung des DLR Freifliegers

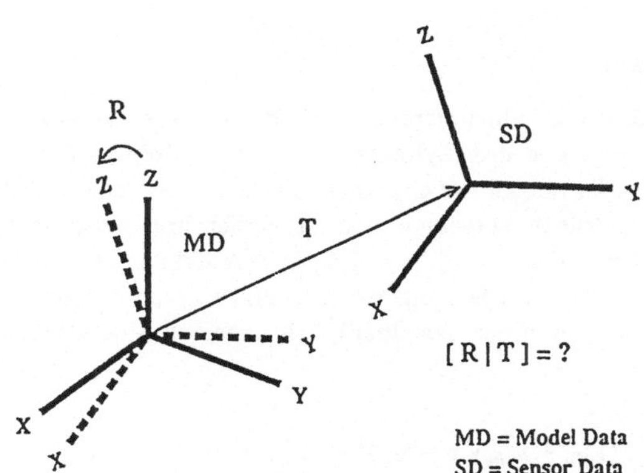



Abbildung 3: Lokalisierungsproblem

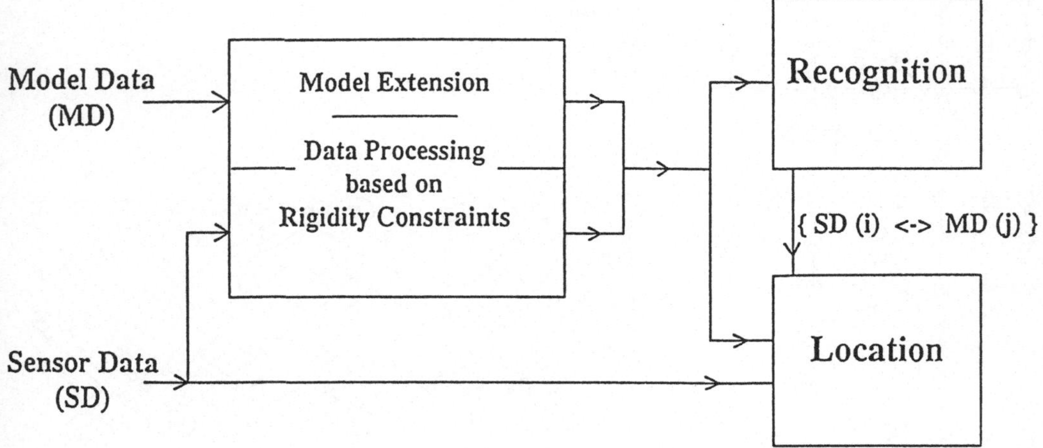

Abbildung 4: Zusammenhang zwischen Erkennungs- und Lokalisierungsprozeß

## 4  Lösung des Lokalisierungsproblems

In diesem Abschnitt werden eine iterative Lösung für die Positionsbestimmung und eine analytisch geschlossene Lösung für die Orientierungsbestimmung (vgl. Abbildung 3) für die in Abschnitt 3 vorausgesetzten Eingabedaten vorgestellt. Die Algorithmen sind modell-basiert und setzen 3-D Merkmale voraus. Sie wurden im Sinne aktueller Forschungsanstrengungen, 3-D Information zu verarbeiten [9], [10], [11], [12] entwickelt.

### 4.1  Positionsbestimmung

Wenn drei Geraden im 3-D Raum gegeben werden, dann können wir das Lokalisierungsproblem so formulieren, daß Schnittpunkte zwischen drei Zylindern berechnet werden sollen. Die Achsen sind gleich der gegebenen Geraden; die Entfernungen der einzelnen Geraden zum Schwerpunkt definieren die Radien der Zylinder. Analytisch ausgedrückt, berechnet sich die Entfernung zwischen einer Gerade $i$ und dem Schwerpunkt $\mathbf{P}$ nach: $d_i = |(\mathbf{P} - \mathbf{P}_{0i}) \times \mathbf{v}_{0i}|$, $i = 1, 2, 3$. Wir definieren eine Vektorfunktion $\mathbf{F}$, deren Komponenten $F_i$ als das Quadrat der Entfernung zwischen einer Gerade - gegeben durch die Sensordaten - und der zu bestimmenden Position minus das Quadrat der aus den Modelldaten bekannten Entfernung definiert sind:

$$F_i\begin{pmatrix} x \\ y \\ z \end{pmatrix} = (v_{0iy}^2 + v_{0iz}^2)(x - x_{0i})^2 + (v_{0ix}^2 + v_{0iz}^2)(y - y_{0i})^2 +$$

$$(v_{0ix}^2 + v_{0iy}^2)(z - z_{0i})^2 - 2\,[\,v_{0ix}v_{0iy}(x - x_{0i})(y - y_{0i}) +$$

$$v_{0ix}v_{0iz}(x - x_{0i})(z - z_{0i}) + v_{0iy}v_{0iz}(y - y_{0i})(z - z_{0i})\,] - d_i^2 \tag{1}$$

Um das nichtlineare Gleichungssystem zu lösen, wird eine Newton-Iteration herangezogen:

$$\begin{pmatrix} x \\ y \\ z \end{pmatrix}_{k+1} = \begin{pmatrix} x \\ y \\ z \end{pmatrix}_{k} - [\,(\nabla \mathbf{F})\,(\mathbf{P}_k)\,]^{-1} \cdot \mathbf{F}\,(\mathbf{P}_k)\,, \quad \nabla \mathbf{F} = \begin{pmatrix} \frac{\partial F_1}{\partial x} & \frac{\partial F_1}{\partial y} & \frac{\partial F_1}{\partial z} \\ \frac{\partial F_2}{\partial x} & \frac{\partial F_2}{\partial y} & \frac{\partial F_2}{\partial z} \\ \frac{\partial F_3}{\partial x} & \frac{\partial F_3}{\partial y} & \frac{\partial F_3}{\partial z} \end{pmatrix} \tag{2}$$

Der Startwert der Position $\mathbf{P}$ is gegeben durch den Mittelpunkt des Dreieckes, das durch die Aufpunkte der drei Geraden definiert ist.

## 4.2 Orientierungsbestimmung

Wenn ein Objekt (Polyeder) rotiert und verschoben wird, werden die Orientierungsvektoren der 3-D Kanten nur durch die Rotation verändert (dasselbe gilt für alle Vektoren, so z.B. für Normalvektoren zu den Objektflächen). Für die Orientierungsvektoren aus den Sensordaten $\mathbf{v}'_{0i}$ und die entsprechenden Orientierungsvektoren im Modell $\mathbf{v}_{0i}$ gilt: $\mathbf{v}'_{0i} = \mathbf{R} \cdot \mathbf{v}_{0i}$ , $i = 1, 2, 3$. Wir können daraus folgende Beziehung herstellen: $\mathbf{r} = \mathbf{N}^{-1} \cdot \mathbf{v}'_0$. Mit:

$$
\mathbf{r} = \begin{pmatrix} r_{11} \\ r_{12} \\ r_{13} \\ r_{21} \\ r_{22} \\ r_{23} \\ r_{31} \\ r_{32} \\ r_{33} \end{pmatrix} , \; \mathbf{v}'_0 = \begin{pmatrix} v'_{01x} \\ v'_{01y} \\ v'_{01z} \\ v'_{02x} \\ v'_{02y} \\ v'_{02z} \\ v'_{03x} \\ v'_{03y} \\ v'_{03z} \end{pmatrix} , \; \mathbf{N} = \begin{pmatrix} v_{01x} & v_{01y} & v_{01z} & 0 & 0 & 0 & 0 & 0 & 0 \\ 0 & 0 & 0 & v_{01x} & v_{01y} & v_{01z} & 0 & 0 & 0 \\ 0 & 0 & 0 & 0 & 0 & 0 & v_{01x} & v_{01y} & v_{01z} \\ v_{02x} & v_{02y} & v_{02z} & 0 & 0 & 0 & 0 & 0 & 0 \\ 0 & 0 & 0 & v_{02x} & v_{02y} & v_{02z} & 0 & 0 & 0 \\ 0 & 0 & 0 & 0 & 0 & 0 & v_{02x} & v_{02y} & v_{02z} \\ v_{03x} & v_{03y} & v_{03z} & 0 & 0 & 0 & 0 & 0 & 0 \\ 0 & 0 & 0 & v_{03x} & v_{03y} & v_{03z} & 0 & 0 & 0 \\ 0 & 0 & 0 & 0 & 0 & 0 & v_{03x} & v_{03y} & v_{03z} \end{pmatrix} \tag{3}
$$

Um die Inverse der Matrix $\mathbf{N}$ zu bestimmen wird Gaußsche Elimination eingesetzt. Dabei läßt sich $\mathbf{N}$ in drei $(3 \times 3)$ Teilmatrizen zerlegen. Drei Elemente der Rotationsmatrix $\mathbf{R}$ werden aus einer der Teilmatrizen wie folgt berechnet:

$$
r_{13} = \frac{A'_5}{A'_4} , \; r_{12} = \frac{A'_3 - A'_2 \cdot r_{13}}{A'_1} , \; r_{11} = \frac{v'_{01x} - v_{01y} \cdot r_{12} - v_{01z} \cdot r_{13}}{v_{01x}} \tag{4}
$$

Entsprechend werden die restlichen Matrixelemente berechnet. Die Ausdrücke für $A'_i, (i = 1, \cdots, 5)$. lauten:

$$
A'_1 = v_{01x}v_{02y} - v_{02x}v_{01y}, \; A'_2 = v_{01x}v_{02z} - v_{02x}v_{01z}, \; A'_3 = v_{01x}v'_{02x} - v_{02x}v'_{01x},
$$
$$
A'_4 = (v_{01x}v_{02y} - v_{02x}v_{01y})(v_{01x}v_{03z} - v_{03x}v_{01z}) - (v_{01x}v_{03y} - v_{03x}v_{01y})(v_{01x}v_{02z} - v_{02x}v_{01z}),
$$
$$
A'_5 = (v_{01x}v_{02y} - v_{02x}v_{01y})(v_{01x}v'_{03x} - v_{03x}v'_{01x}) - (v_{01x}v_{03y} - v_{03x}v_{01y})(v_{01x}v'_{02x} - v_{02x}v'_{01x}) \tag{5}
$$

# 5  Ergebnisse

Ein kleines Beispiel soll die Arbeitsweise der Algorithmen illustrieren (im folgenden werden cm als Einheit verwendet). Für unser Beispielobjekt, den DLR Freiflieger, entsprechen die folgenden 3-D Kanten im Modell: ((1.0 1.0 0.0), (-0.7071 0.0 0.7071)), ((1.0 0.0 -1.0), (-0.7071 0.7071 0.0)) und ((0.0 1.0 -1.0), (-0.7071 -0.7071 0.0)) folgenden 3-D Kanten aus den Sensordaten: ((0.2412 0.312 5.659), (-0.750 -0.655 -0.090)), ((1.561 -0.073 5.327), (-0.683 0.117 -0.721)) und ((0.595 0.093 4.307), (0.183 -0.928 -0.324)).

Das kommt aus einer vorgegebenen Translation von (0.5 − 1.0 5.2) und einer vorgegebenen Rotation von $30^0$, $-45^0$, und $60^0$ jeweils um die X-, Y- und Z-Achsen (in dieser Reihenfolge). Alle Entfernungen zum Schwerpunkt sind bekannt und gleich 1.225. Mit dieser Information wird der Startwert der Position als $\mathbf{P}_0 = (0.799 \; 0.111 \; 5.098)$ berechnet. Nach sechs Iterationen wird die Position als $\mathbf{P} = (0.5 − 1.0 \; 5.2)$ berechnet, das gleich dem Translationsvektor ist, weil der Schwerpunkt des Objektes im Modell gleich dem Ursprung (0.0 0.0 0.0) definiert wurde.

Abbildung 5 links zeigt die Konvergenz des Positionsvektors. Abbildung 5 rechts zeigt die Konvergenz der Vektorfunktion $\mathbf{F}$ zu (0.0 0.0 0.0). Der Algorithmus zur Orientierungsbestimmung liefert die erwartete Rotationsmatrix:

$$
\mathbf{R} = \begin{pmatrix} 0.354 & -0.612 & -0.707 \\ 0.573 & 0.739 & -0.354 \\ 0.739 & -0.280 & 0.612 \end{pmatrix}
$$

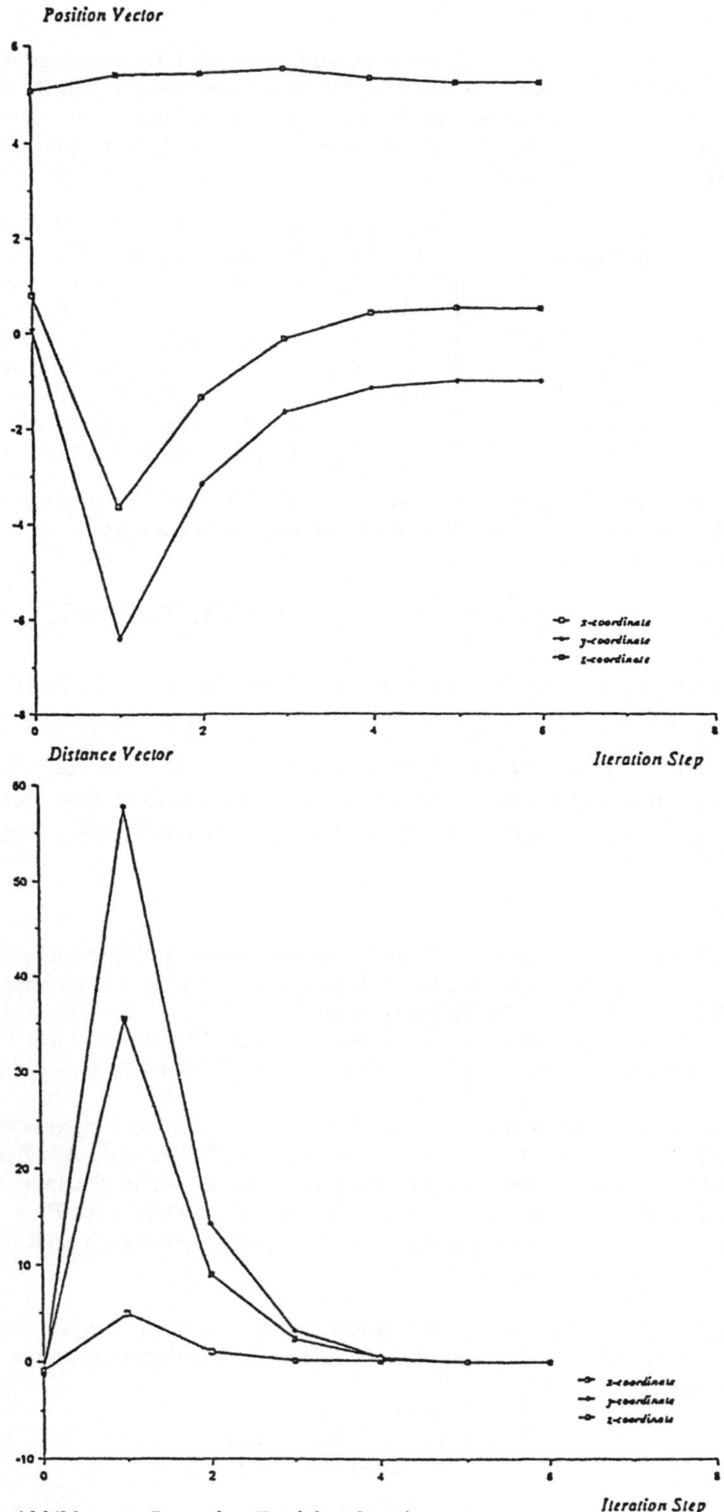


Abbildung 5: Iterative Positionsbestimmung

Beide Ergebnisse haben eine Genauigkeit größer als $1 \cdot 10^{-4}$ für jedes Matrix- oder Vektor-Element. Auf einem T800 (20 $MHz$, 100 $ns$ DRAM) dauert die Positionsbestimmung weniger als 5 $ms$ und die Orientierungsbestimmung weniger als 500 $\mu s$.

# Literatur


[1] G. Hirzinger, J. Dietrich, J. Schott, and B. Gombert, *Multiple and redundant sensing in an advanced robot gripper*, NATO Advanced Research Workshop "Robotics with Redundancy: Design, Sensing and Control", Salo, Lago di Garda, Italy, June 27 -July 1, 1988.

[2] G. Hirzinger, J. Heindl, K. Landzettel, *Predictive and Knowledge-Based Telerobotic Control Concepts*, 1989 IEEE Int. Conf. Robotics and Automation, May 14-19, 1989, Scottsdale, Arizona, pp. 1768.

[3] D.H. Ballard, *Computer Vision*, Prentice Hall 1982.

[4] B.K.P. Horn, *Robot Vision*, The MIT Press 1986.

[5] Y.L. Gu, *An Exploration of Orientation Representation by Lie Algebra for Robotic Applications*, IEEE Trans. SMC 20 (1990) 1, 243-248.

[6] K. Kanatani, *Group-Theoretical Methods in Image Understanding*, Springer 1990.

[7] O.D. Fagueras and M. Hebert, *The Representation, Recognition, and Locating of 3-D Objects*, The Int. J. Robotics Research 5 (3) (1986) 27-52.

[8] W.E.L. Grimson, *The Combinatorics of Object Recognition in Cluttered Environments Using Constrained Search*, Artificial Intelligence 44 (1990) 121-165.

[9] T. Kanade, *Three-Dimensional Machine Vision*, Kluwer Academic Publishers 1987.

[10] D.G. Lowe, *Fitting Parameterized 3-D Models to Images*, The University of British Columbia, CS-Dpt., Technical Report 89-26, Dec. 1989.

[11] Y. Shirai, *Three-Dimensional Computer Vision*, Springer Verlag 1987.

[12] S. Ullman, R. Basri, *Recognition by Linear Combinations of Models*, M.I.T. A.I. Memo No. 1152, August 1989.

# Modellgestützte Echtzeit-Bildverarbeitung auf Transputern zur autonomen Führung von Fahrzeugen


U. Franke, S. Ullrich
Daimler Benz AG, Dep. FVF/SI
D-7000 Stuttgart 80, P.O.Box 80 02 30
Tel. +711/17–48445, Fax.–48073



### Zusammenfassung

Die Echtzeit-Bildverarbeitung für die autonome Führung von Fahrzeugen stellt hohe Anforderungen hinsichtlich der verfügbaren Rechenleistung. Aus der von der Videokamera erfaßten Bildsequenz müssen der Verlauf der Straße sowie Ort und Bewegungszustand potentieller Hindernisse in Echtzeit bestimmt werden. Die Tatsache, daß die durchzuführende Szenenanalyse einfach in parallel zu bearbeitende Teilaufgaben separiert werden kann, legt die Verwendung eines Parallelrechnersystems nahe.

Vorgestellt wird ein aufwandsgünstiges Transputersystem, das zur Lösung der genannten Aufgabe entwickelte wurde. Ein zentrales Problem ist dabei die Tatsache, daß die stabile Regelung des Fahrzeuges bei auf Autobahnen üblichen Geschwindigkeiten Auswertezeiten kleiner 80 ms erfordert. Die daraufhin optimierte Bildverarbeitung wird wesentlich von einem mitgeführten Straßen- und Kameramodell gestützt, das eine selektive Auswertung der Bildinformation ermöglicht. Hierdurch können die vorgegebenen harten Echtzeitbedingungen eingehalten werden. Die Bildverarbeitung wurde anhand verschiedenen Videomaterials und auf mehreren Autobahnen erfolgreich getestet; erste autonome Fahrten mit diesem System sind für Frühjahr 1991 vorgesehen.


## 1 Einführung

Ziel unserer im europäischen Forschungsprogramm PROMETHEUS[1] eingebetteten Arbeiten ist die autonome Führung eines Fahrzeuges in Längs– und Querrichtung auf der Basis eines Videosignals. Dazu müssen Straßenverlauf und vorhandene Hindernisse (vor allem andere Verkehrsteilnehmer) aus der Bildfolge extrahiert und geeignet Parameter an die sich anschließende Regelung des Fahrzeuges weitergegeben werden. Die stabile Regelung (Zustandsregelung) für autobahntypische Geschwindigkeiten erfordert eine Taktzeit von maximal 80 ms, die von der Bildverarbeitung unter allen Umständen eingehalten werden muß.

In der Vergangenheit wurden unterschiedlichste Hardwarekonzepte für die Verarbeitung von Straßenbildfolgen eingesetzt. Diese reichen von Lösungen mit nur einem Microcontroller (Optopilot [WIL90]) über die an der Universität der Bundeswehr in München entwickelten Parallelrechnersysteme auf der Basis von Standard-Intelprozessoren (BVV2) [KUH88] bis hin zum Einsatz mehrerer SUN-Workstations und des Pipelinerechners WARP mit einer Peakleistung von 100 MIPs an der CMU. Die anerkannt besten Ergebnisse wurden dabei in München erzielt. Die im Rahmen des BMFT-Verbundprojektes "Autonom mobile Systeme" in Zusammenarbeit mit der Universität der Bundeswehr gewonnenen Erfahrungen fanden Eingang in die neue Konzeption.

Bei der zukunftsorientierten Auswahl einer für die Bildverarbeitung in Fahrzeugen geeigneten Hardware sind eine Reihe von Kriterien zu berücksichtigen:

---

[1] PROgraMme for a European Traffic with Highest Efficiency and Unprecedented Safety

- Hohe Rechenleistung pro Knoten

- Einfache Skalierbarkeit der Rechenleistung

- Schnelle Prozess-Kommunikation

- Programmierung in Hochsprache

- Einfache Verwaltung paralleler Prozesse

- Fahrzeugtauglichkeit, insbesonders geringe Leistungsaufnahme und geringer Platzbedarf

- Preis

Angesichts dieser Liste liegt der Einsatz eines Transputersystems nahe. Die Erfahrungen bestätigen, daß es dem Entwickler erlaubt, sich weitgehend auf die reinen Bildverarbeitungsprobleme zu konzentrieren. Lediglich die mangelhaften Debug-Möglichkeiten und das Fehlen eines Message-Passings lassen bekanntermaßen (noch) zu wünschen übrig.

Trotz der beeindruckenden technischen Daten des Transputers reicht die Bandbreite der Links nicht aus, um Bildsequenzen üblicher Auflösungen (z.B. 512 × 512 pel a 8 bit, 25 Bilder/sec) in Echtzeit zu übertragen. Es leuchtet unmittelbar ein, daß sich diese Tatsache nachhaltig auf die Strukur eines realzeitfähigen Systems auswirken muß. Ein im Rahmen der Bildverarbeitung häufig begangener Weg besteht im Aufbau eines separaten Pixelbusses. Aus Preisgründen wurde diese Lösung jedoch ausgeschlossen; stattdessen wurden Algorithmen implementiert, die gezielt nur die relevanten Bildausschnitte bearbeiten.

Im folgenden wird das realisierte System beschrieben. Ziel war die Erstellung eines flexiblen Systems, in das neue Algorithmen einfach eingebunden werden können, um sie zu testen, zu optimieren und die Leistungsfähigkeit des Gesamtsystems zu steigern. Aus diesem Grund wurde Wert auf eine klare Trennung der einzelnen Teilaufgaben innerhalb des Systems gelegt.

Zum Einsatz kommen ausschließlich Transputer vom Typ T800, 25 MHz. Die Software ist unter MULTITOOL in occam2 geschrieben.

## 2 Konzept der echtzeitfähigen Szenenanalyse

Die Verfahren der Bildverarbeitung können allgemein in datengetriebene (bottom-up) und modellgetriebene (top-down) Ansätze unterteilt werden. Wenn aussagekräftige Modelle zur Verfügung stehen, sind Verfahren des zweiten Typs meist entschieden effizienter. Im Rahmen der Analyse des Straßenverlaufs können solche Modelle zumindest für autobahnähnliche Straßen leicht angegeben werden. Sie erlauben es, die Aufmerksamkeit und damit die verfügbare Rechenleistung auf solche Bildbereiche zu focussieren, in denen aufgrund der aktuellen Instantiierung des Modells signifikante Strukturen erwartet werden. Auf gut strukturierten Straßen sind es vor allem die Markierungen, nach denen mit geeigneten Verfahren gezielt gesucht wird.

Damit ist bei diesem modellbasierten Ansatz keine aufwendige Auswertung der gesamten Bildinformation erforderlich; vielmehr müssen nur relativ kleine "Fenster" untersucht werden, so daß nicht nur die notwendige Rechenleistung, sondern auch die erforderliche Kommunikationsbandbreite sinkt. Beispielsweise sind pro Fenster der Groesse 96 × 12 Bildpunkte bei einem 80ms Takt lediglich 14.4 kByte/s zu transferieren. Derzeit werden typischerweise 16-24 Fenster dieser Größe ausgewertet, so daß sich bei einer Verteilung der Bilddaten über 3 Links eine Linkbelastung von weniger als 10% ergibt. Die übertragenen Fenster können unabhängig voneinander bearbeitet werden, was eine grobgranulare Parallelisierung der gesamten low-level Bildverarbeitung nahelegt, für die der Transputer prädestiniert ist.

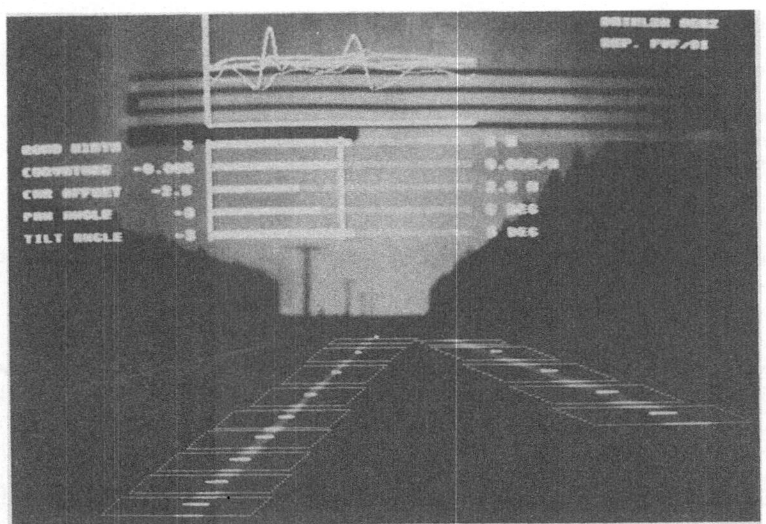

Abb. 1: Straßenszene mit Auswertebereichen und Graphic-Overlay zur Visualisierung relevanter Parameter

Dieses Prinzip verdeutlicht Abb. 1. Nur innerhalb der aufgeblendeten Parallelogramme wird nach den Markierungen gesucht. Die Bildkoordinaten der gefundenen Linien werden anschließend für die Aktualisierung des Modells verwendet. Der Kreislauf schließt sich mit der Prädiktion des Ortes der Markierungen im nächsten Bild auf der Basis der neuen Modellparameter.

## 2.1  Modellierung der Straße

Aus der Literatur sind verschiedene Straßenmodelle bekannt, die von einfachen geraden Straßen (parallele Linien) über Kreismodelle [MOR88] bis zu äußerst komplexen Modellen mit einer großen Zahl freier Parameter reichen ([OZA86]). Da in der Realität die Positionen der Markierungen nur mit z.T. großen Unsicherheiten bestimmt werden können, muß ein Kompromiß zwischen Genauigkeit des Modells und Zuverlässigkeit der Parameterschätzung gefunden werden.

Das von uns verwendete Modell basiert auf den Konstruktionsvorschriftenen für Autobahnen und Landstraßen. Dabei wird die Straße als Aufeinanderfolge von Geraden, Klothoiden[2]. und Kreisabschnitten modelliert (vgl. auch [MYS78]).

Unter der Annahme, daß es sich bei der Straße um eine (nicht notwendigerweise ebene) planare Fläche handelt, kann der laterale Abstand eines Punktes auf dieser Kurve von der Z-Achse in guter Näherung durch

$$X_w(Z) = \frac{1}{2}c_0 Z^2 + \frac{1}{6}c_1 Z^3 \tag{1}$$

beschrieben werden (vgl. Abb. 2). Der Index $w$ bezeichnet dabei das Weltkoordinatensystem. Wenn sich die Kamera $H$ Meter über Grund befindet und innerhalb der $B$ Meter breiten Spur um $X_0$ Meter von der Spurmitte versetzt ist, ergeben sich die Positionen der Spurmarkierungen im Kamerakoordinatensystem $(X, Y, Z)_c$ gemäß

$$X_c(Z) \;=\; \pm\frac{B}{2} - X_0 + \psi Z + \frac{1}{2}c_0 Z^2 + \frac{1}{6}c_1 Z^3 \tag{2}$$

---

[2]Eine Klothoide ist durch ihre Eigenschaft charakterisiert, daß sich ihre Krümmung linear mit der Bogenlänge verändert, d.h. $c(L) = c_0 + c_1 L$. Dabei stellt $c_0$ die Krümmung an der Stelle $L = 0$ und $c_1$ die konstante Krümmungsänderung dar.

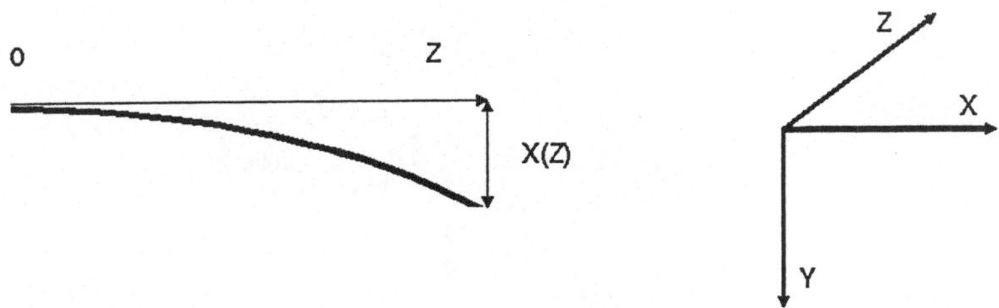


Abb. 2: Blick auf eine gekrümmte Straße aus der Vogelperspektive und Orientierung des Weltkoordinatensystems.

$$Y_c(Z) \;=\; H - \alpha Z. \tag{3}$$

Hierbei wird vorausgesetzt, daß die Kamera in Z-Richtung schaut und nur geringfügig geneigt (Nickwinkel $\alpha$) bzw. seitlich gedreht (Gierwinkel $\psi$) ist. Der Einfluß eines möglichen Wankwinkels wird vernachlässigt.

Unter Annahme des üblichen Lochkameramodells liefern die Gesetze der Zentralprojektion die Korrespondenz zwischen einem 3D-Punkt (ausgedrückt im Kamerakoordinatensystem) und seinem Ort in der 2-dimensionalen Bildebene $(x, y)$:

$$x = f \cdot X_c/Z \qquad \text{und} \qquad y = f \cdot Y_c/Z, \tag{4}$$

wobei $f$ für die Brennweite der Kamera steht.

Zusammen mit (3) ergibt sich daraus, daß ein Punkt $(x, y)$ im Bild zu einem Punkt $(X, Y, Z)_c$ auf der ebenen Straße korrespondiert, der sich

$$Z = \frac{H}{y/f + \alpha} \tag{5}$$

Meter vor der Kamera befindet. Die Bildkoordinaten $x$ und $y$ sind dabei durch

$$x(Z) = \frac{f}{Z}\, X_c(Z) \tag{6}$$

mit den Modellparametern verknüpft.

Derzeit werden folgende Parameter durch Auswertung der Bildfolge bestimmt: Straßenbreite $B$, Krümmungsparameter $c_0$ und $c_1$, Fahrzeugversatz $X_0$, Gierwinkel $\psi$ und Nickwinkel $\alpha$. Im Gegensatz zu alternativen Ansätzen, die den Nickwinkel als konstant ansehen, wird dieser hier variabel angesetzt. Dadurch werden Modellierungsfehler bei Nickbewegungen vermieden, die durch unebene Fahrbahnen und Beschleunigungsvorgänge hervorgerufen werden. Der Preis, den man dafür bezahlen muß, ist die Tatsache, daß das Modell nicht mehr linear ist.

Die notwendige Anpassung des Modells auf die ermittelten Positionen der Straßenmarkierungen basiert auf einem iterativen least-square Verfahren, bei dem die zeitlichen Kontinuitätsbedingungen Berücksichtigung finden. Dieser Ansatz wird ausführlich in [FRA91] beschrieben. Eine Verallgemeinerung des verwendeten Modells auf nicht-ebene Straßen ist einfach möglich und befindet sich in Vorbereitung.

## 3 Beschreibung des Transputer-Systems

Die aktuelle Topologie unseres Systems ist Abbildung 3 zu entnehmen. Es besteht aus einem Masterprozessor, der das System kontrolliert, einem Multiplexer (slave driver) sowie drei parallel angeordneten

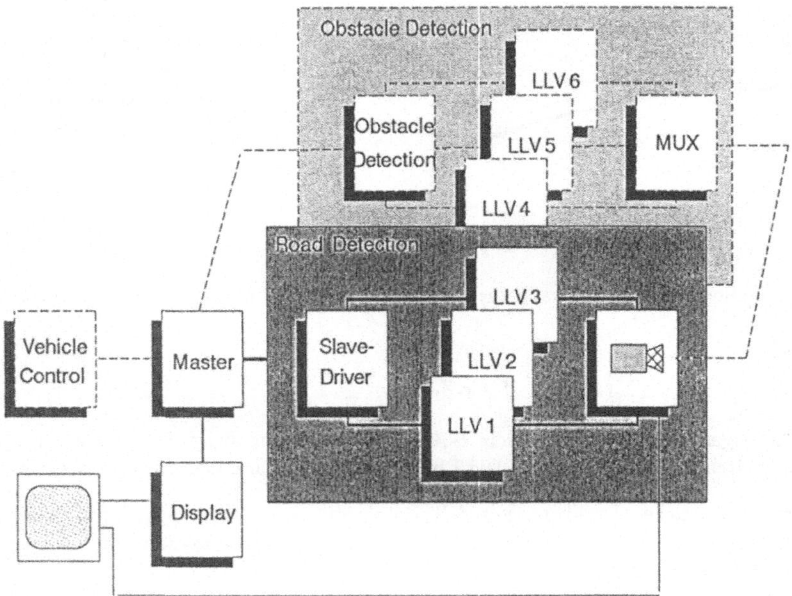



Abb. 3: Blockschaltbild des realisierten Transputernetzes mit geplanten Erweiterungen

Prozessoren (LLVx), die die Last der Bildverarbeitung tragen. Die Bilddaten werden von einem transputerbasierten Framegrabber bereitgestellt. Der optionale Display-Prozessor ist in der Lage, der erfaßten Bildsequenz graphische Informationen zu überlagern. Damit können (vgl. Abb. 1) die Auswertefenster dargestellt sowie das Zeitverhalten interessierender Parameter anhand von Oszillogrammen und Bargraphen verfolgt werden.

Wie in Bild 3 angedeutet, beabsichtigen wir, dieses System in Kürze durch weitere Prozessoren zu erweitern, deren Aufgabe die Hindernisdetektion sein wird. Zur Zeit wird ein Algorithmus von Kühnle [KÜN90] implementiert, der sich die Tatsache zu Nutze macht, daß nahezu alle Fahrzeuge hochgradig achsensymetrische Rückfronten aufweisen, die durch globale Operationen zuverlässig und schnell erkannt werden können. Das Modul Hindernisdetektion wird mit dem Master Informationen über Ort und Geschwindigkeit vorausfahrender Fahrzeuge einerseits sowie die geschätzten Straßenparameter andererseits austauschen.

Weiterhin sollen die regelungstechnischen Algorithmen, die derzeit auf einem AT ablaufen, auf einem zusätzlichen Knoten implementiert werden, um ein voll funktionsfähiges stand-alone System zu realisieren.

Im folgenden sollen die Aufgaben der einzelnen Prozessoren näher dargestellt werden.

Der gesamte Ablauf der Bildverarbeitung wird von einem auf dem **Master** laufenden Steuerprozess überwacht, der auf der Basis des mitgeführten Straßenmodells entscheidet, *wo* im Bild *welche* Details und — in Zukunft — mit *welchen* Algorithmen gesucht werden sollen. Darüber hinaus veranlaßt er die Systeminitialisierung, sammelt die Ergebnisse der bildverarbeitenden Prozesse und sorgt für die Aktualisierung des Modells. Dazu werden von ihm — dem Transputer sei Dank — parallel laufende „Spezialisten"-Prozesse angestoßen, die über das jeweils notwendige Expertenwissen verfügen. Diese Prozesse formulieren priorisierbare Aufträge, die an den Slave-Driver weitergegeben werden. Durch die Priorisierung kann den unterschiedlichen Bedeutungen einzelner Aufgaben in Hinblick auf den primären Auftrag Rechnung getragen werden.

Auf dem **Slave-Driver** ist eine einfache Load-Balancing Strategie implementiert, die die empfangenen Aufträge unter Berücksichtigung ihrer Prioritäten an die drei parallelen bildverarbeitenden Prozessoren verteilt. Da das gesamte System in Hinblick auf die Regelung über das Videosignal getaktet wird und die Verarbeitung in Zeitscheiben organisiert ist, bedeutet Load-Balancing vor allem das Verhindern von Zeitbereichsüberschreitungen einzelner Prozessoren, notfalls durch Streichen nieder priorisierter Aufträge.

Derzeit sind drei **LLV-Prozessoren** (low-level vision) vorgesehen, die parallel angeordnet sind, um die Verzögerungszeiten des Gesamtsystems (=Totzeit im Regelkreis) so gering wie möglich zu halten. Weitere Prozessoren sind prinzipiell möglich, würden jedoch zusätzliche Routing-Knoten erfordern.

Im Gegensatz zu der Parallelität der Prozessoren werden die Aufträge auf den *einzelnen* LLV-Prozessoren *sequentiell* abgearbeitet. Wenn man occam2 für die Implementierung verwendet, hat dies die folgenden drei Vorteile:

- Ca. 2.5 KByte des internen schnellen RAMs (40ns) können dem jeweils aktivierten Algorithmus als temporärer Workspace zur Verfügung gestellt werden.

- Da es sich bei occam2 um eine statische Sprache handelt, müßte man bei einer parallelen Lösung die maximale Zahl aktivierbarer Prozesse zu Compile-Zeit festlegen. Der notwendige "worst case" Entwurf für jeden vorgesehenen Algorithmus verbietet sich, wenn die implementierten Algorithmen einen großen Speicherplatzbedarf haben.

- Im Falle einer möglichen Überlastung eines Prozessors wird nur der zuletzt erteilte Auftrag innerhalb der Zeitscheibe nicht vollständig bearbeitet; eine parallele Strategie läuft Gefahr, sämtliche Prozesse nicht rechtzeitig beenden zu können, was einem vollständigen Ausfall aller von diesem Prozessor zu liefernden Meßwerte gleichkäme.

Die LLV-Prozesse ihrerseits fordern beim **Framegrabber** die zu verarbeitenden Bildbereiche zeilenweise an. Da fast alle gängigen BV-Algorithmen zeilensequentiell formuliert werden können, parallelisiert ein Wechselpufferbetrieb (internes RAM!) in einfacher Form Kommunikation und Berechnung.

Neben den Bilddaten versorgt der Framegrabber das Transputernetz mit einem festen Systemtakt in Form einer fortlaufenden Bildnummer. Damit kann sichergestellt werden, daß die Aufträge stets auf den richtigen Daten durchgeführt werden. Diese Information wird mit hoher Priorität über alle Prozessoren geführt und ermöglicht so zusätzlich eine Überwachung der Hardware. Der Master benötigt dieses Signal außerdem, um ein festes Zeitraster für die zustandsraum-basierte Regelung des Fahrzeuges zu garantieren.

Die Resultate der low-level Bildverarbeitung werden an die beauftragenden Spezialisten zurückgegeben. Diese bewerten die Kantenkandidaten nach Kontrast und Konformität mit dem prädizierten Modell. Über Fuzzy-Funktionen werden daraus Zuverlässigkeitsmaße abgeleitet, die bei der Aktualisierung des Modells Berücksichtigung finden [FRA91]. Zusammen mit dem im nächsten Abschnitt beschriebenen robusten Verfahren zur Detektion von Markierungen garantiert die selektive Bewertung der einzelnen Messungen die zuverlässige Verfolgung der Markierung auch bei schlechtem S/N-Verhältnis sowie Unterbrechungen der Linien.


## 4 Lokalisierung der Straßenmarkierungen

Solange die Rechenkapazität der drei parallelen LLV Prozessoren ausreicht, ist das vorgestellte System nicht auf ein bestimmtes Verfahren zur Kanten- bzw. Liniendetektion festgelegt. Im Gegenteil, während der Designphase wurde Wert auf eine einfache Erweiterbarkeit durch alternative Algorithmen gelegt.

Ein "klassischer" Weg für die Detektion einer Straßenmarkierung ist die Anwendung eines differenzierenden Filters (z.B. Sobel-Operator [BAL82]), gefolgt von einer Binarisierung des Resultates und Verdünnung der Kanten auf Pixelbreite, um z.B. die Hough-Transformation [HOU62] anwenden zu können.

Vergleichbare Resultate lassen sich mit deutlich geringerem Aufwand erzielen, wenn man sich das mitgeführte Straßenmodell zunutze macht. Es erlaubt nicht nur eine recht genaue Prädiktion des *Ortes* einer

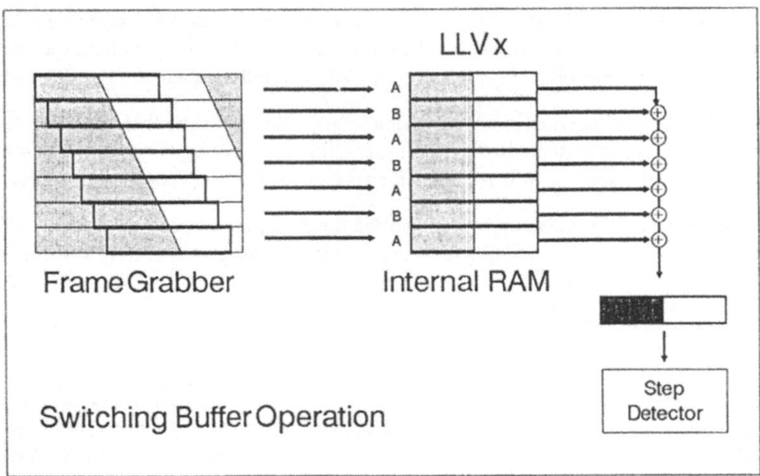



Abb. 4: Gerichtete Integration auf dem Transputer

Markierung, sondern auch des *Winkels*, unter dem sie im Bild erscheint. Damit reduziert sich die Aufgabe auf das Finden einer Kante unter (näherungsweise) bekanntem Winkel innerhalb eines beschränkten Suchbereiches.

Damit ist es möglich, ein matched Filter anzugeben. Offensichtlich hat dieses parallel zur Kante integrierenden, senkrecht dazu aber differenzierenden Charakter. Ein solches Filter wurde in einfacher Form bereits von Duda und Hart [DUD73] vorgeschlagen; ältere Quellen lassen sich sicherlich finden. Ein leistungsfähigerer, aber deutlich aufwendigerer Ansatz ist der von Canny [CAN86].

Abbildung 4 verdeutlicht das implementierte Verfahren, das am besten mit "gerichtete Integration" umschrieben wird. Die bekannten Eigenschaften des verwendeten Prozessors erlauben eine besonders einfache und dabei elegante Implementierung. Während der Initialisierungsphase wird auf jedem LLV-Prozessor eine Tabelle erzeugt, die den Versatz einzelner Zeilen als Funktion des Winkels der erwarteten Kante angibt. Der Integrationsprozess benutzt diese Tabelle, um zur Laufzeit die einzelnen Bildzeilen so vom Framegrabber anzufordern, daß der erwartete Versatz der Kantenpunkte bereits kompensiert wird. Im Idealfall liefert eine einfache Akkumulation der empfangenen Zeilen eine Grauwertstufe, deren Position mit Standardverfahren im nun eindimensionalen Signal sehr effizient bestimmt werden kann.

Die auf Transputern unbedingt anzustrebende Parallelisierung von Rechnung und Kommunikation erreicht man durch ein einfaches Wechselpufferverfahren (buf A, buf B), wobei die Wechselspeicher dank der sequentiellen Prozessabarbeitung im internen RAM "geplaced" werden können. Während der Inhalt des einen Puffers zum Akkumulator addiert wird, wird der andere Puffer mit dem interessierenden Ausschnitt der nächsten Bildzeile gefüllt. Die Auswertung eines parallelogrammförmigen Bereiches der Größe 64 × 24 Bildpunkte mittels des beschriebenen Algorithmus benötigt so incl. Kommunikation ca. 4 ms.

# 5 Zusammenfassung

Transputersysteme stellen eine preiswerte und gleichzeitig leistungsfähige und flexible Plattform für Test und Optimierung von Echtzeit-Bildverarbeitungsalgorithmen dar. Das von uns eingesetzte System zeichnet sich durch geringe Abmaße und Leistungsaufnahme aus und ist zudem relativ unempfindlich hinsichtlich mechanischer Belastungen und elektromagnetischer Einflüsse, so daß es sich gut für den mobilen Einsatz in Fahrzeugen eignet. Sowohl die Ankündigung des H1 als auch die von INMOS in Aussicht gestellte Verfügbarkeit der T-Serie für ASICs machen den Transputer aus industrieller Sicht zusätzlich interessant.

Die Tatsache, daß die Programmierung von Transputersystemen relativ geringe Hardwarekenntnisse erfordert, erlaubte eine Implementierung der wesentlichen Komponenten der Spurverfolgung mit einem Aufwand von weniger als einem halben Mannjahr.

Das beschriebene System läuft zuverlässig mit einer Zykluszeit von 80 ms. Auch ohne aufwendige Rechenzeitoptimierungen sind die Prozessoren bei gleichzeitiger Verfolgung mehrerer Fahrbahnspuren nur zu 50-75% ausgelastet, so daß Erweiterungen möglich sind. Die Bildverarbeitung wurde auf verschiedenen Autobahnen bei manueller Fahrt getestet und erwies sich als robust auch bei schlecht sichtbaren Markierungen (Laub, Regen). Fahrten im geschlossenen Kreis (d.h. autonome Fahrt) wurden erfolgreich im bekannten Fahrsimulator der Daimler Benz AG in Berlin durchgeführt. Erste autonome Fahrten in realer Umgebung sind für das Frühjahr 1991 vorgesehen.

Neben der bereits erwähnten Realisierung der Hinderniserkennung als wesentliche Voraussetzung für die autonome Längsführung beabsichtigen wir den Einsatz einer zweiten Kamera mit längerer Brennweite zur Erhöhung der Vorausschauentfernung, was eine genauere Vermessung von Straßenverlauf und Hindernissen in größerer Entfernung und damit eine weitere Steigerung der Zuverläsigkeit ermöglicht.


## Literatur


[BAL82] D.H.Ballard, C.M.Brown: *Computer Vision*, Prentice-Hall, Englewood Cliffs, New Jersey, 1982

[DUD73] R.O.Duda, P.E.Hart: *Pattern Classification and scene analysis*, Wiley-Interscience, 1973

[CAN86] J.Canny: "A computational approach to edge detection", IEEE Trans. on PAMI, Vol.8, No.6, Nov.1986, S.679-698

[FRA91] U.Franke: "Real time 3D-modeling for autonomous vehicle guidance", *zur Veröffentlichung eingereicht*

[HOU62] P.V.C.Hough: "Method and means for recognizing complex patterns", U.S. patent 3,069,654, Dec.18, 1962

[MOR88] A.D.Morgan et al: "Road edge tracking for robot road following", Proc. Alvey Vison Conference 1988, 31.8.-2.9.1988, Manchester, S.179-184

[MYS87] B.Mysliwetz, E.D.Dickmanns: "Distributed scene analysis for autonomous road vehicle guidance", Proc. SPIE conference on Mobil Robots II, Vol.852, Cambridge, Mass., USA, Nov.1987, S.72-79

[KUH88] K.-D.Kuhnert, V.Graefe: "Vision systems for autonomous mobility", IEEE Intern. workshop on Intelligent Robots and Systems, Tokyo, Nov.1988

[KÜN90] A.Kühnle: "Vehicle location and tracking in urban environments", Proceedings PROMETHEUS workshop "Collision Avoidance", Coventry Oct. 1990

[OZA86] Ozawa & Rosenfeld: "Synthesis of a road image as seen from a vehicle", Pattern Recognition, Vol.19, No.2, 1986, S.123-145

[WIL90] T.Wilm: "Bildverarbeitung im Kraftfahrzeug — nur ein Forschungsansatz?", VDI-Berichte 819, VDI-Verlag 1990, S.613-630

# 3D-Grafik und Transputer:

## Die Parallelisierung von MiraShading, Sabrina und Miranim

### Erfahrungen bei der Übertragung und Parallelisierung eines großen Programmsystems


CHRISTIAN SCHORMANN, ULRICH DORNDORF

ARTTEC Software GmbH, Berner Str. 17, 6000 Frankfurt

HUGO BURM

ComMedia, Leidsekade 98, NL-Amsterdam


Transputer sind keine neuen Mikroprozessoren mehr. Im Vergleich zu anderen Prozessorfamilien gibt es jedoch extrem wenig Portierungen von Software von anderen Systemen. Aus Gründen, die über das Thema dieses Artikels hinausgehen, sind Transputer-Systeme immer noch weitgehend auf hoch spezialisierte Inhouse-Anwendungen, Forschung und die Meß- und Regeltechnik beschränkt.

Wir haben nun den, es sei gleich zu Beginn erwähnt, durchaus erfolgreichen Versuch unternommen, ein großes Softwarepaket, das ursprünglich auf VAX Computern unter VMS entwickelt wurde, für Transputersysteme unter dem Betriebssystem Helios zu portieren.

MiraShading ist ein Entwicklungssystem für photorealistische 3D Computergrafik. Es besteht aus einer sehr umfangreichen Bibliothek von Funktionen zur Erzeugung, Manipulation, Transformation, Deformation und Darstellung von dreidimensionalen Objekten, sowie der MiraShading Programmiersprache, die eine komfortable Grafik-Erweiterung zu Pascal darstellt und wahlweise anstelle normaler Programmiersprachen verwendet werden kann. Von einfachen Drahtmodellen bis hin zu aufwendigen Bildern mit verschiedenen Textur-Techniken, Schatten und Transparenz reicht die Palette der Bildmöglichkeiten. Auf der Basis von MiraShading wurden das Visualisierungssystem Sabrina und das interaktive, programmier- und erweiterbare Animationssystem Miranim implementiert. Die Original-Versionen der Software wurden an der Universität von Montreal unter Leitung der Professoren Nadia Magnenat-Thalmann und Daniel Thalmann entwickelt (siehe [11], [12], [13]). Die gesamte Software ist in Pascal oder der MiraShading Sprache geschrieben. Gegenstand dieses Artikels soll vor allem die Parallelisierung des MiraShading-Renderers sein.

## 1. Warum Transputer?

3D-Grafik ist bekannt für ihren immensen Bedarf an Fließkomma-Rechenleistung. Als wir Ende 1988 mit der Planung für die Portierung begannen, haben wir uns für Transputersysteme entschieden, die zu dieser Zeit

- die höchstmögliche Rechenleistung in der von uns vorgesehenen Preisklasse boten und
- als einzige Prozessorfamilie leichte Erweiterbarkeit der Rechenleistung versprachen.

Außerdem stand mit der Atari Transputer-Workstation ein zu dieser Zeit einzigartig preiswerter Prototyp eines Echtfarben-Grafik Entwicklungssystems zur Verfügung. Echtfarben-Grafik war Ende 1988, ist mit wenigen Ausnahmen sogar bis heute, nur auf Transputersystemen im Low-Cost-Bereich verfügbar.

Die Nachteile, die wir uns mit dieser Basisentscheidung eingehandelt haben, wirken aus heutiger Sicht recht gravierend: (1) Hohe Zeitverluste durch unstabile Hardware- und Softwareplattformen und (2) der Inselcharakter, der jeder Transputerlösung wegen der bisher geringen Verbreitung anhaftet.

## 2. Generelle Probleme mit Transputern

Generelle Schwierigkeiten bei der Implementierung großer Softwarepakete auf Transputern, speziell unter Helios sind:

- Kein Speicherschutz. Unsichere Speicherverwaltung im Grenzbereich.
- Keine virtuelle Speicherverwaltung.
- Wir sind auf Pascal angewiesen, eine auf Transputern eher exotische Sprache. Daher: Einige Schwierigkeiten mit der Pascal-Runtime-Bibliothek, dem Source-Level-Debugger und Inkompatibilitäten zwischen C und Pascal.
- Unter Helios ist es dem Benutzer bisher nicht möglich, selbst residente Bibliotheken zu erzeugen; die Folge sind geradezu "klassische" Turn-around-Zeiten bei großen Applikationen.
- Der Zugriff auf komplexe Datenstrukturen braucht nach unserer Erfahrung verhältnismäßig viel Prozessor-Zeit.

Die Zuverlässigkeit und Geschwindigkeit der Entwicklungsumgebung im Vergleich zu PCs oder Workstations läßt also durchaus noch zu wünschen übrig.

## 3. Parallelisierte Computergrafik

Es gibt eine ganze Reihe von Ansätzen für die Parallelisierung von Computergrafik. Besonders für Ray-Tracing und spezielle Hardware-Architekturen gibt es zahlreiche Lösungen (siehe Literaturverzeichnis), die aber für unsere Anwendungen aus naheliegenden Gründen nicht in Frage kommen:

- MiraShading ist ein Entwicklungs-System. Paralleles Rechnen sollte daher für den Anwender (Programmierer) so transparent wie möglich implementiert werden.
- MiraShading soll für kommerzielle Anwendungen verfügbar sein. Spezielle Vorgaben an Netzwerk-Topologie und Größe erschweren die Anpassung und generelle Benutzbarkeit.
- Die bereits vorhandene Software sollte ohne größere Änderungen weiterverwendet werden.

Computergrafik-Programme stellen gewisse Anforderungen an die Zielmaschine. Computergrafik benötigt:

- Extrem viel Speicher,
- hohe Rechenleistung und
- komplexe Datenstrukturen.

Bereits Implementierungen komplexer Grafiksysteme auf Einprozessor-Rechnern sind daher nicht einfach; die Parallelisierung schafft einige weitere Probleme.

Im Augenblick lassen sich für die Parallelisierung von Grafik-Algorithmen zwei grundsätzliche Strategien ausmachen: (1) Pipeline-Architekturen und (2) Farm-Konzepte. Während eine Pipeline-Architektur im Prinzip der Arbeitsteilung an einem Fließband entspricht, bei der jeder Arbeiter eine hochspezialisierte Aufgabe erfüllt und das Produkt dann weiterreicht, spiegelt ein Farm-Konzept eher das Team-Work moderner Auto-Fabriken wieder: Jede Arbeitsgruppe stellt ein Produkt vollständig aus den Einzelteilen her. Dadurch produziert *eine* Arbeitsgruppe zwar weniger, aber alle Arbeitsgruppen gemeinsam können sehr effizient sein. Vom soziologischen Standpunkt aus betrachtet, ist die Team-Lösung natürlich viel fortschrittlicher; man darf daher gespannt sein, ob sich diese soziologische "Überlegenheit" auch in der Computer-Welt wiederfinden wird.

### 3.1 Grafik-Algorithmen

Realistische 3D Computergrafik, also die Darstellung eines 3D-Modells im Computer als zweidimensionales Bild, läßt sich auf vier Grundprobleme reduzieren:

- Modellierung. Die darzustellende "Welt" muß im Computer repräsentiert werden. Es gibt dafür sehr verschiedene Möglichkeiten, etwa durch
    - *Flächen*. Ein Objekt wird durch Polygone oder Freiformflächen beschrieben, ähnlich einem Papiermodell. Die MiraShading-Modelle verwenden eine solche polygonale Darstellung.
    - *Solids*. Ein Objekt wird quasi aus einem Baukasten von 3D-Körpern (wie aus Holzklötzchen) zusammengesetzt; im Gegensatz zu "richtigen" Bauklötzen kann man die mathematischen Repräsentierungen aber nicht nur aneinandersetzen, sondern auch Schnitt- und Differenzmengen bilden.
    - *Volumenmodelle*. Ein 3D-Objekt wird durch ein $n$-dimensionales Datenfeld dargestellt.
- Projektion der 3D-Welt auf ein 2D Ausgabegerät, etwa den Bildschirm.
- Eliminierung verdeckter Teile einer Szene. Wirkliche Körper, die voreinander stehen, verdecken sich gegenseitig. Die Lösung des Sichtbarkeit-Problems für eine beliebige Sichtposition im Raum ist für den Computer allerdings alles andere als einfach, wie die Vielzahl der dafür entwickelten Methoden beweist.

- Die realistische Darstellung der Oberfläche. Selbst wenn bekannt ist, daß ein Oberflächen-Ausschnitt sichtbar ist, ist die Frage der Darstellung noch nicht abschließend geklärt. Oberflächen haben im allgemeinen Eigenschaften, wie Farbe, Rauhheit, Muster usw., die simuliert werden müssen, um gute Bilder zu produzieren. Die Interaktion von Licht mit der Szenerie muß ebenfalls möglichst realistisch berechnet werden.

Aus dieser Liste läßt sich leicht entnehmen, daß es nicht *einen* kanonischen Ansatz zur Lösung der angesprochenen Probleme gibt. Man kann jedoch die vorhandenen Lösungen grob in zwei Klassen einteilen:

- Lokale Modelle gehen von der Vereinfachung aus, daß es genügt, jeden darzustellenden Oberflächenpunkt für sich, oder nur im Kontext seiner unmittelbaren Umgebung zu betrachten. In der "Wirklichkeit" tatsächlich auftretende Interaktionen, wie Spiegelungen, Schatten, komplexe und subtile Lichtwirkungen sind hier nur auf Umwegen zu realisieren. Entsprechende Lösungen sind weit verbreitet, weil die Methoden, nicht zuletzt aus historischen Gründen, gut erforscht und erprobt sind.
- Globale Modelle basieren auf einer etwas weiter gefaßten "Weltsicht": Der Einfluß des Lichtes etwa auf eine ganze Szene inklusive aller diffusen Reflektionen wird zum Beispiel von der *Radiosity*- Methode mit aufwendigen, dem thermodynamischen Energiefluß entlehnten Modellen berechnet. Das Ergebnis des meist gigantischen Rechenaufwandes sind unerreicht *photorealistische* Bilder mit subtilen Licht- und Schatteneffekten.

Trotz der großen Unterschiede lassen sich die meisten lokalen und auch einige der globalen Modelle gut auf eine weitgehend einheitliche Prozeß-Struktur abbilden. Der Ablauf läßt sich grob wie in Bild 1 dargestellt beschreiben. Die einzelnen Phasen können dabei je nach Shading- und Hidden-Surface-Removal-Technik mehr oder weniger variieren.

Diese einzelnen Schritte lassen sich nun so implementieren, daß ein Prozessor eine der Teilaufgaben (die sich selbstverständlich auch weiter aufteilen lassen) übernimmt und die geforderte Operation auf den *gesamten* Datenstrom anwendet. Man spricht hier von einer Pipeline-Architektur. Die Alternative ist, die gesamte Pipeline auf einem Prozessor zu implementieren und dem entsprechenden Prozessor entweder einen Teil des zu berechnenden Bildes oder einen Teil der darzustellenden Daten zuzuweisen. In letzterem Fall kann eine Nachbereitung erforderlich sein, die die einzelnen vorbearbeiteten Bildteile zusammenfügt. Schließlich sind auch Kombinationen dieser beiden extremen Ansätze denkbar. Welche Vorteile mit den einzelnen Architektur-Modellen verbunden sind, soll im folgenden im Detail besprochen werden.

### 3.2 Pipeline-Architekturen

Die Hauptvorteile einer Pipeline-Architektur liegen in der Modularität: Jede Teilaufgabe kann von einem Prozessortyp ausgeführt werden, der für die Aufgabe entsprechend geeignet ist, im Extremfall sogar von spezieller Hardware. Die Grafik-Beschleuniger der Silicon Graphics Iris-Workstations sind ein gutes Beispiel für eine entsprechende Implementierung (siehe [<silicon1>], [1]). Erkauft wird dieser Vorteil allerdings mit einer gewissen Inflexibilität: Es ist kaum möglich, Rendering-Algorithmen zu implementieren, die sich nicht auf das Pipeline-Modell abbilden lassen, denn die Aufteilung und Balancierung der Pipeline beruht nun einmal im Prinzip auf einer Anzahl fest vorgegebener Rechenschritte. Besonders globale Phänomena wie Schatten, diffuse Interreflektionen usw. sind mit Pipeline-Architekturen schwer zu implementieren, weil zum Zeitpunkt der Farb-Berechnung für ein Pixel keine globalen Informationen vorliegen (da die Berechnung nun einmal in allen Schritten streng sequentiell erfolgt). Es ist zwar möglich, einige globale Informationen über spezielle Techniken, etwa Shadow-Maps, verfügbar zu machen, aber die Architektur nähert sich dann einem Pipeline/Farm-Hybrid.

Zum anderen hat eine Pipeline inherent schlechte Load-Balancing-Eigenschaften. Nehmen wir etwa das Beispiel einer typischen Z-Buffer-Parallelisierung (siehe [9]). Die hier verwendete Pipeline läßt sich in zwei Blöcke aufteilen; den Transformations-Block und den Scan-Konverter-Block. Während der Zeitaufwand für Transformationen und Clipping im wesentlichen von der Zahl der Polygon-Eckpunkte bestimmt wird, ist der Aufwand für die Scan-Konvertierung praktisch ausschließlich von der Bildschirmfläche abhängig, die das fertig transformierte Polygon belegt. Zwei extreme Beispiele zeigen schnell das Problem. Besteht die Szene aus wenigen, sehr großen Polygonen, hat der Transformationsblock kaum etwas zu tun, während sich die Scan-Konverter nicht über Arbeitslosigkeit beklagen können. Sind es jedoch sehr viele kleine Polygone, ist die Situation genau umgekehrt. Nur mit großem Aufwand oder entsprechender Überdimensionierung kann man diesem Problem begegnen, besonders dann, wenn hochqualitative Bilder erzeugt werden sollen. In diesem Fall wird die Belastung der Pipeline meist noch unberechenbarer, weil frei programmierbare Schattier-Funktionen, Schatten- oder Transparenzberechnung die Lastverteilung sehr ungünstig beeinflussen können. Moderne Rendering-Algorithmen können den Löwen-Anteil der Rechenzeit in den Schattierungs-Routinen verbringen, die im allgemeinen sehr schwer in

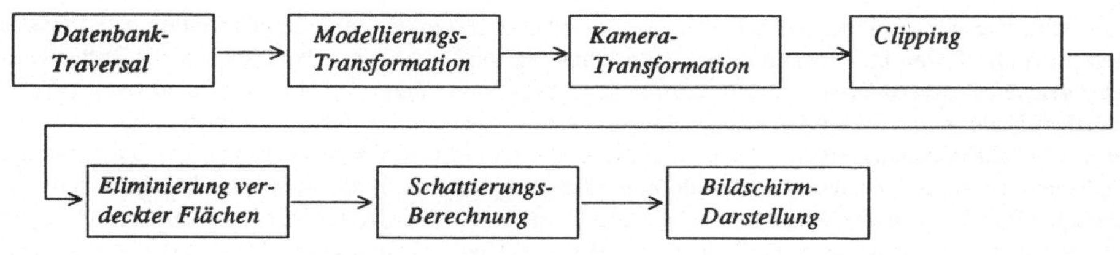

Abbildung 1: Typische Schritte bei der Berechnung von 3D-Computergrafik

Pipeline-Form zu implementieren sein werden. Aufwands-Heuristiken für die Balancierung dürften ebenfalls kaum aufzustellen sein.

Ein weiteres Problem der Pipeline ist ihre extreme Abhängigkeit von der verwendeten Netzwerk-Topologie. Da alle Daten immer durch die ganze Pipeline hindurch transportiert werden müssen, ist es für die Gesamt-Leistung von besonderer Bedeutung, daß innerhalb der Pipeline keine "Flaschenhälse" durch Umwege im Netzwerk entstehen. Direkte Verbindungen zwischen den Prozessoren sind dringend erforderlich (siehe wiederum [9]).

Daraus folgt: Pipeline-Architekturen sind hervorragend für die Konstruktion von Hardware-Beschleunigern geeignet, sowie für Anwendungen, bei denen die zu berechnenden Szenen-Daten im voraus bekannt ist, etwa Flug- oder Fahrsimulatoren. Für variable Systemkonfigurationen sind sie weniger von Vorteil.

### 3.3 Farm-Architekturen

Bei einer Prozessor-Farm liegen die Dinge etwas anders. Dadurch, daß jeder Prozessor bei seinem Teil der Arbeit jeden Schritt der Bildberechnung selbst durchführen muß, kann eine Prozessor-Farm leichter an verschiedene Rendering-Algorithmen angepaßt werden. Allerdings ist der Begriff der Farm-Architektur auch erheblich weiter gefaßt als der der Pipeline, so daß wir uns hier auf einige typische Vertreter der Gattung beschränken müssen.

Die wohl am weitesten verbreitete Methode zur Parallelisierung mittels Prozessor-Farm ist die Aufteilung des Bildes in Einzelteile. Jeder Prozessor berechnet dann nur einen Ausschnitt des Bildes, etwa einen rechteckigen Block oder eine Anzahl von Scanlines. Da jeder Prozessor die gesamte Verarbeitung innerhalb seines Ausschnittes durchführt, ist es leichter, die gleichen Paralleliserungs- und Systemkonfigurationen mit sehr verschiedenen Rendering-Algorithmen zu verwenden; eine Prozessor-Farm kann ohne Änderung an den Verteilungs- und Load-Balancing-Funktionen sowohl für normale Scanline-Renderer, für Raytracing- oder gar Radiosity-Renderer verwendet werden. Insofern ist eine bessere Modularisierung möglich: Die eigentlichen Grafik-Routinen können sehr gut von dem Code für die Parallelisierung getrennt werden; ein normaler, nicht-parallelisierter Renderer läßt sich so mit Hilfe eines Farm-Konstruktes leicht in eine parallelisierte Version verwandeln (als Vorgriff sei erwähnt, daß am MiraShading-Renderer nicht eine Zeile Code verändert werden mußte, um eine erste Parallel-Version zu implementieren).

Ein weiterer Vorteil einer Farm-Architektur sind ihre, zumindest theoretisch, sehr guten Load-Balancing-Eigenschaften. Sind erst einmal alle Prozessoren mit Daten versorgt, müssen nur noch Aufgaben verteilt und Ergebnisse in Empfang genommen werden, was typischerweise wenig Kommunikationsaufwand bedeutet. Wählt man die Zahl der Bildausschnitte entsprechend der Zahl der Prozessoren, hängt die Auslastung nur von der Komplexität der Szene pro Ausschnitt ab, weil ein Prozessor, der seine Arbeit schneller erledigt hat, nicht mit zusätzlicher Arbeit versorgt werden kann. Erlaubt man aber eine größere Zahl von Ausschnitten, kann ein Prozessor, der seine Arbeit beendet hat, einen neuen Ausschnitt zugewiesen bekommen, bis alle Ausschnitte bearbeitet sind. Diese Methode funktioniert solange, wie der zusätzliche Verteilungsaufwand für Daten und Ergebnisse nicht den Gewinn an Rechenleistung überschreitet. Schließlich kann man, zumindest bei der Berechnung von Bildsequenzen, eine Prozessor-Farm auch leicht so umgestalten, daß mehrere Bilder gleichzeitig berechnet werden.

Leider hat auch eine Prozessor-Farm einen nicht unerheblichen Nachteil, den man als *Redundanz-Problem* bezeichnen könnte: (1) Jeder Prozessor der Farm muß den Code für das gesamte Problem verfügbar haben; es genügt nicht, wie bei der Pipeline, nur wenige, spezialisierte Programmteile bereitzustellen. (2) Darüber hinaus müssen auch alle Daten im Prozessor zumindest zeitweise verfügbar sein; Experimente mit Systemen, die Anfragen zwischen Prozessoren verwenden, um globale Daten zu erhalten, waren in der Regel wegen des extremen zusätzlichen Kommunikationsaufwandes nicht allzu erfolgreich. Sollten allerdings eines Tages einmal generell einsetzbare Multiprozessorsysteme verfügbar sein, die neben der losen seriellen Koppelung auch eine Form von "shared memory access" besitzen, dürfte dieser Ansatz einige Attraktivität besitzen. Eine Ausnahme in Sachen Redundanz bildet in gewisser Weise der von COOK, CARPENTER und CATMULL [4] beschriebene Mikropolygon-Renderer; allerdings gibt es auch für diese Methode keine Möglichkeit, globale Zusammenhänge (Schatten etc.) ohne globale Daten (hier: Shadow- und Texture-Maps) zu berechnen, die wiederum das Effizienz-Speicherbedarf-Dilemma wirksam werden lassen.

Wir haben uns aus folgenden Gründen für eine Farm-Parallelisierung entschieden:

- Die Anzahl und Topologie der Prozessoren ist relativ unerheblich für Implemetierung und Anwendung. Einfach konfigurierbare, flexible Endanwender-Software wird damit möglich.
- Der vorhandene Renderer kann praktisch ohne Änderungen verwendet werden.


## 4. Implementierung

Für paralleles Rendering wird der Bildschirm in Blöcke (*Slices* oder *Scheiben*) von jeweils einigen Scanlines aufgeteilt. Die Einschränkung der Blockgröße auf ganze Scanlines erleichtert die Daten-Übergabe und erhöht die Effizienz. Die Anzahl der Blöcke ist ebenso wie die Zahl der Slave-Prozesse einstellbar.

Der normale MiraShading Rendering-Prozeß besteht aus einer Reihe von **Draw**-Statements, die ein grafisches Objekt weitgehend vor-bearbeiten (Modellierungs- und Kamera Transformation, Clipping, Erstellen der Datenstrukturen für die Scan-Konvertierung) und dem **Image**-Statement, das alle vor-berechneten Objekte schließlich Polygon für Polygon Scanline-weise schattiert und auf dem Bildschirm darstellt. Die Parallel-Version des Programmes ersetzt diese Routinen durch spezielle Parallel-Versionen; **MRemoteDraw** verteilt eine Figur auf alle angemeldeten Slave-Prozessoren, **MRemoteImage** sorgt für die Verteilung der einzelnen Scheiben an die Prozessoren. Dabei benutzt der Slave-Prozess exakt den gleichen Renderer, der auch als Master verwendet wird; im Slave-Betrieb wird ihm lediglich eine Kamera-Einstellung mitgegeben, die genau eine Bildschirm-Scheibe berechnet. Bild 2 zeigt das Prinzip der Implementierung an einem Beispiel mit 2 Slave Prozessen.

Zur Herstellung von Verbindungen mit den Slave-Prozessoren werden die vom Betriebssystem Helios bereitgestellten Methoden verwendet: Über ein Helios-CDL-Script wird jedem Slave-Prozeß eine bidirektionale Stream-Verbindung zugeordnet. Über diese Streams können dann Daten mit normalen *Posix-I/O*-Calls versendet und empfangen werden. Der Vorteil dieses Verfahrens: Für die parallelisierte Software ist das Prozessor-Netzwerk eine rein abstrakte Größe, das Programm weiß nicht und muß nicht wissen, auf welchen Prozessoren die Slave-Tasks ablaufen. CDL positioniert die Tasks automatisch auf geeigneten Prozessoren und stellt vollkommen transparent die Verbindungen her, die dann von der Applikation benutzt werden können.

Bei der Initialisierung einer parallelen Applikation mit **MRemoteInit** wird für jede Verbindung zu einem Slave-Prozeß je ein Empfänger- und ein Sender-Prozeß erzeugt. Die Applikation selbst muß auf diese Weise nicht direkt mit dem Slave in Verbindung treten und kann weiterarbeiten, auch wenn ein Slave wegen anderer Aktivitäten augenblicklich nicht zugänglich ist (siehe Bild 2). Die Sender-Prozesse können dabei auf die gleiche Datenbank zugreifen wie die Applikation, von der sie ihre Aufträge erhalten; die Empfänger-Prozesse auf der Master-Seite sind völlig selbständig, sie reichen empfangene Daten lediglich an den Display-Treiber weiter, der sie dann auf dem Bildschirm darstellt.

Der Slave-Renderer kann in einem einzigen Prozeß implementiert werden: In einer Schleife wartet die Slave-Applikation auf grafische Daten, die sie in ihrer lokalen Datenbank speichert, oder auf Kamera-Daten, die sie nutzt, um entsprechende Einstellungen vorzunehmen. Der Befehl **MRemoteImage** initiiert dann die Bildberechnung, indem ein normales **Draw**-Statement auf jede in der Datenbank gespeicherte Figur angewendet wird, um dann schließlich mit **Image** die Bilddaten zu berechnen, die über den zweiten Stream zurückgesandt werden. Spezielle Kommandos beenden den Slave-Prozeß (**MRemoteEnd**) oder senden die aktuelle Kamera-Einstellung (**MRemoteFreeze**). Wenn die Zahl der Scheiben exakt der Prozessor-Zahl entspricht, können die Objekte nach dem **Draw**-Statement gelöscht werden, da dieser Befehl eine Zwischen-Datenstruktur erzeugt.

Die Verteilungs-Strategie der Master-Applikation ist einfach: Jeweils der nächste freie Prozessor auf der Liste erhält die nächste Bildschirmscheibe, die zu berechnen ist.

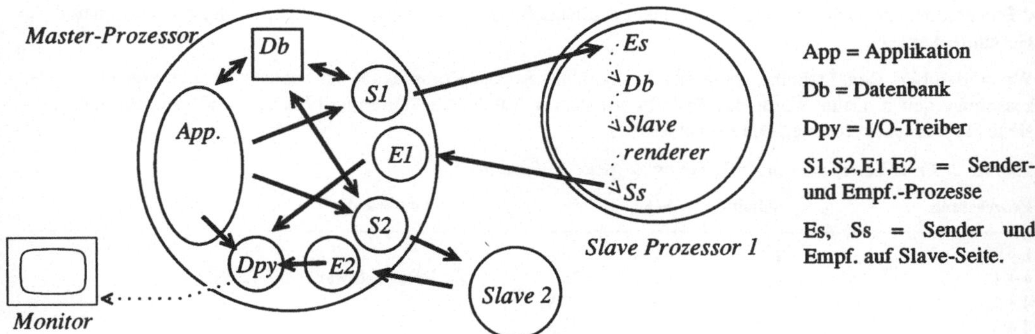



Abbildung 2: Implementierungs-Details der Farm-Parallelisierung an einem Beispiel mit 2 *Slave* Prozessen

## 5. Versuchsergebnisse

Welche Leistungssteigerungen sind bei der vorliegenden Implementierung im Multiprozessor-Einsatz zu erwarten? Wie oben angeführt, kann eine derartige Farm-Architektur immer dann gute, sprich nahezu lineare, Ergebnisse bieten, wenn die Rechenzeit der einzelnen Prozessoren groß ist im Vergleich zu der nötigen Kommunikationszeit zwischen den Prozessoren. Dabei muß folgendes beachtet werden: Zwar werden die Objekt-Daten nur einmal über das Netzwerk verteilt, aber die berechneten Bild-Daten können in ihrer Größe die Objekt-Daten leicht überschreiten (ein Bild mit 768×576 Pixeln mit Echtfarben braucht etwa 1.3 MByte, die aus Gründen der Hardware-Unabhängigkeit unter Umständen ungepackt übertragen werden müssen). Die Zahl der Bildschirm-Scheiben ist wesentlich dafür verantwortlich, wieviele Prozesse gleichzeitig auf den Master-Prozessor zuzugreifen versuchen. Zudem ist es sicherlich kaum zu erwarten, daß Helios die theoretisch möglichen Transport-Bandbreiten ausnutzt.

Doch zunächst zu den Experimenten. Die erste Testszene ist ein recht gleichmäßig verteiltes Bild mittlerer Komplexität, bestehend aus ca. 15.000 Polygonen, unter Verwendung von Textur-Funktionen und Transparenz. Das Bild wurde auf einem einzelnen T800, sowie auf einem T800 mit 4 oder 16 Slave-Prozessoren (ebenfalls T800) berechnet. Bei allen Tests mit mehreren Prozessoren wurde die gesamte Bildberechnung auf den Slave-Prozessoren ausgeführt, während der Master-Prozessor lediglich mit der Koordination betraut war ($n + 1$: $n$ Slave, 1 Master-Prozessor). Die Ergebnisse zunächst in Tabellenform:

Tabelle 1: Erste Testszene ohne Antialiasing

| Prozessoren | Scheiben | Sek. | % | Anmerkung |
|---|---|---|---|---|
| 1 | | 523 | 100 | |
| 4 + 1 | 4 | 128 | 24.5 | linear entspricht 20% (25%) |
| 4 + 1 | 8 | 132 | 25.2 | |
| 4 + 1 | 18 | 115 | 21.9 | bestes Ergebnis mit 4 Prozessoren |
| 4 + 1 | 20 | 132 | 25.2 | |
| 4 + 1 | 32 | 140 | 26.8 | |
| 4 + 1 | 40 | 145 | 27.7 | |
| 16 + 1 | 16 | 90 | 17.2 | linear entspricht 5.9% (6.25%) |
| 16 + 1 | 16 | 100 | 19.1 | |
| 16 + 1 | 32 | 126 | 24.1 | |
| 16 + 1 | 68 | 187 | 35.8 | |

Diese Ergebnisse bedürfen, soweit es die Testläufe mit vier Prozessoren betrifft, kaum eines Kommentares: Die Verbesserung ist nahezu linear, wobei die Ergebnisse bei 18 Bildschirmscheiben den besten Wert erreichen, im Bereich von 4 bis 40 Scheiben aber gleichmäßig brauchbar sind. Dieser Wert ist, wie andere Testbilder zeigen, von Szene zu Szene etwas verschieden, aber weitgehend unveränderlich. Die Ergebnisse der 16-Prozessor-Läufe sind enttäuschend; es zeigt sich: Wenn die Rechenzeit pro Scheibe unter etwa 5-6 Sekunden fällt, bringen zusätzliche Scheiben kaum Gewinn mehr, auch dann nicht, wenn sie auf zusätzlichen Prozessoren gerechnet werden. 16 Scheiben auf 16 Prozessoren sind bei der gegebenen Komplexität nicht viel schneller als 18 Scheiben auf

4 Prozessoren; zusätzliche Scheiben erhöhen schließlich nur noch den Kommunikationsaufwand und damit die Gesamtrechenzeit.

Wenn die obige Regel stimmt, sollte sich bei erhöhter Szenen-Komplexität ein besserer Prozentwert für 16 Prozessoren ergeben. Daher wurde das Testbild mit starker Antialiasing-Filterung (9fache Auflösung, Bartlett Filter, siehe [11]) erneut berechnet. Die Ergebnisse:

*Tabelle 2: Erste Testszene mit Antialiasing (9-fache Auflösung)*

| Prozessoren | Scheiben | Sek. | % | Anmerkung |
| --- | --- | --- | --- | --- |
| 1 | 1 | 4194 | 100 | |
| 4 + 1 | 4 | 995 | 23.7 | linear entspricht 20% (25%). |
| 4 + 1 | 8 | 960 | 22.9 | |
| 4 + 1 | 18 | 895 | 21.3 | |
| 4 + 1 | 20 | 875 | 20.9 | |
| 4 + 1 | 32 | 840 | 20.03 | |
| 4 + 1 | 40 | 877 | 20.9 | |
| 16 + 1 | 16 | 685 | 16.3 | linear entspricht 5.9% (6.25%). |
| 16 + 1 | 32 | 420 | 10.01 | |
| 16 + 1 | 68 | 309 | 7.4 | |

Die vermutete Tendenz bestätigt sich also offensichtlich: Bei einer komplexeren Szene nähert das große Netzwerk sich der Linearität, wobei auch eine größere Zahl von Scheiben sich erwartungsgemäß günstiger auswirkt. Etwas übersichtlicher läßt sich der in den Versuchen erreichte Beschleunigungsfaktor in einer Grafik zeigen:

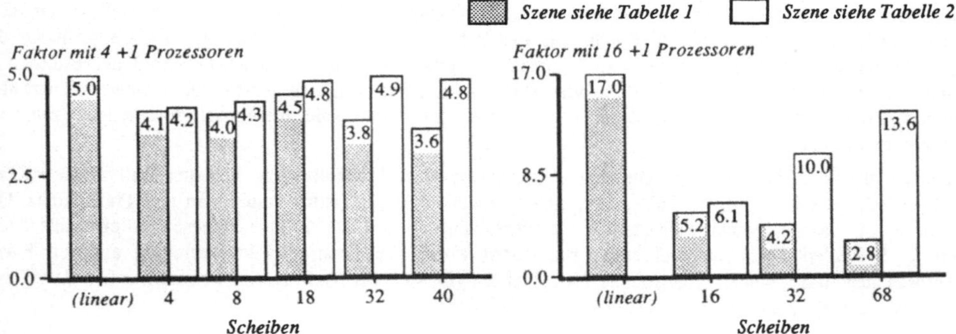


Abbildung 3: Beschleunigungsfaktoren mit 4 + 1 (links) und 16 + 1 (rechts) Prozessoren

Interessant bei den obigen Experimenten ist, daß die Versuche, mit ungünstig verschalteten Netzwerk-Topologien wiederholt, nur geringe Laufzeitunterschiede zeigten.

Schließlich sei noch eine Testszene mit extrem ungleichmäßig verteilten Objekten aufgeführt, anhand derer sich die Nützlichkeit einer variablen Scheiben-Zahl demonstrieren läßt. In dem Testbild werden Schatten, Transparenz und Texturen und die gleiche Antialiasing-Filterung wie oben verwendet, die Komplexität entspricht in etwa der obigen Szene.

*Tabelle 3: Zweite, ungleichmäßig verteilte Testszene mit Antialiasing (9-fache Auflösung)*

| Prozessoren | Scheiben | Sek. | % | Anmerkung |
| --- | --- | --- | --- | --- |
| 1 | 1 | 3745 | 100 | |
| 4 + 1 | 4 | 1659 | 44.1 | linear entspricht 20% (25%). |
| 4 + 1 | 8 | 900 | 24.1 | |
| 4 + 1 | 18 | 902 | 24.6 | |
| 4 + 1 | 32 | 125 | 33.4 | |

Bei dieser Szene verteilen sich sehr viele Objekte auf weniger als 50 % der Bildschirmfläche; wie zu erwarten ist, schneidet hier eine Parallelisierung, bei der die Zahl der Scheiben der Prozessorzahl entspricht, sehr schlecht ab, weil die Auslastung einzelner Prozessoren nur gering ist.

## 6. Zusammenfassung der Ergebnisse

Die Versuchsergebnisse entsprechen weitgehend den Erwartungen, allerdings liegt der break-even-point, ab dem sich der Einsatz zusätzlicher Prozessoren nicht mehr lohnt, unerwartet niedrig (auf die Komplexität der Szene bezogen). Die Gründe für die Verzögerungen bei der Datenverteilung (zum Teil arbeiten nicht mehr als 8 Prozessoren eines 16 Prozessor-Netzwerkes gleichzeitig) konnten noch nicht vollständig geklärt werden, man darf jedoch mit einiger Wahrscheinlichkeit aus diesen und anderen Experimenten schließen, daß es sich dabei im wesentlichen um ein Verteilungs-Problem innerhalb des Helios-Nachrichten-Transportsystems handelt. In Anbetracht der momentan zur Verfügung stehenden Software-Werkzeuge ist eine genauere Analyse des Netzwerk-Verhaltens mit wirschaftlichem Aufwand kaum möglich. Kleinere Netzwerke können sehr effizient genutzt werden; in größeren Netzwerken oder für die Berechnung von Animationen bietet sich auch die Möglichkeit, jeweils ganze Bilder parallel von Sub-Netzwerken berechnen zu lassen.

## 7. Zum Schluß

Wir möchten sehr herzlich Frau Professor Magnenat-Thalmann und Herrn Professor Thalmann danken, ebenso den vielen Studenten die an der MiraLab-Software mitgearbeitet haben.

Ohne die Hilfe von Herrn Wiese bei der Firma Parsytec und der Firma Sang wären uns die Experimente auf größeren Transputer-Netzwerken nicht möglich gewesen; wir danken für die freundliche Unterstützung. Besonderer Dank gebührt auch Herrn Bartz von Sang Computer für seinen Einsatz bei der Video-Anpassung für MiraShading.


*Literatur:*

1.  AKELEY, K., JERMOLUK, T.: High Performance Polygon Rendering, Proceedings of SIGGRAPH 1988, S. 239246

2'. AKELEY, K.: *The Silicon Graphics 4D/240GTX Superworkstation*, Computer Graphics and Applications, 9(4), July 1989, S. 71-83

3.  APGAR, B., BERSAKCK, B., MAMMEN, A.: *A Display System for the Stellar Graphics Supercomputer GS1000*. Proceedings of SIGGRAPH 1988, S. 255-262

4.  COOK, CARPENTER, CATMULL: *The REYES Image Rendering Architecture*, Proceedings of SIGGRAPH 1987, S. 95-102

5.  DELANEY, H.C.: *Ray Tracing on a Connection Machine*, Proceedings of the 1988 International Conference on Supercomputing, 1988, St. Malo, Frankreich. S. 659-664

6.  DIPPE, SWENSON: *An Adaptive Subdivision Algorithm and Parallel Architecture for Realistic Image Synthesis*, Proceedings of SIGGRAPH 1984, S. 149-158

7.  FOLEY, VAN DAM, FEINER, HUGHES: *Computer Graphics - Principles and Practice*, 2. Auflage, Addison-Wesley, Reading 1990

8.  FUCHS, H.: *Distributing a Visible Surface Algorithm over Multiple Processors*, Proceedings of the *ACM Annual Conference*, Seattle, Washington, Oct. 1977, S. 449-451

9.  INMOS Ltd.: *The INMOS Distributed Z-Buffer*, in: *Communicating Process Architecture*, Prentice-Hall, 1988, S. 142-147

10. JENKINS, R.A.: *New Approaches in Parallel Computing*, Computers in Physics, 3,(1), Januar/Februar 1989, S. 24-32

11. MAGNENAT-THALMANN, N., THALMANN, D.: *Image Synthesis - Theory and Practice*, Springer-Verlag Tokyo, 1987

12. MAGNENAT-THALMANN, THALMANN., FORTIN, LANGLOIS: *MiraShading: A Language for the Synthesis and the Animation of Realistic Images*, Frontiers in Computer Graphics, Springer, Tokyo, 1985, S. 101-113

13. MAGNENAT-THALMANN, THALMANN., FORTIN: *Miranim: An Extensible Director-Oriented System for the Animation of Realistic Images*, Computer Graphics and Applications 5(3), 1985, S. 61-73

14. NISHIMURA, OHNO, KAWATA, SHIRAKAWA, OMURA: *LINKS-1: A Parallel Pipelined Multimicrocomputer System for Image Creation*, Proceedings of the *Tenth International Symposium onComputer Architecture*, ACM SIGARCH Newsletter, 11(3), 1983, 387-394

15. POTMESIL, HOFFERT: *Pixel Machine: A Parrallel Image Computer*, Proceedings of SIGGRAPH 1989, S. 69-78

<u>3D- und Kurven-Darstellung von graphischen</u>
<u>Flugversuchsdaten in Echtzeit</u>

Klaus Alvermann
Peter Hupp

DLR Braunschweig
Institut für Flugmechanik
D-3300 Braunschweig

## 1. Echtzeit-Graphik auf dem Transputer

Für viele Anwendungen die auf Transputerbasis laufen, wird ein Ausgabegerät benötigt, das in der Lage ist, die errechneten Daten schnell und übersichtlich darzustellen. Es bietet sich an, diese Darstellung wiederum auf Transputerbasis durchzuführen, da dann die Schnittstelle zwischen den Modulen denkbar einfach ist.

Eine "Echtzeit-Graphik" muß in diesem Zusammenhang zwei Forderungen erfüllen. Zum einen muß die Bildwiederholrate so hoch sein, daß das menschliche Auge die Bewegung ruckfrei wahrnehmen kann. Je nach Dynamik des Problems sind dies 16 bis 24 Bilder pro Sekunde. Zum anderen muß die Totzeit, d.h. die Zeit zwischen der Ankunft der Daten im System und der Fertigstellung des dazugehörigen Bildes, möglichst klein sein. Bei manchen Anwendungen ist diese Totzeit aber nicht sehr kritisch und kann bis zu 0,5 Sekunden betragen. Für andere Anwendungen sind Totzeiten von weniger als 40 Millisekunden erwünscht.

Für den Graphikteil des Transputersystems haben wir uns für das GDS (Graphic Display System) der Firma Parsytec entschieden. Bei diesem System können ein Transputer und ein Videocontroller gemeinsam auf einen Dual-Port-Bildspeicher zugreifen. Es werden 256 Farben gleichzeitig (beim GDS II auch sehr viel mehr) aus einer großen Farbpalette bei mindestens VGA-Auflösung (640 mal 480) dargestellt.

In OCCAM erfolgt das Setzen eines Pixels durch die Anweisung "Screen[y][x] := Farbe", wobei die Variable *Screen* im Bildspeicher liegt. Der Bildspeicher ist also in den Adreßraum des Transputers eingeblendet und kann vom Programm wie normaler Speicher behandelt werden.

Für eine "Film-Graphik" ist eine Bildumschaltung erforderlich, d.h. es werden immer zwei Bilder im Speicher gehalten. Während das eine Bild gezeigt wird, wird das andere Bild im Hintergrund fertiggestellt. Danach wird das zweite Bild gezeigt und am ersten gearbeitet. Dieses Umschalten der Bilder ist auf dem GDS mit einem Befehl zu realisieren. Die Auflösung der Bilder muß so gewählt werden, daß zwei Bilder im Speicher Platz haben. Beim GDS I ist der Speicher 1024 mal 1024 Pixel groß, beim GDS II 2048 mal 1024.

Wenn man eine hohe Bildrate erreichen will und das Bild sehr komplex ist, ist es nötig die erforderlichen Bildoperationen auf anderen Transputern durchzuführen. Die Transputer erstellen verschiedene Teile des Bildes und senden sie dann über die Links an das GDS. Dies führt zu einem theoretischen Maximalwert für die Bildrate. Sei $L$ die Link-Geschwindigkeit (in Bytes pro Sekunde), $B$ die Breite und $H$ die Höhe des Bildes in Pixeln. Wenn man jeweils das ganze Bild über die 4 Links schicken will, kann man (bei 1 Byte pro Pixel) maximal $(4*L)/(B*H)$ Bilder pro Sekunde zeigen. Für eine Link-Geschwindigkeit von 20 MBit/Sec (ca. 1,8 MByte/Sec) erhält man z.B.:

| Auflösung | maximale Bildrate |
|---|---|
| 1024 mal 1024 | 7 Bilder/Sekunde |
| 925 mal 512 | 16 Bilder/Sekunde |
| 800 mal 600 | 16 Bilder/Sekunde |
| 640 mal 480 | 25 Bilder/Sekunde |

Dies sind natürlich theoretische Obergrenzen, im tatsächlichen Programm müssen immer noch Berechnungen durchgeführt werden.

Das neue GDS II soll später die Möglichkeit bieten, ein Zusatzmodul aufzustecken, so daß man über 8 Links in den Bildspeicher schreiben kann.

In vielen Fällen ist es nicht nötig, jedesmal das komplette Bild zu versenden. Bei geschickter Rechnung reicht es meist aus, nur Teile des Bildes zu erneuern. Damit sind auch wesentlich höhere Bildraten als die oben angegebenen zu erreichen. Die bisherige Erfahrung zeigt jedenfalls, daß eine Echtzeit-Graphik mit Hilfe von Transputern durchführbar ist.


## 2. 3D-Darstellung von Flugversuchsdaten

Am Institut für Flugmechanik der DLR Braunschweig existieren mehrere Echtzeit-Simulationsprogramme für Flugkörper. Für die Benutzung (z.B. Variation der Parameter, Reaktion auf Manöver u.ä.) ist es wichtig, die Lage des simulierten Flugkörpers im Raum beobachten zu können. Dazu wurde eine 3D-Darstellung auf Transputern entwickelt. Die Simulation (oder eine andere Datenquelle, z.B. über Telemetrie der Flugkörper selber) liefert die Fluglage, die Flughöhe, die Position über Grund usw. Das 3D-Netzwerk stellt dann den entsprechenden Flugkörper in der empfangenen Lage dar. Das Objekt wird als Volumenmodell mit verdeckten Flächen dargestellt und nach einem einfachen Lichtmodell schattiert. Zur Bestimmung der Position im Raum kann man den Flugkörper in einem ortsfesten Gitterquader darstellen. Während der Simulation können wichtige Sichtparameter wie Blickwinkel, Abstand zum Objekt usw. verändert werden.

Das darzustellende Objekt wird durch einen Satz von ebenen Polygonen beschrieben. Diese Polygone durchlaufen eine Pipeline: den Hidden Surface Algorithmus, die Transformation ins Bildschirmsystem und einen Clipping-Algorithmus. Danach werden sie in horizontale Linien zerlegt und in einem virtuellen Bildschirm gespeichert. Nach Fertigstellung des Bildes werden die Zeilen an das GDS gesendet. Die Pipeline ist schematisch in Bild 1 gezeigt.

Die meiste Zeit wird dabei bei der Zerlegung der Polygone in Zeilen verbraucht. Deshalb verschickt man die Polygon-Eck-Daten an mehrere identische Prozesse ("Scanner"), von denen jeder nur einen Teil der Zeilen bearbeitet. Bei zwei Prozessen würde der erste die geraden, der zweite die ungeraden Zeilen behandeln. Die Prozeß-Struktur ist in Bild 2 wiedergegeben.

Als Hidden-Surface-Algorithmus verwenden wir die BSP (Binary Space Partitioning) Methode. Dieser Algorithmus kommt der Pipeline-Struktur der Prozesse entgegen und ist für die Darstellung von wenigen starren Körpern optimiert. Die BSP-Methode nutzt die Vorausinformation aus, daß sich die Lage der Flächen eines Objektes relativ zueinander nicht verändern darf ("starres Objekt"). Diese unveränderliche relative Lage der Flächen zueinander wird in einer Baumstruktur gespeichert. Während des aktuellen Bildes ist dann der Standpunkt der Kamera bekannt. Ein Baumdurchlauf in Abhängigkeit vom Kamerastandpunkt ergibt eine Reihenfolge der Flächen "von hinten nach vorne". Die hinteren Flächen werden zuerst gezeichnet und so von der später gezeichneten vorderen Flächen überdeckt. Dadurch entsteht das Volumenmodell.

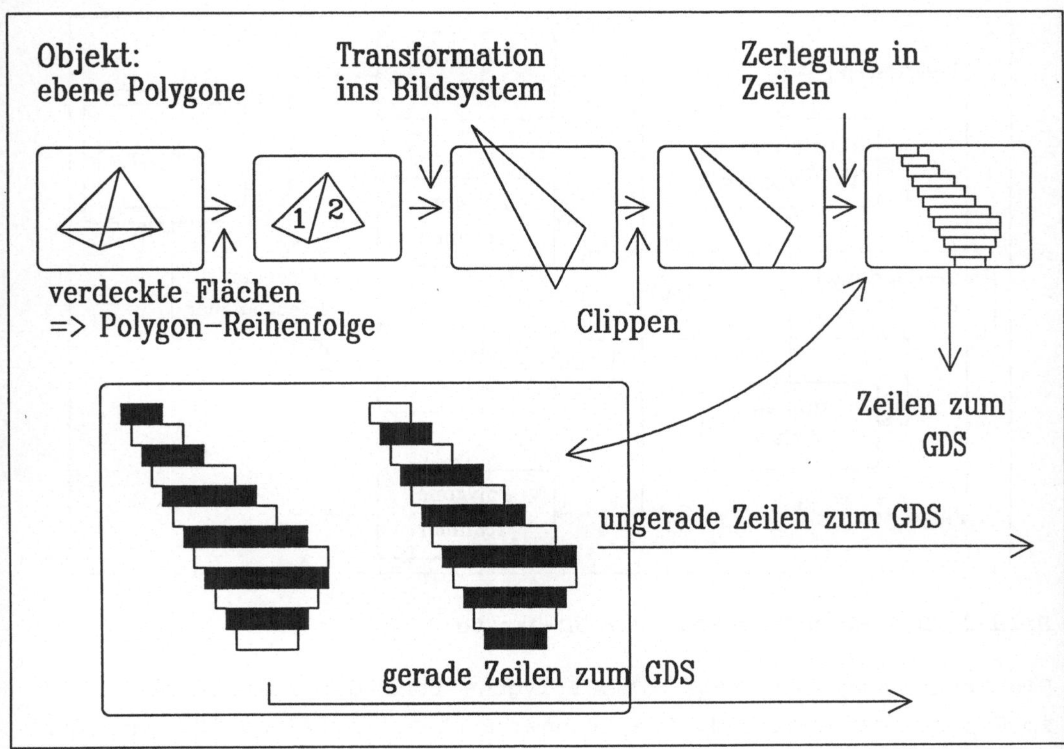


*Bild 1: Darstellungs-Pipeline*

Die Schattierung erfolgt nach einem Lichtmodell mit einer Lichtquelle. Die Lichtquelle wird durch einen Lichtvektor repräsentiert, der zur Lichtquelle hinzeigt. Für einen Punkt einer Fläche wird der Winkel zwischen dem Lichtvektor und einem Normalenvektor berechnet. Ist der Winkel größer als 90 Grad, so wird der Punkt in einer Grundfarbe gesetzt (nicht in Schwarz, da immer eine gewisse Grundhelligkeit vorhanden ist). Ist der Winkel $w$ kleiner als 90 Grad, so wird der Punkt in der Farbe der Fläche mit der Intensität $\cos(w)$ gefärbt. Beim "Hard-Shading" wird für ein

Polygon eine Farbe nach dem obigen Verfahren berechnet, wobei der Normalenvektor der Fläche verwendet wird. Alle Pixel des Polygons werden dann in dieser einen Farbe dargestellt. Beim "Soft-Shading" berechnet man für jede Ecke des Polygons eine Farbe unter Verwendung des Normalenvektors in dieser Ecke und interpoliert die Farbe im Polygon zwischen den Ecken. Dies ist natürlich sehr viel aufwendiger und führt etwa zu einer Halbierung der Bildrate gegenüber dem "Hard-Shading".

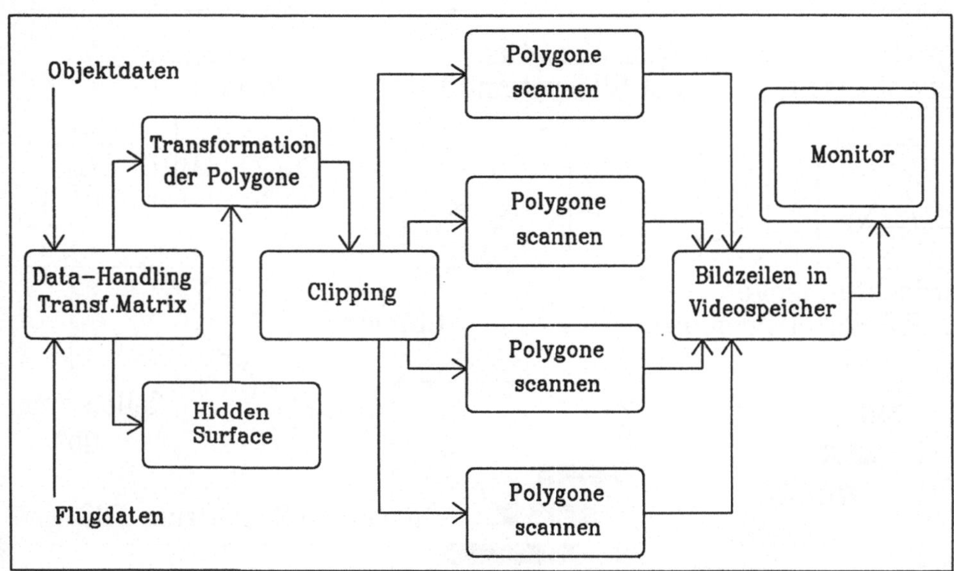


*Bild 2: Die Prozeßstruktur der 3D-Darstellung*

Die Berechnung der Farbe (des Polygons oder der Eckpunkte) erfolgt im Transformator-Prozeß. Die Scanner-Prozesse erhalten für jede Ecke die $x$- und $y$-Koordinate auf dem Bildschirm, sowie die Farbe. In den Scanner-Prozessen werden die Polygone zeilenweise zerlegt, wobei jeder Prozeß nur "seine" Zeilen bearbeitet. Bei $n$ Scanner-Prozessen ist Prozeß Nr $k$ für die Zeilen $i$ mit $i \equiv k \pmod{n}$ zuständig. Während der Zerlegung wird die Farbe in $y$-Richtung interpoliert, anschließend in jeder Zeile in $x$-Richtung.

Nach Fertigstellung eines Bildes empfängt der Graphics-Prozeß auf dem GDS die Teilbilder in einer Prozedur der folgenden Form:

```
PROC GetScreen (VAL [4] INT NumY, [][] BYTE Screen)
  [YSize*XSize] BYTE scr RETYPES Screen:
  [4] INT s, b:

  PAR i = 0 FOR 4
    SEQ i = 0 FOR NumY[i]
      from.Scanner[i] ? s[i]; b[i]; [scr FROM s[i] FOR b[i]]
  :
```

Dabei ist *Screen* im Adreßraum des Transputers auf den Videospeicher gelegt. *NumY[i]* gibt die Anzahl der Zeilen an, die vom *i*-ten Scanner-Prozeß geschickt werden. Der Datenaustausch erfolgt über den Kanal *from.Scanner[i]*. Danach wird für jede Zeile jeweils die Startadresse im Videospeicher, die Länge und der Zeileninhalt selbst empfangen.

Je nach Auflösung (640 mal 480 bzw. 925 mal 512), Anzahl der Transputer (6 bis 9), Darstellung einer Gitterbox (was zu einer wesentlichen Vergrößerung der Bilder führt, die zum GDS geschickt werden) und Komplexität des Modells (120 bis 200 Polygone), werden mit "Hard-Shading" 16 bis 30 Bilder pro Sekunde bei einer Totzeit von 40 Millisekunden erreicht. Bei Benutzung von "Soft-Shading" erreichen wir 8 bis 16 Bilder pro Sekunde und eine Totzeit von ca. 100 Millisekunden.


## 3. Kurvendarstellung von Versuchsdaten

Viele Echtzeit-Simulationen berechnen mit hoher Frequenz mehrere Zustandsgrößen. Für den Versuchsingenieur ist es wichtig, diese Zustandsgrößen während der Simulation auf einem ruhigen Display mit wählbarer Skalierung beobachten zu können. Das vorliegende Programm stellt Zustandsgrößen, über der Zeit oder in beliebiger Kombination (z.B.. über einem Rotationswinkel), in Echtzeit in Kurvenform dar. Jede Zustandgröße wird in einem eigenen Achsenkreuz (mit eigener Skalierung) gezeigt. Das Programm empfängt bis zu 32 Zustandsgrößen von denen bis zu 6 gleichzeitig dargestellt werden. Die Auswahl der 6 unter den 32 und die Parameter der Darstellung können während der Simulation geändert werden.

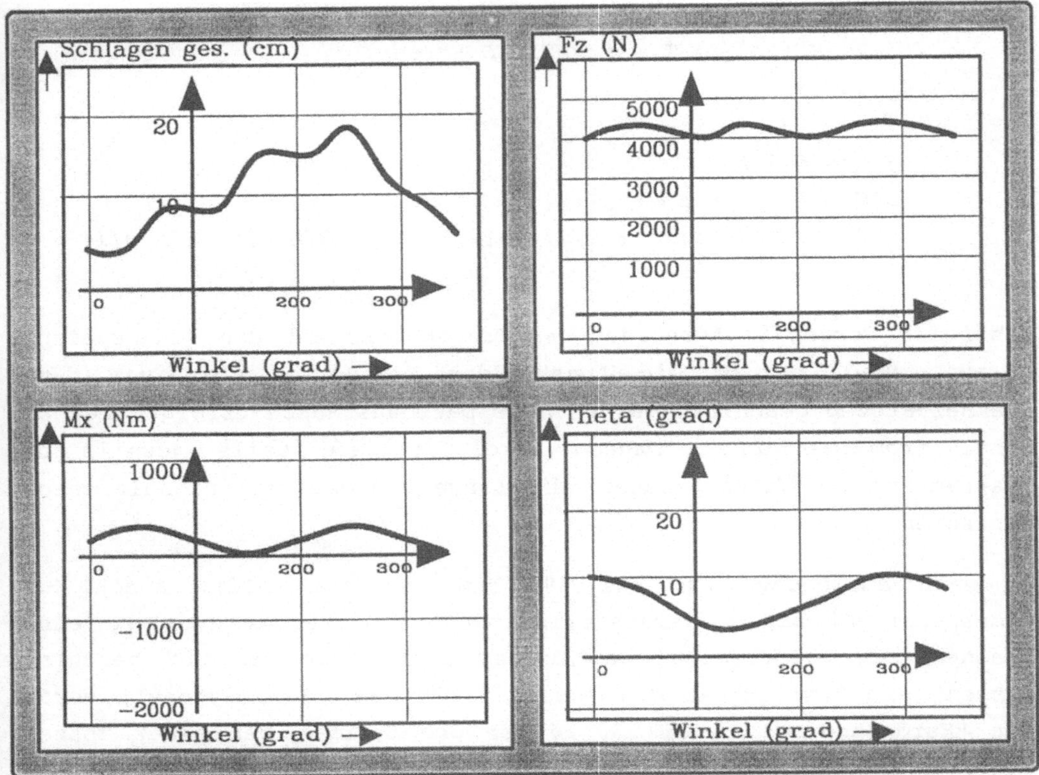



*Bild 3: Echtzeit-Kurvendarstellung*

Das Programm empfängt von der Simulation (die normalerweise ebenfalls auf einem Transputernetzwerk läuft) pro Schritt 32 Wertepaare $(x_i(t_n), y_i(t_n))$ (i=1..32) und 32 Flags. Die Flags zeigen das Ende eines darzustellenden Funktionsabschnitts an. Der Empfang ist so organisiert, daß von der Datenquelle 2000 solcher Datensätze pro Sekunde empfangen werden können, ohne daß die Quelle durch Warten verlangsamt wird. Damit kann das Display z.B. für Simulationen mit Zykluszeiten von 1 Millisekunde benutzt werden.

Für die Umrechnung der Zustandgrößen in Pixeladressen ist pro Kruve jeweils ein Prozeß zuständig. Nach Fertigstellung eines Bildes fordern sie vom Empfangsprozeß die Daten "ihrer" Funktion an. Die empfangenen Stützwerte werden transformiert und für das Darstellungssystem zugeschnitten. Zwischen je zwei Stützstellen (jetzt Pixel auf einem virtuellen Bildschirm) werden die fehlenden Pixel durch Interpolation gewonnen. Ein Algorithmus vom Typ "Bresenham" bringt hier keine Zeitvorteile. Für die entstehenden

Pixel wird die Adresse im linear angeordneten Videospeicher (z.B.
1024*y+x) und die Farbe in einem Feld gespeichert. Dieses Feld wird
dann an das GDS geschickt. Dort werden zunächst die alten Kurvenzüge
gelöscht, die neuen Kurven gezeichnet und ihr Verlauf zum späteren
Löschen gespeichert.

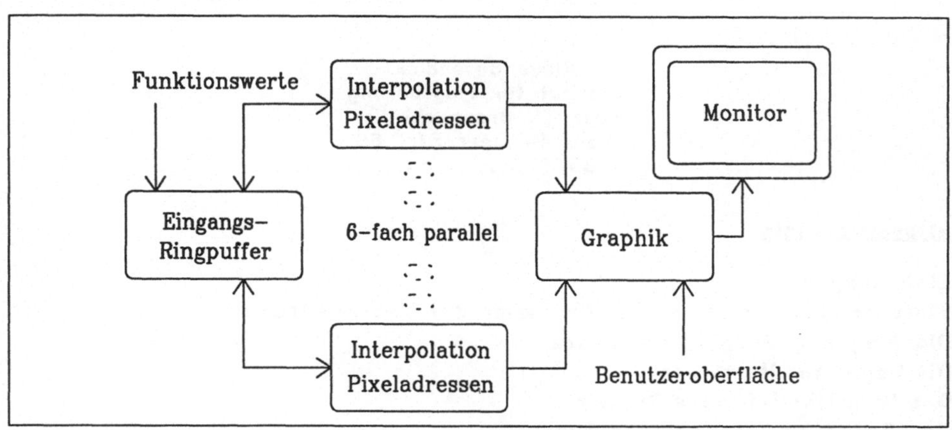


*Bild 4:Die Prozeßstruktur der Kurvendarstellung*

Als Kriterium für die Güte der Bildrate dient hier die Periode der
Simulation. Im vorliegenden Beispiel ist dies eine Rotor-Simulation.
Die Simulation ist mit der Rotorumdrehung periodisch, der Rotor
dreht mit 17 Hz. Alle 6 Grad (= 952 Mikrosekunden) schickt die
Simulation einen Datensatz von 32 Stützwerten an das Echtzeit-
Display. Nach 360 Grad (= 60 Zyklen = 57 Millisekunden = 17 Hz) ist
eine Rotorumdrehung vollendet und mit den Flags wird das Kurvenende
signalisiert. Solange also mehr als 17 Bilder pro Sekunde gezeigt
werden, wird jeder Datensatz der Simulation auch angezeigt. Bei
kleinerer Bildrate fallen entsprechend Datensätz weg, d.h. die
zugehörigen Stützstellen werden für die Kurvendarstellung nicht
benutzt.

Die Bildrate wird durch die Anzahl der darzustellenden Funktionen
sowie den Funktionsverlauf (der die Anzahl der zu berechnenden und
darzustellenden Pixel beeinflußt) bestimmt. Mit dem vorliegenden
System auf 5 Transputern kann 1 Funktion mit 43 Bildern pro Sekunde
dargestellt werden. Bei 6 Funktionen sinkt die Bildrate auf 9 Bilder
pro Sekunde (weil jeweils 2 Kurven auf einem Transputer gerechnet
werden), bei 3 Funktionen liegt sie bei 23 Bildern pro Sekunde.

# TRANSPUTER GRAPHIK-SYSTEM VEPIGS FÜR DIE FARBBILD-ENTWICKLUNG UND DARSTELLUNG AUF FLUGZEUG-COCKPIT VEKTOR-RÖHREN


Klaus Bavendiek
Institut für Flugführung
der TU-Braunschweig
Hans-Sommer-Str. 66
3300 Braunschweig


## Inhaltsverzeichnis


1. Einleitung
2. Einführung in die speziellen Probleme der Vektor-Graphik
3. Die Flugzeug Graphik Hardware
4. Die Computer Hardware
5. Das Graphik-Software System
6. Das Software Entwicklungs System
7. Das Kartendisplay als Anwendungsbeispiel
8. Zusammenfassung


## 1. Einleitung

Am Institut für Flugführung der TU-Braunschweig ist ein satellitengestütztes Navigations- und Führungs-System entwickelt worden, das eine Positionsbestimmung mit einer Genauigkeit von ca. 20cm horizontal und ca. 50cm vertikal unabhängig von den Witterungsbedingungen bietet. Im Forschungsflugzeug des Instituts, einer Dornier DO128, wird ein EFIS (Electronic-Flight-Instrument- System) eingerüstet, das dem Piloten allgemeine Informationen über seinen aktuellen Flugzustand anzeigt. Um die hochgenauen Positionsdaten des Flugzeugs für den Piloten gewinnbringend umzusetzen, müssen neue Bildschirminhalte für die Cockpit-Displays erprobt werden.

An die Bildqualität der Display-Röhren im Cockpit werden vom Piloten die höchsten Ansprüche in Bezug auf Auflösung, Linearität von Linien und Bildwiederholfrequenz gestellt. Maßstab ist hier die "Bild-Qualität" der konventionellen mechanischen Anzeigegeräte. Deshalb werden im Flugzeug ausschließlich die technisch komplizierten Vektor-Röhren statt der sonst üblichen Pixel-Displays mit Bildschirmspeicher eingesetzt. Die Ansteuerung der Vektor-Röhren ist sehr aufwendig und wird zur Zeit von den verschiedenen Herstellern mit umfangreicher Hardware realisiert. Änderungen der vorgegebenen Bilddarstellungen sind z.T. unmöglich, bzw. extrem zeitintensiv. Aus diesen Gründen sah sich das Institut gezwungen, neue Wege zu gehen und einen frei programmierbaren Vektor-Generator zu erstellen.

## 2. Einführung in die speziellen Probleme der Vektor-Graphik

Im Cockpit von Flugzeugen werden zur Zeit für die Darstellung von Bild-informationen ausschließlich die technisch sehr aufwendigen Vektor-Röhren eingesetzt. Alle bisherigen Computer-Graphik-Systeme beschränken sich ausschließlich auf Darstellungen auf Pixel-Bildschirmen.

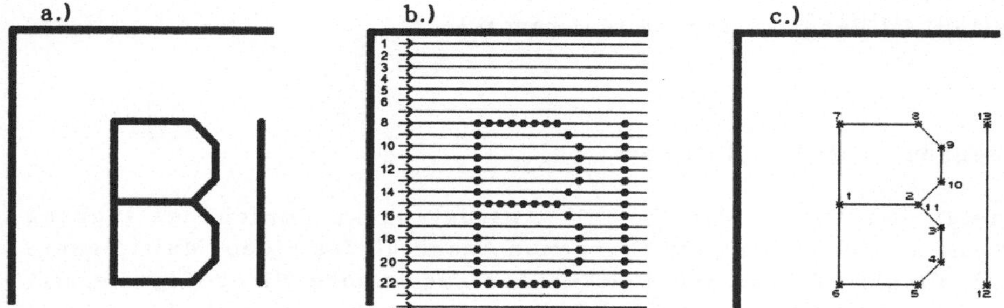


**Bild 1:** Unterschied bei der Darstellung der Information *BI* auf dem Schirm:
  a.) Soll-Darstellung (ideal)
  b.) Darstellung auf einem Pixel-Schirm (jeder schwarze Punkt leuchtet)
  c.) Darstellung auf der Vektor-Röhre (Linie von 1→2→3→...→13)

In der Fernseh-Technik oder bei Computer-Monitoren wird der Bildschirm durch die Lochmaske in eine Vielzahl von Bildpunkten, den "Pixeln", zerlegt (siehe Bild1b). In einem Bildschirm-Speicher wird für jeden dieser Pixel eine Farbinformation bereitgestellt. Für die Darstellung wird dieser Speicher zeilenweise ausgelesen und auf den Schirm übertragen. Jeder Bildschirm-Punkt hat sein Äquivalent im Bildschirm-Speicher. Für die Darstellung der Information *BI* werden z.B. beim Überstreichen der 9. Zeile 3-Pixel gesetzt. So ergibt sich die Information *BI* aus einer Vielzahl von einzelnen Pixeln. Weil aus physikalischen Gründen der Abstand der Pixel nicht zu Null gemacht werden kann, ergeben sich gerade bei schrägen Linien störende Treppen-stufen, die den Bildeindruck deutlich verschlechtern.

Der wichtigste Vorteil der Pixel-Technik liegt in dem Bildschirmspeicher, der auch vom Computer ausgelesen werden kann. Es können so einzelne Punkte ein- und ausgeblendet werden und auf dem Bildschirm erscheint genau das Bild, das im Bildschirm-Speicher steht, ohne Überlagerungen durch vorangegangene Linien.

Das Funktionsprinzip der Vektor-Röhre gleicht dem eines Oszilloskops; der Schreibstrahl wird von den X- und Y-Feldern in gewünschter Weise abgelenkt und erzeugt so Linien auf der Leuchtschicht des Schirms. In Bild 1c bewegt sich der Strahl von Punkt 1 zu 2, dann von 2 zu 3 usw.. Beim Ziehen der Linie von Punkt 11 nach 12 (vom Buchstaben *B* zum *I* ) werden die Farb-Kanonen abgeschaltet (unsichtbare Linie). Da bei der Darstellung keine Treppenstufen auftreten können, ist es ersichtlich, daß die Bildqualität einer Vektor-Röhre einer Pixel- Darstellung weit überlegen ist. Als wesentlichen Nachteil muß man die Überlagerung von Linien auf Vektor-Röhren in Kauf nehmen. Es ist nicht möglich, Linien zu löschen oder zu überschreiben! Der Computer kann auch nicht feststellen, wo welche Linie gezogen wurde, da es keinen Bild-schirm-Speicher zum Auslesen gibt. Während beim Pixel-Bildschirm jeder Punkt leuchten kann, ist die Darstellung auf der Vektor-Röhre durch die maximale Linien-Länge beschränkt. Gefüllte Flächen auf Vektor-Röhren darzustellen, ist daher extrem zeitaufwendig!

## 3. Die Flugzeug Graphik Hardware

BILD 2 zeigt den Aufbau der Graphik Ausrüstung im Forschungsflugzeug DO128. An dem standardmäßig vorhandenen Anschluß des Video-Multiplexers für eine 2. Display-Processing-Unit werden zusätzliche Video-Signale ein-gespeist, die auf den beiden Vektor-Röhren die gewünschten Bilder zeigen. Der Pilot kann mit der zentralen Bedieneinheit im Cockpit zwischen der Standard-Darstellung aus der normalen EFIS-DPU oder den selbst erzeugten Darstellungen, die im Institut entwickelt wurden, wählen.

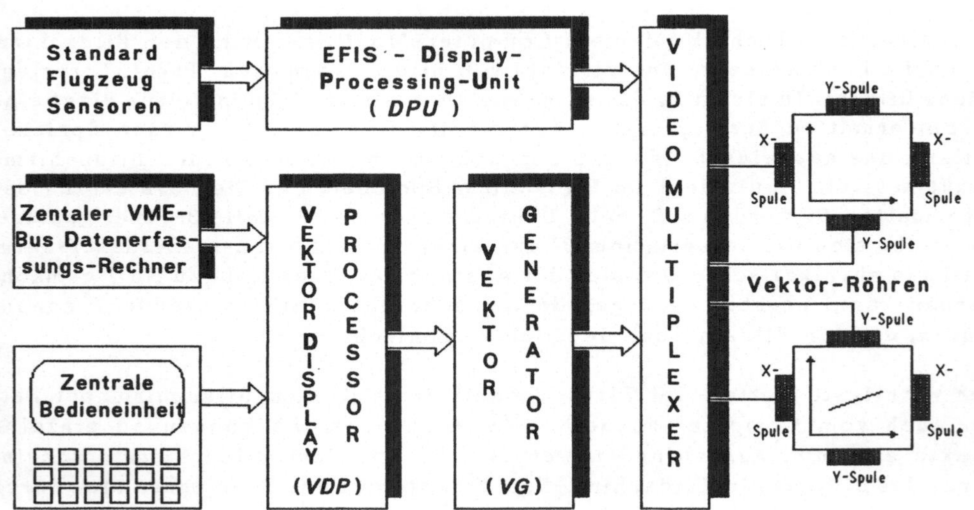


**BILD 2:** Flugzeug Graphik Ausrüstung

Die Bilder werden im Vektor-Display-Prozessor berechnet und in Vektoren umgeformt. Als Eingangs-Informationen stehen alle im zentralen Bord-rechner vorhandenen Daten zur Verfügung. Der Vektor-Generator setzt die berechneten Vektoren in die für die Vektor-Röhren benötigten Ablenkspan-nungen und Farb-Signale um.

## 4. Die Computer Hardware

In der DO128 wird als zentraler Datenerfassungs-Rechner ein 68020-VME-Bus System eingesetzt. Da dem Vektor-Display-Prozessor alle Eingangsdaten aus diesem System zur Verfügung stehen, bietet es sich an, ihn auf einem 680X0-VME-Bus Board zu implementieren. Um eine akzeptable Bild-Wiederhol-Rate zu bekommen, muß ausreichend Rechenleistung vorhanden sein.

| processor | clock | Whetstones/sec {single lenght} |
|---|---|---|
| INTEL 80286/80287 | 8 MHz | 300 k |
| INMOS T 414/20 | 20 MHz | 663 k |
| MC 68020/68881 | 16/12 MHz | 775 k |
| MVII with FPA | | 925 k |
| ATT 32000/32100 | | 1000 k |
| VAX11/780 with FPA | | 1083 k |
| ROLM HAWK32 | | 1500 k |
| MC 68030/68882 | 25 MHz | 1620 k |
| Fairchild Clipper | 33 MHz | 2220 k |
| INTEL 80486 | 25 MHz | 3300 k |
| INMOS T 800/20 | 20 MHz | 4000 k |
| INMOS T 800/25 | 25 MHz | 5000 k |
| INMOS T 800/30 | 30 MHz | 6000 k |

TABELLE 1 zeigt die Whetstone-Ergebnisse von verschiedenen Prozessor-Typen. Der Transputer T800 bietet mehr als die dreifache Rechenleistung im Vergleich zu dem leistungsfähigsten 680X0-Prozessor incl. Coprozessor. Selbst der neueste Prozessor von Intel, der i486 (mit eingebautem Coprozessor), bietet deutlich weniger Leistung als der T800 mit 25MHz. Bei diesem Vergleich ist zu beachten, daß der Whetstone Benchmark ein typisches sequenzielles Programm ist, bei dem der Transputer seine überragenden Fähigkeiten zur parallelen Datenverarbeitung überhaupt nicht nutzen kann. (Bei der vorliegenden Anwendung hat es sich gezeigt, daß man mit einem 2. parallel arbeitendem Transputer die Bild-Wiederhol-Rate oder Bild-Informationsdichte nahezu verdoppeln kann.)

Da der Transputer T800 auch für VME-Bus-Systeme erhältlich ist, besteht der Vektor-Display-Prozessor aus einem System von mehreren T800. Die Kommunikation mit dem Bordrechner wird über den VME-Bus abgewickelt. Neben der hohen Rechenleistung und der Fähigkeit zur Parallelverarbeitung bietet der Transputer vier serielle Hochgeschwindigkeits-Link-Verbindungen. Der Transputer überträgt die Daten zum Vektor-Generator im Cockpit über eine Länge von 15 Metern mit 10 MBit/s (ca. 700kByte/s netto) und benötigt dafür nur 2 parallele Leitungen. Die Übertragung verläuft dabei praktisch parallel zur Berechnung von neuen Daten.

Vektor-Röhren sind ausgesprochen teuere Anzeige-Instumente. Daher liegt es nahe, die Entwicklung der Cockpit-Anzeigen auf kommerziellen Graphik-Workstations durchzuführen. Hierbei muß der grundsätzliche Unterschied zwischen der Pixel-Graphik einer Workstation und der benötigten Vektor-Graphik für die Vektor-Röhren beachtet werden. Seit einem Jahr ist mit der ATARI ATW800 eine Transputer-Graphik-Workstations auf dem Markt erhältlich. Seit März 1990 bietet auch die Firma Parsytec mit dem GDS II ein sehr leistungsfähiges und flexibles Transputer-Graphik-Board an.

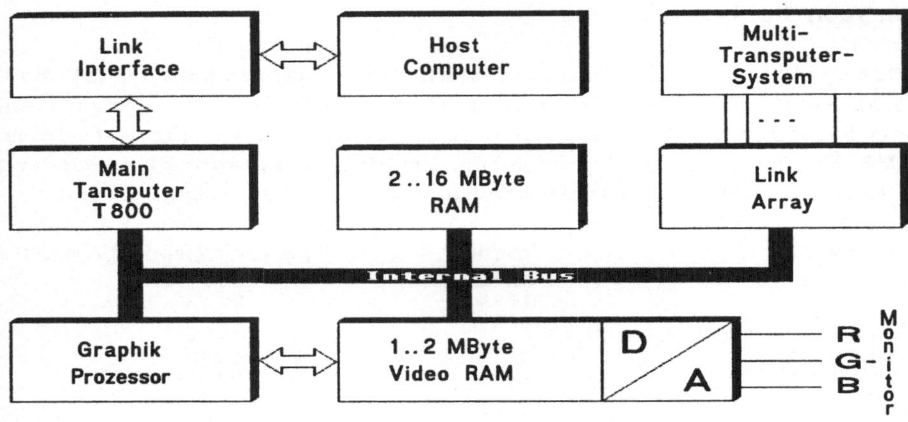



**BILD 3:** Aufbau einer Transputer Graphik Workstation

Neben dem Transputer T800 enthalten diese Workstations (siehe BILD 3 )
einen leistungsfähigen Graphik-Prozessor, der an einem großen Video-RAM
direkt angeschlossen ist, 2 bis 16 MByte Hauptspeicher und ein Link-Array
zum Anschluß von weiteren Transputern für die Parallel-Verarbeitung. Als
Server benötigen die Transputer einen eigenen Host-Rechner, z.B. einen
ATARI ST oder einen PC mit Festplatte und Monitor.


## 5. Das Graphik-Software System

An das für die Entwicklung von Cockpit-Anzeigen benötigte Graphik-System
werden die folgenden Anforderungen gestellt:

> Modulare Struktur der Software
> Universielle Anwendbarkeit für verschiedene Forschungs-Projekte des Instituts
> Identische Programm-Systeme für Vektor-Röhren und Pixel-Workstations
> Programme, die auf der Workstation erstellt wurden, sollen ohne Änderungen
  des Quellcodes auf das Graphik-System im Flugzeug übertragen werden
> Unterteilung des Systems in soft- und hardwareabhängige Teile
> Eindeutige und übersichtliche Bildschirm-Verwaltung
> Alle Funktionen des Systems in einer Library-Struktur
> Alle Funktionen aufrufbar aus den Sprachen MODULA 2, oder C
> 3D-Funktionen

Alle zur Zeit erhältlichen Graphik-Systeme basieren auf der Pixel-Graphik,
die einen festen Bildschirm-Speicher mit 1 bis 4 Bytes/Pixel voraussetzt.
Jeder Punkt auf dem Bildschirm hat sein Äquivalent im Bildschirm-Speicher,
der zyklisch (mit der Bildwiederholfrequenz 50 .. 70 Hz) ausgelesen wird.
Für viele Funktionen wird der Bildschirm-Speicher auch vom Prozessor ausgelesen, z.B. für Verschiebungs- oder Füll-Funktionen. Auf einer Vektor-
Röhre werden alle Linien direkt gezogen (wie beim Oszilloskop), es gibt
somit keinen Bildschirm-Speicher. Das direkte Kopieren des Bildschirm-

Speichers auf die Vektor-Röhre scheitert an der zu kleinen Grenz-Frequenz der X-Ablenkspulen der Vektor-Röhren und an der schlechten Bildqualität einer Pixel-Darstellung.

Aus den vorgenannten Gründen wurde am Institut das neue System VEPIGS (**Ve**ktor und **Pi**xel **G**raphik-**S**ystem) erstellt, das auf dem kleinsten gemeinsamen Befehlsvorrat von Vektor- und Pixel-Graphik, den Befehlen

*moveto (x1,y1)*     [ bewegen zum Punkt (x1,y1)]                          und
*lineto (x2,y2)*     [ Linie ziehen vom aktuellen Punkt zum Punkt (x2,y2)],

sowie einigen wenigen Befehlen für die Bildschirm-Verwaltung und Initialisierung der Systeme basiert. Alle anderen Funktionen setzen auf diese Basis-Funktionen auf, sodaß eine Übertragung der Programme vom Pixel- in den Vektor-Mode leicht möglich ist. Bei der Erstellung des Graphik-Systems wurde auf eine modulare Struktur und einen bewußt kleingehaltenen Befehlssatz in mehreren hierachischen Ebenen geachtet.

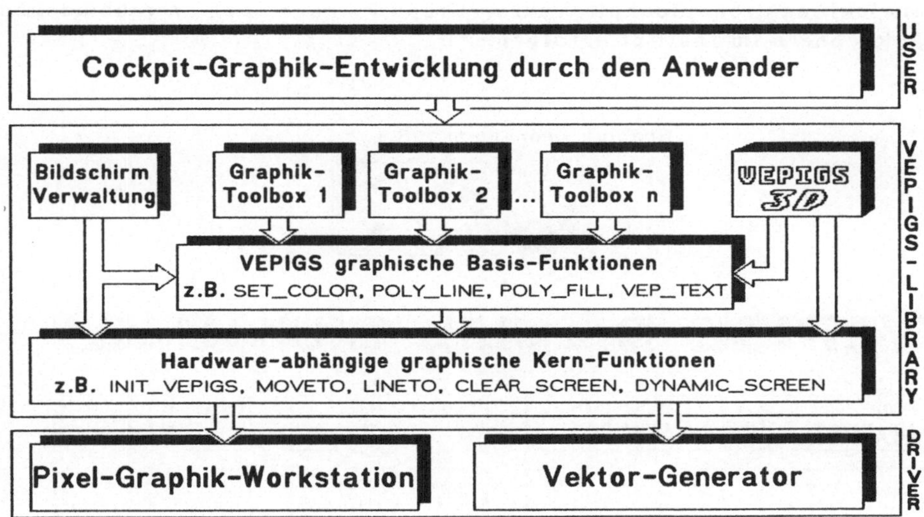


**BILD 4:** Modulare Struktur des VEPIGS-Graphik-Systems

Im Pixel-Mode wird der Graphik-Treiber in der Workstation mittels Hard- und Software realisiert. Im Vektor-Mode für die Cockpit-Röhren übernimmt der Vektor-Generator diese Aufgabe. Die VEPIGS-Kern-Funktionen für Linienziehen und Bildschirm-Verwaltung stellen die unterste VEPIGS-Ebene dar.

Die Graphik-Basis Funktionen für Farbeinstellungen, Polygonzug- und Character-Verarbeitung bilden bereits eine systemunabhängige Plattform für die Bildgenerierung. Erweiterungs-Funktionen können von den Benutzern in Toolboxen gespeichert werden und stehen allen Anwendern zur Verfügung. Zum Beispiel enthält eine Toolbox alle denkbaren Arten von Zeigern und Pfeilen für die Darstellung in runden Flug-Instrumenten. Der Screen-Manager ermöglicht das unabhängige Programmieren und Zusammensetzen von mehreren getrennten Bildern auf einem Bildschirm. Die 3D-Bibliothek hält Funktionen für perspektivische Darstellungen bereit. Dem VEPIGS- Programmierer stehen alle Funktionen des Graphik-Systems zur Verfügung.

Das modulare Konzept von VEPIGS ermöglicht die Programmierung von Anzeigen in nur wenigen Mann-Wochen, kleine Änderungen in vorhandenen Darstellungen benötigen nur wenige Minuten und können so im Beisein eines beratenden Piloten durchgeführt werden. Zum Beispiel betrug die Entwicklungszeit für einen HSI (Horizontal Situation Indicator) im Institut für Flugführung weniger als 2 Wochen incl. der Anpassung an die Vorstellungen des Test-Piloten.

## 6. Das Software Entwicklungs System

Die Entwicklung von Cockpit-Vektor-Graphik kann auf verschiedenen Graphik-Rechnern im Institut erfolgen.

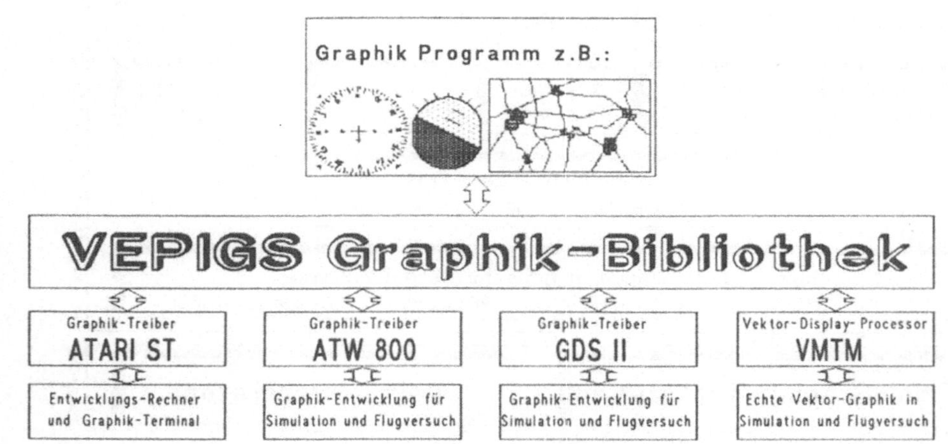


**BILD 5:** Software-Entwicklung auf verschiedenen Computern mit VEPIGS im Pixel- und Vektor-Mode

Als "low-cost" Graphik-Terminals und für Textverarbeitung benutzt das Institut ATARI ST-Computer. VEPIGS ist auf diesen Rechnern installiert worden, um den Studenten die Möglichkeit zu geben, Vektor-Graphik zu entwickeln. Die eigentlichen Graphik-Entwicklungsrechner sind die ATW 800 (Atari Transputer Workstation) und das GDS II von Parsytec. Die Monitore beider Maschinen bieten Platz für mehr als ein Cockpit Instrument; mit dem Screen Manager können bis zu 12 Instrumente gleichzeitig dargestellt werden. Um realistische Bedingungen bei der Entwicklung der Graphik zu berücksichtigen, wurde eine Hintergrund-Echtzeit-Simulation der DO 128 auf dem Transputer geschaffen, deren (simulierte) Daten die Instrumente steuern.

Für die Bedienung der Bildschirme in der DO128 und im Forschungs-Simulator des Instituts kommt sowohl das GDS II als auch für die Vektor-Röhren ein VMTM von Parsytec zum Einsatz.

Für die Vektor-Graphik im Flugzeug ist mindestens ein Transputer pro Vektor-Röhre als Vektor-Display-Processor notwendig. Ein T800/25MHz berechnet z.B. den HSI 25 Mal pro Sekunde und benötigt daher keinen 2. Transputer für die Aufgabe, aus vorgegebenen Winkeln, Entfernungen, ..., ein entsprechendes Bild zu berechnen.

## 7. Das Kartendisplay als Anwendungsbeispiel

Für die verschiedenen Aufgaben des Instituts ist eine Karten-Darstellung auf Basis der ICAO Karte 1:500000 realisiert worden. Die Karte stellt neben den allgemeinen Informationen wie Straßen, Städte, Flüsse, usw. auch für den Luftverkehr relevante Daten wie z.B Funkfeuer (mit Frequenz), Hindernisse oder Sperrgebiete dar. In die Kartendarstellung kann eine gewünschte Sollbahn eingeblendet werden. Die aktuelle Flugzeugposition wird z.B. durch einen Geschwindigkeitsvektor angezeigt. Um eine hohe Präzision beim Abfliegen der Sollbahn zu erreichen, kann die Kartendarstellung in Abstufung aller gängigen Maßstäbe vergrößert werden (z.B. auf 1:50000). Das Flugzeug kann sich über eine stehende Karte oder die Karte sich unter dem stehenden Flugzeugsymbol bewegen. Mit einem System von 5 Transputern ist die Kartendarstellung in quasi-Echtzeit ( 15 Hz Bild-Update-Rate) möglich.

Für die hochgenaue Navigation wird eine Zusammenarbeit mit dem Niedersächsischen Landesverwaltungsamt angestrebt, um in Zukunft die ATKIS-EDBS-Daten in selektierter Form als Datenbasis zur Verfügung zu haben. Der Original-Maßstab der Datenbasis beträgt 1:5000 und läßt sich mit VEPIGS nochmals vergrößern.

## 8. Zusammenfassung

Das im Institut für Flugführung entwickelte Vektor-Graphik-System VEPIGS ermöglicht die Programmierung von Anzeigen für Flugzeug-Cockpit-Vektor Röhren in einer Hochsprache. Dadurch verkürzt sich die Entwicklungszeit für die Anzeigen auf wenige Wochen. Die für die Realisierung dieser Anzeigen auf den Vektor-Röhren benötigte hohe Rechenleistung stellt ein System von mehreren Transputern zur Verfügung. Einen speziellen Anwendungsfall für VEPIGS stellt das Kartendisplay dar. Bei geeigneter Form der Karten-Datenbasis ist die Realisierung einer bewegten Karte im Flugzeug in quasi Echtzeit möglich.

Einsatz von Transputern zur berührungslosen
Geschwindigkeitsmessung nach dem Laufzeitkorrelationsverfahren


H. Janocha, J. Kohlrusch
Lehrstuhl für Prozeßautomatisierung (LPA)
Universität des Saarlandes, Gebäude 13


D-6600 Saarbrücken 11


In der Prozeßautomatisierung entsteht ein zunehmender Bedarf an Verfahren zur berührungslosen Geschwindigkeitsmessung. Als Beispiele für Meßobjekte sind Gas- und Flüssigkeitsströmungen, Drähte, Walzgut, Kunststoffolien, Garne, Papierbahnen, Schüttgüter und Fahrzeuge über Grund zu nennen. Neben dem Doppler- und dem Ortsfrequenzfilterverfahren wird seit einiger Zeit eine Meßmethode untersucht, die die Geschwindigkeit mit Hilfe des Laufzeitkorrelationsverfahrens bestimmt.


Bei der Realisierung des Meßverfahrens werden von zwei Aufnehmern, die in einem bekannten Abstand hintereinander in Geschwindigkeitsrichtung angebracht sind, zufällige Meßobjekteigenschaften wie Helligkeit, elektrische Leitfähigkeit, Temperatur, Dichte, optisches Reflexionsvermögen o.ä. erfaßt. Ein Korrelator berechnet anschließend die Kreuzkorrelationsfunktion (KKF) der stochastischen Signale und sucht das Hauptmaximum. Aus dessen Lage kann die Prozeßlaufzeit und damit die mittlere Geschwindigkeit als Quotient von Aufnehmerabstand und Laufzeit berechnet werden. Dabei beeinflußt die Einstellung der Meßparameter erheblich die Meßgenauigkeit. Die Meßgenauigkeit steigt zwar mit zunehmender Meßdauer, dadurch sinkt jedoch die Meßwiederholrate, so daß schnelle Geschwindigkeitsänderungen nicht mehr erfaßt werden können. Aus diesem Zielkonflikt ergibt sich der Wunsch nach einem selbsttätig einstellenden Sensorsystem.


Als Lösungsansatz wird eine parallele Hardware-Struktur, bestehend aus einem Korrelationsrechner und einem Parameterrechner vorgeschlagen, s. Bild 1. Während der Korrelationsrechner die Geschwindigkeit berechnet, führt ein unabhängiger, parallel arbeitender Rechner die Parameteradaption durch. Die Meßparameter (Abtastfrequenz, Meßdauer etc.) werden nach jeder Geschwindigkeitsmessung aufgrund der vom Korrelator übergebenen Geschwindigkeit neu bestimmt und am Ende der laufenden Messung eingestellt. Die Optimierung der Meßparameter erfolgt unter dem Gesichtspunkt einer hohen Meßwiederholrate des Laufzeitkorrelators, wobei eine vom Anwender vorgegebene statistische Sicherheit eingehalten werden soll.

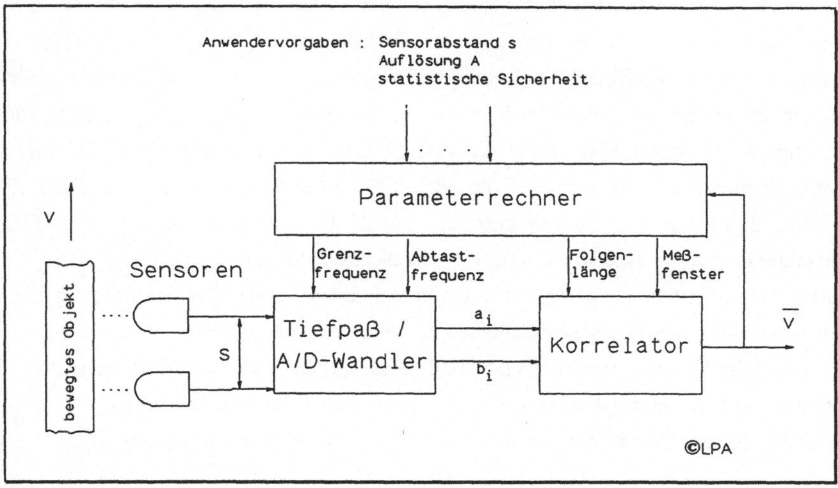


<u>Bild 1</u>: Aufbau des Meßsystems

Dieses Konzept eines intelligenten Sensorsystems mit einer dezentralen Signalverarbeitungsstruktur wurde im Rahmen eines von der Deutschen Forschungsgemeinschaft geförderten Forschungsvorhabens mit Transputern verwirklicht und soll hier vorgestellt werden.

Kern der Rechnerstruktur in Bild 1 ist der Korrelationsrechner und der A/D-Wandler. In der ersten Ausbaustufe wurde der Korrelationsalgorithmus auf einem Ein-Transputerboard TEK 4/8 implementiert. Ein IBM-PC AT diente als Entwicklungssystem mit Ein-/Ausgabemöglichkeiten und Massenspeicher, wobei zunächst der Parameterrechner noch auf dem PC realisiert wurde. Aufgrund kürzerer Entwicklungszeiten wurde in der ersten Ausbaustufe eine Zwei-Kanal A/D-Wandlerkarte mit dem Linkinterface C011 zur Ankopplung an die Sensoren verwendet. Die Berechnung der zeit- und wertdiskreten KKF kann grundsätzlich im Zeitbereich gemäß

$$z(k) = \frac{1}{N} \sum_{i=0}^{N-1} x(i)\,y(i+k) \tag{1}$$

oder im Frequenzbereich gemäß

$$z(k) = \text{IDFT}\{ \text{DFT}(a(i))^* \cdot \text{DFT}(b(i)) \} \tag{2}$$

erfolgen, wobei $a(i)$ und $b(i)$ die Eingangsfolgen und $z(k)$ die Korrelationsfolge bedeuten. Konjugiert komplexe Größen werden mit dem Zeichen * gekennzeichnet. In der Praxis wird die diskrete Fouriertransformation (DFT) durch die Anwendung der Fast Fourier Transformation (FFT) in annehmbaren Rechenzeiten realisiert. Es zeigt sich, daß für Folgen von bis zu N=200 Elementen die Berechnung im Zeitbereich, für längere Folgen im Frequenzbereich günstiger ist. Die Algorithmen zur Berechnung der zeit- und wertdiskreten KKF gemäß Gl.1 und Gl.2 wurden auf einem PC-AT (12 MHz 80286 mit Arithmetik-Koprozessor 80287), einem Transputer T414-17 und einem Transputer T800-20 implementiert. In Bild 2 werden Vergleichsmessungen, jeweils für eine Folgenanzahl von 512 Meßwerten im Realzahlenformat, gezeigt. In die Vergleichsmessungen wurden

-       für die Berechnung im Zeitbereich gemäß Gl. 1 die Berechnungsschritte Mittelwertbildung, Effektivwertberechnung, Korrelationsberechnung und Normierung der KKF;

-       für die Berechnung im Frequenzbereich gemäß Gl. 2 die Berechnungsschritte Mittelwertbildung, Effektivwertberechnung, Nullenauffüllen, Fast Fourier Transformation (FFT), KKF-Berechnung, Inverse Fast Fourier Transformation (IFFT) und Normierung der KKF

mit einbezogen.

| Prozessortyp | Rechenzeit (s) | Berechnungsart |
|---|---|---|
| 80286/80287 | 18,85 | |
| T414 | 8,97 | Zeitbereich |
| T800 | 1,12 | |
| | | |
| 80286/80287 | 7,71 | |
| T414 | 2,39 | Frequenzbereich |
| T800 | 0,29 | |

Bild 2: Vergleich der Berechnungszeiten für eine KKF

Im nächsten Entwicklungsschritt stand die Realisierung des Parameterrechners auf einem zweiten Transputer im Mittelpunkt. Dazu wurde von dem Ein-Transputerboard TEK 4/8 auf das in /1/ vorgestellte KEK-Mehrtransputersystem übergegangen.

Problematisch ist eine Fehlererkennung und -behandlung dieser Mehrprozessorenanordnung. Fehlerzustände während der Programmlaufzeit können zum sofortigen Abbruch des jeweiligen Prozesses und unter Umständen zu einem vollständigen Systemstillstand führen. Aus diesen Gründen wurde parallel zu den Anwenderroutinen ein systemübergreifendes Errorhandling implementiert. Mögliche Fehlerzustände werden in den Anwenderroutinen abgefragt und ausgewertet. Wird ein

Fehlerzustand erkannt, sendet der betroffene Transputer ein Statuswort an den Parameterrechner, das die Kennung des Absenders, die Nummer der fehlerhaften Prozedur und die Fehlerart enthält. Der Parameterrechner gibt das empfangene Statuswort an den PC weiter, der wiederum die aktuelle Fehlermeldung auf dem Bildschirm ausgibt und außerdem die letzten zehn Satuswörter in einem Ringspeicher ablegt. Vergebliche Kommunikationsversuche über die Linkverbindungen werden nach einer definierten Zeitdauer unterbrochen und anschließend eine Fehlermeldung gegeben. Mit diesem Errorhandling ist eine Fehlererkennung und nachträgliche Fehleranalyse möglich geworden. Es kann für eine gezielte Fehlerbehandlung erweitert werden.

Die Rechenzeiten für einen Korrelationszyklus liegen mit der bisher verwendeten Transputerhardware je nach Länge der Eingangsfolgen im Zehntelsekunden bis Sekundenbereich. Da diese Größenordnungen für eine hohe Meßdynamik nicht akzeptabel sind, wurde eine Optimierung der Hardware des Korrelationsrechners vorgenommen. Eine genaue Aufschlüsselung der Rechenzeiten für die jeweiligen Schritte zeigt, daß bei der Korrelationsberechnung im Frequenzbereich der Hauptanteil für die FFT und die IFFT gebraucht wird. Für eine komplexe 1024-Punkte FFT benötigt der T414 etwa 1 s, der T800 immer noch ca. 130 ms, während ein digitaler Signalprozessor vom Typ DSP32C (50 MHz) diese Rechenoperation in lediglich 3,2 ms abarbeitet. Den vorteilhaften Kommunikationsmöglichkeiten eines Transputers steht also eine um Zehnerpotenzen höhere Rechenleistung eines DSP gegenüber.

In jüngerer Zeit sind alternativ zu digitalen Signalprozessoren oder zu fest verdrahteten Rechenwerken spezielle Hardware-Bausteine für die Berechnung der FFT entwickelt worden. Der Baustein TMC2310 der Firma TRW berechnet eine komplexe 1024-Punkte FFT in ca. 500 µs /2/. Bei der Realisierung eines leistungsfähigen Korrelationsrechners bestand die Aufgabe, das Chip TMC2310 mit einem Transputer zu koppeln, der wiederum mit seinen Linkverbindungen die Kommunikation zu den anderen Systemkomponenten herstellt. Die Kommunikation des Transputers mit dem FFT-Chip kann entweder über ein Link oder über das Memory-Interface erfolgen. Die erste Lösung benötigt ein komplexes Steuerwerk, außerdem wird die nominelle Datenübertragungsrate von !0 MBit/s, entsprechend etwa 1 MByte/s, nicht erreicht. Dies liegt vor allem an dem Handshake-Verfahren der Transputertypen T414/T800, das die Übertragung von jedem gesendeten Byte absichert. Bei einer Datenübertragung über das Memory-Interface kann demgegenüber ein Befehl zur schnellen Blockverschiebung innerhalb des Adreßraums mit einer Übertragungsrate von etwa 10 MByte/s genutzt werden. Allerdings erfolgt diese Aktivität nicht parallel zur Signalverarbeitung der CPU wie bei einer Linkübertragung.

Die KEK-Transputerkarten für den Korrelationsrechner und die A/D-Wandlerkarte wurden so modifiziert, daß die Datenübertragung über das Memory-Interface erfolgt. Die modifizierten KEK-Transputerplatinen werden nachfolgend als "KEK/IO" bezeichnet. Während der Hardware-Änderungen wurde Wert darauf gelegt, daß die KEK/IO-Transputerplatinen nach wie vor vollständig kompatibel zum B004-Standard von Inmos bleiben, so daß die gewohnte Entwicklungsumgebung (OCCAM2-Compiler usw.) und die bereits vorhandene Software ohne Einschränkung weiterverwendet werden kann. Da das verwendete FFT-Chip als eigenständige Einheit unabhängig vom Hostrechner arbeitet, kann der Transputer einen Teil der Korrelationsberechnungen parallel zur FFT-Berechnung durchführen. Mit der Kombination T800/TMC2310 konnte die Berechnung einer zeit- und wertdiskreten KKF nach Gl. 2 (bei einer Eingangsfolgenlänge von N=512) in ca. 4 ms berechnet werden.

Bei der bisher verwendeten A/D-Wandlerkarte zeigte sich, daß die Ankopplung der beiden A/D-Wandler mit Hilfe des Linkinterface-Bausteins C011 aufgrund des notwendigen Protokollaufwand zu langsam ist. In einer Eigenentwicklung wird daher eine A/D-Wandlerkarte realisiert, für die eigens ein dritter Transputer eingesetzt wird und die somit nach außen hin als intelligentes Subsystem dient, s. Bild 3.

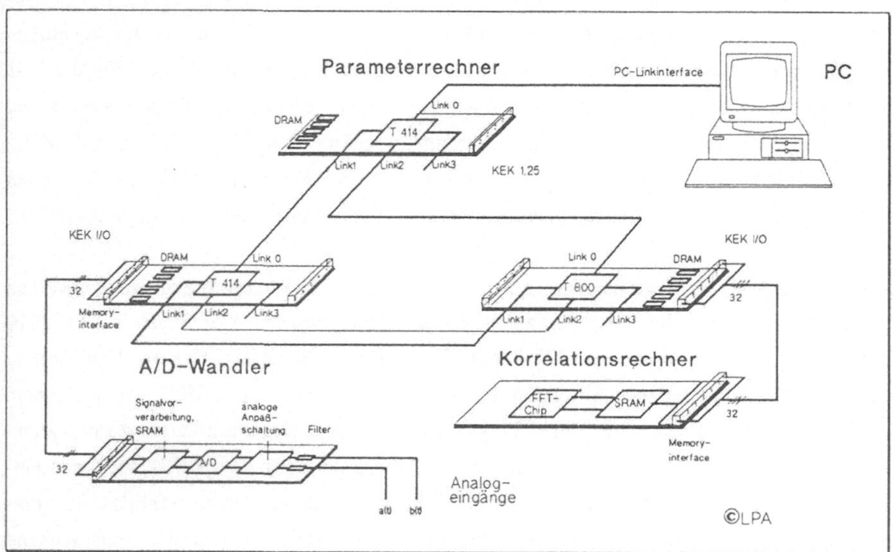


<u>Bild 3</u>: Meßsystem in der dritten Ausbaustufe

Eine weitere KEK/IO-Transputerkarte wird dazu verwendet, die Samplewerte in den Speicher des Transputers zu übertragen. Der Transputer übernimmt die Ansteuerung der A/D-Wandlerkarte sowie eine Signalvorverarbeitung, indem die Berechnungsschritte Mittelwertbildung, Effektivwertberechnung und Nullenauffüllen der Eingangsfolgen vorgenommen werden. Die A/D-Wandler arbeiten mit einer programmierbaren Samplerate von maximal 20 MHz, wobei eine Mittelung von bis zu 256 Abtastwerten durch ein nachgesetztes 16-Bit Rechenwerk möglich ist. Die resultierenden Abtastwerte werden in einem schnellen Dual-Port-RAM abgelegt. Nachdem auf beiden Kanälen jeweils beide Blöcke eingelesen wurden, wird ein Interruptsignal am Eventeingang des Transputers gesetzt, der daraufhin die

Abtastfolgen blockweise einliest und weiterverarbeitet. Die Abtastung beider Kanäle und die Signalvorverarbeitung kann daher im Pipelineverfahren zeitparallel erfolgen.

Einem zentralen Konzept mit digitalen Signalprozessoren steht hier eine dezentrale Signalverarbeitung mit Transputern gegenüber. Es erscheint ideal, die guten Kommunikationsmöglichkeiten eines Transputers mit der hohen Rechenleistung eines DSP zu verbinden. Noch kürzere Rechenzeiten als mit digitalen Signalprozessoren, allerdings auf Kosten der allgemeinen Verwendbarkeit, können durch fest verdrahtete Rechenwerke realisiert werden. Durch die Kopplung eines T800 mit einem Hardware-FFT Chip konnte ein Korrelationsrechner realisiert werden, der eine leistungsfähige und kostengünstige Alternative zu digitalen Signalprozessoren darstellt.

Die A/D-Wandlerkarte, der Korrelationsrechner und der Parameterrechner stellen in dem Meßsystem eigenständige Subsysteme dar. Die A/D-Wandlerkarte nimmt eine Signalvorverarbeitung vor, während der Korrelationsrechner eine KKF berechnet. Komplexe Steuerungsaufgaben werden parallel zur eigentlichen Signalverarbeitung vom Parameterrechner durchgeführt. Während der Entwicklungsphase wurde die Transputer-Hardware sukzessiv erweitert, wobei vorhandene Anwenderprogramme verhältnismäßig einfach an die Hardwaremodifikationen angepaßt werden konnten. Aufgrund des Baukastensystems ist es möglich, z.B. bei geringen Meßobjektgeschwindigkeiten aus Kostengründen ein konventionelles Transputerboard einzusetzen.

Mit dem Meßsystem bestand erstmalig die Möglichkeit, die Meßparameter on line zu adaptieren. Als Meßobjekt wurde in den praktischen Versuchen ein mit einer rauhen Oberfläche versehener fester Körper verwendet, bewegt durch einen mit einem externen Gleichstrommotor angetriebenen Plattenspiellerteller. Durch Einstellen der Motorgleichspannung kann die Geschwindigkeit des Meßobjektes variiert werden. Als Oberflächenmaterial diente Schmirgelpapier mit verschiedenen Körnungen. Optische Fotosensoren vom Typ RS-120HF-2-SAS der Fa. Finger KG erfassen die Oberflächen-Topographie des Plattentellers, indem ein kontinuierlicher Infrarotstrahl ausgestrahlt wird. Die Strahlung wird von der Oberfläche des Meßobjektes reflektiert. Ein Fotosensor setzt die empfangene Lichtintensität in einen Spannungswert um.

Eine Reihe von Grafikausgaben auf dem PC ermöglichen eine Analyse der Meßergebnisse. Die mittelwertbefreiten Eingangsfolgen, die normierte KKF und das dazugehörige Kreuzleistungsspektrum werden von dem Transputernetzwerk nach jedem Rechenzyklus gemeinsam für die grafischen Ausgaben an den PC-AT übergeben. Bild 4 zeigt die Darstellung der abgetasteten Eingangssignale a(t) und b(t). Die gestrichelte Verbindungslinie verdeutlicht die Verschiebung der beiden Signale.

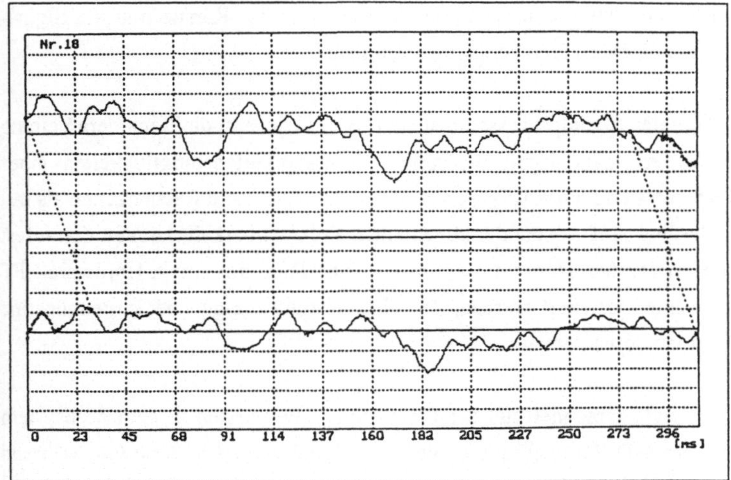

Bild 4: Abgetastete Sensorsignale a(t) (oben) und b(t) (unten)

In Bild 5 ist die zugehörige Korrelationsfunktion dargestellt. Da diese KKF im Frequenzbereich berechnet wurde, besteht die Möglichkeit, die Bewegungsrichtung des Meßobjektes festzustellen. Je nach Verschiebungsrichtung der Eingangssignale zueinander (s. Bild 4) befindet sich das Maximum im positiven oder negativen Achsenabschnitt der Abszisse.

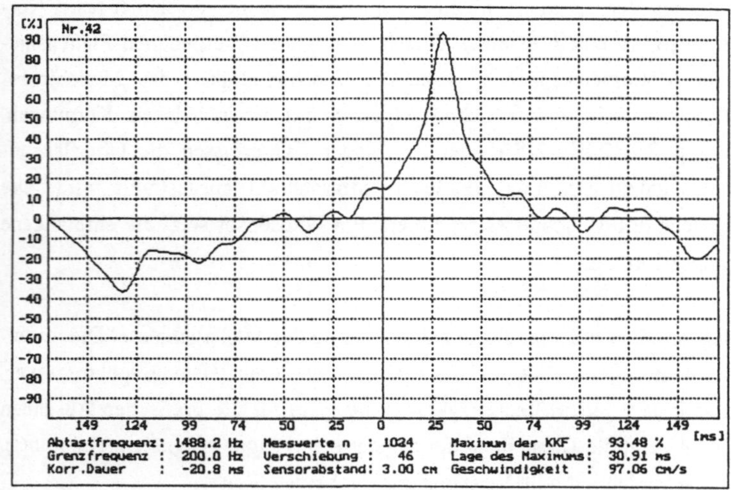


Bild 5: Mit den Sensoren RS-120-HF-SAS gemessene KKF

Zusammenfassend konnte ein Parameterrechner realisiert werden, der eine On-line-Adaption der Meß-parameter wie Mittelungsdauer, Abtastrate und Vorverzögerung entsprechend der gemessenen Geschwindigkeit des Meßobjektes vornimmt. Die Einstellung der Meßparameter erfolgt unter dem Gesichtspunkt einer hohen Meßwiederholrate. Die Einhaltung einer vom Anwender vorgegebenen statistischen Sicherheit der Geschwindigkeitsmessung konnte zunächst nicht erreicht werden, da Einflüsse der Sensorik wie Meßfleckausdehnung und Frequenzgang sowie nichtideale Eigenschaften der abgetasteten Meßobjektstruktur zu wesentlich höheren Streuungen führten, als nach /4/ zu erwarten wäre. Den Untersuchungen zu den Einflüssen der sensor- und prozeßspezifischen Eigenschaften auf das Laufzeit-Korrelationsverfahren kommt daher eine zentrale Bedeutung zu.

Ziel ist eine Selbstadaption des Geschwindigkeits-Sensorsystems an die Meßobjekteigenchaften, so daß bei einem Wechsel von Sensoren und/oder Meßobjekt lediglich vor Beginn der Messungen eine automatisch ablaufende Neuanpassung vorzunehmen ist. Im Idealfall könnten an einem universellen Korrelationsmeßgerät völlig unterschiedliche Aufnehmerprinzipien eingesetzt werden, ohne daß jedesmal Hardware- oder Softwareänderungen am Korrelator notwendig sind.

Die im weiteren Verlauf des Forschungsvorhabens notwendigen Erweiterungen des Meßsystems sind aufgrund der hohen Modularität der Transputerkomponenten mit geringem Aufwand realisierbar. Gedacht ist in Zukunft an die Einführung einer Systemidentifikation des Meßobjektes auf einem weiteren Transputer und an den Einsatz von Videokameras als Sensoren.

<u>Literatur:</u>

[1]    N.N.: Artikelserie zu Transputerboard TEK 4/8 und KEK 4/8. In: ct Magazin für Computertechnik, Heft 10/87...12/88, Heise Verlag,

[2]    TRW Inc.: Technical Paper TP-TBD. Produktinformation zu TMC 2310, Rev. 2/89 der Fa. TRW LSI Products Inc., 1989,

[3]    Inmos Ltd.: Transputer Reference Manual. Produktinformation der Fa. Inmos Ltd., Prentice Hall, 1988,

[4]    Janocha, H.; Haupt, H.: Statistische Sicherheit der Meßdaten beim Laufzeit-Korrelationsverfahren. Technisches Messen, Nr.2, 1988, S.51...55,

## LAUFZEITMESSUNGEN IN STARK VERRAUSCHTER UMGEBUNG
## MIT PSEUDOSTATISTISCHEN SIGNALFOLGEN

R. Bongratz[*], H. Gabriel, R. Karaszewski
TU München, Forschungsreaktor, D-8046 Garching
[*]derzeit Centre d'Etudes Nucleaires, Grenoble

Ein auf pseudostatistischer Signalmodulation beruhendes Verfahren der Laufzeitmessung wird am Beispiel einer Anwendung in der Neutronenspektroskopie vorgestellt. Die dabei erforderliche aufwendige Meßdatenauswertung mittels Korrelationsanalyse großer Datenmengen stellt besonders bei der hier untersuchten zweidimensionalen Weiterentwicklung hohe Anforderungen an die verfügbare Computerkapazität. Da sich der eingesetzte Algorithmus als hochgradig parallelisierbar erwies, wurde er auf einem ternären Transputerbaum implementiert. Die Eignung der parallelen Datenverarbeitung auf Transputerbasis für diese Anwendung zeigt sich in der gefundenen funktionalen Abhängigkeit der Rechenleistung von der Zahl der eingesetzten Prozessoren und im Vergleich der erzielten Rechengeschwindigkeit mit der anderer bekannter Rechnersysteme.

## Einleitung

Die moderne Mikroprozessortechnik läßt durch die preisgünstige Verfügbarkeit großer Rechenleistungen neuartige Meßverfahren attraktiv werden. Eine allgemein für Laufzeitmessungen geeignete Methode, die sich durch große Rauschunempfindlichkeit auszeichnet, wurde am Beispiel der Neutronenspektroskopie erprobt. Hierbei wird die Geschwindigkeit der Neutronen aus ihrer Durchgangszeit durch vorgegebene Flugstrecken ermittelt. Das verwendete Verfahren beruht auf pseudostatistischer Signalmodulation und erfordert eine Datenauswertung mittels aufwendiger Korrelationsanalyse. Der einfache Zugang zur parallelen Datenverarbeitung durch die Transputertechnik ermöglicht darüberhinaus die zweidimensionale Weiterentwicklung des Meßprinzips zur doppelstatistischen Methode.

## Prinzip eines Neutronenstreuexperimentes

Ziel der Neutronenspektroskopie ist es, die innere Struktur und Dynamik der Materie zu erforschen. Wichtige Aussagen über die räumliche
Anordnung der Moleküle einer Probensubstanz können in einem Neutronenstreuexperiment gewonnen werden. Dazu wird ein aus einem Forschungsreaktor emittierter Neutronenstrahl auf eine Probe gerichtet und die
Häufigkeit der daran gestreuten Neutronen richtungsabhängig gemessen.
Will man, wie im vorliegenden Fall, außerdem Rückschlüsse auf die Bewegung der Probenmoleküle ziehen, muß man die Änderung der Geschwindigkeit der Neutronen bei ihrer Wechselwirkung mit der Probe bestimmen.

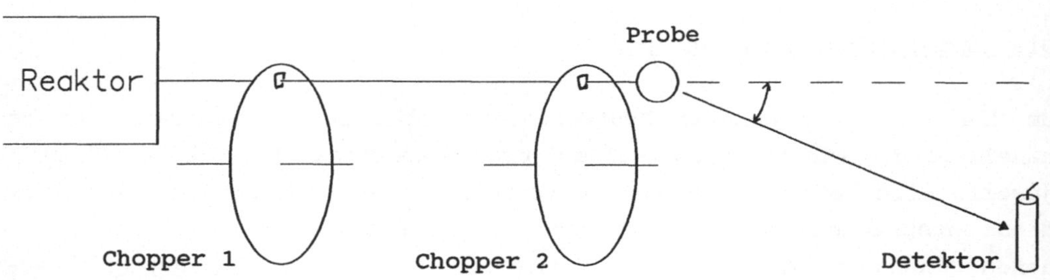


Abb. 1   Neutronenstreuexperiment

Es ist somit die Geschwindigkeit der Neutronen sowohl vor als auch
hinter der Probe zu messen. Wie kann dies realisiert werden?
Eine übliche Methode ist die Flugzeitmessung. Rotierende Scheiben,
Chopper genannt, die Neutronen teils absorbieren, teils transmittie-
ren, zerhacken hierzu den kontinuierlichen Neutronenstrahl in kurze
Pulse. Konventionellerweise wird nur ein Puls - d.h. nur ein einzelnes
neutronentransparentes Fenster - pro Chopperperiode verwendet, so daß
die Zeitpunkte, zu denen Neutronen die Chopper passieren, eindeutig
bekannt sind. Registriert man zudem die Ankunftszeit der Neutronen am
Detektor, kann auf die Geschwindigkeit vor und hinter der Probe rück-
gerechnet werden.
Die gesuchte Meßgröße ist die Flugzeitverteilung $F_{ij}$, d.h. die
Häufigkeit von Neutronen, die für die erste Flugstrecke die Zeit i und
für die zweite die Zeit j benötigen (i,j gemessen in Einheiten von
Zeitkanalbreiten). Bei einem Abstand i zwischen den Öffnungszeitpunk-

ten der beiden Chopper kann $F_{ij}$ als zeitabhängiges Detektorsignal direkt in Abhängigkeit von j gemessen werden.

Dieses konventionelle Vorgehen besitzt jedoch den gravierenden Nachteil, die vom Reaktor angebotene Neutronenintensität nur zu einem geringen Teil zu nutzen. Der erste Chopper transmittiert Neutronen nur zu typisch 1%, der zweite Chopper selektiert aus dem hinter dem ersten Chopper noch vorhandenen breiten Spektrum an Geschwindigkeiten ein schmales Band - ebenfalls etwa 1%. Aus der geringen Zahl der im Detektor nachgewiesenen Neutronen resultiert ein großer statistischer Meßfehler sowie eine starke Verfälschung des Meßsignals durch radioaktive Untergrundstrahlung, die im Detektor ebenfalls nachgewiesen wird.


## Die doppelstatistische Methode

Um die Probe mit höherer Neutronenintensität zu untersuchen, ist es naheliegend, statt eines Pulses pro Meßperiode für beide Chopper jeweils eine Folge von Pulsen zu verwenden. Die Chopperräder enthalten dann entsprechend mehrere Öffnungen. Obwohl damit die Zeitpunkte, zu denen Neutronen die Chopper passieren, nicht mehr eindeutig festliegen, kann dennoch $F_{ij}$ berechnet werden, wenn man ganz bestimmte Anordnungen von offenen und geschlossenen Fenstern wählt. Sie werden durch aus der Literatur [1] bekannte sogenannte pseudostatistische Binärfolgen beschrieben.

Beispiel einer pseudostatistischen Folge $a_i$ der Länge N=7:

$a_i \in \{-1; +1\}$ 

| i: | 0 | 1 | 2 | 3 | 4 | 5 | 6 |
|----|---|---|---|---|---|---|---|
| $a_i$: | +1 | +1 | +1 | -1 | +1 | -1 | -1 |

+1: Chopper durchlässig; -1: Chopper undurchlässig

Die Modulationsfunktion der Eingangsintensität lautet demnach:

$$\tfrac{1}{2}(a_i+1)$$

Diese Folgen besitzen trotz endlicher Länge N eine $\delta$-förmige Autokorrelationsfunktion $A_l$, analog zur Eigenschaft echter Zufallsfolgen für $N \to \infty$.

$$A_l = \sum_{i=0}^{N-1} a_i a_{i-l} = (N+1)\delta_l - 1 \qquad \text{(Autokorrelationsfunktion)} \qquad (1)$$

Die beiden Chopper tragen unterschiedliche Folgen ($x_i$ bzw. $y_i$ mit den Längen $N_x$ bzw. $N_y$; $N_x, N_y$ teilerfremd), deren Elemente jedoch im selben Takt durchfahren werden. Die Gesamtkonstellation wiederholt sich somit nach $N_x * N_y$ Schritten; für die Aufzeichnung des Detektorsignals werden demnach $N_x * N_y$ Kanäle benötigt. Für die Auswertung hat es sich als sehr vorteilhaft erwiesen, die Zeitkanäle als Matrix mit $N_x$ Zeilen und $N_y$ Zeilen anzuordnen. Ein im Detektor nachgewiesenes Neutron wird genau dann im Zeitkanal $Z_{kl}$ registriert, wenn der erste Chopper beim k-ten, der zweite Chopper beim l-ten Element seiner Folge angelangt ist. Für eine gegebene Flugzeitverteilung $F_{ij}$ läßt sich damit das Zählergebnis ausdrücken durch:

$$Z_{kl} = \sum_{i=0}^{N_x-1} \sum_{j=0}^{N_y-1} \tfrac{1}{2}(x_{k-i-j}+1) \; \tfrac{1}{2}(y_{l-j}+1) \; F_{ij} \tag{2}$$

Aufgrund der speziellen Eigenschaft der pseudostatistischen Folgen

$$\sum_{i=0}^{N_x-1} x_{i-j} \tfrac{1}{2}(x_i+1) = \tfrac{1}{2}(N_x+1)\delta_j \qquad \sum_{i=0}^{N_y-1} y_{i-j} \tfrac{1}{2}(y_i+1) = \tfrac{1}{2}(N_y+1)\delta_j \tag{3}$$

ermöglicht nun eine zweidimensionale Korrelationsanalyse von $Z_{kl}$ in bezug auf $x_i$ und $y_i$ die Flugzeitverteilung $F_{ij}$ zu rekonstruieren:

$$D_{uv} = \sum_{i=0}^{N_x-1} \sum_{j=0}^{N_y-1} y_{l-v} \, x_{k-u-v} \, Z_{kl} =$$

$$= \sum_{k=0}^{N_x-1} \sum_{l=0}^{N_y-1} \sum_{i=0}^{N_x-1} \sum_{j=0}^{N_y-1} \tfrac{1}{4} y_{l-v} x_{k-u-v}(x_{k-i-j}+1)(y_{l-j}+1) F_{ij} =$$

$$= \tfrac{1}{4}(N_y+1)(N_x+1) \sum_{i=0}^{N_x-1} \sum_{j=0}^{N_y-1} \delta_{j-v}\delta_{i-u}F_{ij} = \tfrac{1}{4}(N_y+1)(N_x+1) \, F_{uv} \tag{4}$$

Die Berechnung von $D_{uv}$ nach Gl. 4 beinhaltet die $N_x N_x N_y N_y$-malige Auswertung des Produkts $y_{l-v} x_{k-u-v} Z_{kl}$. (Für eine typische Anwendung $9{,}2 * 10^9$ Schritte entsprechend einer Ausführungszeit von etwa 14 Std. auf einem Transputer T800-G20 im 64bit-Fließkommaformat.)
Glücklicherweise kann bei der gewählten Art der Aufzeichnung von $Z_{kl}$ die zweidimensionale Korrelationsanalyse auf Sätze von eindimensionalen Korrelationen zurückgeführt werden.

$$D_{uv} = \sum_{k=0}^{N_x-1} (x_{k-u-v} \sum_{l=0}^{N_y-1} y_{l-v} Z_{kl}) = \sum_{k=0}^{N_x-1} x_{k-u-v} G_{kv} \qquad G_{kv} = \sum_{l=0}^{N_y-1} y_{l-v} Z_{kl}$$

$Z_{kl}$ ist also zuerst zeilenweise mit $y_j$ zu korrelieren und das Ergebnis $G_{kv}$ daraufhin spaltenweise mit $x_i$. Die Anzahl der Rechenschritte reduziert sich damit auf $N_x N_x N_y + N_y N_x N_y$ (typisch $6,7*10^6$), die zugehörige Rechenzeit auf 6,2 min. Für ein unmittelbares Verfolgen der Messung ist aber selbst diese vom Transputer T800 erreichte Rechenzeit noch zu lang.

Eine weitere Beschleunigung bietet sich geradezu an, da die einzelnen Korrelationen der Zeilen und Spalten unabhängig voneinander und damit parallel ausführbar sind. Dieser Idee folgend wurde ein Parallel-rechner auf Transputerbasis aufgebaut. Seine hard- und softwaremäßige Realisierung behandelt der folgende Abschnitt.


## Hard- und Software für die zweidimensionale Korrelationsanalyse

Als Hardwarebasis für die Realisierung der zweidimensionalen Korrela-tionsrechnung nach dem oben beschriebenen Algorithmus wurde die in Abb. 2 dargestellte Architektur eines dreistufigen ternären Baumes gewählt. Ihre besondere Eignung für die vorliegende Anwendung wird bei der Diskussion der Software deutlich werden.

Die Prozessorknoten des Baumes wurden auf Basis des an der TU Braunschweig entwickelten Schaltungsentwurfs "KEK" aufgebaut. Über zwei Inmos-B004-kompatible PC-Einsteckkarten in AT-Hostrechnern wird der Zugriff auf die Ein- und Ausgabeperipherie sichergestellt.

Als Betriebs- und Entwicklungssystem dient das UNIX-Derivat "Helios".

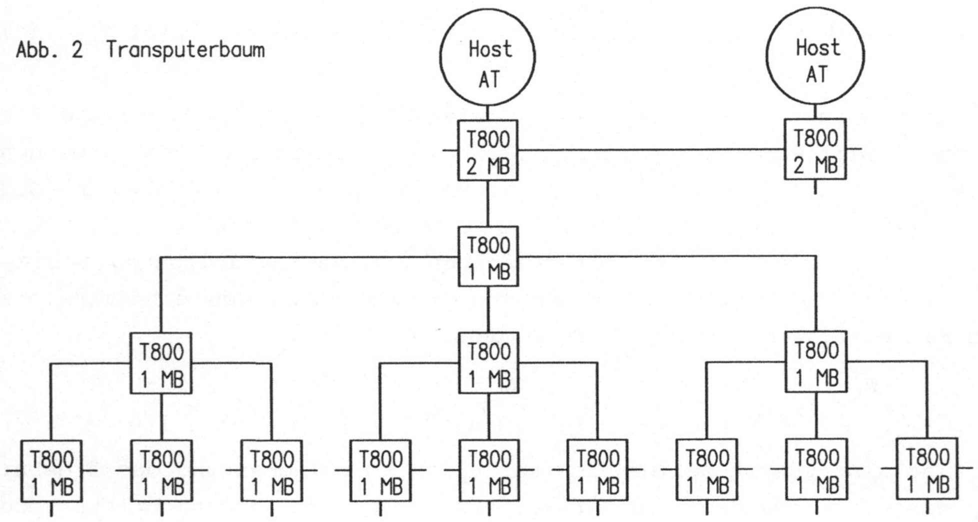


Abb. 2  Transputerbaum

Neben dem Vorteil einer von UNIX her vertrauten C-Programmierumgebung stellt Helios dem Benutzer ein effizientes "message passing system" zum Datenaustausch zwischen Knoten zur Verfügung. Der Datenempfänger kann mit einem logischen Namen angesprochen werden und muß nicht direkt durch ein Link mit dem Sender verbunden sein; Helios sorgt intern für das Weiterleiten der Daten über zwischengeschaltete Knoten. Ein mit mehreren Knoten arbeitendes Programmkonstrukt ist deshalb unabhängig von der aktuellen hardwaremäßigen Verbindung der Knoten lauffähig. Letztere kann aber die Ausführungsdauer nachhaltig beeinflussen.

In dem von uns implementierten Algorithmus werden Zeilen (bzw. Spalten) des zweidimensionalen Feldes $Z_{kl}$ (bzw. $G_{kv}$) von einem "Masterknoten", der Wurzel des Baumes, an die übrigen Knoten, die "Worker", geschickt. Dort wird die Korrelation berechnet und das

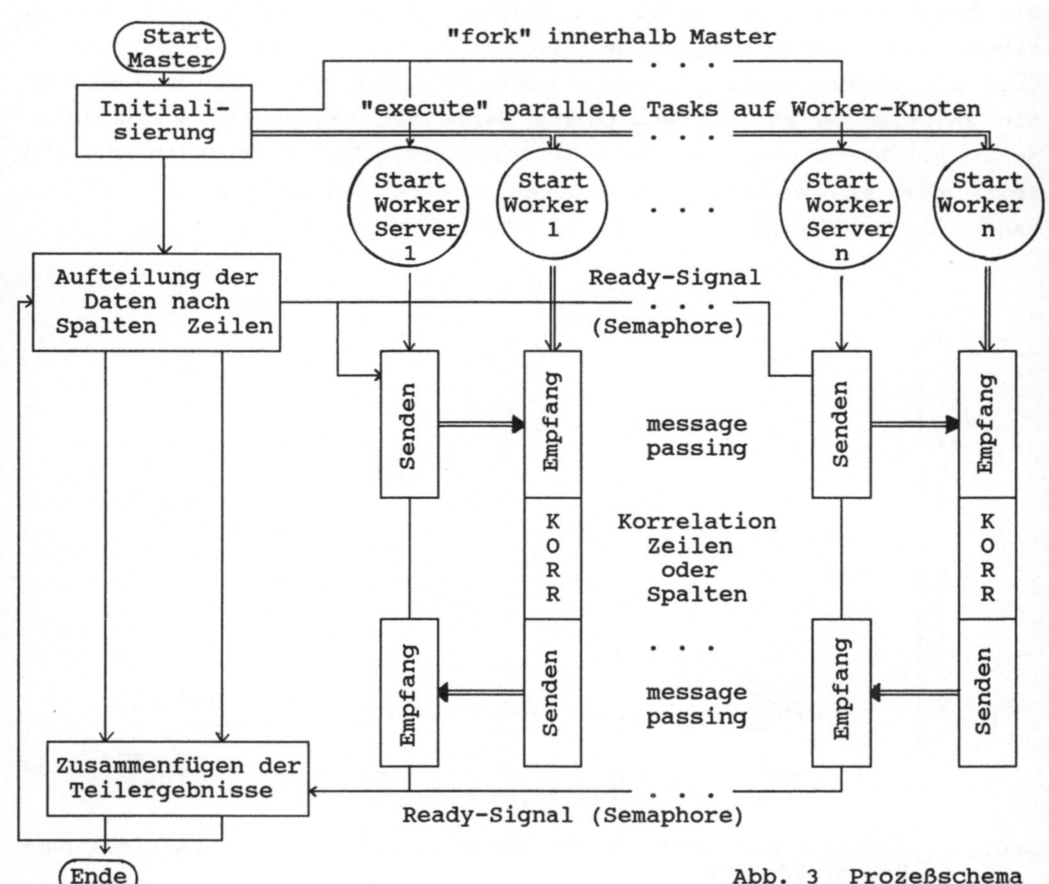


Abb. 3  Prozeßschema

Ergebnis zum Ausgangspunkt zurückgereicht. Die Baumstruktur stellt bei diesem Verfahren optimal kurze Datenwege zur Verfügung.

Durch die Verwendung logischer Namen beim Datenaustausch werden sämtliche Workerknoten gleich behandelt. Das Programm kann somit zur Laufzeit die Anzahl der aktuell vorhandenen Knoten ermitteln und die Daten zur Berechnung der Korrelation entsprechend verteilen.

Abb. 3 zeigt schematisch den Aufbau des implementierten Programmkonstrukts und das durch Helios-Semaphoren synchronisierte Zusammenspiel der beteiligten Prozesse: Auf dem Masterknoten startet ein Hauptprogramm, das in einer Initialisierungsphase auf den übrigen Knoten des Baumes "Workerprozesse" generiert. Um die vorhandene Linkkapazität zur Datenübermittlung optimal zu nutzen, wird zu jedem Worker korrespondierend ein "Worker Server"-Prozess auf dem Masterknoten gestartet. Die Worker Server laufen konkurrierend und übernehmen das Versenden und Empfangen der Daten.

Die komplexe Struktur macht den erhöhten Entwicklungsaufwand für ein verteilt-paralleles Programm deutlich.

Über die andererseits erreichte Beschleunigung gibt Abb. 4 Auskunft. Sie zeigt experimentell ermittelte Werte der reziproken Ausführungszeit für die zweidimensionale Korrelationsrechnung, bezogen auf die Zeit, die ein einzelner Transputer - ohne Versendung der Daten - benötigt. Auf der Abszisse ist die Anzahl der als Worker beteiligten

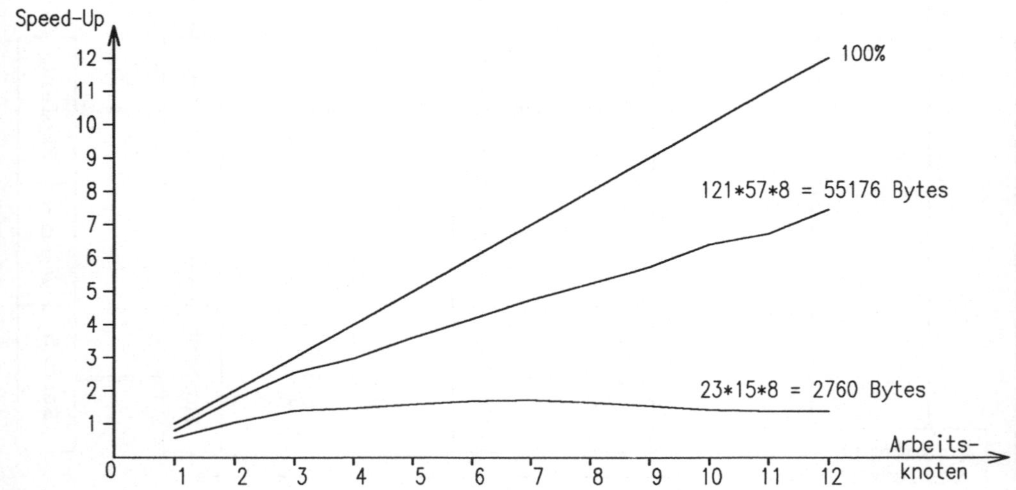


**Abb. 4** Rechenleistungsgewinn für Korrelationen mit unterschiedlicher Datenfeldgröße

Knoten angegeben, wenn der Baum stufenweise aufgebaut wird. Diese Zahl beinhaltet nicht den Masterknoten, der nur Steuerungsaufgaben und den Datentransfer übernimmt.

Ein Vergleich der beiden für unterschiedliche Datenfeldgrößen von $Z_{kl}$ ermittelten Kurven zeigt, daß besonders bei kleinen zu versendenden Datenmengen der Verwaltungsoverhead des message passing deutlich ins Gewicht fällt. Dieser Effekt nimmt mit steigender Knotenzahl zu, wozu auch die benötigten längeren Datenwege beitragen. So knicken die Kurven bei drei Arbeitsknoten deutlich ab, da nur diese drei direkt mit dem Master verbunden sind.

Im praktischen Einsatz ist die Datenmenge mit 55176 Bytes oder mehr groß genug, um Parallelverarbeitung sinnvoll einsetzen zu können.

Dies bestätigen auch die in folgender Tabelle zusammengefaßten Ergebnisse, die im Rahmen unserer mehrjährigen Erfahrung mit der Korrelationstechnik gesammelt wurden. Die hierfür notwendigen Rechnungen konnten dabei auf verschiedensten Computersystemen ausgeführt werden. Angegeben ist die Dauer der Korrelationsrechnung eines typischen doppelstatistischen Experiments ($N_x$=508, $N_y$=189).

| Computer | Sprache | Zahlenformat | Zeit |
|---|---|---|---|
| TRS 80 | Basic Interpr. | 16 Bit Int | 35 Std. |
| 68000 12 MHz | Assembler | 32 Bit Int | 5.2 min |
| 68000+68881,12 MHz | C | 64 Bit Double | 2.4 Std. |
| AT 10 MHz 0 Wait, | | | |
| 80286+80287 | C | 64 Bit Double | 1.2 Std. |
| VAX 8300 | C | 64 Bit Double | 13.4 min |
| Microvax II | C | 64 Bit Double | 12.9 min |
| 1 Transputer | C | 64 Bit Double | 6.2 min |
| Cyber 180-995E | Fortran | 60 Bit Double | 57 sec |
| TransputerBaum | C | 64 Bit Double | 34 sec |
| (13 T800, 20 MHz) | | | |
| Cray XM-P/24 | Fortran | 64 Bit Double | 1.8 sec |

Offensichtlich kann bei vergleichbarem finanziellen Aufwand kaum ein anderes System eine derartige Rechenleistung zur Verfügung stellen.

Literatur:
[1] G. Wilhelmi: Eine Übersicht über Differenzmengen mit Tabellen, Externer Bericht (Gesellschaft für Kernforschung mbH., Datenverarbeitungszentrale, Karlsruhe 1970)
[2] R. Bongratz: Optimierung und Anwendung eines Flugzeitspektrometers mit pseudostatistischem Chopper, Dissertation, TU München 1989
[3] R. Karaszewski: Untersuchung pseudostatistischer Flugzeitmethoden, Diplomarbeit, TU München 1988
[4] H. Gabriel: Rechnergestützte Simulation eines Neutronen-Streustrahl-Experiments unter Verwendung paralleler Programmiertechniken auf einem Transputer-Netzwerk, Diplomarbeit, FH München, in Bearbeitung

# Realisierung eines nichtlinearen adaptiven Regelverfahrens mittels eines Transputer-Rechnersystems


H.-U. Flunkert, P. Kortmann, U. Wolff
Ruhr-Universität Bochum
Lehrstuhl für Elektrische Steuerung und Regelung
Postfach 102148
D-4630 Bochum 1


## Kurzfassung


Das Ziel des im vorliegenden Beitrag beschriebenen Forschungsprojektes* ist es, stochastisch gestörte, nichtlineare Prozesse adaptiv zu regeln. Der Lösungsansatz dazu ist ein adaptiver Regelalgorithmus, dessen Identifikationsteil auf einem diskreten nichtlinearen mathematischen Modell basiert. Dabei wird die Struktur des Prozesses mit einem Strukturselektionsalgorithmus auf eine statistisch signifikante optimale Modellstruktur abgebildet. Mit diesem Modell arbeitet der Regler sowohl parameter- als auch strukturadaptiv. Die dabei auftretenden sehr umfangreichen Rechenoperationen zwingen bei der notwendigen Verarbeitungsgeschwindigkeit im Echtzeitbetrieb zu einer rechentechnisch zeitoptimalen Realisierung. Nicht zuletzt auch in Bezug auf die Entwicklung eines Regelgerätes wurde zur Lösung des Problems ein Transputer-Rechnersystem eingesetzt.


## 1. Einführung - regelungstechnischer Hintergrund

Allen klassischen Verfahren der Regelungstechnik liegen für gewöhnlich zur Beschreibung des Prozesses lineare mathematische Modelle zugrunde. In der Regel verwendet man lineare Differenzengleichungen, etwa in der Form des ARMAX-Modelles (z. B. [1]).

Im Grunde ist jedoch kein realer Prozeß wirklich linear. Er kann deshalb durch ein lineares Modell nur in einem beschränkten Arbeitsbereich beschrieben werden. Das heißt, daß das dynamische und statische Verhalten eines Prozesses durch eine Linearisierung nur in der Nähe eines Arbeitspunktes hinreichend genau wiedergegeben werden kann. Regler, die auf der Basis eines derartig linearisierten Modells entworfen werden, sind somit auch nur in einem beschränkten Arbeitsbereich zu betreiben. Sicherlich ist ein solcher Ansatz für die meisten bisherigen industriellen Prozesse durchaus ausreichend, zumal dann, wenn durch einen adaptiven Regler eine ständige Anpassung der Parameter erfolgt. Mit der enormen Ausbreitung technologischer

---


*gefördert von der Deutschen Forschungsgemeinschaft

Anwendungen und Einsatzgebiete werden jedoch auch die Probleme der konventionellen Regelverfahren immer deutlicher und die Anforderungen an die neueren Regelverfahren immer größer. So wird z. B. der Nachteil einer Adaption auf der Basis linearer Modelle immer dann besonders deutlich, wenn ein nichtlinearer Prozeß in einem weiten Arbeitsbereich oder in mehreren Arbeitspunkten betrieben wird und eine schnelle Umschaltung von einem Arbeitspunkt zum anderen notwendig ist. In einem solchen Fall ist durch die Anpassung des Reglers kein optimales Regelverhalten während der Übergangsphase zu erwarten. Weitere Schwierigkeiten ergeben sich, wenn der Prozeß während des Betriebs sein dynamisches Verhalten ändert.

Ein Lösungsansatz, um derartige Probleme zu beherrschen, ist die Verwendung nichtlinearer Modelle und Modellansätze.

## 2. Konzeption des strukturadaptiven Reglers

Grundsätzlich gilt, daß das qualitative Verhalten der nichtlinearen Prozesse, also der Regelstrecke (S) als unbekannt oder durch eine Voridentifikation nicht vollständig erfaßbar angenommen wird. Die Struktur des Regelverfahrens ist im Bild 1 dargestellt. Neben der bekannten Grundstruktur des Standardregelkreises werden die Ein- und Ausgangssignale u und y der Regelstrecke einer

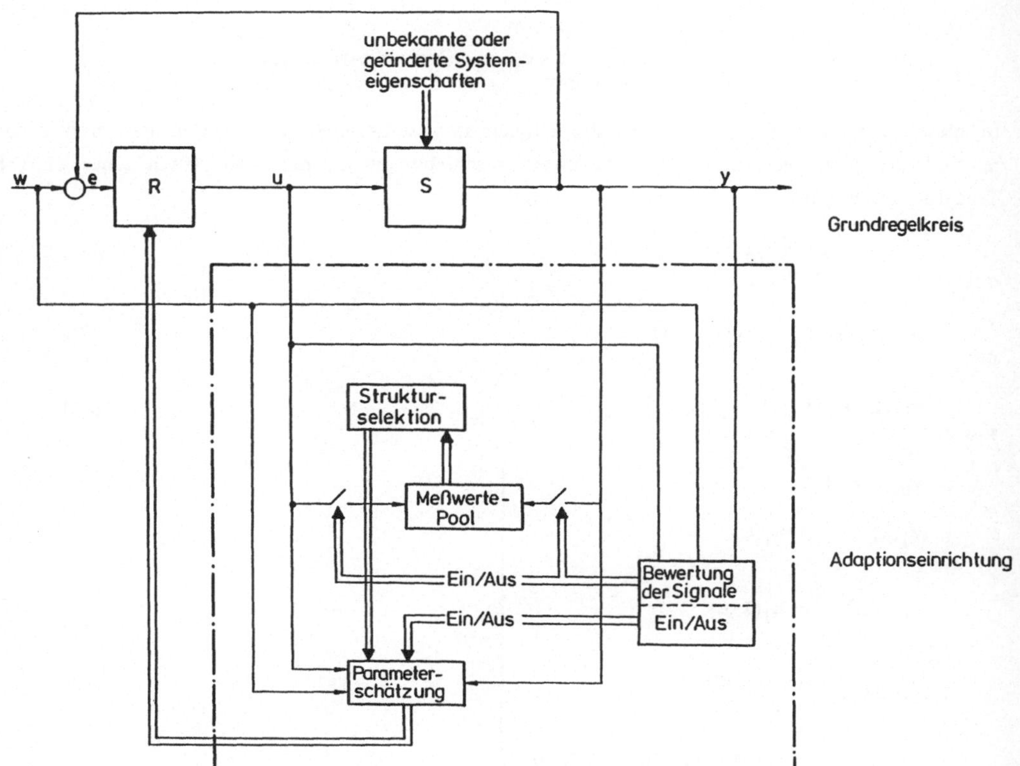


Bild 1. Struktur des adaptiven Regelsystems

Adaptionseinrichtung zugeführt. Außerdem ist eine Zuführung des Sollwertes w an die Adaptionseinrichtung vorgesehen. Diese enthält dabei einen Strukturselektionsblock, eine Parameterschätzung und einen Steuerblock für die Aktivierung der Strukturselektion und Parameterschätzung. Innerhalb der Strukturselektion wird aus einem allgemeinen nichtlinearen Modellansatz, dem Kolmogorov-Gabor-Polynom [1], eine statistisch signifikante Modellstruktur derart ermittelt, daß eine reduzierte optimale Modellstruktur entsteht. Die Parameterschätzung beruht auf den bekannten Verfahren zur Schätzung linearer Parameter. Beide Blöcke werden abhängig von der jeweiligen Situation des Gesamtsystems aktiviert oder deaktiviert. Dabei werden Meßwerte mit Hilfe einer Bewertung des Informationsgehaltes selektiert und über einen Meßwertepool der Strukturbestimmung zur Verfügung gestellt. Der eigentliche Regler (R) bestimmt dann die jeweilige Stellgröße u.

Ein wesentlicher Kern dieses Verfahrens ist die auf statistischen Tests beruhende Prozedur [2] der Strukturselektion. Ausgangspunkt für die Prozeßbeschreibung ist dabei das folgende diskrete nichtlineare Modell

$$y_w(k) = \bar{y} + \sum_{1=0}^{n} b_i\, u(k-i) + \sum_{1=0}^{n} \sum_{1=j}^{n} b_{ij}\, u(k-i)\, u(k-j)$$

$$\ldots + \ldots + \sum_{1=0}^{m} a_i\, y(k-i) + \ldots +$$

$$+ \ldots + \sum_{1=0}^{n} \sum_{j=1}^{m} \ldots \sum_{v=p}^{m} \sum_{q=v}^{m} c_{ij\ldots q}\, u(k-i)\, y(k-j)\, \ldots\, y(k-q)\ . \tag{1}$$

In dieser Beziehung ist q der Grad des Polynoms, $\bar{y}$ stellt einen Gleichanteil dar, und n sowie m sind die jeweiligen maximalen Rückwärtsverschiebungen in der Zeit. Nach einer einfachen Transformation gilt

$$y_w(k) = m^T(k)\, p \tag{2}$$

mit

$$p^T = [\bar{y},\ b_i,\ \ldots,\ c_{ij}\ \ldots\ q] \tag{3a}$$

und

$$m^T(k) = [v_0(k),\ v_1(k),\ \ldots,\ v_{ij\ldots q}\ \ldots\ ] \tag{3b}$$

sowie

$$\left.\begin{aligned}
v_0(k) &= 1 \\[4pt]
v_1(k) &= u_1(k) \\
&\ \vdots \\
v_{n+1}(k) &= u_1(k-n) \\
&\ \vdots \\
v_{n+n+1}(k) &= u(k)\, u(k-1) \\
&\ \vdots \\
v_{ij\ldots q} &= y(k-n)\, y(k-m)\, \ldots\, y(k-q) \\
&\ \vdots
\end{aligned}\right\} \quad . \tag{4}$$

Damit ist der quadratische Gleichungsfehler über N Meßpunkte mit

$$I(p) = \sum_{k=1}^{N} \epsilon_w^2(k) = \sum_{k=1}^{N} (y_w(k) - m^T(k)\, p)^2 \tag{5}$$

gegeben. Mit Hilfe der Strukturselektion werden aus der gesamten zur Verfügung stehenden Anzahl von Termen die Terme $\tilde{v}_{opt}$ bestimmt, die die Regelstrecke in einem reduzierten Modell statistisch signifikant beschreiben. Die Basis der gezielten Suche nach der optimalen Variablen stellt die Orthogonalitätsbeziehung

$$\sum_{k=1}^{N} \tilde{v}_i(k)\, \tilde{v}_j(k) \begin{cases} = 0, & i \neq j \\ \neq 0, & i = j \end{cases} \tag{6}$$

dar. Die spezielle Problematik liegt nun in der Orthogonalität des transformierten Meßvektors. Diese kann sicherlich nicht ohne weiteres vorausgesetzt werden und muß mit Hilfe eines Orthogonalisierungsverfahrens, etwa dem klassischen Gram-Schmidt-Verfahren [2], in der Form

$$\tilde{v}_i(k) = v_i(k) - \sum_{j=0}^{\nu-1} \frac{\displaystyle\sum_{\ell=1}^{k} v_i(\ell)\, \tilde{v}_{opt}(\ell)}{\displaystyle\sum_{\ell=0}^{N} \tilde{v}_{opt_j}(\ell)^2}\, \tilde{v}_{opt_j}(k) \tag{7}$$

erreicht werden. Das reduzierte Modell liegt dann, hier gezeigt am Beispiel einer Turbogenerator-Pilotanlage, in der Form

$$y(k) = \bar{y} + b_1\, u(k-1) + b_2\, u(k-2) + a_1\, y(k-1) + a_2\, y(k-2) + a_{12}\, u(k-1)\, u(k-2)$$

$$+ c_{237}\, u(k-2)\, u(k-3)\, y(k-1) + c_{366}\, u(k-3)\, y^2(k-3) + c_{166}\, u(k-1)\, y^2(k-3) \tag{8}$$

vor. Diese Gl.(8) ist linear in ihren Parametern, so daß mit

$$I(\tilde{p}) \overset{!}{=} \text{Min}, \tag{9}$$

einer rekursiven Parameterschätzmethode [4], innerhalb des Parameterschätzblocks alle benötigten Parameter "on-line" geschätzt werden können.

Unter Ausnutzung des Gütekriteriums [5]

$$I^* = [(y(k+1\,|\,k) - w(k))^2 + r\, u^2(k)] \overset{!}{=} \text{Min} \tag{10}$$

wird dann mit den partiellen Ableitungen

$$\frac{\partial I^*}{\partial u(k)} = 0 \quad \text{und} \quad \frac{\partial^2 I}{\partial u(k)^2} > 0\,, \tag{11}$$

im Reglerblock (R) die optimale Stellgröße

$$u_{opt}(k) \quad \text{für } K = 0,\, 1,\, 2,\, \dots$$

gefunden.

Eine besondere Bedeutung innerhalb der Reglerstruktur kommt hier der Ein- und Ausschaltung bzw. der Signaldedektion zu. Definiert man den Schätzfehler zu $\tilde{p} = \hat{p}\text{-}p$ und nutzt die Kovarianzmatriz mit

$$E\{\tilde{p}\tilde{p}^T\} = \sigma^2 P, \tag{12}$$

so lassen sich nach Einführung der skalaren Größen

$$\gamma_1(k) = [\det P(k)]^{-1} \tag{13a}$$

und

$$\gamma_2(k) = [\operatorname{Spur} P(k)]^{-1} \tag{13b}$$

die Schaltvariablen

$$K_1(k) = \frac{\gamma_1(k) - \gamma_1(k-1)}{\gamma_1(k) + \gamma_1(k+1)} \tag{14a}$$

und

$$K_2(k) = \frac{\gamma_2(k) - \gamma_2(k-1)}{\gamma_2(k) + \gamma_2(k+1)} \tag{14b}$$

festlegen. Nur dann, wenn $K_1(k) > 0$ oder $K_2(k) > 0$ ist, wird die Parameterschätzung aktiviert bzw. ein Meßwert dem Meßwertpool zugeführt.

## 3. Realisierung des Regelverfahrens auf dem Transputer

Wie anhand der vorgehenden mathematischen Grundlagen des Verfahrens gezeigt, erfordert der Regelalgorithmus sehr umfangreiche Rechenoperationen. Demgegenüber ist zur Erzielung des geforderten Echtzeitverhaltens eine hohe Verarbeitungsgeschwindigkeit nötig, um reale Prozesse (Regelstrecken) on-line regeln zu können. Damit gemeint ist das Erreichen einer der Prozeßdynamik entsprechenden Abtastzeit. Da bekanntlich jede Abtastung auch eine Filterung (Tiefpaßverhalten) darstellt, muß zur exakten Modellierung der Dynamik der Regelstrecke eine genügend kleine Abtastzeit erreicht werden können. Im weiteren entscheidet die Art und Weise der an das reale System gebundenen Prozeßankopplung über die Qualität der Reglerparameter und damit über die Regelung an sich.

Notwendig wurde damit eine rechentechnisch zeitoptimale Realisierung. Bei der Entscheidungsfindung zur Auswahl eines geeigneten Rechnersystems war zusätzlich ein weiterer wichtiger Aspekt des Regelverfahrens zu berücksichtigen: Die spezielle Struktur adaptiver Verfahren bietet eine Parallelisierung der Algorithmen geradezu an.

Zusätzlich sollte die Möglichkeit einer Abkopplung vom Host-Rechner berücksichtigt werden, um das Regelverfahren in ein eigenständiges Regelgerät zu implementieren.

Eine den obigen Anforderungen genügende Rechnerstruktur ist in der Verwendung von Transputern zu finden.

Neben dem wichtigen Aspekt der Parallelverarbeitung erfüllt der Transputer (hier T800) durch das Vorhandensein einer Fließkommaeinheit (Floating-Point-Unit; FPU) die Forderung nach einer ausreichenden Rechnergenauigkeit. Außerdem ist der Transputer schnell (T800 mit 20 MHz getaktet) und besitzt die für eine direkte und qualitativ hochwertige Prozeßankopplung notwendigen Schnittstellen, die zudem noch über eine extrem hohe Datenübertragungsrate (20 Mbaud) verfügen.

Ausgewählt wurden zur Implementierung des nichtlinearen adaptiven Regelverfahrens zwei Transputer mit je 2MB RAM als PC-Einsteckkarten (INMOS B004-kompatibel). Als Host-Rechner dient eine PC-Rechnereinheit, bestehend aus einem 80386-AT mit 80387-Coprozessor und einem VGA-Farbbildschirm.

Für das gesamte Regelungskonzept wurde der adaptive Regelalgorithmus parallelisiert, indem eine Aufteilung in eine Adaptionstask und eine Regeltask erfolgte.

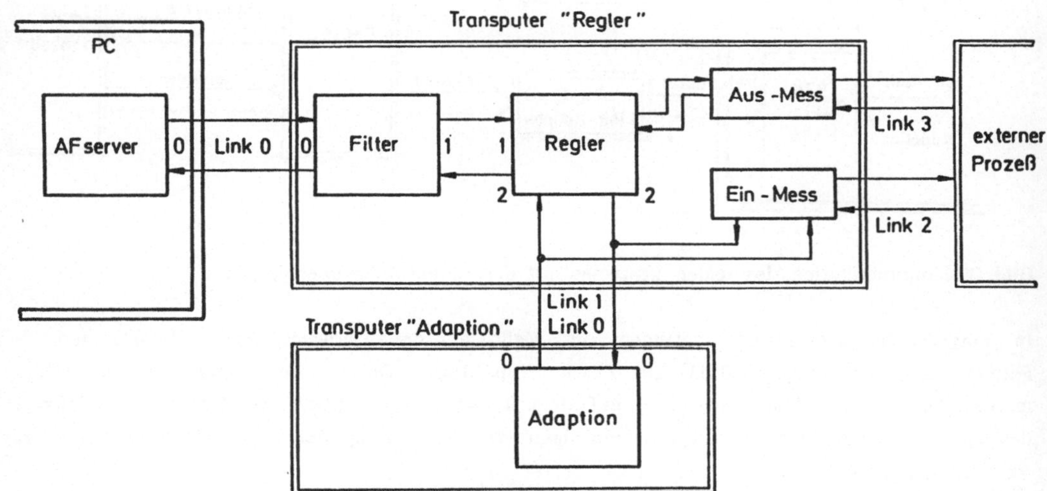


**Bild 2.** Aufteilung des Regelalgorithmus auf das Rechnersystem

Über ein sich auf dem Host-Rechner befindliches Dialogprogramm werden die Tasks, nach Vorgabe der nötigen Startparameter, koordiniert und kontrolliert. Die Reglertask stellt dabei einen Datensatz zur Verfügung, der von einem auf dem Host-Rechner sich befindenden Programm zur graphischen Dokumentation der Regelergebnisse on-line übernommen wird.

Neben der Möglichkeit der Simulation eines Prozesses, der in diskreter Darstellung als Datei auf dem PC vorliegen kann, kann mit dem entwickelten System ein realer Prozeß on-line geregelt werden. Zusätzlich zu der auf dem Transputer "Regler" vorhandenen Task befinden sich die Task "Ein-Mess" und "Aus-Mess". Damit erfolgt unabhängig vom Ablauf des Regelalgorithmus die Meßdatenaufnahme und die Stellgrößenausgabe.

"Ein-Mess" und "Aus-Mess" benutzen direkt die Ein- bzw. Ausgabe-Register der sich auf dem Transputer "Regler" implementierten seriellen Schnittstellen, den Links.

Über eine Seriell-Parallel-Wandlung mittels des INMOS-Bausteins C011 gelangen die in der Task "Regler" berechneten Ausgabedaten (Stellwerte) über "Aus-Mess" an das am Lehrstuhl für Elektrische Steuerung und Regelung der Ruhr-Universität Bochum entwickelte Echzeitmeßdatenerfassungssystem EMDES [6]. In diesem von einem 8088-kompatiblen Prozessor V50 gesteuerten System auf ECB-Bus-Basis werden die Stellwerte interpretiert und an die jeweiligen Stellglieder weitergegeben.

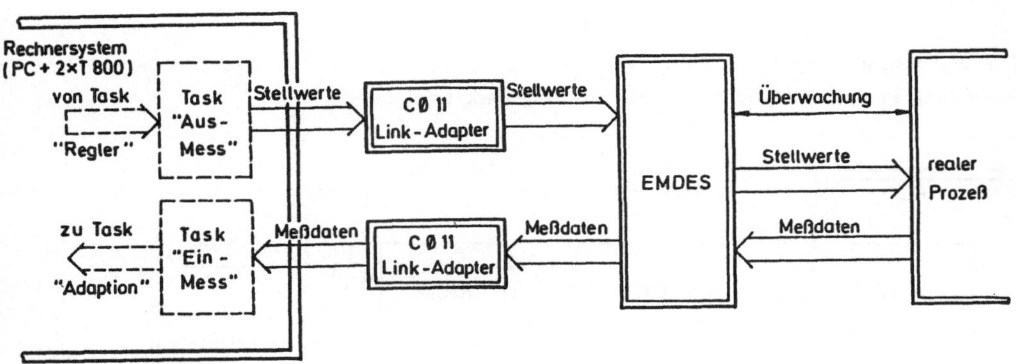


**Bild 3.** Kommunikation des realen Prozesses mit dem Transputer über EMDES

In umgekehrter Reihenfolge gelangen die Meßdaten des Prozesses über EMDES und der Parallel-Seriell-Wandlung (C011) zur Task "Ein-Mess". Durch die bestehende Inter-Kommunikation mit der Task "Adaption" auf dem Transputer "Adaption" werden die Meßdaten in den Adaptionsalgorithmus transferiert und damit zur Berechnung der neuen Reglerparameter zur Verfügung gestellt.

Die Entwicklung des nichtlinearen adaptiven Regelverfahrens unter Zuhilfenahme von Transputern ist ein Beispiel für das hohe Nutzen von Parallelrechnersystemen in der Regelungstechnik. Die sich durch die Verwendung des Parallelrechenkonzepts einstellende Verkürzung der Rechenzeit ist beträchtlich und beträgt nur 25 % der von einem mit 20MHz getakteten 80386/80387-Prozessor-System erforderlichen Bearbeitungsdauer. Damit ist für das beschriebene doch sehr rechenintensive Verfahren eine Abtastzeit von weniger als 20 ms zu erreichen. Die numerische Genauigkeit ist durch die FPU's der Transputer signifikant erhöht. Durch weitere optimierende Maßnahmen bezüglich der Parallelisierung ist mit einer noch erheblicheren Reduzierung der Ausführungszeit zu rechnen.

Entwickelt wurde der parallele adaptive Regler in Parallel-C von 3L, da aus Gründen der Portabilität auf sequenzielle Rechnersysteme und der besseren Testbarkeit, die Sprache C bevorzugt wurde.

# Literatur:

[1]     Eykhoff, P.: System Identification. John Wiley & Sons, New York, 1974.

[2]     Kortmann, M. and H. Unbehauen: A model structure selection algorithm in the identification of multivariable nonlinear systems with application to a turbo-generator set. Prepr. 12th IMACS World Congress on Scientific Computation (1988), Paris, Vol. II, pp. 536-539.

[3]     Kortmann, P.: Implementierung eines nichtlinearen adaptiven Regelverfahrens auf einem Multiprozessor-Rechnersystem. Diplomarbeit ESR 8926, Ruhr-Universität Bochum, 1990.

[4]     Unbehauen, H.: RT III, Vieweg Verlag, Braunschweig, 1985.

[5]     Clarke, D. and R. Hastings-James: Design of digital controllers for randomly disturbed systems. Proceed. IEE 118 (1971), pp. 1503-1506.

[6]     Jäger, P.: Aufbau und Erprobung eines modularen Echtzeit-Meßdatenerfassungssystems. Diplomarbeit ESR 8914, Ruhr-Universität Bochum, 1989.

# Echtzeit-Signalverarbeitung mit Transputern in dem astrophysikalischen Experiment KASCADE

K. Bekk, H. J. Gils, H. Keim, H. O. Klages, H. Schieler
Kernforschungsentrum Karlsruhe GmbH
Institut für Kernphysik
Postfach 3640
W-7500 KARLSRUHE

H. Leich, U. Meyer, U. Schwendicke, P. Wegner
Institut für Hochenergiephysik
der Akademie der Wissenschaften
O-1615 ZEUTHEN

## 1. Einleitung

Im Kernforschungszentrum Karlsruhe wird gegenwärtig ein astrophysikalisches Großexperiment zur Analyse der Elementzusammensetzung der primären kosmischen Strahlung bei Energien oberhalb $10^{14}$ Elektronenvolt aufgebaut. Die Detektoranlage mit dem Namen KASCADE (KArlsruher Schauer Core und Array DEtector) besteht aus zwei Hauptkomponenten: einem sogenannten Detektorarray, das sich über eine Fläche von $200 * 250 \text{ m}^2$ erstreckt, und einem kompakten Zentraldetektor von $16 * 20 \text{ m}^2$ Grundfläche (Abb. 1). Im Detektorarray sind insgesamt ca. 2500 Szintillationsdetektoren mit Photomultiplier (PM) in 316 Stationen rasterartig verteilt. Je 16 Detektorstationen sind elektronisch zu einen "Cluster" zusammengefaßt. Der Zentraldetektor enthält über 40000 unabhängige Ionisationskammern als Detektoren.

Die gesamte Frontend-Elektronik für diese Detektoren wird auf VME- Basis entwickelt. Zur Datenaufnahme und Steuerung des Experiments werden im Array 40 Transputer eingesetzt, die auf 20 Stationen im Abstand von ca. 50m verteilt sind (Abb. 2). Zum Auslesen und Reduzieren der Daten des Zentraldetektors werden weitere 10-12 Transputer und für die Vorverarbeitung und Übernahme der gesamten Daten auf den Host-Rechner nochmals ca. 12 Transputer verwendet.

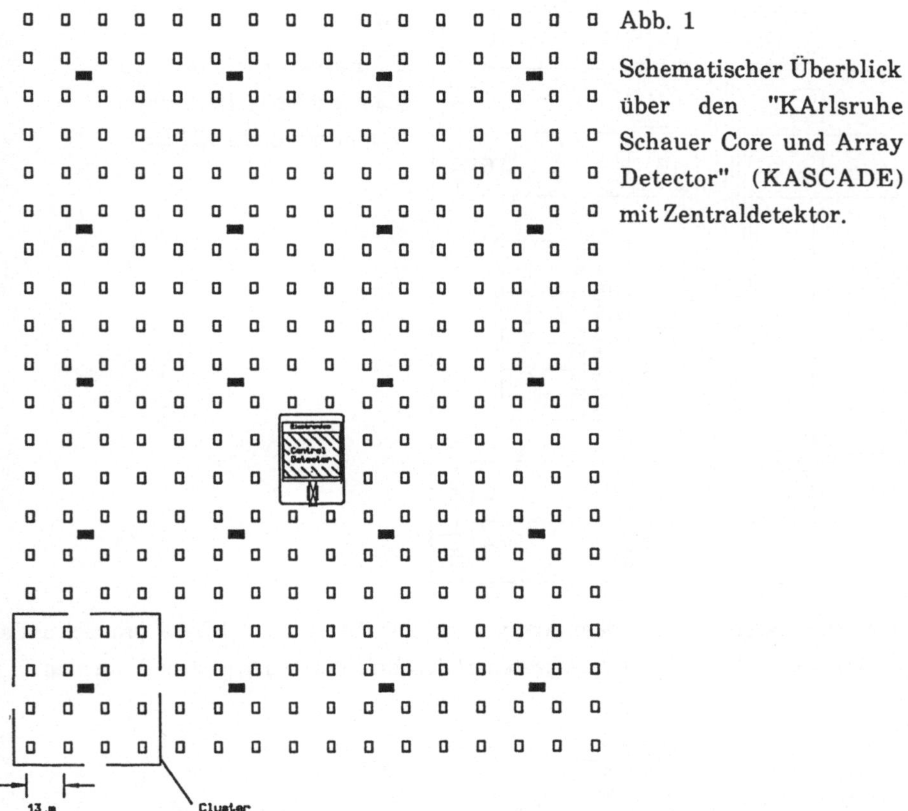



Abb. 1

Schematischer Überblick über den "KArlsruhe Schauer Core und Array Detector" (KASCADE) mit Zentraldetektor.

## 2. Datenaufnahme im Array

Im Detektorarray dient jede der 20 Cluster-Stationen zur Datenaufnahme und Steuerung von jeweils 16 Detektorstationen. Jede Detektorstation enthält 4 Photomultiplier(PM) für den Elektron/Gamma-Nachweis und 4 PM für den Myon-Nachweis. Damit sind die Signale (Zeit und Amplitude) von maximal 128 PM zu verarbeiten. Die Frontend-Elektronik für 8 Zeit- und Amplituden-Kanäle wird in einem VME-Modul untergebracht und versorgt somit eine Detektorstation. Die für einen Cluster benötigten 16 Module werden neben dem Modul des 5 MHz Zeittaktes (zur absoluten Zeitbestimmung) in dem VME-Crate 2 (Abb. 3) untergebracht. Die Daten werden von einem "Transputer based VME Controller" (TVC) ausgelesen. Im Crate 1 ist der Hardware-Trigger untergebracht, der die Signale über den sogenannten "Trigger-Bus" erhält. Der im Crate 1 untergebrachte TVC erhält von der Trigger-Logik den Interrupt für das Auslesen der Frontend-Elektronik des Clusters über den Event-Eingang am TVC. Über eine Link-Verbindung wird der TVC 2 hierzu veranlaßt und die Daten dem TVC 1 übergeben. Die übermittelten Daten werden mit einer anderen Link-Verbindung über Optokoppler und Glasfaserkabel an das zentrale Transputer(TP)-Array

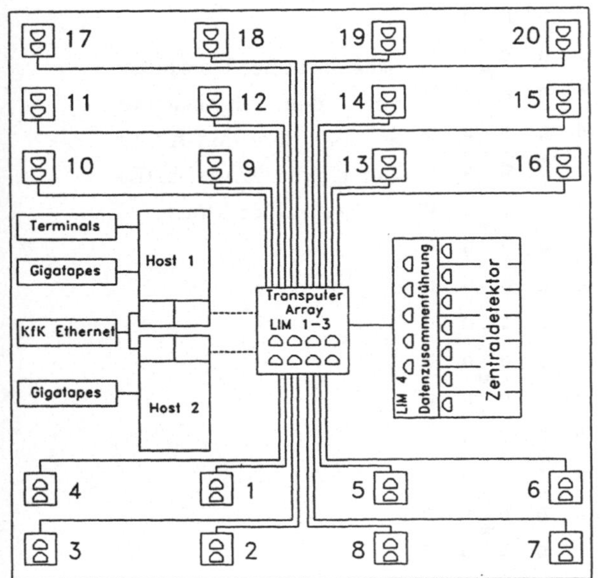



Abb. 2

Signalverarbeitung in dem astrophysikalischen Experiment KASCADE.

weitergeleitet. Die Datenrate aus dem Array wird im Mittel ca. 5 kByte pro Sekunde betragen.Die Triggerlogik kann software-gesteuert den Erfordernissen angepaßt werden.

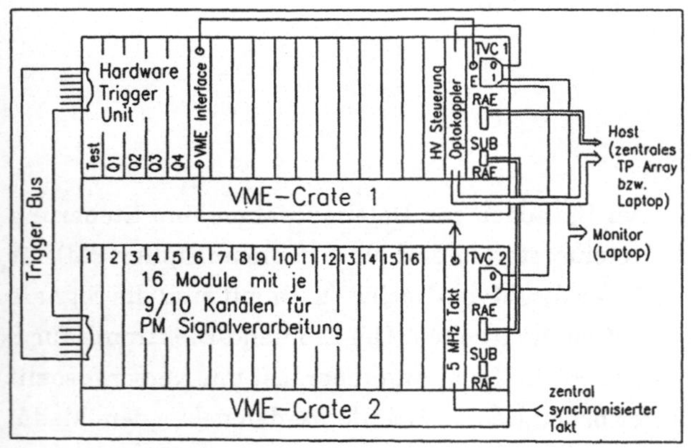



Abb. 3

Datenaufnahme und Steuerung in einem Cluster.

Die beiden TVCs sind jeweils über einen weiteren Link an einen tragbaren Minihost anschließbar, mit dem der entsprechende TVC, abgekoppelt vom Zentralrechner, getestet werden kann. Außerdem können die Reset-, Analyze- und Error-Leitungen (RAE) eines jeden Clusters von dem zentralen TP Array aus getrennt bedient werden. Somit ist jeder Cluster in seiner Funktion unabhängig, d.h. bei der Restaurierung eines Cluster-TVCs nach einem Ausfall ist nicht das gesamte Detektorarray davon betroffen.

Die VME-Crates sind so ausgelegt, daß bei einem Fehler in der Spannungversorgung das gesamte Crate abgeschaltet wird. In diesem Fall bleibt dem Transputer noch ausreichend Zeit, um diesen Fehler (ACERR) an den Host-Rechner zu melden.

## 3. Datenerfassung und -reduzierung im Zentraldetektor

Im Zentraldetektor (ZD) umfaßt die Datenerfassung 7 VME-Crates (Abb. 4), wobei jedes Crate mit einem TVC als VME-Master-Controller versehen ist. Fünf von diesen Crates enthalten ADC-Memory-Module für die ca. 40000 Kanäle der Flüssigionisationskammern, ein weiteres enthält den "schnellen Trigger" und das siebte Crate dient dem Auslesen von 32 "Myonenkammern" unter dem Zentraldetektor. Die TVCs sind untereinander über Transputerlinks verknüpft. Über einen Interrupt erhält der TVC von dem "schnellen Trigger" die Information über ein auszulesendes Ereignis im ZD und veranlaßt das Auslesen der Detektoren des ZD. Zur Rekonstruktion der in den verschiedenen VME Crates eingelaufenen zusammengehörigen Daten, werden diese an einen Sub-TP-Array (LIM4) gegeben und von dort an das zentrale TP-Array. Die Datenrate vom ZD an das zentrale TP-Array wird im Mittel etwa 7 kByte pro Sekunde betragen.

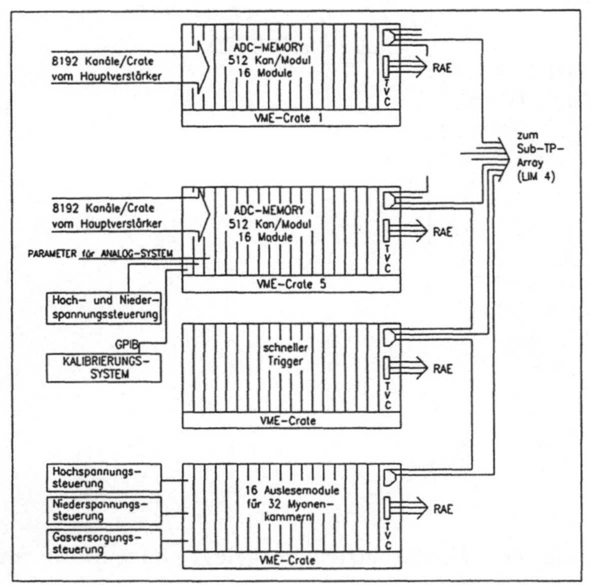


Abb. 4

Datenauslesesystem im Zentraldetektor.

## 4. Das TVC-Modul

Zwei wichtige Gesichtspunkte bei der Planung der Datenerfassung mittels Transputer waren zum einen der Einsatz gleichartiger Module für das gesamte Experiment und zum zweiten sollte jeder Transputer getrennt von der Zentrale aus ansprechbar bzw. bootbar sein. Unter diesen Aspekten wurden für die Datenerfassung mit VME der TVC und für den Aufbau von Transputer-Arrays der "LInk-controller/Multiplexer" (LIM) als VME-Modul entwickelt.

Der TVC ist ein interruptfähiger VME-Master-Controller (Abb. 5). In dem TVC können T414/T425 oder T800 mit 20 MHz Taktfrequenz als Prozessor eingesetzt werden. Diese haben Zugriff entweder auf 4 oder 16 MB externen Speicher mit 250ns oder 200 ns Zykluszeit. Der VME-Controller des TVC enthält einen Bus-Arbiter für alle 4 Ebenen(BR0-BR3) nach dem PRI- Prinzip, eine VME Interruptsteuerung für alle 7 Ebenen (IR1-IR7), einen Busmonitor sowie den Treiber für den VMEbus Takt. Bei einem VMEbus Interrupt führt der Transputer einen vollständigen VME-Interrupt-Zyklus gemäß den VME-Spezifikationen durch.

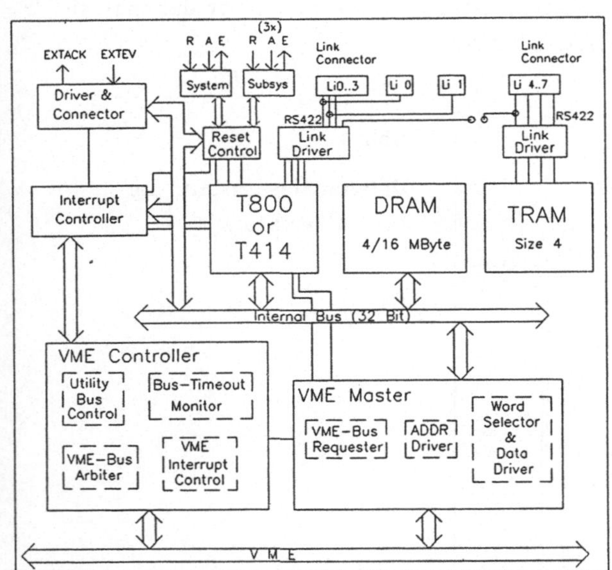


**Abb. 5**

Funktionsschaltbild des "Transputer based VME Controller"(TVC).

Das VME-Interface des TVC ist nur für den Masterbetrieb ausgelegt. Es enthält im wesentlichen den Bus-Requester, den Adresstreiber sowie notwendige Zwischenspeicher. Der Transputer hat über ein 1 GByte Fenster seines Adressraumes Zugriff auf den VME-Bus. Es können die folgenden VME-Zyklen generiert werden:

- A32, A24 oder A16

- D32, D16, 2 * D16 aufeinanderfolgend, D08 (E0)

- Blocktransfer (BLT)

- Interrupt Acknowledge.


Neben einem Interrupt des VMEbus (VMEINT) ist auf der Frontseite noch ein Eingang für ein externes Event (EXTEV) vorgesehen. Weitere mögliche Interrupts sind:

- VMEbus Fehler (VMEERR)

- Fehler in der Spannungsversorgung (ACERR)

- Fehler in einem angeschlossenen Subsystem (SSERR)

- durch Software generierter Interrupt (SCI) für Testzwecke


Es sind die folgenden Prioritäten hardwaremäßig festgelegt:

- ACERR    (höchste)

- EXTEV

- SSERR

- VMEERR

- VMEINT

- SCI    (niedrigste)


Da der Transputer nur einen Interrupteingang besitzt (Event Request), wird durch eine externe Logik erreicht, daß alle o.g. Quellen letzlich einen Event Request an dem Transputer auslösen können. Über ein Register kann die ART des Interrupts (s. o.) ausgelesen werden. Im Falle eines VMEINT erhält man durch einen weiteren Lesebefehl auf dieses Register zusätzlich die Adresse der Interrupt-Quelle.

Die Kopplung des TVC mit einem Host erfolgt ausschließlich über Links. Auf dem TVC ist noch ein TRAM Size 4 aufsetzbar, dessen Link 0 mit dem Link 0 des TVC verbunden werden kann. Alle 4 Links des on-board Transputers und die Links des TRAMs sind über RS422-Treiber herausgeführt. Die Linkgeschwindigkeiten sind für onboard Transputer und TRAM getrennt auf 5, 10 oder 20 MBit/s einstellbar.

Über einen System-Port kann ein angeschlossener Host den gesamten TVC einschließlich TRAM und VME-Interface zurücksetzen. Ein Fehler im on-board Transputer oder im TRAM wird gemeinsam über die Errorleitung des System-Ports an den Host zurückgeleitet. Der on-board Transputer seinerseits kann über 3 Subsystem-Ports bis zu 3 angeschlossene Subsysteme (RAE)steuern, wobei in diesem Experiment ein Subsystem im allgemeinen aus einem Transputer besteht. Außerdem kann der TVC selbst auch ein RESET für den VMEbus generieren. Bei Fehlern in einem oder mehreren Subsystem-Transputern wird ein Interrupt an dem on-board Transputer ausgelöst, so daß die Quelle eindeutig bestimmt werden kann.

## 5. Das LIM-Modul und die zentrale Datenzusammenführung

Für den Aufbau des zentralen Transputer-Arrays (Abb. 6) wurde der LIM entworfen. Auf diesem können bis zu 8 TRAMs gesteckt werden, deren Links mit 2 Link-Switches(C004) untereinander und nach außen hin verschaltet werden können.

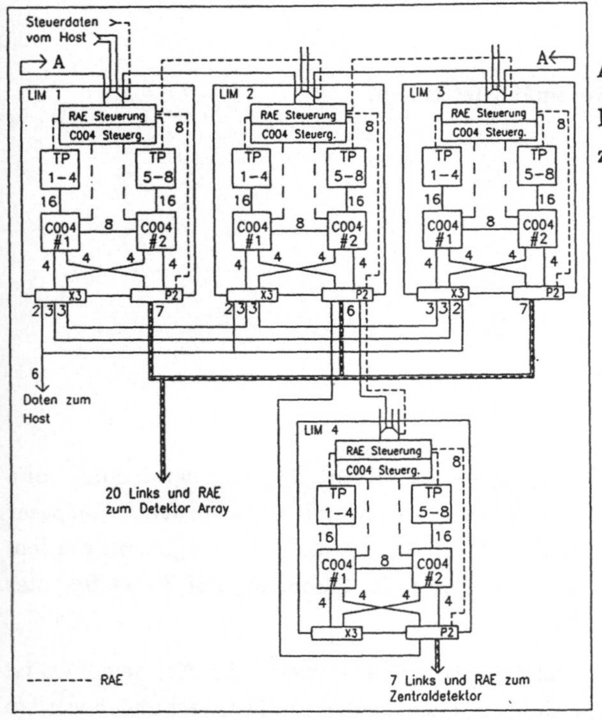


Abb. 6

Konfiguration des zentralen TP- Arrays.

Über eine externe Logik können selektiv die 8 TRAMs sowie 8 Subsysteme (P2) über die RAE-Leitungen rückgesetzt werden. Die Steuerung dieser Aufgaben übernimmt ein on-board Transputer T425 mit 4 MByte DRAM. Über den Link 1 werden die beiden Link-Switches gesteuert, über Link2 (Pipe up) und Link3 (Pipe down) ist die Steuerung des LIM-Moduls kaskadierbar.

Die Datenzusammenführung für den Zentraldetektor erfolgt in LIM 4. Die Daten der 7 TVCs im ZD werden von 3 TRAMs übernommen und unter Einsatz zusätzlicher TRAMs aufbereitet und an den LIM 2 weitergegeben. Die Daten der 20 TVCs des Detektor-Arrays und die des Zentraldetektors werden in 3 LIM-Modulen von jeweils 3 TRAMs übernommen und mit eventuellen Vorauswertungen auf weiteren TRAMs an den Host geleitet. Die Übergabe der Daten von den Transputern auf den Host, der die Archivierung und die Verteilung der Daten auf andere Systeme übernimmt, soll über mindestens 2 redundante Leitungen erfolgen. Auch der Hostrechner soll so ausgelegt werden, daß bei Ausfall des aktiven Rechners ein zweiter dessen Aufgaben übernimmt.

# EIN TRANSPUTERSYSTEM ALS PROZESSRECHNER ZUR
# MODELLIERUNG DER UMGEBUNG MIT ULTRASCHALL


L.Vietze und I.Hartmann
Institut für Regelungstechnik und Systemdynamik
TU Berlin; EN-11; Einsteinufer 17; 1000 Berlin 10


## Zusammenfassung


Ein Transputersystem kann aufgrund seiner guten Kommunikationsfähigkeiten als Prozeßrechner in der Ultraschallmeßtechnik eingesetzt werden. Ein Anwendungsbeispiel ist die Modellierung der Umgebung mit Ultraschall nach dem Laufzeitdifferenzverfahren. Der auf ein Transputersystem abgestimmte Meßaufbau, verschiedene Möglichkeiten einer Synchronisation der einzelnen Transputer untereinander, sowie die für die Modellierung erforderliche Signalverarbeitung wird beschrieben.


## 1. Einleitung

Viele Anwendungsgebiete der Automatisierungstechnik erfordern eine Modellierung der Umgebung. In den heutzutage verwendeten mobilen Plattformen werden Ultraschallsensoren zur Kollisionsvermeidung eingesetzt. Mehrere Ultraschallsensoren die an unterschiedlichen Stellen der mobilen Plattform befestigt sind, strahlen kurze Sendebursts aus. Befindet sich ein Hindernis in der näheren Umgebung, so kann innerhalb einer bestimmten Zeitspanne ein Echo empfangen werden /POMEROY 1985/, /KLEINSCHMIDT, MAGORI 1985/. Mit dieser Meßmethode ist die radiale Entfernung von Objekten mit Ultraschall durch die Messung der Laufzeit eines Ultraschallburstes bestimmbar. Befindet sich ein Hindernis innerhalb der Sicherheitszone der mobilen Plattform, so wird sofort das gesamte System gestoppt. Dient der gleiche Ultraschallwandler als Sender und Empfänger, so liegt der Ort des Hindernisses bei einer bekannten Laufzeit auf einem Kreisbogen. Wie weiter unten gezeigt wird, liegt der mögliche Ort des Hindernisses bei der Verwendung von getrennten Sendern und Empfängern auf einem Ellipsenbogen. Dessen Lage ist durch den Ort des Senders und des Empfängers sowie durch die gemessene Laufzeit der Ultraschallsignale gegeben. Eine weitere Aussage lässt sich bei der Verwendung nur eines Senders und Empfängers nicht machen. Da für Ausweichmanöver aber der genaue Ort des Hindernisses bekannt sein muß, ist für diese Aufgabenstellung eine Modellierung der Umgebung erforderlich /LÖSCHBERGER, MAGORI 1987/.

Grundsätzlich ist die Modellierung der Umgebung mit Ultraschall durch ein veränderliches Schallfeld, durch holographische Modelle oder durch das Laufzeitdifferenzverfahren möglich. Ein veränderliches Schallfeld kann durch einen drehbaren Sensor /CIARCIA 1980/ oder durch einen phased-array-Sensor erzeugt werden /MONZINGO, MILLER 1980/, /HUISSON, MOZAIRE 1989/. Vorteilhaft ist die Bündelung der Signalleistung auf eine kleine Fläche, wodurch sich gute Signal/Rauschverhältnisse ergeben /SKOLNIK 1980/. Nachteilig wirkt sich neben dem großen apperativen Aufwand die im Sekundenbereich liegenden Meßzeiten aus. Um ein aussagekräftiges Modell der Umgebung zu erhalten, muß der Ultraschallstrahl in mehrere Meßrichtungen gerichtet werden. Bei einer Schallgeschwindigkeit von c=340 m/s und einer Meßentfernung von 5 Metern ergeben sich aufgrund des doppelten Signallaufweges für eine Meßrichtung Zeiten von 30 Millisekunden. Wird der Bereich, in dem noch Reflektionen von größeren, aber für die Modellierung nicht weiter interessierenden Objekten zu erwarten sind, mit 10 Metern angesetzt, dann benötigt der Schall für eine Meßrichtung

60 Millisekunden. In der Sekunde sind somit nur 16 verschiedene Meßrichtungen möglich. Holographische Modelle, wie z.B. die monofrequente Holographie oder die Pulsholographie bewerten die Unterschiede in der Phasenlage an verschiedenen Empfängern aus /AUER 1986/, /LÖSCHBERGER 1987/. Nachteilig wirken sich kleine Störungen in der Phasenlage auf die Ortsbestimmung der Objekte aus. In der industriellen Umgebung scheint dieses Verfahren ungeeignet, da insbesondere durch Turbolenzen die Phasenlage der Ultraschallsignale stark gestört werden können. Das Laufzeitdifferenzverfahren, wie es z.B. mit zwei Empfängern bei den Fledermäusen oder den Menschen schon seit langem mit Erfolg funktioniert /ESCUDIE 1979/, /KAY 1979/ und /KAY 1985/ berechnet aus den Laufzeitdifferenzen den Ort des Objektes. Die Realisierung dieses Laufzeitdifferenzverfahrens mit handelsüblichen, bei 40 kHz arbeitenen Ultraschallsensoren soll im folgenden untersucht werden. Nach der Bestimmung der Laufzeit der Ultraschallsignale durch zwei, an unterschiedlichen Orten befindlichen Empfänger, lassen sich zwei Ellipsenbögen berechnen, in deren Schnittpunkt der Ort des Objektes liegt. Durch die Erhöhung der Empfängeranzahl kann die Genauigkeit der geschätzten Lage des Objektes nach der Methode der kleinsten Quadrate verbessert werden.

Für die Verwendung eines Transputersystems spricht neben seiner hohen Rechenleistung das einfache Einlesen der Meßdaten über die links. Über jedes link können bei einer Transferrate von 20 MBit/s netto ca. 1,4 MByte eingelesen werden, wodurch sich eine Zwischenspeicherung der Meßdaten erübrigt. Weiterhin kann der Ultraschallwandler durch Software unter Verwendung der internen Timer ein- und ausgeschaltet werden. In den nächsten Abschnitten soll der auf ein Transputersystem abgestimmte Meßaufbau sowie die für die Modellierung erforderliche Signalverarbeitung beschrieben werden.

## 2. Meßaufbau

Als Sensoren wird ein bei 40 kHz in Resonanz schwingender Ultraschallsender sowie vier bei der gleichen Frequenz empfangenden Ultraschallempfänger verwendet. Mit Hilfe eines seriell/parallelen-Schnittstellenwandler (C011 von INMOS) können 8 bit parallel ein- oder ausgelesen werden. Da für eine Vielzahl von Anwendungen der Schnittstellenwandler C011 das Bindglied zwischen dem Transputersystem und der peripheren Hardware ist, wird kurz auf die Gestaltung der Kommunikation eingegangen. Die Kommunikation zwischen dem Transputer und dem C011 geschieht über die beiden Leitungen LinkIn und LinkOut (siehe Bild 1). Das Handshake des C011 besteht beim Senden und Empfangen aus einem Valid Signal für das Anliegen der Daten und einem Acknowledge für das richtige Empfangen der Daten. Empfängt der C011 ein Byte vom Transputer, so wird das QValid Signal auf high gesetzt. Da die gesendeten Daten solange aktiv bleiben bis sie wieder überschrieben werden, kann in diesem Fall sofort ein Acknowledge gegeben werden. Dieses wird durch die ständige Verbindung von QValid mit QAck erreicht. Beim Senden der Meßdaten an den Transputer muß das IValid Signal auf high gesetzt werden. Wird das vom Transputer kommende IAck Signal invertiert und auf den IValid-Eingang gegeben, dann sendet der C011 mit der maximalen link-Geschwindigkeit ein beliebig vom Transputer vorgegebe-

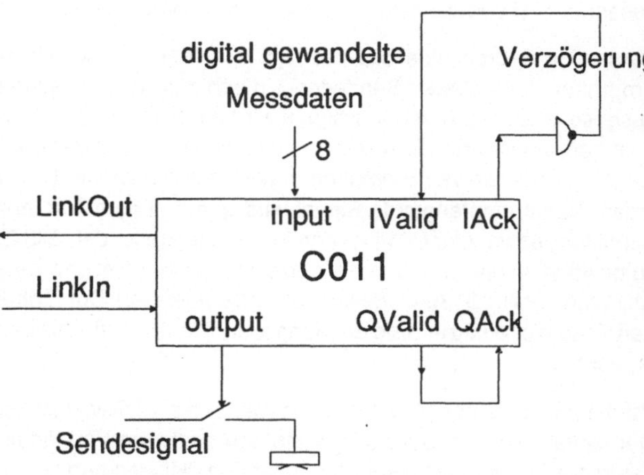


Bild 1: Beschaltung des Schnittstellenwandlers C011

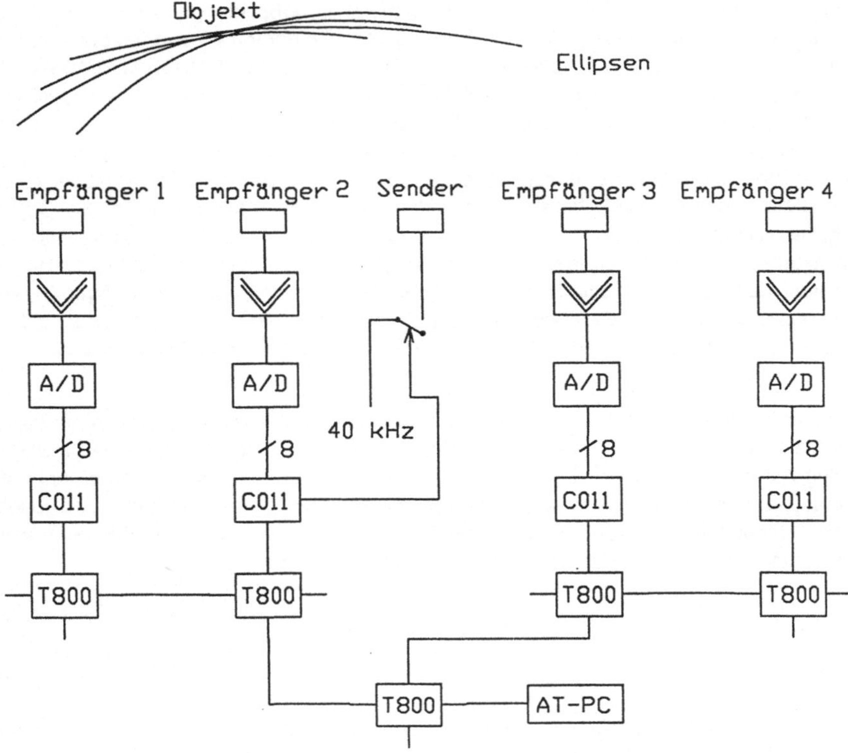


Bild 2: Meßaufbau zur Modellierung der Umgebung mit Ultraschall

nes langes Feld von Bytes. Um die A/D-Wandlungszeit mit zu berücksichtigen, wird der IValid erst nach einer einer gewissen Verzögerung wieder auf high gesetzt. Bei den auf dem Transputer empfangenen Daten ist zu beachten, daß das erste Byte bei dieser Anordnung sofort nach dem Einschalten der Hardware gesendet wird und deshalb keinen sinnvollen Wert enthält.

Durch das Setzen eine bits auf high wird der Ultraschallsender eingeschaltet, nach einer durch das Programm vorgebbaren Sendedauer durch das Setzen des gleichen bits auf low wird der Sender wieder ausgeschaltet. Als Anregungssignal wird ein Rechtecksignal mit einer Amplitude von 30 Volt verwendet. Innerhalb einer durch die Anzahl der einzulesenen Meßwerte vorgebbaren Empfangsdauer wird das Signal $s_{ni}(t)$, i= 1..4, an vier Empfängern gleichzeitig über vier links in die vier Transputer eingelesen. Das auf jedem Kanal empfangende Signal wird getrennt verstärkt, analog/digital gewandelt und dann über den Schnittstellenwandler C011 an den Transputer gesendet (Bild 2). Um eine hohe Flexibilität der Auswertung zu gewährleisten, werden die Meßdaten mit einer Geschwindigkeit von 1,4 MByte pro Sekunde von dem A/D Wandler ITT 3130-09 gewandelt und eingelesen. Der fünfte Transputer dient als System Controller der den Sendezeitpunkt und die Empfangsdauer festlegt und aus den einzelnen Laufzeiten den Ort des Objektes berechnet.

Da die Intensität der Meßsignale oft kleiner als 1 Millivolt ist, ist eine rauscharme Verstärkung notwendig. Der digitale Teil der Schaltung kann den analogen Verstärker empfindlich stören, deshalb wurden zwei getrennte Spannungsversorgungen für den digitalen und den analogen Teil verwendet. Nach der Verstärkung der Echos sowie einer A/D-Wandlung werden die digitalen Meßwerte über Optokoppler an den

Schnittstellenwandler C011 weitergereicht, Spannungsschwankungen im digitalen Teil haben damit keinen Einfluß mehr auf die analoge Verstärkerschaltung.

Für die folgende Signalverarbeitung wird meistens eine deutlich niedrigere Abtastfrequenz als die abgetasteten 1,4 Mhz benötigt. Durch eine Unterabtastung der gespeicherten Meßdaten lassen sich ohne weiteren Aufwand durch ein Programm die unterschiedlichsten Abtastfrequenzen verwirklichen, indem nur jedes i-te Element der Signalfolge $s_{ni}(t)$ verwendet wird.

Da alle fünf Transputer einen eigenen Quarzozilator besitzen, laufen die einzelnen Transputer nicht synchron miteinander. Daran läßt sich bei einem vorhandenen Transputersystem auch kaum etwas ändern. Die erste Aufgabe besteht im zeitlich genau definiertem Starten des Sendeprozesses sowie der nachfolgenden Empfangsprozesse. Zu Beginn der Messung teilt der System Controller allen Transputern mit, daß die Messung beginnen soll. Die Übertragungszeiten über die links zu den einzelnen Prozessoren bis zum Starten des Sende- bzw. des Empfangsprozesses können leicht mit einem Speicherungsoziloskop bestimmt werden. Eine Bestimmung dieser Zeiten ist aber auch mit etwas Programmieraufwand mit den internen Timern der Transputer möglich.

Nachdem diese Übertragungszeiten bekannt sind, kann mit Hilfe der internen Timer sichergestellt werden, daß alle Empfänger zum gleichen Zeitpunkt anfangen zu empfangen. Aufgrund der kurzen Wartezeiten können die Abweichungen der einzelnen Timer vernachlässigt werden. Problematisch ist, daß aufgrund der leicht unterschiedlichen Ozilatorfrequenzen die Einlesefrequenzen über die links leicht unterschiedlich sind; Differenzen in der Laufzeitbestimmung sind die Folge.

Die einfachste Möglichkeit besteht in der Messung der gesamten Empfangsdauer $t_{ei}$ mit dem auf jedem Transputer vorhandenen Timer. Nach der Laufzeitbestimmung wird die Laufzeit $t_i$ zusammen mit der Empfangsdauer $t_{ei}$ an den System Controller gesendet. Dieser mittelt alle vier Empfangsdauern

$$(1) \qquad \overline{t}_e = \frac{1}{4} \cdot \sum_{i=1}^{4} t_{ei}$$

und errechnet daraus die Laufzeit für jeden Kanal zu

$$(2) \qquad \widetilde{t_i} = t_i \cdot \frac{\overline{t}_i}{t_{ei}} \qquad .$$

Falls diese Methode verwendet wird, muß beachtet werden, daß die weiter unten beschriebene signalangepaßte Filterung zur Laufzeitbestimmung nur kleine Abweichungen in den Empfangsdauern zulässt.

Eine weitere Möglichkeit besteht in der Synchronisation der einzelnen Analog/Digital-Wandler. Alle A/D-Wandler können einen gemeinsamen Takt erhalten, wobei die Taktfrequenz unterhalb der Einlesefrequenz der links liegt. Der Schnittstellenwandler C011 ist immer dann bereit zum Senden, wenn der Transputer ein Acknowledge gesendet und der Takt (z.B. 1,2 MHz) auf high gesetzt wird. Durch diese Beschaltung warten alle Transputer vor jedem Byte zu dem gleichen Zeitpunkt auf die Bereitstellung der Daten. Eine synchrone Einlesefrequenz auf unterschiedlichen Transputern ist mit dieser externen Beschaltung die Folge.


## 3. Signalverarbeitung

Die durch die reflektierten Echos an den Empfängern erzeugten Signale liegen zum größten Teil in der Größe unterhalb einem Millivolt. Aufgrund der geringen reflektierten Signalleistungen sind in dem Empfangssignal additive Störungen zu berücksichtigen. Eine signalangepaßte Filterung ist deshalb notwendig. Dagegen reicht bei der Entscheidung, ob ein Objekt in der Umgebung vorhanden ist oder nicht, üblicherweise eine einfache Schwellwertbildung aus. Für die Modellierung der Umgebung mit Ultraschall ist aber eine genaue Bestimmung der Laufzeit notwendig.Aufgrund der einfachen Reflektionsgesetze bei der direkten Reflektion an Körpern die groß gegenüber der Wellenlänge sind, verändert sich der Signalverlauf des empfangenden Nutzsignals nur wenig /VIETZE, HARTMANN 1989/. Das empfangende Signal

$$(3) \qquad s_n(t) = s(t) + n(t)$$

besteht aus dem Nutzsignal $s(t)$ und dem Störsignal $n(t)$. Es werde nun angenommen, daß die mit der Abtastzeit $T$ abgetastete Nutzsignalfolge einer Referenzsignalfolge bis auf die Laufzeitverschiebungen ähnlich sei /LEE, FURGASON 1985/. Es kann gezeigt werden /VAN TREES 1968/, daß eine optimale Lösung zur Detektion einer bekannten Signalfolge $s_{ref}(nT)$ der Länge $N$ in einer verrauschten Signalfolge die Schätzung der Kreuzkorrelation

$$(4) \qquad R_{xy}(vT) = \frac{1}{N} \sum_{n=0}^{N} s_n([n+v]T)\, s_{ref}(nT)$$

bildet. Die Laufzeiten werden aus der Kreuzkorrelationsfunktion durch Bestimmung der auftretenen Maxima an der Stelle

$$(5) \qquad t_i = v_i \cdot T$$

berechnet. Diese Laufzeiten werden nun an den System Controller zur Berechnung des Ortes des Objektes übergeben. Es werde nun angenommen, daß sich der Sender im Koordinatenursprung $X_0(x_0, y_0)$ ; die Empfänger an den Orten $X_i(x_i, y_0)$ befinden und das Objekt sich an dem Ort $P(x_p, y_p)$ befindet. Durch die Annahme, daß der Sender und die Empfänger in einer Ebene liegen, vereinfacht sich die nachfolgende Rechnung. Mit der Schallgeschwindigkeit $c$ ist dann der Weg vom Sender zum Objekt und zu dem Empfänger durch

$$(6) \qquad \overline{X_0 P} + \overline{P X_i} = c \cdot t_i$$

gegeben. Die Gleichung 6 beschreibt eine Ellipse der Form

$$(7) \qquad \frac{(x - \frac{x_i}{2})^2}{a_i{}^2} + \frac{y^2}{b_i{}^2} = 1$$

mit

$$(8) \qquad a_i{}^2 = \frac{t_i{}^2 \cdot c^2}{4}$$

und

$$(9) \qquad b_i{}^2 = \frac{t_i{}^2 \cdot c^2}{4} - \frac{x_i{}^2}{4} \quad .$$

Durch jeden weiteren Empfänger kann die Lage und Form einer weiteren Ellipse angegeben werden. Werden zwei Empfänger benutzt, die sich an den Punkten $X_1(x_1, y_0)$ und $X_2(x_2, y_0)$ befinden, so lassen sich mit den gemessenen Laufzeiten $t_1$ und $t_2$ die Parameter $a_1$, $b_1$, $a_2$ und $b_2$ bestimmen. Durch Gleichsetzen der x- und y-Werte erhält man den Kreuzungspunkt $X_{si}(x_{si}, y_{si})$ der Ellipsen. Die x-Koordinate des Kreuzungspunktes $X_{si}(x_{si}, y_{si})$ muß nach Umformung von Gleichung (7) der folgenden Bedingung genügen:

$$(10) \quad \left\{ 1 - \frac{(x_{si} - \frac{x_1}{2})^2}{a_1{}^2} \right\} \cdot b_1{}^2 = \left\{ 1 - \frac{(x_{si} - \frac{x_2}{2})^2}{a_2{}^2} \right\} \cdot b_2{}^2 \ .$$

Diese Gleichung kann nun in die folgende quadratische Beziehung

$$(11) \quad (a_1{}^2 b_2{}^2 - a_2{}^2 b_1{}^2) \cdot x_{si}{}^2 + (x_1 a_2{}^2 b_1{}^2 - x_2 a_1{}^2 b_{2\,2}) \cdot x_{si} +$$

$$(a_1{}^2 a_2{}^2 b_1{}^2 - a_2{}^2 a_1{}^2 b_2{}^2) + \left( \frac{x_2{}^2}{4} a_1{}^2 b_2{}^2 - \frac{x_1{}^2}{4} a_2{}^2 b_1{}^2 \right) = 0$$

umgeformt werden. Durch die Auflösung dieser Gleichung wird die Variable $x_{si}$ berechnet. Der Wert für $y_{si}$ ist durch die Wurzel von

$$(12) \quad y_{si}^2 = \left\{ 1 - \frac{(x_{si} - \frac{x_1}{2})^2}{a_1{}^2} \right\} \cdot b_1{}^2$$

bestimmbar. Durch die Auswertung der Echosignale von mehr als zwei Empfängern wird die Genauigkeit des geschätzten Ortes erhöht. Bei Verwendung von vier Empfängern ergeben sich sechs Schnittpunkte. Der geschätzte Ort des Objekts $\hat{P}$ ($x_s$, $y_s$) kann durch einen least sqare Ansatz durch die Minimierung des Gütekriteriums

$$(13) \quad Q = \min \left\{ \sum_{i=1}^{6} \sqrt{(x_s - x_{si})^2 + (y_s - y_{si})^2} \right\}$$

ermittelt werden. Der mit mit einem gewissen Fehler geschätzte Ort des Objekts $\hat{P}$ ($x_s$, $y_s$) streut um den wahren Ort des Objekts $P$ ($x_p$, $y_p$). Aufgrund der unterschiedlichen Abstände zwischen den einzelnen Empfängerelementen nimmt die Streuung des geschätzten Ortes des Objektes bei n Schnittpunkten nicht um den Faktor $1/\sqrt{n}$ ab. Für unterschiedliche Empfängeranordnungen nimmt die Streuung des geschätzten Ortes nach unterschiedlichen Gesetzmäßigkeiten ab, die an dieser Stelle nicht weiter diskutiert werden sollen.


## 4. Ergebnisse

Im folgenden soll eine Abschätzung der mit dem Laufzeitdifferenzverfahren erreichbaren Genauigkeiten angegeben werden. Zur Vereinfachung der Abschätzung wird nur von zwei Empfängern ausgegangen. Es wird angenommen, daß sich die beiden Empfänger an den Orten $X_1$ ($x_1 = -350mm$, $y_0$) und $X_2$ ($x_2 = 350mm$, $y_0$) befinden. Eine größere Entfernung der Empfänger zueinander ist für größere Meßentfernungen wünchenswert, bei mobilen Systemen aber oft aus Platzgründen nicht zu realisieren. Der Sender befindet sich wieder im Koordinatenursprung $X_0$ ($x_0$, $y_0$) (siehe Bild 3).

Wird nun das Objekt mit einem konstanten Abstand im Bereich von $-2$ Meter $< x_p < 2$ Meter verschoben, so ergibt sich für jeden Abstand $x_p$ eine andere Laufzeitdifferenz. In Bild 4 sind die Laufzeitdifferenzen zwischen den beiden Empfängern für die vier Objektabstände $y_p = 0,5$ Meter; $y_p = 1$ Meter ; $y_p = 1$ Meter und $y_p = 5$ Meter dargestellt. Um die Darstellung lesbarer zu machen, wurden die Laufzeitdifferenzen in Millimeter umgerechnet.

Anhand des Bildes 4 kann abgeschätzt werden, wie stark sich Streuungen der Laufzeitdifferenzen auf den geschätzten Ort des Objektes auswirken. Umso steiler die Kurve in dem geschätzten Ort $\hat{P}(x_s,y_s)$ verläuft, desto genauer ist aufgrund der Streuungen der Laufzeiten der errechnete Ort des Objektes. Aus der

Größenordnung der Streuung der Laufzeitmessungen läßt sich somit auf das Gebiet schließen, in dem sich das Objekt befinden muß.

Zur Abschätzung der erzielten Genauigkeiten bei den Laufzeitmessungen wurden Referenzmessungen mit einem vorher ausgemessenen Meßaufbau durchgeführt. Die Meßobjekte bestanden aus zwei aufrecht stehenden Stangen mit unterschiedlichem Reflektionsverhalten. Das Echo der stärker reflektierenden Stange (ein 50 mm breite Messingflachstab) war um den Faktor sechs größer als das Echo der zweiten Stange (eine runde Holzstange mit 20 mm Durchmesser). Es zeigte sich, daß die

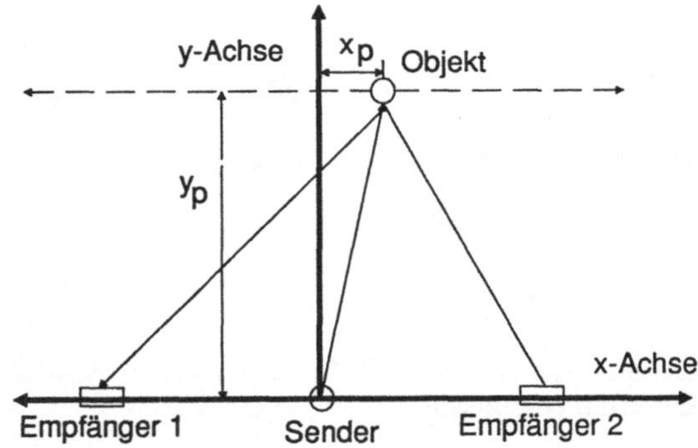


Bild 3: Meßaufbau zur Abschätzung der Genauigkeit

erzielbaren Genauigkeiten in erster Linie von dem Ort der Stangen sowie von dem Signal-Rauschverhältnis abhängen. Bei konstanter Sendeenergie ist das Signal-Rauschverhältnis von den stochastisch auftretenen Störungen sowie von der Größe der reflektierten Echos abhängig. Eine allgemeine Genauigkeitsangabe ist aufgrund der unterschiedlichen Einflußfaktoren nicht sinnvoll. Versuche ergaben, daß bei einem guten Reflektor (z.B. dem Messingflachstab) die erzielten Genauigkeiten der Laufzeitmessung bei 2 Metern Entfernung bei plus/minus 4 Millimeter lagen. Dieses entspricht der Genauigkeit von plus/minus einer halben Wellenlänge. Wurde ein schwächerer Reflektor in der gleichen Entfernung verwendet (z.B. die runde

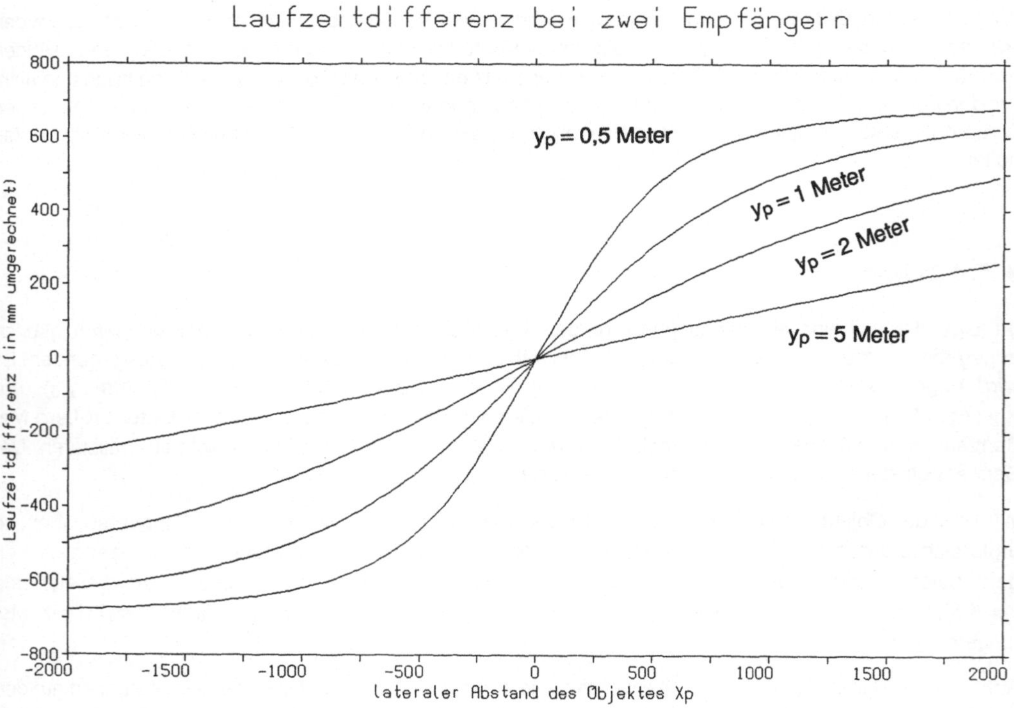

Bild 4: Laufzeitdifferenzen an zwei Empfängern bei unterschiedlichen Objekt-Orten

Holzstange), so stiegen die Abweichungen bei der Laufzeitmessung auf plus/minus 15 Millimeter an, was plus/minus zwei Wellenlängen entspricht. Da Versuche zeigten, daß diese Abweichungen symetrisch um den wahren Wert verteilt sind, ist durch eine Mittelung über mehrere Messungen eine Verbesserung der Meßgenauigkeit möglich.

## 5. Ausblick

Wie gezeigt werden konnte, eignet sich ein Transputersystem als Prozeßrechner für die Modellierung der Umgebung mit Ultraschall. Vorteilhaft wirkt sich aus, daß Meßdaten über die links mit einer Frequenz von 1,4 MHz eingelesen werden können. Auf die notwendige Synchronisation mehrerer Eingangs- und Ausgangskanäle wurde eingegangen. Weitere Untersuchungen werden sich mit einer Verbesserung der Genauigkeit der Umgebungsmodellierung beschäftigen. Ein wichtiger Teilaspekt wird die Steigerung der Genauigkeit durch mehrere Empfänger in unterschiedlichen Empfängeranordnungen sein.

## 6. Literaturverzeichnis

**Auer, B.**: Bildkonstruktion kleiner Körper durch digitale Verarbeitung reflektierter Ultraschallsignale; Dissertation 1986; TU Berlin

**Ciarcia, S.**: Home in in the range! An Ultrasonic Ranging System; Byte Publication Inc. Nov . 1980

**Escudie, B.**: Signal Processing and Design Reletated to Bat Sonar Systems; Animal Sonar System (Ed. Busnel, R.G. and Fish, J.F.); S. 715-729; Plenum Press New York 1979

**Huisson, J.P.; Mozlar, D.M.**: Curved ultrasonic array transducer for AGV applications; Ultrasonics 1989 Vol 27 July 1989   S. 221-225

**Kay, L.**: Air Sonar with Acoustical Display of Spatial Information; Animal Sonar System (Ed. Busnel, R.G. and Fish, J.F.); S. 769-815; Plenum Press New York 1979

**Kay, L.**: Airborne ultrasonic imaging of a robot work space; Sensor Review (GB) Jan 1985, vol.5, no.1,  S. 8-12

**Kleinschmidt, P.; Magori, V.**: Ultrasonic Robotic-Sensors for Exact Short Range Distance Measurment and Object Identification; IEEE 1985 Ultrasonic Symposium; Oct 16-18, 1985 San Francisco,CA

**Lee, B.B; Furgason, E.S.**: The use of Correlation Systems for Real-Time Ultrasonic Imaging; Proceedings of the 14 th. International Symposium on acoustical Imaging 22.-25 April 1985

**Löschberger, J.R.**: Ultraschall-Sensor-System zur Bestimmung axialer und lateraler Strukturen mit Hilfe bewegter Wandler zum Einsatz in der industriellen Automation.; Dissertation 1987; Universität der Bundeswehr München 1987

**Löschberger, J. R.; Magori, V.**: Ultrasonic Robotic Sensor with Lateral Resolution; Ultrasonic Symposium 1987 14.10-16.10.87 Denver, CO

**Monzingo, R.A. ; Miller, T.**: Introduction  to Adaptive Arrays; John Wiley & Sons 1980 New York

**Skolnik, M.I.**: Introduction to Radar Systems; McGraw-Hill Book Company, New York 1980

**Pomeroy, S.C.; Dixon, H.J.; Wybrow, M.D.; Knight, J.A.G.**; Ultrasonic distance measurring and imaging for industrial robots; Proceedings of the 5. th. International Conference on Robot Vision and Sensory Controls; 29-31. Okt. 1985; Amsterdam; S. 239-249

**Van Trees, H.L**: Detection, Estimation and Modulation Theory; John Wiley and Sons, New York 1968

**Vietze, L. : Hartman, I.**: An Ultrasonic Phased-array-Sensor for Robot Environment Modelling and fast Detection of Collision Possibility; Tagungsband der INCOM'89 vom 26.-29.9.89 in Madrid

# Ein paralleler Lösungansatz für nichtlineare Optimierungsprobleme

Harald Boden, Manfred Grauer
Universität-GH-Siegen, FB 5, Wirtschaftsinformatik
Hölderlin-Str. 3, 5900-Siegen

## Einleitung

Bei vielen praktischen Aufgabenstellungen, wie etwa im Rahmen des ingenieurtechnischen Entwurfs, oder bei der Behandlung von Steuerungs- und Planungsproblemem, entsteht die Notwendigkeit der Lösung nichtlinearer Optimierungsprobleme der Form:

$$f(x_1, \ldots, x_n) \rightarrow \max, \text{ mit } g_i(x_1, \ldots, x_n) \leq 0 \,; \text{ i aus } \{1, \ldots, m\} \,.$$

Hierbei führt die Aufgabenstellung häufig zu Optimierungsproblemen, die den klassischen Annahmen der Unimodalität, der Konvexität, der Differenzierbarkeit und der Stetigkeit nicht genügen, so daß die auf der Basis der Lagrange- oder Kuhn-Tucker-Theorie entwickelten Optimierungsverfahren für diese Probleme das Auffinden einer Lösung nicht unbedingt garantieren. Derartige Lösungsverfahren generieren, ausgehend von einem Startpunkt, eine Folge von Näherungslösungen, bis gewisse Optimalitätsbedingungen mit vorgegebener Genauigkeit erreicht werden. Bei nichtkonvexen Problemen kann somit nur ein lokales Optimum gefunden werden. Ein pragmatisches Vorgehen Probleme dieser Art zu lösen, besteht darin, daß verschiedene Lösungsalgorithmen (von unterschiedlichen Startpunkten) angewendet werden. Dabei entsteht die Frage nach der besten <u>sequentiellen</u> Kombination verschiedener Lösungsalgorithmen. Eine Experimentierumgebung, die einen solchen Ansatz unterstützt ist entwickelt und in [Grauer89] vorgestellt worden.

Im weiteren sollen ein Ansatz für die <u>parallele</u> Realisierung dieses Lösungskonzeptes, dessen Realisierung auf einem Transputersystem vorgestellt und erste Testergebnisse diskutiert werden.

## 1. Ein Ansatz zur parallelen Lösung nichtlinearer Optimierungsprobleme

Der Entwicklung hin zu Vektor- und Parallelrechner folgte in der Optimierung die Modifikation der klassisch streng sequentiell aufgebauten Lösungsalgorithmen. Hierbei bediente man sich einer **algorithmeninternen feinkörnigen Form der Parallelisierung**. Die daraus resultierenden kürzeren Rechenzeiten stellten einen wesentlichen Fortschritt dar, eine qualitative Verbesserung der gefundenen Lösung konnte jedoch durch die so parallelisierten Algorithmen nicht erreicht werden (vgl. z.B. [Schnabel85], [Bertsekas89], [Lootsma89], [Zenios89]).

Der hier vorgestellte Ansatz der Parallelisierung besteht aus einer **algorithmenexternen grobkörnigen Form der Parallelisierung**. Verschiedene Lösungsalgorithmen werden parallel auf eine Problemstellung angewendet. Diese Problemstellung kann Eigenschaften aufweisen, die den Annahmen beim Entwurf der einzelnen Algorithmen nicht zugrunde lagen. Ein Informationsaustausch zwischen den parallel arbeitenden Algorithmen soll unter Ausnutzung der algorithmen-spezifischen Eigenschaften (z.B. Ermittlung der globalen Lösung, hohe lokale Konvergenzrate) zu einer schnelleren und robusteren Problemlösung beitragen. Diese Art der parallelen Kombination verschiedener Lösungsalgorithmen ermöglicht eine Ausweitung des betrachteten Problembereichs. Darüber hinaus kann eine algorithmeninterne feinkörnige Parallelisierung eine weitere Geschwindigkeitssteigerung bewirken.

Zu Testzwecken wurden vier Verfahren der unbeschränkten nichtlinearen Programmierung implementiert:

(I) <u>Zufallssuche</u>: Dieses Verfahren unternimmt Zufallsschritte im Lösungsraum und ermittelt bei ausreichender Zeitvorgabe eine globale Lösung mit hoher Wahrscheinlichkeit.

(II) <u>Einfaches Polytopverfahren nach Nelder und Mead</u>: Die Idee des Polytopverfahrens besteht darin, einen Simplex so durch den Raum zu bewegen, daß sich dieser schließlich um das Optimum zusammenzieht. Die Vorgehensweise hierbei besteht in der Reflektion von Eckpunkten, die zur Kontraktion oder Expansion des Simplex führt. Da das Verfahren nur Funktionswerte der Zielfunktion benötigt, sind weder Stetigkeit, noch Differenzierbarkeit der Zielfunktion gefordert ([Schwefel77], S. 68 ff.).

(III) <u>Verfahren des steilsten Abstiegs mit automatischer Schrittweitenadaption</u>: Das Verfahren des steilsten Abstiegs stellt eine klassische Gradientenstrategie dar. Sie ermittelt aus dem Gradienten der Zielfunktion Informationen über die Lage des Optimums und basiert somit auf Stetigkeits- und Differenzierbarkeitsannahmen ([Rao79], S. 298 ff.).

(IV) <u>Verfahren der konjugierten Gradienten (Fletcher-Reeves)</u>: Das Verfahren von Fletcher-Reeves nutzt als neue Suchrichtung eine Linearkombination aus der aktuellen Richtung des steilsten Abstiegs und der Suchrichtung aus dem vorausgegangenen Iterationsschritt. Dieses Verfahren weist superlineare Konvergenz auf ([Eiselt87], S. 533 ff.).

## 2. Implementierung der algorithmenexternen Form der Parallelisierung auf einem Transputersystem

Die verwendete Hardware besteht aus einer Einsteckkarte für den PC. Auf dieser Karte sind 4 Transputer untergebracht. Der PC dient dem Transputer-Subsystem als Ein- und Ausgabe-Server. Die Abb. 1 soll einen Eindruck von diesem sehr einfachen Mehrprozessorsystem vermitteln.

Zur softwaretechnischen Umsetzung wurden aus Kompatibilitätsgründen das Betriebssystem Helios und die Programmiersprache C ausgewählt. Die dort vorhandene POSIX-kompatible Bibliothek erlaubt die Portierung von Unix-Software mit einem vertretbaren Aufwand, so daß die am Institut für Wirtschaftsinformatik entwickelte Software zur nichtlinearen Optimierung übertragen werden kann.

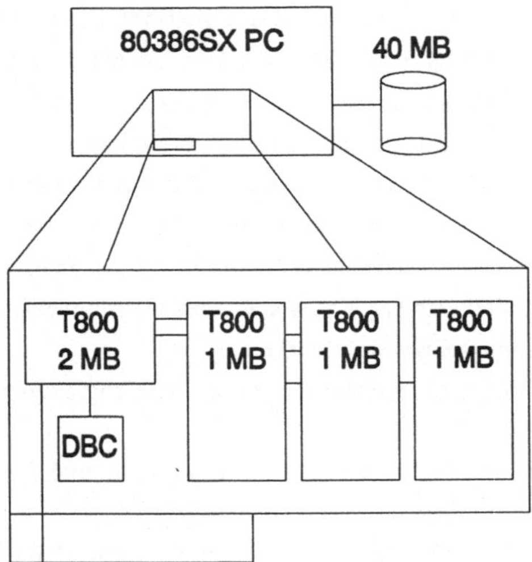


Abb. 1: Grobskizze zum eingesetzten Transputersystem

Den Informationsaustausch zwischen den parallel arbeitenden Optimierverfahren steuert eine nach dem Master-Slave Konzept arbeitende Informationskomponente. Diese übermittelt den Optimierungsverfahren (Slave-Komponenten) den Anfangspunkt ihrer Suche. Die Master-Komponente und die einzelnen Slave-Komponenten wurden als selbständige Programme implementiert. Ein CDL-Skript beschreibt die Verteilung der Programme auf die einzelnen Prozessoren; die Interprozeß-Kommunikation nutzt Streams (vgl. [Perihelion89]). Eine Übersicht zum Implementierungskonzept bei asynchroner Steuerung der algorithmenexternen Parallelisierung ist in Abb. 2 gegeben.

Jede Slave-Komponente generiert nun mittels des so initialisierten Optimierungsalgorithmus eine Folge neuer Punkte. Nach einer voreingestellten dimensionsabhängigen Iterationszahl werden die Koordinaten des Punktes mit dem besten Zielfunktionswert an die Master-Komponente übertragen. Diese überprüft, ob ihr ein Koordinatenvektor mit einem besseren Zielfunktionswert bekannt ist. Sollte dies nicht der Fall sein, so werden die Koordinaten den anderen Optimierungsverfahren übermittelt. Diese bauen einen so erhaltenen Koordinatenvektor in ihre Berechnungen ein:

(I)   Polytopverfahren (Nelder-Mead): Eine Ecke des Polytops wird durch den neuen Punkt ersetzt.

(II)  Verfahren des steilsten Abstiegs: Diese Strategie verwendet die übermittelten Koordinaten als neuen Ausgangspunkt der weiteren Optimierungsrechnung.

(III) Verfahren der konjugierten Gradienten (Fletcher-Reeves): Die übermittelten Koordinaten werden ebenfalls als neuer Startpunkt der weiteren Optimierungsrechnung verwendet.

Eine asynchrone Steuerung wird durch die Pufferung des Informationsaustausches erreicht. Hierzu wurden Empfängerprozesse definiert (vgl. Abb. 2), die einen Pufferspeicher verwalten. Der Pufferspeicher kann genau einen Koordinatenvektor aufnehmen. Liefert eine Komponente einen neuen Koordinatenvektor, obwohl der letzte Wert noch nicht verarbeitet werden konnte, so wird der gepufferte Wert durch den aktuellen besseren Wert ersetzt. Unsere Experimente haben gezeigt, daß der so entstehende

Kommunikationsaufwand im Verhältnis zum Berechnungsaufwand gering ist. Eine genauere Analyse dieses Problemkreises ist im Rahmen der laufenden Arbeiten geplant.

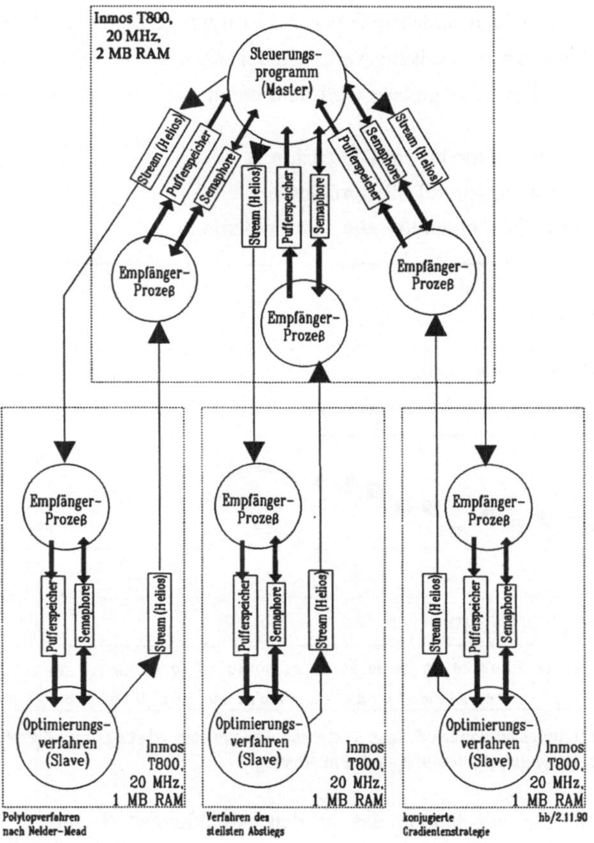


Abb. 2: Implementierungskonzept zur asynchronen Steuerung der algorithmenexternen Parallelisierung unter dem Betriebssystem Helios

## 3. Experimentelle Erprobung der algorithmenexternen Form der Parallelisierung für unbeschränkte Probleme der nichtlinearen Optimierung

In Kapitel 1 wurde die Behauptung aufgestellt, daß die parallele Kombination verschiedener Lösungsalgorithmen eine schnellere und robustere Problemlösung bewirkt. Dies soll nun anhand verschiedener Problemklassen aus dem Bereich der unbeschränkten nichtlinearen Programmierung belegt werden.

Als **erstes Beispiel** wurde die mehrdimensionale, stetige und konvexe Rosenbrock-Funktion in Anlehnung an ([Schittkowski81], Problem 299) verwendet:

$$f(x) = \sum_{k=1}^{n} 100 * (x_{k+1} - x_k^2)^2 + (x_k-1)^2 \;\Rightarrow\; \min . \qquad\qquad \text{mit } n > 1$$

Es wurden Testrechnungen für die Dimensionen n=2 bis n=120 durchgeführt. Die dabei gewonnenen Ergebnisse gestatten folgende Aussagen zum Lösungsverhalten bei sequentieller Arbeitsweise:

(I) Das Zufallssuchverfahren lokalisiert das globale Optimum bei ausreichend großer  Zeitvorgabe mit befriedigender Genauigkeit.

(II) Das Polytopverfahren löst nur Probleme bis zur Dimension 7.

(III) Das Verfahren des steilsten Abstiegs löst alle Testprobleme.

(IV) Das Verfahren der konjugierten Gradienten löst alle Testprobleme.

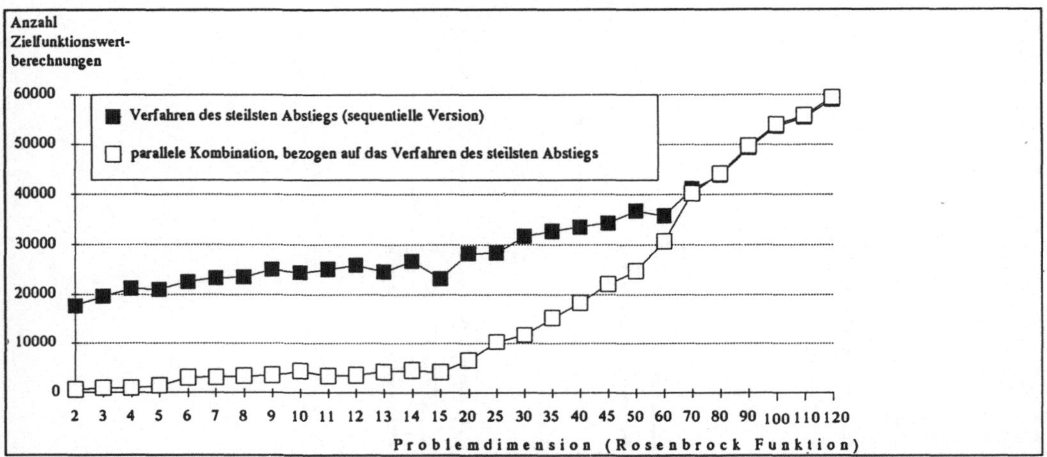


Abb. 3: Gegenüberstellung des Berechnungsaufwandes für das Verfahren des steilsten Abstiegs und die algorithmenexterne Parallelisierung mittels Zufallssuche, Polytopverfahren und steilstem Abstieg.

Bei algorithmenexterner Parallelisierung konnte das in den Abbildungen 3 und 4 widergegebene Lösungsverhalten beobachtet werden. Der Berechnungsaufwand wird hierbei, in Abweichung zu üblichen Angaben in CPU-Zeit, in der Anzahl der Zielfunktionswertberechnungen angegeben. Diese Einheit hat den Vorteil, daß sie von einer konkreten Hardware unabhängig ist. Dies erleichtert die Vergleichbarkeit zu Ergebnissen, die sequentiell oder unter anderen Hard- und Softwarekonstellationen ermittelt wurden.

Üblicherweise dient zur Beurteilung des Laufzeitverhaltens von parallelen Algorithmen auf Mehrprozessorsystemen der sogenannte "Speedup". Diese Größe besitzt jedoch nur dann eine Aussagekraft, wenn der parallelisierte Algorithmus die gleiche Problemklasse löst. Die hier vorgestellte parallele Kombination der Algorithmen besitzt aber keine Entsprechung im sequentiellen Fall, da einzelne oder im Extremfall alle Algorithmen (für sich genommen) das Gesamtproblem nicht lösen. Aus diesem Grunde werden die Resultate der parallelen Kombination mit den Resultaten eines Algorithmus verglichen, der das Problem im sequentiellen Fall löst (vgl. z.B. Abb. 3 und Abb. 4). Ein solcher Vergleich stellt natürlich keine Aussage in Abhängigkeit von der Zahl der Prozessoren dar, wie das üblicherweise geschieht; er zeigt jedoch, daß die parallele Kombination auch aus Laufzeitgründen einsetzbar ist. Somit führt die algorithmenexterne Parallelisierung die Vorteile der sequentiellen Algorithmen zusammen.

Unsere Testrechnungen haben weiterhin ergeben, daß die Zufallssuche und das Polytopverfahren bei größerer Dimension keinen wesentlichen Beitrag zur Optimierung leisten. Dies wird insbesondere in Abb. 3 deutlich.

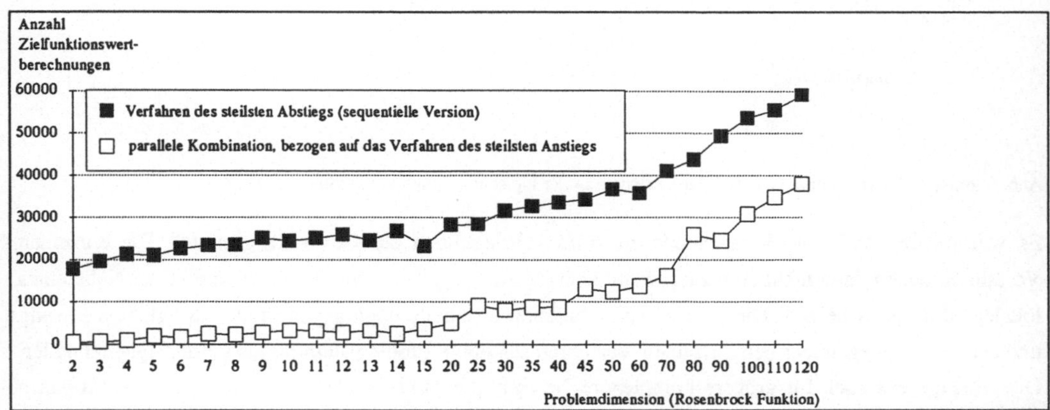


Abb. 4: Gegenüberstellung des Berechnungsaufwandes für das Verfahren des steilsten Abstiegs und die algorithmenexterne Parallelisierung mittels Polytopverfahren, steilstem Abstieg und konjugierter Gradientenstrategie.

Als **zweites Beispiel** soll das Training eines neuronalen Netzes die Anwendbarkeit des Ansatzes der algorithmenexternen Parallelisierung auf ein multimodales Problem demonstrieren. Aus mathematischer Sicht entspricht das Trainieren eines neuronalen Netzes mittels Error-Backpropagation-Strategie der Minimierung einer Zielfunktion (Netzfehler) mittels eines Verfahrens der nichtlinearen Programmierung (vgl. [Boden91]):

$$E(w) = \sum_{p=1}^{npat} \left( \sum_{j=1}^{nout} (o(w)_j^p - t_j^p)^2 \right) \;\Rightarrow\; \min$$

mit:

| | |
|---|---|
| $E(w)$ | Netzfehler |
| npat | Anzahl der Eingabemuster |
| nout | Anzahl der Ausgabeneuronen |
| $o(w)_j^p$ | tatsächliche Ausgangsbelegung (Neuron j, Eingansvektor p, Netzgew. w) |
| $t_j^p$ | gewünschte Ausgangsbelegung (Neuron j, Eingangsvektor p) |

Die quadratische Summe der Netzfehler ist als n-dimensionale Funktion der Verbindungsgewichte zwischen den Neuronen multimodal, wodurch die herkömmliche Trainingsstrategie häufig in einem lokalen Minimum abbricht. Deshalb wurde hier als Lernverfahren die parallele Kombination verschiedener Minimierungsverfahren eingesetzt.

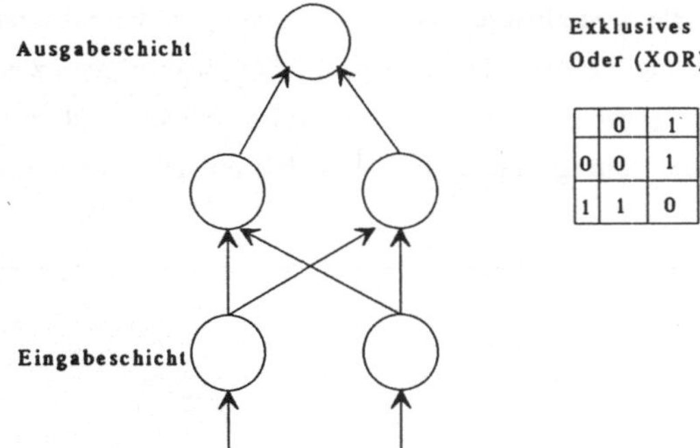


Abb. 5: Beispiel für ein neuronales Netz zur Realisierung der logischen Funktion "Exklusives Oder"

Es wurden Testläufe mit 3 verschiedenen Anfangsbelegungen der Gewichte gestartet. Die einzelnen Verfahren kamen dann nicht zum Ziel, wenn sich die Ausgangsbelegung der Gewichte in der Nähe eines lokalen Minimums befand. Die parallele Kombination ermittelte dahingegen immer die globale Lösung und erwies sich gegenüber den einzelnen Verfahren für obige Problemstellung als geringfügig schneller. Die Aussage gilt auch für größere komplexere Netze und entsprechende Ergebnisse für diese Problemklasse werden ausführlich in [Boden91] diskutiert.

Als **drittes Beispiel** wurde ein nichtdifferenzierbares Optimierungsproblem aus ([Schwefel77], S. 331) ausgewählt:

$$f(x) = \max \{ \, |x_i| \, ; \, i=1 \, (1) \, n \, \} \qquad \text{für n aus } \{2, .., 25\}, \text{ x aus } R^n$$

Der Startpunkt wurde, wie bei [Schwefel77] beschrieben, in einer Ecke des Niveauflächen-Würfels gewählt. Dies führte dazu, daß die Einzelverfahren keinen wesentlichen Fortschritt erzielten, sondern stattdessen in der Nähe des Ausgangspunktes abbrachen. Die parallele Kombination konnte dahingegen alle Probleme lösen, da das Verfahren des steilsten Abstiegs, die Zufallssuche und das Polytopverfahren ihre spezifischen Eigenschaften in den Lösungsprozeß einbringen konnten.

## 4. Schlußfolgerungen

Die bisher durchgeführten ersten Experimente dienten vorrangig der hard- und softwareseitigen Verifizierung des vorgeschlagenen Konzeptes und haben weiterhin gezeigt, daß die algorithmenexterne Parallelisierung eine Laufzeiteinsparung bei erweiterter Problemlösungsfähigkeit bewirkt. Der Grad der Geschwindigkeitssteigerung durch algorithmenexterne Parallelisierung ist problemspezifisch und wird i.w. durch die folgenden Punkte determiniert:

(I)    Anzahl der eingesetzten Prozessoren,

(II)   Art und Anzahl der parallel eingesetzten Verfahren und

(III)  Steuerung des Informationsaustausches zwischen den Verfahren.

Die Autoren sind der Meinung, daß die oben angeführten Gesichtspunkte den Einsatz eines wissensbasierten Systems zur Steuerung der algorithmenexternen Parallelisierung des Optimierungsprozesses nahelegen. Eine solche wissensbasierte Komponente sollte im Hinblick auf die erwähnten Determinanten der Verbesserung des Lösungsverhaltens folgende Aufgaben erfüllen:

(I)  Auswahl und dynamische Anpassung eines Algorithmus-Mix,

(II) dynamische Anpassung des Informationsaustausches zwischen den Verfahren und

(III) Erlernen günstiger Kombinationen aus (I) und (II) für spezielle Problemklassen.

In Zukunft ist daran gedacht, eine umfangreiche Bibliothek zur beschränkten nichtlinearen Optimierung auf das Transputersystem zu portieren. Das Transputersystem soll dann als eine Komponente in einem Netz verteilter Rechner eingesetzt werden. Parallel zu der hier vorgestellten Implementierung des Konzeptes auf einem Transputersystem wird eine Implementierung auf einem Netz von Unix-Workstations realisiert und untersucht [Frommberger91], da beide Varianten von Mehrprozessorsystemen mit verteiltem Speicher als kostengünstige und flexible Rechnersysteme angesehen werden.

Der vorgeschlagene Ansatz ist auf andere Problemklassen übertragbar. Anwendungsfelder könnten die Lösung von Differentialgleichungssystemen oder Systemen nichtlinearer Gleichungen sein. Auch nicht-numerische Algorithmen sind algorithmenextern parallelisierbar.


## Literaturverzeichnis


[Bertsekas89]    Bertsekas,D.P.; Tsitsiklis,J.N.: Parallel and Distributed Computation, Prentice Hall, 1989.

[Boden91]    Boden, H.; Gehne, R.; Grauer, M.: "Parallel nonlinear optimization on a multiprocessor system with distributed memory", in: Grauer, M. [ed.]: Parallel and distributed Optimization, Lecture Notes on Mathem. Systems and Economics, Springer Verlag, 1991.

[Eiselt87]    Eiselt, H.A.; Pederzoli, G.; Sandblom, C.L.: Continuous Optimization Models. Walter de Gruyter, 1987.

[Frommberger91]    Frommberger, M.: "PCL - a language for parallel problem solving on a network of Unix-workstations", in: Grauer, M. [ed.]: Parallel and distributed Optimization, Lecture Notes on Mathem. Systems and Economics, Springer Verlag, 1991.

[Grauer89]    Grauer,M., Albers,St., Frommberger,M.: "Concept and first experiences with an object-oriented interface for mathematical programming", in: Impacts of recent Computer Advances on Operations Research. Elsevier, 1989

[Perihelion89]    Perihelion Software Limited (Hrsg.): The Helios Operating System. Prentice Hall, 1989.

[Lootsma89]    Lootsma, F.A. Parallel non-linear optimization. Delft University of Technology, Reports of the Faculty of Technical Mathematics and Informatics no. 89-45.

[Rao79]    Rao, S.S.: Optimization, theory and applications. Wiley Eastern Limited, 1979.

[Schittkowski80]    Schittkowski, K. Nonlinear Optimization Codes. Springer-Verlag, 1980.

[Schnabel85]    Schnabel, R.B. "Parallel Computing in Optimization", in: Schittkowski, K. (Hrsg.). Computational mathematical Programming. Springer-Verlag, 1985.

[Schwefel77]    Schwefel, H.P.: Numerische Optimierung von Computer-Modellen mittels der Evolutionsstrategie. Birkhäuser, 1977.

[Zenios85]    Zenios, S.A.: Parallel numerical Optimization: Current status and an annotated bibliography. ORSA Journal on Computing 1, 1 (1985) 20-43.

# Ein parallelisierter Algorithmus zum Simulated–Annealing

Georg Viehöver, Reinhard Grebe
Institut für Physiologie, RWTH Aachen

## 1   Einleitung

Die Erzeugung von Modellen physikalischer Systeme ist eine der Aufgaben, die besonders hohe Anforderungen an die eingesetzten Rechner hinsichtlich Rechengeschwindigkeit und Speicherbedarf stellt. Gerade für diese Art von Aufgaben bietet sich der Einsatz von Transputersystemen an. Mit ihnen läßt sich beliebig komplexe Software auf einer Minimalkonfiguration entwickeln und austesten und dann auf einem System zum Einsatz bringen, das hinsichtlich der Leistungsfähigkeit genau an die Aufgabengröße und die gestellten Anforderungen angepaßt ist. Ein entsprechendes Transputersystem wird am Institut für Physiologie zur Bildverarbeitung und für Simulationsaufgaben eingesetzt.

Um die Möglichkeiten dieser neuen Technologie für die Lösung von Optimierungsaufgaben voll nutzen zu können, müssen die vorhandenen sequentiellen Algorithmen an die besonderen Eigenschaften der parallelen Hardwarestruktur angepaßt werden. Bei der vorliegenden Anwendung handelt es sich um ein spezielles Verfahren der kombinatorischen Optimierung, das Simulated–Annealing, das zur Simulation der Form von roten Blutkörperchen benutzt wird. Zur Parallelisierung bietet sich ein spezielles Verfahren, das *Systolic Simulated Annealing* an [Aar86]. Die von uns für parallele Rechnerstrukturen entwickelte Form hat sich nicht nur bei unserer speziellen Aufgabe bewährt, sondern kann auch zur Lösung anderer Optimierungsaufgaben erfolgreich eingesetzt werden, was am Beispiel eines Standardproblems der kombinatorischen Optimierung, dem Traveling Salesman Problem TSP, gezeigt werden konnte.

In diesem Beitrag beschreiben wir unsere Variante des Systolic Simulated Annealing, die bearbeiteten Optimierungsprobleme und die erzielten Ergebnisse.

## 2   Simulated Annealing

Das Simulated Annealing (SA) [Kirk83] bildet einen Kristallisationsprozeß nach. Es ist geeignet zur Suche nach der optimalen Konfiguration von Systemen, die aus einer größeren Anzahl von wechselwirkenden 'Stützpunkten' (Atomen) bestehen und deren Gesamtenergie sich durch eine (Kosten–) Funktion beschreiben läßt. Im SA erfahren die Stützpunkte eine temperaturabhängige Wärmebewegung. Diese Bewegungen führen dazu, daß sich die Systemeigenschaften (Konfigurationen) und damit auch die Energie des Systems ständig ändern. Gesucht wird nun der Zustand des Systems für den die Energie minimal ist. Um dieses globale Energieminimum zu finden, wird beginnend mit einer hohen Temperatur die (Wärme-)Bewegung mit einem Monte–Carlo–Verfahren simuliert (Bild 1, Zeilen 4–10) und dann die Temperatur schrittweise gesenkt. Wie beim Kristallisieren mit langsamem Abkühlen erstarrt auch beim SA das Modellsystem schließlich in einem energiearmen Zustand. Das SA eignet sich besonders für große Systeme mit vielen Freiheitsgraden

```
1.  Starte mit beliebigem Zustand r des Modellsystems;
2.  Bestimme Starttemperatur beta0; beta=beta0;
3.  repeat
4.     for (i=1;i<=M;i++)
5.        erzeuge aus r zufaellig einen neuen Zustand r';
6.        DeltaC= C(r')-C(r);
7.        if (DeltaC<0)
8.           r=r';
9.        else
10.          mit Wahrscheinlichkeit exp(-DeltaC/T): r=r';
11.       Bestimme naechste Temperatur beta=beta';
12. until(Abbruchkriterium erfuellt);
13. Ergebnis r.
```

Abbildung 1: Simulated Annealing zur Minimierung der Energie– bzw. Kostenfunktion $C$. Benutzt wird das Metropolis–Kriterium (Zeilen 7-10).

und vielen lokalen Minima. Hier erweist es sich als sehr zuverlässig in der Annäherung an das globale Optimum. Mit großem Erfolg wird es im VLSI–Design eingesetzt. Nachteilig sind seine hohen Laufzeiten.

Mitentscheidend für den Erfolg der Optimierung ist das Vorgehen beim Abkühlen, das sogenannte *Annealing Schedule*. In diesem Abkühlplan werden die Starttemperatur $\beta_0$, die Anzahl der Schritte $M$ bei einer bestimmten Temperatur, die Folgetemperaturen $\beta'$ und das Abbruchkriterium festgelegt. Es läßt sich mit der Theorie der Markov–Ketten zeigen [Aar85], daß das SA bei unendlich langsamem Abkühlen immer das globale Optimum findet. Aarts et al. schlagen aufgrund dieser mathematischen und weiterer physikalischer Überlegungen ein Schedule vor, das sich dem Verlauf der Optimierung selbsttätig anpaßt und einfach zu handhaben ist. Dieses Verfahren wurde von uns implementiert und erprobt.

Das SA ist inhärent sequentiell: Die Simulation einer neuen Temperaturstufe kann erst beginnen, wenn die vorhergehende abgeschlossen ist (Bild 2(a)). Zur Parallelisierung eignet sich eine Sonderform des SA, das *Systolic SA*. Es stellt keine zusätzlichen Anforderungen an das zu optimierende Problem und läßt sich einfach auf einen Ring von Transputern abbilden. Dabei ist der erforderliche Kommunikationsaufwand relativ klein.

Beim Systolischen SA [Aar86] wird der folgende Temperaturschritt bereits nach einem ersten Abschnitt der Simulation der aktuellen Temperatur gestartet. Die negativen Folgen des Frühstarts werden kompensiert, indem in regelmäßigen Abständen Updates von den vorhergehenden Temperaturstufen gesendet werden (Bild 2(b)). Abweichend von [Aar86] werden in unserer Implementierung des Systolischen SA nicht nur Updates des direkten Vorgängers ausgewertet, sondern auch die von weiter entfernten Temperaturstufen [Vie90a, Vie90b]. Außerdem werden die von den Vorgängern übermittelten Konfigurationen und Temperaturen nach einem Verfahren ausgewertet, das sich eng an die ursprüngliche Idee des SA hält.

Sei $N$ die Anzahl der Prozessoren, $M$ die Anzahl der Simulationsschritte in einer Temperaturstufe, $l = \lfloor M/N \rfloor$, $\beta'$ die Folgetemperatur von $\beta$ nach dem gewählten Annealing Schedule, $\beta_0$ die Starttemperatur, $r_0$ der Startzustand, $\beta_{m,n,o}$ die Temperatur beim $o$–ten Schritt des $n$–ten Abschnitts der $m$–ten Stufe, $r_{m,n,o}$ der entsprechende Zustand. Dann gilt für unsere Variante des Systolic SA:

a )

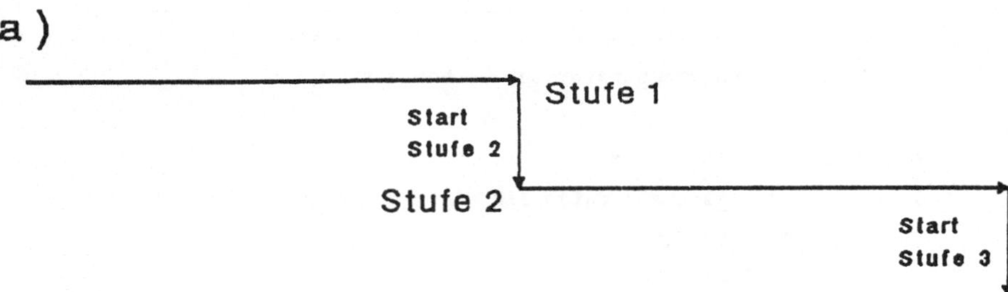


b )

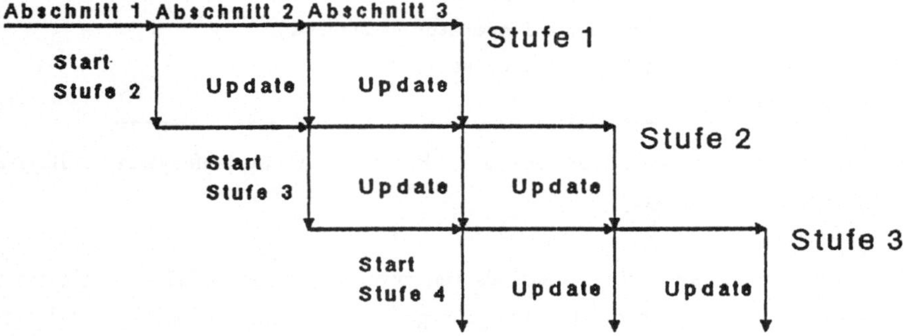


Abbildung 2: (a): Simulated Annealing ist ein sequentielles Verfahren. (b): Es wird durch Frühstart der Folgetemperaturen parallelisisiert.

- Die erste Stufe wird gestartet mit:

$$(\beta_{1,1,1}, r_{1,1,1}) = (\beta_0, r_0) \tag{1}$$

- Die Abschnitte $n = 2 \ldots N$ der 1. Stufe übernehmen die Werte der Vorgängerabschnitte:

$$(\beta_{1,n,1}, r_{1,n,1}) = (\beta_{1,n-1,l}, r_{1,n-1,l}) \tag{2}$$

- Die weiteren Stufen $m > 1$ berechnen ihre Startwerte aus den Ergebnissen des ersten Abschnitts der vorherigen Stufe:

$$(\beta_{m,1,1}, r_{m,1,1}) = (\beta'_{m-1,2,1}, r_{m-1,2,1}) \tag{3}$$

- Innerhalb der Unterabschnitte verläuft das Systolic SA genau wie ein sequentielles SA entsprechend dem *Metropolis-Kriterium*, d.h. ist $r$ ein neuer zufällig erzeugter Zustand, $\Delta C = C(r) - C(r_{m,n,o-1})$, so gilt für $o = 2 \ldots l$:

$$r_{m,n,o} = \begin{cases} r & \text{mit Wahrscheinlichkeit } p \\ r_{m,n,o-1} & \text{mit Wahrscheinlichkeit } 1-p \end{cases} \text{, wobei} \tag{4}$$

$$p = \begin{cases} \exp\left(-\dfrac{\Delta C}{\beta_{m,n,o-1}}\right) & \text{falls } \Delta C > 0 \\ 1 & \text{falls } \Delta C \leq 0 \end{cases} \tag{5}$$

ist und $\beta_{m,n,o} = \beta_{m,n,o-1}$.

- Die Startwerte der weiteren Abschnitte $n = 2 \ldots N$ der Stufen $m > 1$ kommen entweder vom vorhergehenden Abschnitt oder dem entsprechenden Abschnitt der Vorgängerstufe. Die Temperatur wird in

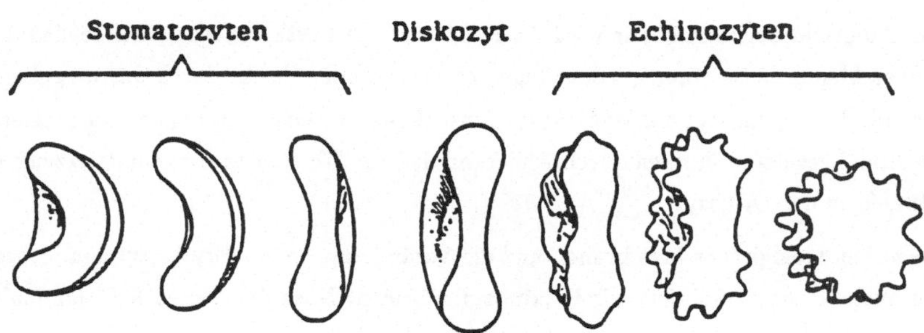


Abbildung 3: Darstellung der typischen Sequenz von Erythrozytenformen (modifiziert nach [Bes77]). Die Normalform ist der Diskozyt.

jedem Fall durch die aktuellere Schätzung ersetzt:

$$\beta_{m,n,1} = \begin{cases} \beta'_{m-1,n,l} & \text{falls} \quad n = N \\ \beta'_{m-1,n+1,1} & \text{falls} \quad n < N \end{cases} \tag{6}$$

Der neue Zustand kann dagegen auch der letzte des Vorgängerabschnitts sein. Er wird nach dem Metropolis–Kriterium ausgewählt. Für $m > 1$ und $n = 2 \ldots N$ gilt mit

$$r_{m,n,0} = r_{m,n-1,l} \quad \text{und} \tag{7}$$

$$r = \begin{cases} r_{m-1,n,l} & \text{falls} \quad n = N \\ r_{m-1,n+1,1} & \text{falls} \quad n < N \end{cases} \tag{8}$$

Gleichung 4 für $o = 1$ entsprechend. Die Reihenfolge der Updates ist so gewählt, daß spätere Temperaturstufen von den revidierten Temperaturen und Zuständen der Vorgängerstufen profitieren können.

Aarts et al. haben das Systolic SA anhand von Traveling Salesman Problemen getestet [Aar86]. Bei ihren Versuchen auf einem Multiprozessorsystem mit gemeinsamem Speicher auf 68000–Basis stellten sie bei steigender Prozessorenzahl eine Verschlechterung der Lösungsqualität fest, die durch langsameres Abkühlen kompensiert werden muß. Sie vermuten, daß bei mehr als 30 Prozessoren daher kein Speed–Up bei gleicher Lösungsqualität zu erwarten ist.

# 3 Simulation von roten Blutkörperchen

Rote Blutkörperchen (Erythrozyten) machen etwa 45 % des menschlichen Blutvolumens aus. Sie sind u.a. für den Sauerstofftransport verantwortlich. Erythrozyten sind im Vergleich zu anderen Zellen relativ einfach aufgebaut, sie bestehen aus einem Tropfen Hämoglobinlösung ($\approx 100\mu m^3$), der von einer Membran umhüllt ist, Bild 3 Mitte). Deshalb und wegen ihrer leichten Verfügbarkeit sind sie ein beliebtes Modellsystem zur Erforschung der Eigenschaften biologischer Membranen.

Die Erythrozytenmembran besteht aus einer doppelten Flüssigkeitsschicht von Phospholipiden, in die globuläre Proteinmoleküle eingelagert sind. Die Lipid–Doppelschicht verhält sich bezüglich der Fließ– und Biegungseigenschaften ähnlich einer Seifenblasenhaut. Anders als bei Seifenblasen ist die Oberfläche jedoch kaum dehnbar. Aufgrund dieses Aufbaus wird die Ruheform des Erythrozyten ausschließlich durch die Eigenschaften seiner Membran bestimmt. Diese Eigenschaften werden direkt durch das umgebende Medium beeinflußt, weshalb der Erythrozyt auf jede äußere Einwirkung mit einer Formänderung reagiert. So lassen sich z.B. die in Bild 3 gezeigten Formen durch Änderung des pH–Wertes der Umgebung erzeugen. Dabei ist die normale Ruheform der Diskozyt.

Um die Eigenschaften biologischer Membranen und die Veränderungen der Erythrozytenmembran bei Blutkrankheiten zu untersuchen, simulieren wir Erythrozytenformen. Nach der 'closed fluid lamina'–Hypothese [Gre90] wird die in der Erythrozytenmembran gespeicherte Energie durch

$$E = E_A + E_V + E_{\bar{H}} + E_{Hom} \tag{9}$$

beschrieben. Während die ersten drei Komponenten jede Abweichung von Idealwerten für Oberfläche ($A_0$), Volumen ($V_0$) und mittlerer mittlerer Krümmung ($\bar{H}_0$, einem differentialgeometrischem Maß für die Vorkrümmung der Oberfläche, [Gre86, S. 20f]) mit einem Energiebeitrag bestrafen, sorgt der vierte Term für eine möglichst glatte Oberfläche (Energie bei Änderungen der lokalen mittleren Krümmung $H$ benachbarter Teilstücke der Oberfläche). Die Energieanteile werden mit den Konstanten $K_A \ldots K_{Hom}$ gewichtet.

$$E_A = K_A \frac{(A_0 - A)^2}{A_0} \tag{10}$$

$$E_V = K_V \frac{(V_0 - V)^2}{V_0} \tag{11}$$

$$E_{\bar{H}} = K_{\bar{H}} \frac{(\bar{H}_0 - \bar{H})^2}{\bar{H}_0} A \tag{12}$$

$$E_{Hom} = K_{Hom} \iint_{(S)} \left( \frac{\mathrm{d}H(l)}{\mathrm{d}l} \right)^2 \mathrm{d}s \tag{13}$$

Die Ruheform des so beschriebenen Erythrozyten korrespondiert mit einem Energieminimum. Die Suche nach der zu einem Satz von Parametern gehörenden Erythrozytenform ist also eine Optimierungsaufgabe, die wir mit Hilfe des Simulated Annealing gelöst haben. Wir haben uns zunächst auf die Simulation von rotationssymmetrischen Körpern beschränkt. Es ist uns gelungen, stomato–, disko– und leicht echinozytische Körper zu erzeugen. Erste Erfahrungen mit der Simulation allgemeiner dreidimensionaler Körper zeigen bereits vielversprechender Ergebnisse.

Die Parameter für das Annealing–Schedule wurden bei 20 Stützpunkten auf $\chi = 0.5$ (Anfangs–Akzeptierungsrate), $M = 10000$ (Schritte auf einer Temperaturstufe), $\delta = 1.0$ (Geschwindigkeit des Abkühlens) und $\varepsilon = 3.0 \cdot 10^{-4}$ (Abbruchkriterium) gesetzt. Neue Zustände werden durch zufälliges Verschieben einzelner Stützpunkte des Körperumrisses erzeugt. Hier kann durch weitere Maßnahmen (z.B. Schrittweitenbegrenzung) die Konvergenz erleichtert werden. Die tatsächlichen Lösungen des Optimierungsproblems sind unbekannt.

## 4   Das Traveling Salesman Problem

Um zu überprüfen, ob sich die parallelisierte Variante des Systolischen SA auch zur Lösung allgemeiner Optimierungsprobleme eignet, haben wir ein typisches Traveling Salesman Problem (TSP) mit diesem Algorithmus bearbeitet. Die Aufgabe, für einen Handlungsreisenden die kürzeste Rundreise durch $n$ Städte zu

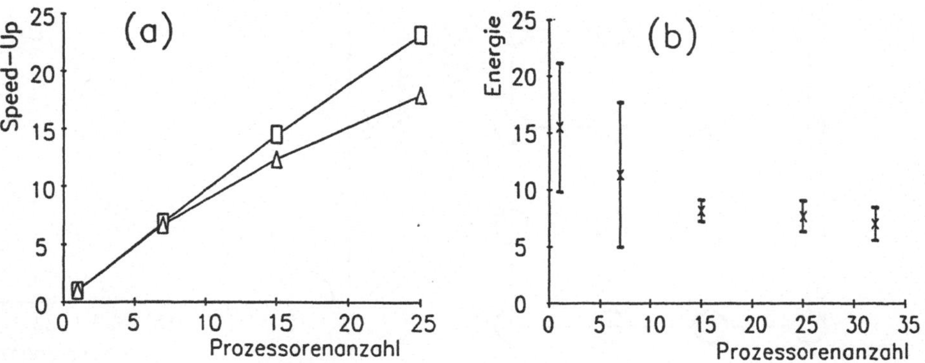

Abbildung 4: Erythrozyten–Simulation (a): Der Speed–Up einzelner Temperaturstufen (□) ist linear. Der Gesamt–Speed–Up (△) ist wegen des Auffüllens der Prozessorkette etwas schlechter. (b): Die Lösungsqualität nimmt leicht zu.

finden, wobei jede Stadt genau einmal besucht wird, ist wohl das bekannteste und am besten untersuchte Problem der kombinatorischen Optimierung. Weil man bis heute kein effizientes Verfahren zur Lösung des Problems kennt, behilft man sich mit Näherungsverfahren wie dem Simulated Annealing.

Wir benutzten zum Vergleich mit [Aar86] ein dort vorgeschlagenes Problembeispiel: Die $n$ Städte sind auf einem quadratischen Gitter mit Abständen von 1 angeordnet (Bild 5(a)). Der Abstand zwischen 2 Städten wird mit der *Manhattan–Distance* berechnet, d.h. sind $(x_1, y_1)$ und $(x_2, y_2)$ die Koordinaten zweier Städte, so ist die Entfernung zwischen ihnen

$$d = |x_1 - x_2| + |y_1 - y_2| \quad . \tag{14}$$

Die zu optimierende Größe ist die mittlere Entfernung zwischen zwei Städten auf der Tour. Das Optimum $C_{Opt}$ ist für gerade×gerade–Gitter $C_{Opt} = 1$, für ungerade×ungerade–Gitter $C_{Opt} = (n+1)/n$. Als Maß für die Qualität gilt die prozentuale Abweichung vom Optimum $(C - C_{Opt})/C_{Opt} \times 100\%$.

Wir haben die Parameter des Annealing Schedules auf $\chi = 0.9$, $M = n(n-1)/2$, $\delta = 10$ und $\varepsilon = 0.001$ eingestellt. Neue Zustände werden erzeugt, indem 2 Städte zufällig ausgewählt werden und die Besuchsfolge zwischen den beiden Städten umgedreht wird (2–Opt–Strategie). Alle Tests wurden mit $n = 225$ Städten durchgeführt. Die nach [Aar86] erwartete Abweichung von der optimalen Lösung ist 5 %.

## 5 Ergebnisse

Zur Simulation von Erythrozyten ist das Systolic Simulated Annealing offenbar sehr gut geeignet [Vie90a, Vie90b]. Als Speed–Up eines Abkühlschritts haben wir die mittlere Zeit für einen Temperaturschritt bei gefülltem Prozessorring gemessen. Abweichungen vom linearen Verlauf, die für einen zunehmenden Synchronisations– und Kommunikationsaufwand sprechen würden, wurden nicht beobachtet (Bild 4(a)). Der Gesamt–Speed–Up bezeichnet die Zeitersparnis bei einem kompletten Lauf des Verfahrens. Sie ist nicht linear, weil zunächst der Prozessorring mit Arbeit gefüllt werden muß. Abweichend von den Beobachtungen von Aarts et al. nimmt die Lösungsqualität bei steigender Prozessorenzahl sogar zu (Bild 4(b)). Das Systolic SA terminiert nach einer ähnlichen Anzahl von Schritten wie das sequentielle Verfahren.

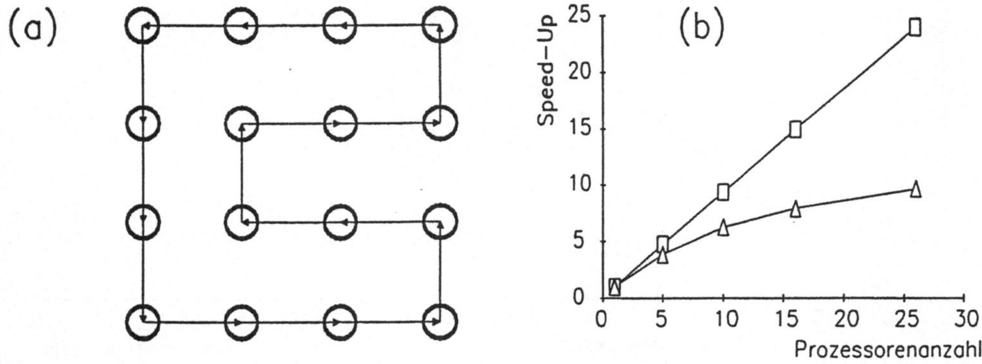

Abbildung 5: TSP (a): Ein Weg durch 16 Städte. (b): Der Speed–Up der einzelnen Abkühlstufe (□) ist nahezu linear, der Gesamt–Speed–Up (△) dagegen nicht.

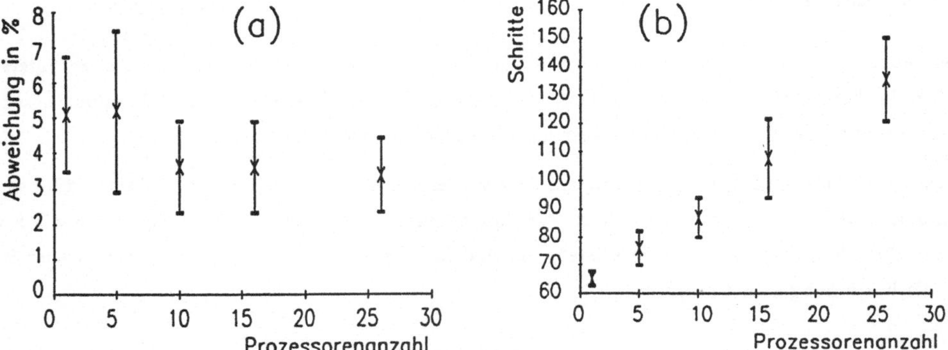

Abbildung 6: TSP (a): Die Lösungsqualität nimmt kaum zu. (b): Der Algorithmus bricht bei großer Prozessorenzahl später ab.

Bei der Lösung von TSPs zeigt sich ein etwas anderes Bild. Der Speed–Up für den einzelnen Temperaturschritt ist ebenfalls linear (Bild 5(b)), auch die Lösungsqualität verbessert sich (Bild 6(a)), wenn auch nicht so deutlich wie bei der Erythrozyten–Simulation. Der Gesamt–Speed–Up der von uns implementierten Variante des Algorithmus ist beim TSP jedoch wesentlich schlechter als bei der Erythrozytensimulation. Dies ist, wie Abbildung 6(b) zeigt, darauf zurückzuführen, daß sich im untersuchten Bereich die Anzahl der Temperaturschritte bis zum Abbruch annähernd linear mit der steigenden Anzahl von Prozessoren erhöht bzw. der Abkühlvorgang langsamer vor sich geht und später abgebrochen wird.

# 6   Diskussion

Der Grund für das unterschiedliche Verhalten der von uns benutzten Variante des Systolischen SA bei den beiden Problemen Erythrozytensimulation und TSP konnte bisher noch nicht ermittelt werden. Aarts et al. haben für den Speed–Up eine obere Grenze bei 30 Prozessoren vorhergesagt. Ursache war, daß zum Erhalt der Lösungsqualität der Schedule–Parameter $\delta$ *von Hand* nachgeregelt werden mußte. Dies ist bei uns nicht notwendig. Das Annealing–Schedule verlangsamt hier selbstständig den Abkühl–Prozeß.

Die Ergebnisse mit der vorgestellten parallelen Form des systolischen SA sind aber auf jeden Fall positiv zu werten. Selbst beim TSP ergab sich mit 26 Prozessoren ein Speed–Up von 10 *und* eine leichte Verbesserung der Lösungsqualität. Bei konstant gehaltener Lösungsqualität, durch angepasstes $\delta$ und damit gleichem Temperatur–'schedule' ist ein Speed–Up von etwa 15 zu erwarten. Bei unseren Erythrozyten–Simulation erweist sich das systolische SA in der vorliegenden Form als das Verfahren der Wahl, da ein annähernd linearer Speed–Up bei sich verbessernder Lösungsqualität erreicht wird.

Diese Arbeit ist durch den Minister für Wissenschaft und Forschung des Landes Nordrhein–Westfalen und die Deutsche Forschungsgemeinschaft unter DFG Gr 902 gefördert worden.

# Literatur

[Aar85]   E.H.L. AARTS, P.J.M. VAN LAARHOVEN. *Statistical Cooling: A General Approach to Combinatorial Optimization Problems.* Phillips J. Res. 40, 193–226, 1985Markov–Ketten, begründetes Cooling-Schedule

[Aar86]   E.H.L. AARTS, F.M.J. DE BONT, E.H.A. HABERS, P.J.M. VAN LAARHOOVEN. *Parallel Implementations of the Statistical Cooling Algorithm.* INTEGRATION, the VLSI journal, 4(1986) 209– 238

[Bes77]   BESSIS,P.M.. *Erythrocyte form and deformability for normal blood and some hereditary hemolytic anemias.* Nouv.Rev.Hemat. 18(1), 75–94, 1977

[Gre86]   R. GREBE. *Entwicklung einer Methode zur numerischen Bestimmung von Formfaktoren für Erythozyten auf der Grundlage normierter Krümmungen.* Doktorarbeit an der RWTH Aachen 1986

[Gre90]   R. GREBE AND M.J. ZUCKERMANN. *Erythrocyte Shape Simulation by Numerical Optimization.* Biorheology 27(5), 735–746, 1990

[Kirk83]  S. KIRKPATRICK, C.D. GELATT, M.P. VECCHI. *Optimization by Simulated Annealing.* Science 220(4598), 671–680, 1983

[Vie90a]  G. VIEHÖVER. *Simulation von Erythrozytenformen mit Hilfe numerischer Optimerungsverfahren auf einem Transputersystem zur Überprüfung der 'closed fluid lamina'–Hypothese zur Erklärung ubiquitärer Membraneigenschaften.* Diplomarbeit RWTH Aachen 1990

[Vie90b]  G. VIEHÖVER, R. GREBE. *Simulation von roten Blutkörperchen mit einem parallelisierten Simulated–Annealing–Algorithmus.* Abstraktband zur TAT '90, Klinikum der RWTH Aachen, 17.–18. September 1990

# KOMBINATORISCHE OPTIMIERUNG DURCH EINEN PARALLELEN SIMULATED–ANNEALING–ALGORITHMUS


*Bernd Freisleben und Matthias Schulte*
Technische Hochschule Darmstadt
Fachbereich Informatik
Alexanderstr. 10
6100 Darmstadt


## 1. EINLEITUNG

Die Lösung kombinatorischer Optimierungsprobleme beinhaltet die Maximierung bzw. Minimierung einer vorgegebenen Zielfunktion, welche in der Regel von einer Menge von Randbedingungen abhängig ist. Aufgrund der Beschränktheit des Lösungsvektors kann die optimale Lösung dadurch gefunden werden, indem man alle möglichen Lösungen sukzessive erzeugt und sie miteinander vergleicht. Eine solche Vorgehensweise ist allerdings bei einigen Optimierungsproblemen wenig sinnvoll, da der Berechnungsaufwand exponentiell mit der Problemgröße wächst und demzufolge die optimale Lösung in einer vernünftigen Zeit nicht gefunden werden kann. Aus diesem Grunde ist man interessiert an Lösungen, die möglichst nahe an das Optimum herankommen und relativ schnell berechnet werden können. Eines der bekanntesten Probleme dieser Art ist das *Traveling Salesperson Problem (TSP)*: gegeben ist eine Anzahl von Städten und alle paarweisen Entfernungen zwischen diesen Städten; gesucht ist eine von einer Stadt ausgehende Rundreise, in der ein Handlungsreisender alle Städte genau einmal besucht, zum Ausgangspunkt zurückkehrt und dabei die kürzeste Wegstrecke zurücklegt.

In diesem Beitrag stellen wir ein heuristisches Verfahren zur approximativen Lösung des TSP vor. Um die Leistungsfähigkeit solcher Lösungsansätze beurteilen zu können, wendet man sie auf Probleminstanzen an, von denen die optimale Lösung bekannt ist. Eine Reihe solcher TSP–Referenzprobleme wurden in der Literatur angegeben [2]. Als Beurteilungskriterien werden üblicherweise der Grad der Annäherung an das Optimum, sowie die dafür benötigte Rechenzeit herangezogen.

Das in dieser Arbeit vorgestellte Verfahren verwendet Konzepte der beiden Optimierungsstrategien *Simulated Annealing* [3] und *Threshold Accepting* [1]. Da die Leistungsfähigkeit dieser beiden Ansätze stark von einer durch den Anwender durchzuführenden Anpassung an die jeweilige Probleminstanz abhängt, können sie nur nach einer eingehenden Analyse der vorliegenden Problemstruktur befriedigend eingesetzt werden. Das von uns entwickelte Verfahren umgeht diese Problematik durch die Verwendung einer adaptiven Komponente. Wir beschreiben seine Realisierung auf einem Multi–Transputersystem und präsentieren Meßergebnisse für verschiedene TSP–Probleme.

## 2. HARDWARE– UND SOFTWAREUMGEBUNG

Die verwendete Multiprozessorarchitektur ist ein Transputersystem der Firma MEIKO [5], bestehend aus insgesamt 72 Transputern T800 (25 MHz) mit jeweils 1 MB, 2 MB bzw. 4 MB Hauptspeicher. Eine SUN 4/390, in der sich 4 Transputer befinden, die mit den in einem separaten Gehäuse untergebrachten restlichen 68 Transputern verbunden sind, wird als Host–Rechner benutzt. Der Zugriff auf das Transputersystem wird durch den in das SUN–Betriebssystem eingebundenen *Sun Virtual Computing Surface–Dämon (SVCS)* ermöglicht. Dieser Systemprozeß nimmt die Anforderungen der Benutzer hinsichtlich der gewünschten Anzahl bzw. Topologie von Transputern entgegen und stellt jedem Benutzer für die Dauer seiner Anwendung eine sogenannte *Domain* von Transputern zur Verfügung. Solange noch Transputer verfügbar sind, können mehrere Benutzer gleichzeitig mit dem System arbeiten.

Als Hilfsmittel zur parallelen Programmierung stehen die ebenfalls unter dem SUN–Betriebssstem laufenden *MEIKO CS Tools* zur Verfügung. Sie werden benötigt, um die einzelnen Komponenten eines parallelen Programmes in der von uns benutzten Programmiersprache *C* zu erstellen und anschließend auf den einzelnen Transputern zum Ablauf zu bringen. Dabei geht man generell folgendermaßen vor:

- Die für die Implementierung einer Anwendung notwendigen parallelen Prozesse und deren Kommunikationsbeziehungen werden identifiziert.

- Die einzelnen parallelen Prozesse werden sequentiell in *C* programmiert und mit dem auf der SUN vorhandenen Cross–Compiler übersetzt, wobei deren Kommunikationsbeziehungen durch Nachrichtenprimitive aus den von CS Tools angebotenen Bibliotheken realisiert wird.

- In einer speziellen Datei, dem sogenannten *parfile*, wird beschrieben, welcher Prozeß auf welchem Transputer laufen und wie die Topologie des Transputernetzes aussehen soll; diese Datei wird dann beim Aufruf zum Start des Programmes angegeben, um den Code der Prozesse auf die Transputer zu laden und zum Ablauf zu bringen.

In Abb. 1 sind die einzelnen Phasen an einem Beispiel für zwei miteinander kommunizierende Prozesse *master* und *slave* graphisch dargestellt. Das angegebene *parfile* ist sehr einfach gehalten, es besteht aber generell die Möglichkeit, eine der verschiedenen vordefinierten Topologien (unary tree, binary tree, ternary tree) anzugeben oder eine andere Toplogie selbst zu definieren. Die Default–Topologie ist der ternäre Baum.

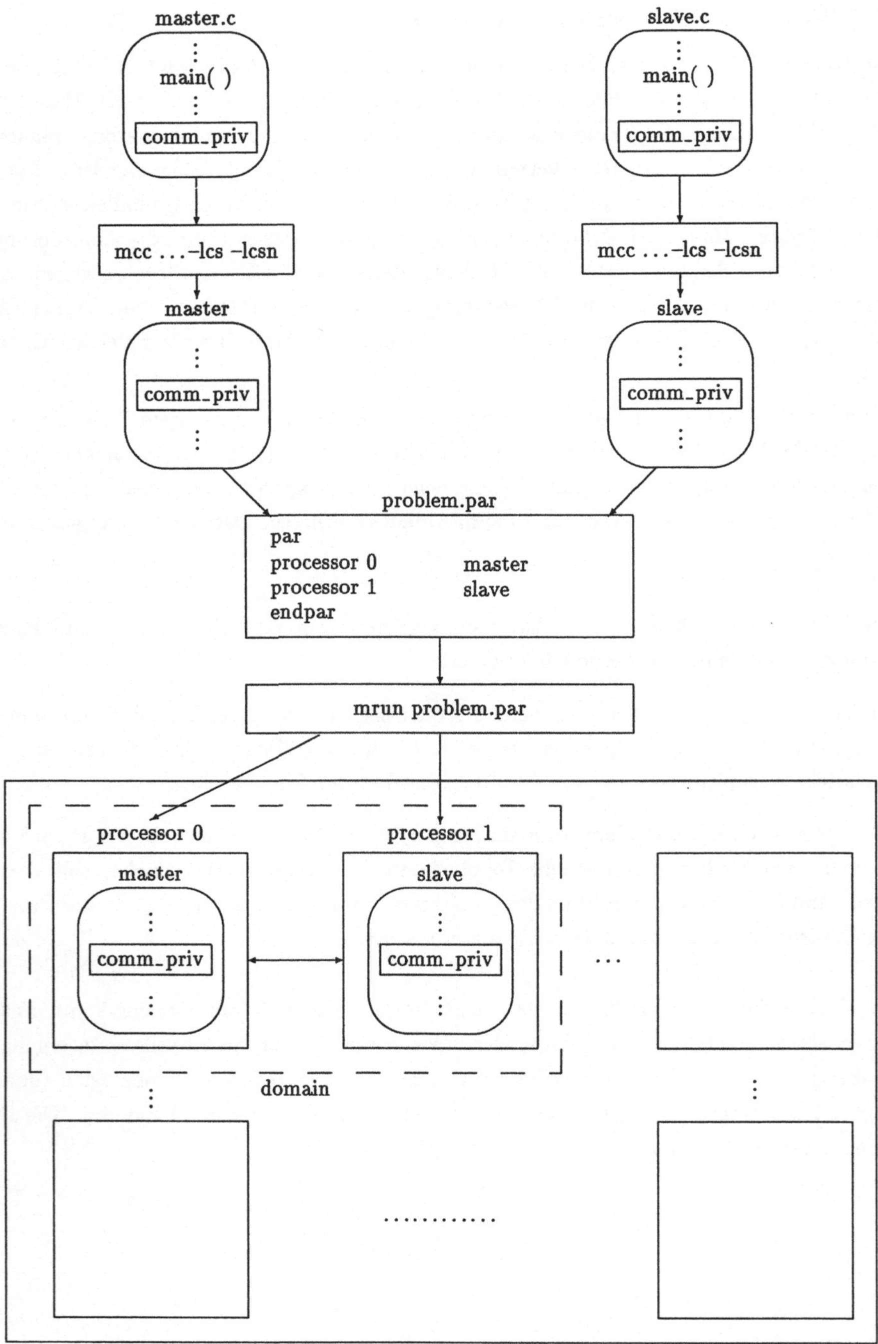



Abb. 1: Vorgehensweise bei der Programmierung paralleler Prozesse

## 3. HEURISTISCHE LÖSUNGSVERFAHREN

Eines der bekanntesten heuristischen Lösungsverfahren ist das *Simulated Annealing* [3]. Es ist eine stochastische Strategie mit dem Ziel, bei der Suche nach einer guten Lösung eines Optimierungsproblems nicht sofort in einem lokalen Minimum zu terminieren. Der hierbei zugrunde liegende Algorithmus arbeitet wie folgt:

Zuerst wird eine Anfangskonfiguration erzeugt. Daraufhin werden eine Reihe von Iterationsschritten nach dem folgenden Schema durchgeführt:

1. Die aktuelle Konfiguration wird leicht modifiziert.

2. Die Qualität der neuen Konfiguration wird mit der Qualität der vorherigen Konfiguration verglichen.

3. Bei einer Qualitätsverbesserung wird die neue Konfiguration akzeptiert und wird zur aktuellen Konfiguration. Daraufhin wird die Iteration fortgesetzt.

4. Hat sich die Qualität hingegen verschlechtert, wird die neue Konfiguration dennoch mit einer bestimmten Wahrscheinlichkeit akzeptiert und die Iteration fortgesetzt.

5. Hat sich längere Zeit keine Qualitätsverbesserung ergeben, wird die Iteration beendet.

Der kritische Punkt bei diesem Verfahren ist die Festsetzung der Wahrscheinlichkeit, mit der eine qualitativ unterlegene Konfiguration akzeptiert wird. Häufig wird diese Akzeptanzwahrscheinlichkeit von einer *Temperatur* genannten Variablen $T$, sowie der Qualitätsveränderung $\Delta$ in der Form $p(\Delta, T) = e^{(\Delta/T)}$ ermittelt. In jedem Iterationsschritt wird die Temperatur dann nach einem sogenannten *Kühlplan* erniedrigt. Obwohl Verfahren existieren, um einen dem Problem angepaßten Kühlplan zu ermitteln, sind der praktischen Realisierung durch die Laufzeit bedingte Restriktionen gesetzt.

Ein weiteres Lösungsverfahren, das sogenannte *Threshold Accepting* [1], bietet hier einen pragmatischen Ansatz, der sich von *Simulated Annealing* durch die Strategie unterscheidet, mit welcher qualitätsverschlechternde Konfigurationen akzeptiert werden. Hierbei wird eine Folge von gegen Null strebenden *Thresholds* festgelegt, von denen jeder jeweils für eine bestimmte Anzahl von Iterationsschritten verwendet wird. Es wird nun jede Konfiguration akzeptiert, welche die Qualität nicht über das Maß des momentan gültigen *Thresholds* hinaus verschlechtert. Problematisch ist hierbei jedoch die Ermittlung einer guten Thresholdfolge, welche darüberhinaus problemspezifisch ist.

Das von uns verwendete Optimierungsverfahren ist dem *Threshold Accepting* verwandt. Um eine Problemunabhängigkeit zu erreichen, wird jedoch auf die dort a priori festgelegte Folge von Thresholds verzichtet. Wie auch das *Threshold Accepting* unterscheidet sich das neue Verfahren von *Simulated Annealing* lediglich durch die Akzeptanzstrategie, die im folgenden beschrieben wird.

```
Erzeuge Anfangskonfiguration;
TH = 0;

loop:  Neue_Konfiguration = Nachbar (Alte_konfiguration);
       DELTA = qual(Neue_Konfiguration) - qual(Alte_Konfiguration);

       IF ( DELTA < TH )
          Alte_Konfiguration = Neue_Konfiguration;
          IF ( DELTA < 0 )
             TH = TH - (DELTA - DELTA/FAKTOR);
          ELSE
             TH = TH - DELTA;

       IF ( lange Zeit keine Resultatsverbesserung )
          TERMINIERE;
endloop.
```

Ein wesentlicher Unterschied zu den beiden oben vorgestellten Verfahren besteht in der adaptiven Festlegung des Thresholds. Eine Verbessung in der Qualität der Lösung wird durch eine Erhöhung des Thresholds um einen durch den Parameter *FAKTOR* verminderten Teil der Veränderung belohnt. Qualitätsverluste resultieren in einem Absenken des Thresholds in voller Höhe der Veränderung. Während des Optimierungsvorgangs strebt der Threshold gegen Null und verhindert somit ein endloses Suchen nach neuen Konfigurationen.

Während des Optimierungsprozesses werden ständig neue Konfigurationen gebildet und der Akzeptanzstrategie zur Beurteilung übergeben. Im folgenden wird das Verfahren von Lin [4] zur Erzeugung von benachbarten Konfigurationen in einem TSP-Problem beschrieben, welches in unserem Optimierungsverfahren mit einigen Varianten eingesetzt wird.

Ausgangspunkt des in der Literatur als *Lin-2-change* bekannten Verfahrens ist eine zulässige Konfiguration eines TSP-Problems. Nun werden zwei verschiedene Städte aus der Tour ausgewählt und die neue Konfiguration nach der folgenden Vorschrift gebildet:

1. Löse die Verbindung der ausgewählten Städte zu deren jeweiligen Nachfolgern in der Tour.

2. Verbinde die Nachfolger der ausgewählten Städte miteinander.

3. Verbinde die ausgewählten Städte miteinander.

Die hieraus resultierende Tour ist eine zulässige Konfiguration des TSP-Problems. Eine wesentliche Eigenschaft des *Lin-2-change* Verfahrens ist, daß durch mehrmaliges Anwenden auf eine Anfangskonfiguration prinzipiell alle Konfigurationen des TSP-Problems erzeugt werden können.

Varianten dieses Verfahrens bestehen in der Auswahlstrategie der für die Modifikation verwendeten Städte. Die folgenden Strategien wurden in der vorliegenden Untersuchung eingesetzt:

**plain:** Es werden zufällig zwei Städte ausgewählt und verwendet.

**best neighbour:** Es wird zufällig eine Stadt ausgewählt und festgehalten. Daraufhin wird eine vorgegebene Anzahl von Städten ausgewählt und die Stadt mit der minimalen Entfernung zur festgehaltenen Stadt mit dieser verwendet.

**best distance:** Es wird eine vorgebene Anzahl von Städtepaaren zufällig ausgewählt. Das Städtepaar mit der minimalen Entfernung zueinander wird verwendet.

Der Einfluß der Auswahlstrategie auf die Qualität der Lösung ist mit der Fokussierung des Suchbereichs bei der Erzeugung einer benachbarten Konfiguration zu erklären.

## 4. IMPLEMENTIERUNG AUF DER TRANSPUTERARCHITEKTUR

Die oben beschriebenen Verfahren sind insofern nicht deterministisch, als sie in der Regel bei jedem Durchlauf unterschiedliche Ergebnisse liefern. Dies ist durch die zufallsgesteuerte Auswahl der modifizierten neuen Konfiguration in den Optimierungsiterationen begründet. Es daher sinnvoll, eine Reihe von Optimierungsläufen parallel durchzuführen und aus den erzielten Resultaten das beste auszuwählen. Da die Wahl des *FAKTORS* für die Qualität des Ergebnisses von Bedeutung ist, kann man jeden der parallel ausgeführten Läufe mit einem eigenen Faktor versehen und somit seinen Einfluß auf die Qualität des Ergebnisses untersuchen.

Wir haben uns für die Implementierung einer *Master-Slave* Strategie entschieden, bei der die Problemstruktur, sowie die Optimierungsparameter vom *Master* zu den *Slaves* propagiert werden. Terminieren die *Slaves* ihren Optimierungslauf, so senden sie ihre Ergebnisse zum *Master*, welcher die Resultate statistisch zusammenfaßt und in einer Datei sichert.

Durch die Möglichkeit der Steuerung der einzelnen Optimierungsprozesse durch den *Master* können diese koordiniert werden. Eine Strategie besteht darin, in bestimmten Zeitabständen den momentan erreichten Status an den *Master* zurückzuliefern um daraufhin alle Optimierungsprozesse auf die Lösungsentwicklung anzusetzen, welche zu diesem Zeitpunkt die größten Erfolgsaussichten hat. Dieser Ansatz wird durch die von uns implementierte *Joint-and-Cycle* Variante verfolgt.

Das Ausgangsproblem wird hierbei zunächst an alle Slave-Prozesse verteilt, welche unabhängig voneinander den Optimierungsalgorithmus (mit der Strategie *plain*) ausführen. Nach Ablauf einer vorgegebenen Zeitspanne melden die Slave–Prozesse ihre bisher erzielten Teilergebnisse an den Master zurück. Dieser wählt die beste Teilösung aus und propagiert sie an alle Slaves zur entgültigen Optimierung.

## 5. ERGEBNISSE

Es wurden Messungen für verschiedene in [2] beschriebene TSP–Probleme mit 96, 137, 202, 229, 431 und 666 Städten durchgeführt und mit der dort jeweils angegebenen optimalen Lösung verglichen. Dabei kamen 60 *Slave-Prozessoren* und für den Parameter *FAKTOR* die Werte 20 und 40 zum Einsatz. In einigen Fällen wurde die optimale Lösung gefunden, die durchschnittliche Qualität aller

Testläufe lag bei etwa 97 Prozent. Die Rechenzeiten bewegten sich, abhängig von der Problemgröße, zwischen 2 und 37 Minuten. Abb. 2 zeigt die jeweils besten Resultate der verschiedenen Strategien für jedes der Probleme.

| | Anzahl der Städte | | | | | |
|---|---|---|---|---|---|---|
| Modus | 96 | 137 | 202 | 229 | 431 | 666 |
| plain | 100.00% | 99.80% | 99.04% | 99.42% | 96.96% | 96.12% |
| best nb | 99.62% | 100.00% | 98.10% | 99.50% | 97.20% | 96.36% |
| best dist | 99.91% | 99.99% | 99.78% | 99.29% | 98.49% | 97.12% |
| j+c (1) | 99.80% | 100.00% | 98.99% | 99.12% | 96.88% | 96.95% |
| j+c (2) | 100.00% | 99.36% | 98.94% | 98.67% | 96.94% | 97.24% |
| j+c (4) | 100.00% | 100.00% | 99.22% | 98.88% | 98.06% | 96.11% |

Abb. 2: Lösungsqualität bei verschiedenen TSP–Problemen

## 6. ZUSAMMENFASSUNG

In diesem Beitrag wurde ein modifizierter Simulated–Annealing–Algorithmus zur approximativen Lösung des TSP–Problems vorgestellt. Mehrere Varianten des Algorithmus wurden auf einem Multi-Transputersystem implementiert und hinsichtlich ihrer Lösungsqualität und Geschwindigkeit vergleichend analysiert. Die erzielten Ergebnisse demonstrieren, daß gute Lösungen für alle betrachteten TSP–Probleme in relativ kurzer Zeit gefunden werden können, ohne den Algorithmus an die speziellen Charakteristika des jeweiligen Problems anzupassen. In zukünftigen Forschungsarbeiten sollen die Eigenschaften unseres Ansatzes noch detaillierter untersucht werden, insbesondere der Einfluß der gewählten Parameter des Algorithmus auf die Lösungsqualität und Geschwindigkeit.

## 7. REFERENZEN


[1 ] G. Dueck, T. Scheuer: Threshold Accepting, TR 88.10.011, IBM Heidelberg, October 1988

[2 ] M. Grötschel, O. Holland: Solution of Large–Scale Symmetric Traveling Salesman Problems, Report 73, Universität Augsburg, Fachbereich Mathematik, June 1988

[3 ] S. Kirkpatrick, C. Gelatt, M. Vecchi: Optimization by Simulated Annealing, Science 220, 1983

[4 ] S. Lin: Computer Solution of the Traveling Salesman Problem, Bell Sys. Technical Journal, 44: 2245–2269, 1965

[5 ] MEIKO: Computing Surface Documentation, Vol. 1/2, 1989

# EIN PARALLELES WAVEFORM–RELAXATIONSVERFAHREN FÜR DIE SIMULATION VON VLSI–SCHALTUNGEN


Werner Rissiëk, Joachim Stroop

Cadlab – Kooperation Universität–GH–Paderborn / Siemens Nixdorf Informationssysteme AG

Bahnhofstraße 32 – D-4790 Paderborn


## 1. Einleitung

Die Simulation von VLSI–Schaltungen auf elektrischer Ebene ist ein wichtiges Hilfsmittel für den Schaltungsentwurf. Verschiedene Untersuchungen wie die DC–, die AC– oder die transiente Analyse sind notwendig, um die korrekte Funktion einer Schaltung zu verifizieren.

Im Rahmen der Simulation elektrischer Schaltungen im Zeitbereich ist ein nichtlineares System gewöhnlicher Differentialgleichungen zu lösen. In herkömmlichen Simulationsprogrammen [1] wird dieses Differentialgleichungssystem mit Hilfe eines numerischen Integrationsverfahrens zu jedem auszuwertenden Zeitpunkt in ein nichtlineares, algebraisches Gleichungssystem überführt. Dieses Gleichungssystem wird anschließend durch iterative Verfahren wie den Newton–Algorithmus gelöst. Schon für mittelgroße Schaltungen von einigen hundert Knoten kann die Rechenzeit bei dieser Vorgehensweise mehrere CPU–Stunden betragen.

Einen effizienten Ansatz zur Lösung großer Differentialgleichungssysteme, wie sie bei der Schaltungssimulation auf elektrischer Ebene entstehen, stellt das nachfolgend beschriebene Waveform–Relaxationsverfahren (WR–Verfahren) [2] dar. Bei der Analyse von VLSI–Schaltungen in MOS–Technologie kann mit Hilfe dieses Verfahrens ein Geschwindigkeitsgewinn von mehr als einer Größenordnung gegenüber herkömmlichen Simulationsprogrammen erzielt werden.

Im Rahmen dieses Beitrags wird ein paralleles WR–Verfahren auf der Basis eines Transputer–Systems vorgestellt, mit dem die benötigte Rechenzeit weiter reduziert werden kann. Ansätze mit ähnlicher Zielrichtung [3, 4] wurden bislang häufig auf Parallelrechnern mit gemeinsamem Hauptspeicher realisiert. Derartige Architekturen weisen jedoch prinzipielle Beschränkungen in der Zahl der nutzbaren Prozessoren auf. Dagegen ermöglicht ein aus Transputern aufgebauter Parallelrechner eine gute Skalierbarkeit sowie ein günstiges Preis–/Leistungsverhältnis und bietet so die Voraussetzungen für den effizienten Einsatz einer größeren Anzahl von Prozessoren.

Die Implementierung wird unter dem Betriebssystem Helios [7] vorgenommen, das neben einer UNIX–ähnlichen Entwicklungsumgebung auch die Verwendung von bereits bestehender Software ermöglicht.

## 2. Beschreibung des Waveform–Relaxationsverfahrens

Beim Einsatz des WR–Verfahrens wird das schaltungsbeschreibende Differentialgleichungssystem zunächst in einzelne Teilsysteme (bzw. Teilschaltungen) aufgeteilt. Die gebildeten Teilsysteme werden dann für ein vorgegebenes Zeitintervall mit herkömmlichen numerischen Verfahren unabhängig voneinander ausgewertet. Die Gesamtlösung wird durch eine mehrfache Auswertung der Teilsysteme bestimmt, wobei bei der Auswertung eines Teilsystems immer die aktuellsten Lösungen der übrigen Teilsysteme berücksichtigt werden (Gauß–Seidel–Algorithmus). Der Iterationsprozeß wird abgebrochen, wenn sich die in zwei aufeinanderfolgenden Iterationen ermittelten Signalverläufe um

```
begin
|  Einteilung des Gesamtsystems in Teilsysteme;
|  for (alle auszuwertenden Zeitintervalle) do
|  |  i=0; /* Initialisierung des Iterationszählers */
|  |  repeat
|  |  |  i=i+1; /* Inkrementieren des Iterationszählers */
|  |  |  for (alle Teilsysteme j,  j = 1..n) do
|  |  |  |  Bestimmung von V_j^i durch Auswertung des Teilsystems
|  |  |  |  C_j(V_1^i,..,V_j^i,V_{j+1}^{i-1},..,V_n^{i-1})V̇_j^i = F_j(V_1^i,..,V_j^i,V_{j+1}^{i-1},..,V_n^{i-1})
|  |  |  |  über das aktuelle Zeitintervall;
|  |  |  end
|  |  until (‖V_j^i − V_j^{i-1}‖ < ε;  j = 1..n)
|  end
end
```

Bild 1: Pseudocode des Waveform–Relaxationsverfahrens (Gauß–Seidel–Algorithmus)

weniger als eine zuvor festgelegte Fehlerschranke unterscheiden. Der Ablauf des Verfahrens wird in Bild 1 noch einmal verdeutlicht.

Um eine schnelle Konvergenz zu erzielen, müssen die gebildeten Teilsysteme möglichst entkoppelt sein. Weiterhin ist die Reihenfolge bei der Auswertung der Teilsysteme so zu wählen, daß sie dem Signalfluß der zu simulierenden Schaltung entspricht. Bei der Simulation von digitalen VLSI–Schaltungen werden zur Konvergenz je nach Schaltungstopologie etwa 2–6 Iterationen benötigt.

Der Vorteil des WR–Verfahrens liegt vor allem in der individuellen Zeitdiskretisierung bei der Auswertung der einzelnen Teilsysteme begründet. Zudem wächst bei diesem Verfahren der Berechnungsaufwand nur linear mit der Größe der zu simulierenden Schaltung.

### 3. Ein paralleles Waveform–Relaxationsverfahren

Wie in Kap. 2 beschrieben, werden im Gauß–Seidel–Algorithmus bei der Auswertung eines Teilsystems immer die aktuellsten Lösungen der übrigen Teilsysteme einbezogen. Somit ist die Bearbeitung der einzelnen Teilsysteme zunächst inhärent sequentiell. Dennoch ist eine parallele Auswertung von einzelnen Teilsystemen möglich. So kann beispielsweise bei dem in Bild 2 dargestellten Abhängigkeitsgraphen nach der Auswertung des Teilsystems T1 eine parallele Auswertung der Systeme T2 und T3 erfolgen. Die Auswertung von T4 kann jedoch erst beginnen, wenn die Lösungen der Systeme T2 und T3 vollständig bestimmt worden sind.

Um diese sehr eingeschränkte Parallelität zu erweitern, kann das im folgenden vorgestellte Timepoint–Pipelining und das ebenfalls erläuterte Iterations–Pipelining genutzt werden [2, 6].

Bei dem oben beschriebenen WR–Verfahren wird die Auswertung eines Teilsystems über ein vorgegebenes Teilintervall durch die Lösung zu mehreren diskreten Zeitpunkten ermittelt. Erst wenn die Kurvenverläufe vollständig bestimmt worden sind, kann mit der Berechnung nachfolgender Teilsysteme begonnen werden. Wird dagegen die Lösung zu jedem ausgewerteten Zeitpunkt unverzüglich zur Verfügung gestellt, so kann mit der Auswertung eines Teilsystems bereits begonnen werden, bevor das vorhergehende Teilsystem vollständig ausgewertet wurde. Dieses Verfahren wird als Timepoint–Pipelining bezeichnet.

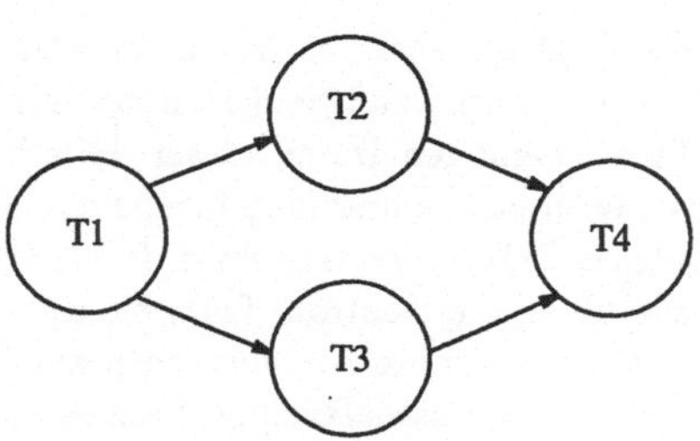

Bild 2: Beispiel eines Abhängigkeitsgraphen

In dem in Bild 2 dargestellten Beispiel kann auf diese Weise bereits mit der Bearbeitung der Systeme T2 und T3 begonnen werden, wenn der erste Zeitpunkt des Systems T1 ausgewertet und die ermittelte Lösung weitergegeben wurde. Liegen für die Systeme T2 und T3 die ersten Ergebnisse vor, so kann auch mit der Auswertung des Teilsystems T4 begonnen werden.

Eine weitere Steigerung der Parallelität kann durch das sog. Iterations–Pipelining erreicht werden. Bei diesem Verfahren können Lösungsprozesse, die innerhalb der Iteration $i$ keine weiteren Berechnungen durchzuführen haben, bereits mit der Auswertung von Teilsystemen in der Iteration $i + 1$ beginnen. Auf diese Weise entfällt eine Synchronisation der Lösungsprozesse zu Beginn jeder neuen Iteration und die Auslastung der einzelnen Prozesse wird erhöht.

Unter Nutzung der geschilderten Verfahren ergibt sich für den in Bild 2 dargestellten Abhängigkeitsgraphen bei Annahme einer konstanten Auswertungszeit pro Teilsystem die in Bild 3 vorgestellte parallele Bearbeitung der Teilsysteme.

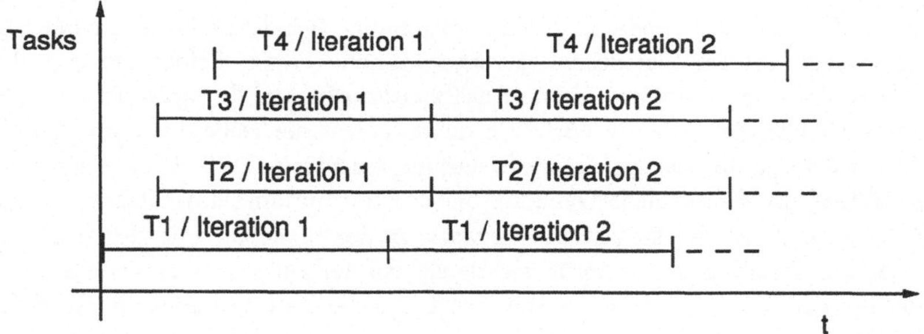


Bild 3: Parallele Auswertung der Teilsysteme nach Bild 2

## 4. Prozeß–Organisation

Das in Kap. 3 allgemein vorgestellte parallele WR–Verfahren enthält noch einige Freiheitsgrade bzgl. der konkreten Realisierung auf einem Transputer–System. Dieses betrifft insbesondere die Organisation der gesamten Ablaufsteuerung sowie die Form der Datenverwaltung. Drei mögliche Varianten des parallelen WR–Verfahrens sollen hier kurz gegenübergestellt werden. Allen ist gemeinsam, daß zur Erledigung zentraler Aufgaben eine 'Kontroll–Task' eingeführt wird, während eine Reihe von 'Löser–Tasks' die Auswertung der Teilsysteme übernehmen.

<u>Variante 1:</u>
Beim sogenannten 'Farm–Ansatz' nimmt die Kontroll–Task eine ausgezeichnete Stellung ein. Sie verwaltet eine Datenstruktur, die an zentraler Stelle sämtliche Informationen über die Schaltung

enthält. Weiterhin übernimmt die Kontroll–Task die Ablaufsteuerung aller parallelen Tasks. Dazu wählt sie gemäß dem in Kap. 2 vorgestellten Gauß–Seidel–Algorithmus das nächste zur Berechnung anstehende Teilsystem aus. Alle notwendigen Daten dieser Teilschaltung einschließlich aktueller Signalverläufe werden der Datenstruktur entnommen und in einem Aufgabenpaket zusammengestellt. Eine freie Löser–Task, der ein solches Paket zugestellt wird, führt die erforderlichen Auswertungen durch und reicht die Resultate zurück an die Kontroll–Task, die sie wiederum in der Datenstruktur ablegt. Danach steht die Löser–Task für weitere Auswertungen zur Verfügung. Die Kontroll–Task kann auf diese Weise für eine ausgeglichene Lastbalance im Prozessornetz sorgen. Allerdings muß sie dazu sehr umfangreiche Aufgaben übernehmen, so daß sie bei Nutzung größerer Transputer–Systeme überlastet werden kann.

<u>Variante 2:</u>
Den weitgehenden Verzicht auf zentrale Elemente erlaubt ein alternatives Verfahren, das im weiteren kurz als 'Datenfluß–Ansatz' bezeichnet werden soll. Hierbei werden in einer initialen Phase der Simulation sämtliche Teilsysteme im Prozessornetz verteilt. Jeder einzelnen Löser–Task wird ein Teil der auszuwertenden Teilsysteme statisch zugeordnet. Anstelle einer einzigen globalen Datenstruktur existieren damit mehrere kleinere und verteilte Datenstrukturen. Gleichzeitig erfolgt auch die Ablaufsteuerung weitgehend dezentral. Eine Löser–Task nimmt die Auswertung eines Teilsystems auf, wenn aktuelle Signalverläufe von benachbarten Teilsystemen entweder vollständig oder, wie beim Timepoint–Pipelining, zumindest partiell vorliegen. Die parallel arbeitenden Löser werden damit über weite Zeitabschnitte hinweg durch den Austausch von Teillösungen synchronisiert. Die Aufgaben der Kontroll–Task reduzieren sich auf die Verwaltung von Konvergenzinformationen und auf Terminal–Ausgaben. Um die Lastbalance bei diesem Ansatz zu verbessern, sind Erweiterungen zur dynamischen Zuordnung von Teilschaltungen zu einzelnen Löser–Tasks möglich.

<u>Variante 3:</u>
In einer dritten Variante erhält jede Task eine vollständige Schaltungsbeschreibung. Die Ablaufsteuerung kann wieder zentral oder dezentral vorgenommen werden. Erfolgt sie zentral, so müssen die Aufgabenpakete im Gegensatz zum Farm–Ansatz nur noch aktuelle Signalverläufe enthalten und werden damit deutlich kleiner. Die zugehörigen Beschreibungen der Teilsysteme kann jede Löser–Task der eigenen Datenstruktur entnehmen. Ist die Steuerung dezentral, so erlaubt sie gegenüber dem oben vorgestellten Datenfluß–Ansatz mehr Dynamik bei der Bestimmung des nächsten auszuwertenden Teilsystems. Allerdings ist die konsistente Verwaltung der Signalverläufe durch die Löser–Tasks weitaus schwieriger. Letztlich ist zu berücksichtigen, daß der auf jedem Transputer zur Verfügung stehende Speicherplatz i. allg. nicht ausreichen wird, um die Beschreibungen größerer Schaltungen vollständig aufzunehmen.

## 5. Details zur Implementierung

Die Grundlage der hier vorgestellten Implementierung ist das Programmsystem SISAL [5]. Hierbei handelt es sich um einen experimentellen Schaltungssimulator, der auf einem sequentiellen WR–Verfahren beruht. Er umfaßt ca. 30.000 Zeilen C– und Fortran–Code. Um viele der bereits existierenden und getesteten Module in dem neu zu schaffenden parallelen Simulator wiederverwenden zu können, erfolgte die gesamte Programmierung in C. Als Entwicklungsumgebung stand das Betriebssystem Helios zur Verfügung. Dieses bietet neben einer UNIX–ähnlichen Oberfläche insbesondere eine Beschreibungssprache an, mit der die Kommunikation zwischen parallel ablaufenden Tasks und deren Zuordnung zu Transputern auf abstrakter Ebene spezifiziert werden kann [7]. Weiterhin kann in dieser Umgebung das Programm so ausgelegt werden, daß es auf einer großen Bandbreite von Transputer–Systemen lauffähig ist. Diese beginnt bei einem System mit wenigen Prozessoren, realisiert als Einsteckkarte für einen PC, auf dem auch die Entwicklung erfolgte, und reicht bis zu einem Netz von 64 Transputern.

In der ersten Version des parallelen Simulators wurde der oben vorgestellte Datenfluß–Ansatz implementiert. Als Maßnahmen zur Steigerung der Parallelität wurden das Iterations– sowie das Timepoint–Pipelining genutzt.

Neuberechnete Zeitpunkte werden in der aktuellen Implementierung beim Timepoint–Pipelining nicht automatisch weitergereicht. Beginnt ein Löser die Auswertung eines Teilsystems, so sendet er an die Löser–Tasks nachfolgender Teilschaltungen zunächst nur eine entsprechende Information. Erst wenn die Auswertung eines abhängigen Teilsystems aktiviert wird, erfolgt die Einrichtung einer Timepoint–Pipeline. Zunächst werden alle schon bestimmten Teile der Signalverläufe an die Löser–Task der nachfolgenden Teilschaltung übermittelt. Danach wird jeder weitere neue Zeitpunkt direkt geschickt. Um den Kommunikationsaufwand zu verringern, ist es möglich, mehrere neue Zeitpunkte zu einem Zeitsegment zusammenzufassen und gemeinsam weiterzureichen. Durch Anwendung dieses Verfahrens erfolgt die aufwendige Kommunikation über Timepoint–Pipelines nur dann, wenn dies aufgrund des Simulationsablaufes notwendig ist. In allen anderen Fällen werden vollständige Signalverläufe weitergegeben.

Die schematische Darstellung einer Löser–Task ist in Bild 4 dargestellt. Innerhalb einer solchen Task finden sich mehrere Prozesse, wobei der Auswertungs– und der Kontrollprozeß eine zentrale Rolle einnehmen. Der Auswertungsprozeß übernimmt die eigentliche Berechnung der Teilsysteme, deren Beschreibungen der lokalen Datenstruktur entnommen werden. Die Aktivität dieses Prozesses wird im wesentlichen durch die Verfügbarkeit aktueller Signalverläufe gesteuert.

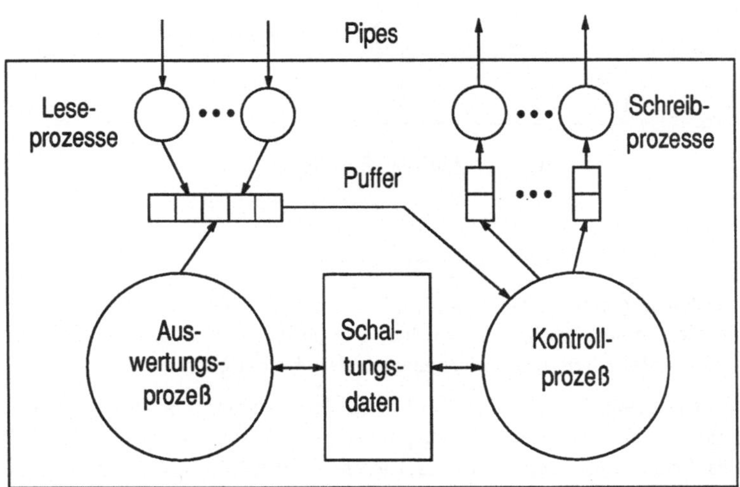


Bild 4: Struktur einer Löser–Task

Der Kontrollprozeß kontrolliert die Aktivität innerhalb der Task und steuert das Senden und Empfangen von Datenpaketen. In der vorliegenden Implementierung treten die Tasks über sog. Pipes [7] miteinander in Verbindung, die von separaten Schreib– und Leseprozessen überwacht werden, um ein asynchrones Senden und Empfangen zu gestatten. Eingetroffene Datenpakete werden in einer Pufferverwaltung abgelegt, aus der sie vom Kontrollprozeß entnommen und verarbeitet werden. Umgekehrt erfolgt das Senden, indem der Kontrollprozeß ein Datenpaket in den Puffer des entsprechenden Schreibprozesses einhängt, der dann für die Weiterleitung verantwortlich ist.

Der Aufbau der zentralen Kontroll–Task unterscheidet sich strukturell nur wenig von den hier vorgestellten Löser–Tasks. Zur Abwicklung der Kommunikation werden dieselben Prozesse und Datenstrukturen genutzt. Da in der Kontroll–Task keine Berechnungen erfolgen, entfällt der Auswertungsprozeß.

Je nach Anforderung müssen die einzelnen Tasks Nachrichten von variierendem Umfang austauschen. Die Spannweite reicht von schlichten Synchronisationsdaten bis hin zu Signalverläufen, die aus einer Vielzahl von Zeitpunkten bestehen. Zur Übertragung dieser Nachrichten werden Pakete mit fester Größe genutzt, deren einheitliche Grundstruktur in Bild 5 dargestellt ist. Da die Mehrzahl der zu übertragenden Nachrichten nur einen geringen Umfang hat, ist dieses Protokoll günstiger, als jeweils ein separates Ankündigungspaket zu senden, das die Größe eines dann unmittelbar folgenden Datenblocks angibt. Unter Berücksichtigung des Aufwands für die Initialisierung der Kommunikation erzeugen nur teilweise gefüllte Pakete keinen nennenswerten Zeitverlust. Zudem erleichtert die konstante Größe die Verwaltung der Pakete in den Puffern. Umfangreiche Signalverläufe müssen ggf. auf mehrere Pakete verteilt werden.

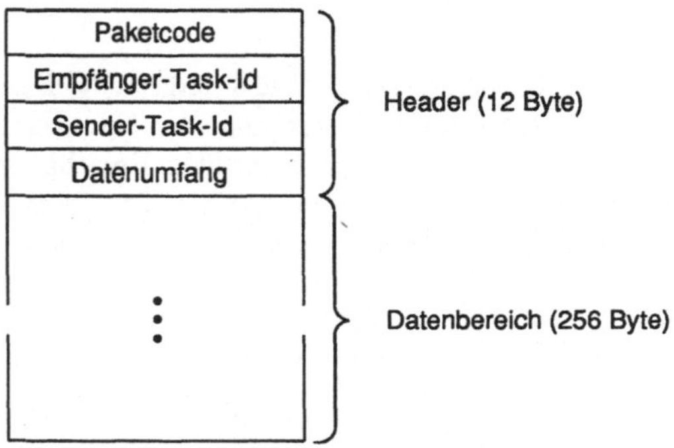


Bild 5: Aufbau eines Datenpakets

## 6. Erste Ergebnisse

Im folgenden werden Ergebnisse und Erfahrungen vorgestellt, die mit einem ersten Prototypen des parallelen Simulationsprogramms erzielt wurden. Da die Implementierung noch nicht abgeschlossen ist, können an dieser Stelle lediglich Zwischenergebnisse beschrieben werden.

Der Prototyp wurde genutzt, um die in Bild 6 gezeigte Addierer–Schaltung in NMOS–Technologie zu simulieren. Die Schaltung besteht insgesamt aus 27 Transistoren, 18 Widerständen, 81 Kapazitäten und 41 Schaltungsknoten. Das resultierende Differentialgleichungssystem wird in 9 Teilsysteme eingeteilt. In Bild 7 ist das Simulationsergebnis dargestellt.

In Tabelle 1 sind die Zeiten zur Durchführung verschiedener Simulationsläufe zusammengefaßt. Wird die Schaltung mit der sequentiellen Version des Simulationsprogramms SISAL auf einem Transputer analysiert, so ergeben sich die in der ersten Zeile der Tabelle aufgeführten Zeiten. Alle übrigen Resultate beziehen sich auf das parallele Programm. Die Zahl der Prozessoren entspricht dabei der Anzahl der Löser–Tasks, wobei auf einem der Transputer zusätzlich die Master–Task installiert wurde. Die Zuordnung der Teilsysteme zu den Löser–Tasks erfolgte noch manuell.

In der mittleren Spalte der Tabelle sind die Gesamtzeiten der Simulationsläufe eingetragen. Darin enthalten ist die Dauer der Initialisierungsphase, zu der das Einlesen der Schaltungsdaten aus einer

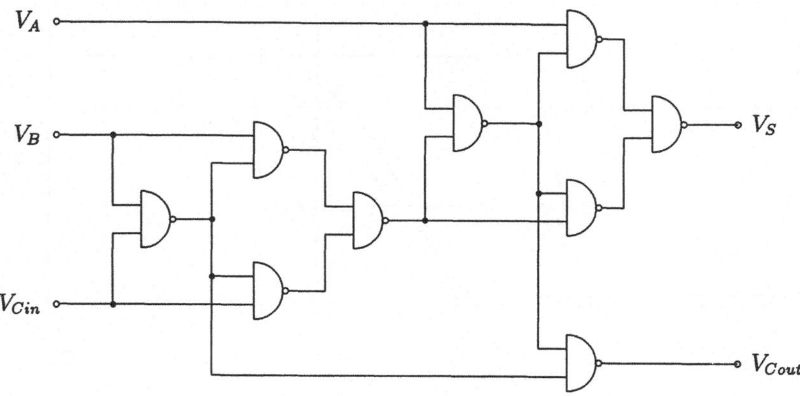

Bild 6: Schaltbild eines Volladdierers

Datei und im Fall des parallelen Programms das Versenden der Teilsysteme an die Löser–Tasks gehört. Aufgrund der geringen Komplexität des betrachteten Beispiels entfällt ein erheblicher Anteil der Rechenzeit auf diese sequentielle Initialisierungsphase. Die reinen Auswertungszeiten erscheinen als Einträge in der rechten Spalte der Tabelle. Sie entsprechen dem Aufwand für das Lösen der Differentialgleichungssysteme.

| Anzahl der Prozessoren | Gesamtzeit | Auswertungszeit |
|---|---|---|
| 1 Transputer | 36.8 s | 29.7 s |
| 1 Transputer | 56.1 s | 48.0 s |
| 2 Transputer | 39.9 s | 31.7 s |
| 3 Transputer | 33.0 s | 24.8 s |
| 4 Transputer | 30.4 s | 22.0 s |

Tabelle 1: Ergebnisse von Simulationen der Schaltung nach Bild 6

Der Vergleich der Resultate zeigt, daß der zusätzliche Aufwand, der durch die Parallelisierung des sequentiellen Programms entsteht, nicht zu vernachlässigen ist und erst beim Einsatz von drei parallelen Löser–Tasks aufgewogen wird. Dazu ist allerdings anzumerken, daß bei dem parallelen Prototyp einige algorithmische Verfeinerungen, die zu einer Beschleunigung der sequentiellen Version führen, noch nicht berücksichtigt wurden. Weiter sind eine Reihe von Optimierungsmaßnahmen speziell für das parallele Programm noch nicht implementiert worden. Der geringe Geschwindigkeitsgewinn beim Einsatz von vier Transputern ist mit der geringen Komplexität des betrachteten Beispiels und der damit verbundenen geringen Auslastung der einzelnen Transputer zu begründen.

## 7. Zusammenfassung

In diesem Beitrag wird ein Programm zur parallelen Simulation von VLSI–Schaltungen auf elektrischer Ebene vorgestellt. Das entwickelte Simulationsprogramm beruht auf der Waveform–Relaxation nach dem Gauß–Seidel–Verfahren. Die Möglichkeiten zur Implementierung dieses Algorithmus

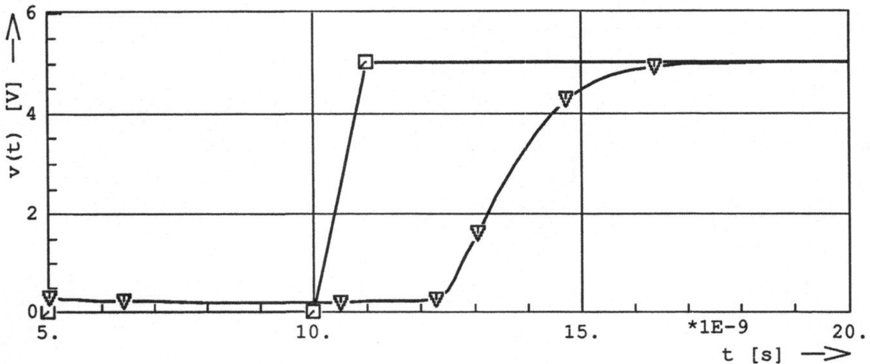


Bild 7: Simulationsergebnis des Volladdierers nach Bild 6 ($\Box \hat{=} V_A, \triangle \hat{=} V_S$)

auf einem Parallelrechner mit lokalen Speichereinheiten wurden ausführlich diskutiert. Die wichtigsten implementierten Prozeß– und Kommunikationsstrukturen wurden vorgestellt.

Die Entwicklung des Simulationsprogramms erfolgt unter dem Betriebssystem Helios in der Programmiersprache C. Der Simulator ist auf Transputer–Systemen unterschiedlicher Größe lauffähig.

Eine Analyse der bisher erzielten Ergebnisse zeigt, daß durch die Anwendung eines Transputer–Systems gute Geschwindigkeitsgewinne bei der transienten Schaltungssimulation auf elektrischer Ebene erreicht werden können. Um zu weiteren Aussagen zu gelangen, sind jedoch noch umfangreichere Untersuchungen auf größeren Transputer–Netzwerken notwendig.

## 8. Literatur

[1] L. W. Nagel, *SPICE2. A Computer Program to Simulate Semiconducter Circuits*, University of California, Berkely, 1975

[2] J. White, A. Sangiovanni-Vincentelli, *Relaxation Techniques for the Simulation of VLSI Circuits*, Kluwer Academic Publishers, 1987

[3] J. White, R. Saleh, A. Sangiovanni-Vincentelli, A. R. Newton, *Accelerating Relaxation Algorithms for Circuit Simulation Using Waveform Newton, Iterative Step Size Refinement and Parallel Techniques*, International Conference on CAD, Nov. 1985

[4] P. Odent, L. Claesen, H. de Man, *A Combined Waveform Relaxation - Waveform Relaxation Newton Algorithm for Efficient Parallel Circuit Simulation*, European Design Automation Conference, 1990

[5] P. Ploeger, B. Klaassen, K. Paap, *Simulating Electrical Circuits using SISAL*, ASIM, 4. Symposium Simulationstechnik, Zürich, 1987

[6] H. Yoshida, S. Kumagai, I. Shirakawa, S. Kodama, *A Parallel Implementation of Large Scale Circuit Simulation*, International Symposium on Circuits and Systems, 1988

[7] Perihelion Software Ltd, *The Helios Operating System*, Prentice Hall, 1989

KONFIGURIERBARE TRANSPUTERNETZE
ALS CAD - AKZELERATOREN

P. Lanchès
Universität Stuttgart
Institut für Parallele und Verteilte
Höchstleistungsrechner (IPVR)
Abt. Integrierter Systementwurf
(Prof. Dr.-Ing. U. G. Baitinger)

Herdweg 51, 7000 Stuttgart 1

## 1. Einleitung

Die Komplexität heutiger integrierter Schältkreise übersteigt bereits eine Million Transistoren pro Chip. Der Entwurf solcher digitaler Schaltungen ist ohne CAD/CAE-Systeme nicht mehr denkbar. Die dabei eingesetzten Entwurfsalgorithmen sind aufwendig und manipulieren große Datenmengen. Eine Folge daraus ist, daß viele Entwurfswerkzeuge rechenzeitintensiv sind und somit zu langen Entwurfsdauern führen. Die immer kürzer werdende Lebensdauer von integrierten Schaltungen am Markt bringt aber mit sich, daß man sich keine langen Entwicklungszeiten erlauben kann. Man ist daher bestrebt, die CAD/CAE-Werkzeuge zu beschleunigen, um die Gesamtdauer des Entwurfszyklus zu reduzieren. Ein weiterer Vorteil hierbei ergibt sich daraus, daß es mit schnelleren Entwurfswerkzeugen möglich wird, bei gleichbleibender Entwurfszeit mehrere Entwurfsvarianten auszuprobieren und somit zu einem qualitativ besseren Ergebnis zu gelangen.

## 2. Beschleunigungsmöglichkeiten

Da im allgemeinen nicht alle eingesetzten Entwurfswerkzeuge mit vertretbarem Aufwand beschleunigt werden können, stellt sich die Frage, wie die Entwurfsdauer am effektivsten reduziert werden kann. Einerseits ist es naheliegend, die zeitintensivsten Vorgänge zu beschleunigen. Darüber hinaus ist es aber auch sinnvoll solche Werkzeuge zu beschleunigen, die zwar weniger zeitintensiv sind, aber häufig in verschiedenen Phasen des Entwurfs eingesetzt werden. Hierzu gibt es drei unterschiedliche Ansätze.

## 2.1. Konventionelle Rechner

Die erste Möglichkeit besteht darin, schnellere konventionelle Rechner zu verwenden. Dies ist der einfachste Weg eine Beschleunigung zu erreichen, da die meisten bestehenden Algorithmen unverändert übernommen werden können. Man muß lediglich die Software für den neuen Rechnertyp compilieren. Ein weiterer Vorteil ist, daß dieser Ansatz universell ist und die meisten Software-Werkzeuge so beschleunigt werden können. Der Nachteil dieser Methode liegt darin, daß sie nur Beschleunigungswerte um höchstens eine Größenordnung ermöglicht.

## 2.2. Dedizierte Hardware

Eine weitere Methode um Entwurfswerkzeuge zu beschleunigen besteht darin, sie auf dedizierter Hardware ablaufen zu lassen, die an den jeweiligen Algorithmus optimal angepaßt ist. Als Beispiele für derartige Hardware-Beschleuniger seien hier die Logik-Simulationsmaschinen "LE" (Logic Evaluator) der Firma ZYCAD [4] sowie der Routing-Beschleuniger für gedruckte Schaltungen "MANURE2" (MANchester University Routing Engine) [2] genannt. Mit MANURE2 können gedruckte Schaltungen (PCBs) um einen Faktor 45 schneller verdrahtet werden, als es mit dem gleichen Algorithmus in Software auf einem konventionellen 1 MIPS Rechner möglich wäre. Hardware-

Beschleuniger für die Logiksimulation wie die erwähnte LE können gegenüber der Softwaresimulation sogar Beschleunigungsfaktoren erzielen, die über 100 liegen.

Der offensichtliche Vorteil derartiger Akzeleratoren liegt in den hohen erreichbaren Beschleunigungsfaktoren. Die Nachteile solcher Hardware-Beschleuniger sind einerseits die sehr eingeschränkten Einsatzmöglichkeiten und andererseits deren hoher Preis.

## 2.3. Parallelrechner

Eine weitere Möglichkeit Entwurfs-Software zu beschleunigen besteht darin, sie auf Parallelrechner zu übertragen. Als Beispiel hierfür kann der klassische Analog-Simulator SPICE genannt werden. Dieser beruht auf einem vektorisierbaren Algorithmus und wurde bereits erfolgreich auf Vektorrechner vom Typ Cray-2 und auf Mehrprozessorrechner der Firma Sequent portiert.

Dieser Ansatz ist immer dann sinnvoll, wenn der zu beschleunigende Algorithmus nicht inhärent sequentiell ist, so daß die Parallelisierung und somit ein Zeitgewinn möglich sind. Dieser Weg stellt einen Kompromiß zwischen den beiden zuvor erläuterten Beschleunigungsmöglichkeiten dar. Einerseits können verschiedene Software-Werkzeuge parallelisiert werden, wodurch ein einziger Parallelrechner zur Beschleunigung mehrerer Entwurfshilfsmittel benutzt werden kann. Andererseits sind je nach Art des Parallelrechners oder je nach Anzahl der verwendeten Prozessoren Beschleunigungsfaktoren erreichbar, die weit über den Möglichkeiten konventioneller Rechner liegen.

Darüber hinaus erlauben manche skalierbare Mehrprozessorarchitekturen eine flexible Anpassung der Systemleistung an die Bedürfnisse und Möglichkeiten der Benutzer. Somit ist eine Nutzbarkeit des Systems auch bei wachsender Komplexität der Entwürfe gegeben.

Im Folgenden wird am Beispiel der Schaltungssimulation ein Verfahren beschrieben, mit dem eine Klasse von Software-Werkzeugen effizient auf einen Parallelrechner auf Transputer-Basis abgebildet werden kann. Vorausgesetzt wird hierbei ein lose gekoppeltes Mehrprozessornetz, das in der Topologie konfigurierbar ist.

## 3. Schaltungssimulation

Im Bereich des rechnergestützten Schaltungsentwurfs stellt speziell die Simulation ein Problem dar, das zeitintensiv ist [4]. Simulationsläufe werden auch häufig in verschiedenen Phasen des Entwurfs wiederholt. Die Beschleunigung dieses Vorgangs erscheint somit sinnvoll. Die natürliche Parallelität des Problems verspricht eine deutliche Beschleunigung bei der Abbildung auf Parallelrechner.

## 3.1. Parallele Schaltungssimulation

Simulationsprobleme weisen für jede Schaltungsbeschreibung eine spezifische Struktur auf. Das hier vorgestellte Verfahren soll sich auf die digitale Simulation von Schaltungen beschränken. Im Gegensatz zur analogen Simulation, die auf der Lösung von linearen Gleichungssystemen beruht, läßt sich dieses Problem schlecht Vektorisieren. Zur Beschleunigung kommen nur Mehrprozessorarchitekturen in Frage.

Der Parallelisierungsansatz beruht auf der Idee, die parallel arbeitenden Schaltungskomponenten, denen jeweils eigenständige Komponenten in der Schaltungsbeschreibung entsprechen, parallel zu berechnen. Diese Komponenten können stark unterschiedliche Rechenzeiten erfordern und sind darüber hinaus meistens stark untereinander gekoppelt. Eine effiziente Parallelisierung des Problems wird aber nur erreicht, wenn sowohl die CPU- als auch die Kommunikationslast gleichmäßig auf die verfügbaren Prozessoren verteilt ist, d.h., wenn eine Lastbalancierung erreicht wird. Daraus folgt, daß große Beschleunigungen zu erwarten sind, wenn die Struktur des Parallelrechners, an das jeweilige Simulationsproblem angepaßt werden kann. Ein schwach gekoppeltes Mehrprozessorsystem mit konfigurierbarer Netztopologie auf der Basis von Transputern ist dazu geeignet und bietet den Vorteil der leichten Erweiterbarkeit, so daß die Leistung des Systems an unterschiedliche Bedürfnisse anpaßbar ist [6].

Im Folgenden wird Konzept für ein Verfahren zur Beschleunigung der Simulation digitaler Schaltungen vorgestellt. Dabei berechnet man eine geeignete Netztopologie sowie eine statische CPU- und Kommunikationslastverteilung auf diesem Netz.

## 3.2. Problemeigenschaften

Die angestrebte digitale Simulation von Schaltungen benutzt ein diskretes Zeitmodell. Um eine hohe Flexibilität zu gewährleisten, soll die gemischte Simulation von Schaltungskomponenten möglich sein, die auf unterschiedlichen Abstraktionsebenen beschrieben sind (von der System- über die Register-Transfer- bis zur Gatterebene). Dies wird als "mixed level simulation" bezeichnet. Es wurde ein prozeßorientiertes, ereignisgesteuertes Simulationsverfahren gewählt [10], da dieses sich einfach auf ein "message-passing" Konzept abbilden läßt, wie es von dem zugrunde liegenden Mehrprozessorsystem nahegelegt wird. Um für jeden Entwurf eine günstige Parallelisierung zu erreichen, wird für die jeweilige Schaltungsbeschreibung ein spezielles Simulationsmodell generiert. Dieses wird in ein eigenständiges, ausführbares Programm übersetzt, d.h., es handelt sich um eine Übersetzung des Simulationsmodells und nicht um ein interpretierendes Verfahren.

Das ausführbare Programm ist in Module aufgeteilt, die jeweils auf einem Transputer abgearbeitet werden. Die Module werden so zusammengestellt, daß die Prozessoren gleichmäßig ausgelastet sind. Schließlich werden die Prozessoren derart untereinander verbunden, daß die Kommunikation möglichst effizient abläuft. Die Topologie des so enstandenen Netzes ist an die Struktur des Simulationsproblems angepaßt.

## 4. Beschreibung des Verfahrens

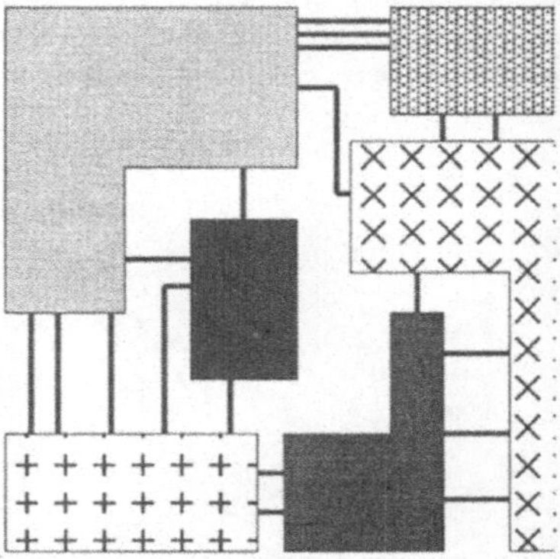

Ausgangspunkt der Simulation ist eine Schaltungsbeschreibung (vgl. Bild 1.) in der Hardware-Beschreibungssprache VHDL (VHSIC Hardware Description Language). VHDL ist eine moderne, standardisierte Hardware-Beschreibungssprache, die es ermöglicht, Schaltungen auf den bereits erwähnten unterschiedlichen Abstraktionsebenen geschlossen zu beschreiben [5]. Darüber hinaus kann in VHDL Parallelität sowohl explizit in Form von Prozessen als auch implizit durch Strukturinformation ausgedrückt werden [9]. Diese Eigenschaft ermöglicht die Generierung von eigenständigen Code-Modulen, die parallel ausgeführt werden können.

Als erstes werden die Komponenten der Schaltungsbeschreibung in eine parallele Programmiersprache für Transputer übersetzt. Hierzu wurde OCCAM gewählt, da diese Sprache selbst auf dem message-passing Konzept beruht und eine feinkörnige Parallelität erlaubt [7]. Außerdem besitzt OCCAM eine gewisse Verwandschaft

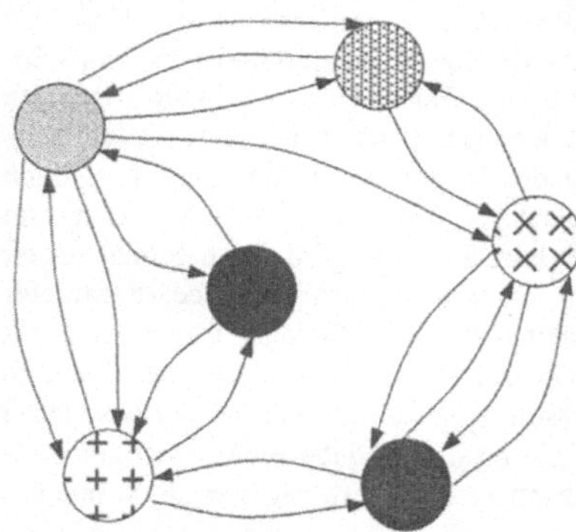

Bild 2a.: Paralleles Simulationsmodell.

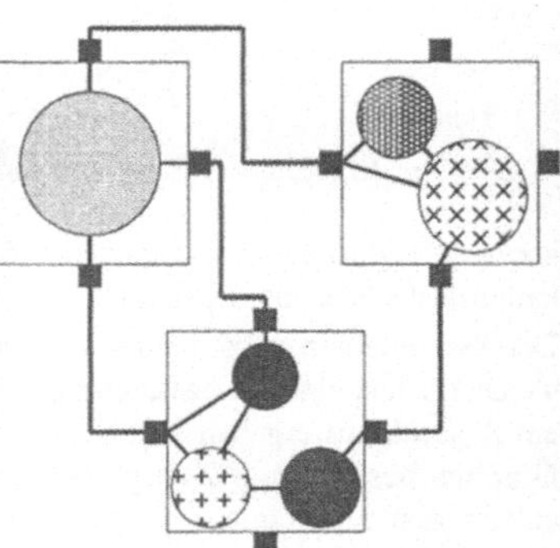

Bild 1.: Symbolische Hardware-Beschreibung.

Bild 2b.: Lastbalancierte Verteilung auf ein optimiertes Netzwerk.

mit Hardware-Beschreibungssprachen [1, 11]. Bei der Übersetzung werden die Schaltungskomponenten auf OCCAM-Prozesse abgebildet. Die Kommunikation zwischen den Schaltungskomponenten läßt sich einfach auf OCCAM-Kanäle abbilden. Dadurch entsteht ein OCCAM-Programm, das der Schaltungsbeschreibung entspricht.

Zu diesem Programm müssen die zur Steuerung der parallelen, ereignisgetriebenen Simulation erforderlichen Routinen hinzugefügt werden. Dies sind Module, die die Zeitverwaltung sowie die Verwaltung und Verteilung der Ereignisse an die entsprechenden Schaltungsprozesse gewährleisten. Diese liegen in Form von generischem Quell-Code vor, der für die jeweilige Schaltungsbeschreibung parametrisiert werden muß. Wenn dies erfolgt ist, liegt das vollständige parallele Simulationsmodell vor (vgl. Bild 2a. und 2b.).

## 4.1. Modellierung und Partitionierung des Problems

Um eine Parallelisierung zu ermöglichen muß zunächst das Problem formal beschrieben werden. Dazu wird aus der Schaltungsbeschreibung ein gewichteter, gerichteter Graph berechnet. Die Knoten des Graphen entsprechen den Schaltungskomponenten, ihr Gewicht der erwarteten CPU-Last des zugehörigen Prozesses. Die Kommunikation zwischen den Schaltungskomponenten wird auf die gerichteten Kanten des Graphen abgebildet. Deren Gewicht entspricht der zu erwartetenden Kommunikationslast auf dem zugehörigen OCCAM-Kanal.

Der so enstandene Graph ist die Grundlage für die Aufteilung in mehrere Teilprobleme, die jeweils von einer CPU abgearbeitet werden. Hierzu wird der Problemgraph in N Teilgraphen partitioniert, wobei N die Anzahl der

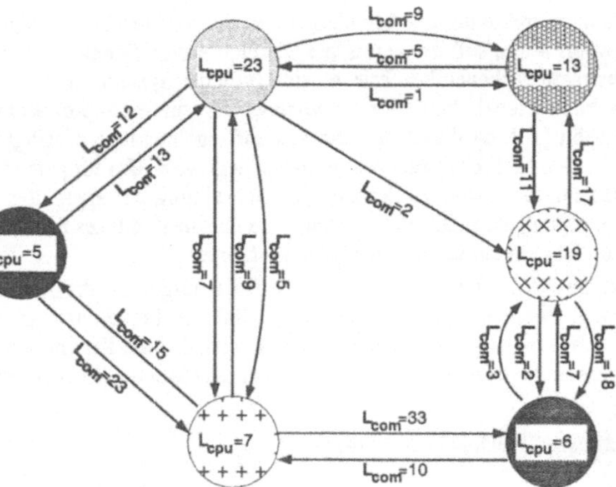

Bild 3a.: Gewichteter Problemgraph.

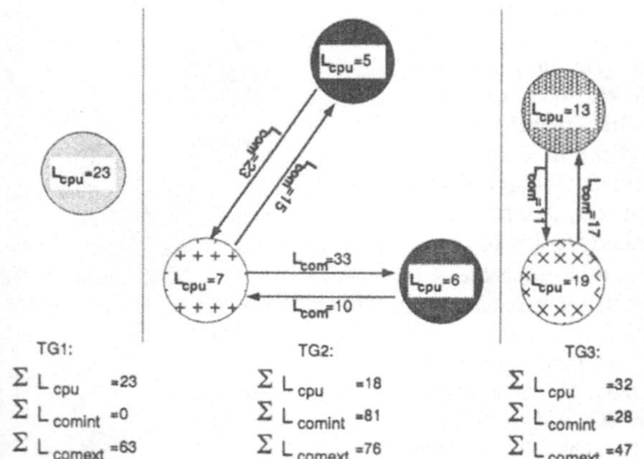

Bild 3b.: Ergebnis der Partitionierung.

verfügbaren Transputer im Netz darstellt.

Es gibt zwei Optimierungskriterien beim den Partitionieren. Einerseits wird versucht eine möglichst gleichmäßige Verteilung der CPU-Last über die Prozessoren zu erreichen. Andererseits wird die Interprozessorkommunikation minimiert, da diese im Vergleich zur "on-chip" Kommunikation langsam ist und somit einen Engpass bildet. Ein globales Optimum bezüglich beider Kriterien kann meist nicht erreicht werden, so daß die Partitionierung einen Kompromiß zwischen beiden anstrebt. Welches Kriterium stärker berücksichtigt wird, kann vom Benutzer durch den sogenannten "Balance"-Parameter gesteuert werden. Die Balance ist das prozentuale Maß, um das die Gesamtlast eines einzelnen Prozessors von der mittleren Sollast abweichen darf. Durch die Angabe eines geringen Balancewertes wird die CPU-Last gleichmäßiger verteilt. Mit wachsenden Balancewerten wird dagegen die Kommunikationslast stärker berücksichtigt.

Der Partitionierer selbst beruht auf einem modifizierten heuristischen Algorithmus nach Fiduccia/Mattheysis [3], welcher selbst eine Verbesserung des Kernighan/Lin-Algorithmus [8] darstellt. Die erforderlichen Veränderungen am Algorithmus ergeben sich aus der speziellen Struktur der zu partitionierenden Graphen. Die hier betrachteten Graphen besitzen nur Zweipunktnetze, die einer Punkt-zu-Punkt Kommunikation zwischen zwei Prozessen entsprechen. Die Kanten dieser Graphen sind aber gewichtet, was im ursprünglichen Algorithmus nicht vorgesehen war. Andere Erweiterungen ergeben sich aus einigen Randbedingungen, die im Zusammenhang mit Transputernetzen entstehen. Die durch den Partitioniervorgang entstandenen Teilmengen entsprechen der jeweils von einem Transputer abzuarbeitenden Prozeßmenge.

## 4.2. Netzkonstruktion

Im nächsten Schritt wird eine günstige Netztopologie konstruiert. Die innerhalb einer Partitionsteilmenge verlaufenden Kanten entsprechen der prozessorinternen "on-chip" Kommunikation. Die zwischen zwei Partitionsteilmengen verlaufenden Kanten stellen dagegen externe Kommunikation dar, die durch Verbindungen zwischen den Prozessoren noch ermöglicht werden muß. Diese ergibt sich aus der zwischen den Teilmengen verbleibenden Kommunikation.

Da im allgemeinen nicht alle erforderlichen Verbindungen zwischen den Transputern durch die begrenzte Anzahl vorhandener Links realisiert werden kann, muß eine Teilmenge der Kanäle ausgewählt werden, die direkt durch die Links implementiert wird. Diese bestimmen die Grundstruktur des Transputernetzes.

Die restlichen Verbindungen müssen dann in dem enstandenen Netz durch Umwege über andere Prozessoren realisiert werden. Die zwischen diesen Prozessen auszutauschenden Nachrichten müssen demnach durch das Netz "geroutet" werden. An solchen Verbindungen beteiligte Prozesse verfügen über keine echte Punkt-zu-Punkt-Kommunikation. Bei der Konstruktion der Topologie wird versucht, die Kanäle mit hoher Kommunikationslast als direkte Verbindungen zu implementieren, um möglichst wenig Nachrichten routen zu müssen. Es können jedoch nicht grundsätzlich nur die Kanäle mit der höchsten Kommunikationslast direkt verbunden werden, da sonst nicht garantiert wird, daß ein zusammenhängendes Netz entsteht, in dem alle verbleibenden Verbindungen auch tatsächlich geroutet werden können.

Bei der Konstruktion des Netzes wird von der Kante mit dem höchsten Gewicht ausgegangen. Zwischen den betroffenen Transputern wird eine direkte Verbindung gelegt. Ausgehend von diesem Teilnetz werden sukzessive weitere Transputer angeschlossen, bis alle Prozessoren im Netz sind. Um die Kommunikation so effizient wie möglich zu halten, wird jeder Transputer durch seinen am stärksten belasteten Kanal (Kanten mit dem höchsten Gewicht) an das bestehende Netz angeschlossen. Dazu sind die drei folgenden, heuristischen Strategien vorgesehen.

### 4.2.1. Die Breitensuche

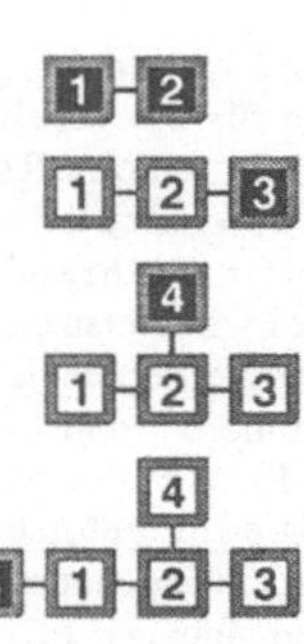

Die erste Strategie basiert auf einer reinen Breitensuche (BFS-Algorithnus). Hierbei wird aus der Menge der noch nicht durch Verbindungen realisierten Kanten diejenige mit dem höchsten Gewicht ausgesucht, die einen Transputer aus dem bestehenden Netz mit einem noch nicht angeschlossen Prozessor verbindet (vgl. Bild 4a.). Da dieses Verfahren stets das ganze Netz berücksichtigt, lagert es frühzeitig die Kanten mit den höchsten Gewichten an. Somit ist die Wahrscheinlichkeit dafür, daß die Kanäle mit der meisten Kommunikation durch direkte Link-Verbindungen realisiert werden, groß. Der Nachteil bei dieser Vorgehensweise liegt darin, daß solche Transputer, die früh im Netz sind, unter Umständen schnell vier Nachbarn und somit keine freien Links für einen späteren Optimierungsschritt haben.

Bild 4a.: Durch Breitensuche konstruiertes Netz.

### 4.2.2. Die Tiefensuche

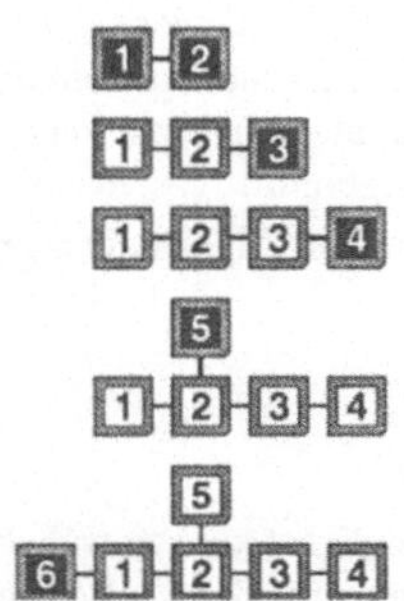

Bild 4b.: Durch Tiefensuche konstruiertes Netz.

Die zweite Strategie beruht auf einem reinen Tiefensuch-Algorithmus (DFS). Hier wird stets nur der zuletzt an das Netz angelagerte Transputer betrachtet. Die von diesem ausgehende Kante mit dem höchsten Gewicht, welche an einen noch nicht angeschlossenen Prozessor führt, wird als nächste durch eine direkte Link-Verbindung realisiert. Gibt es keine solche Kante erfolgt ein "Backtracking" zum zuvor angeschlossenen Transputer. Auf diese Weise wächst das Netz zunächst linear. Der Vernetzungsgrad einzelner CPUs ist gleichmäßiger, unabhängig davon wann sie angelagert werden (vgl. Bild 4b.). Damit besteht auch für frühzeitig berücksichtigte Prozessoren die Möglichkeit, das sie noch freie Links für eine nachträgliche Optimierung haben. Der Nachteil dieses Verfahren liegt darin, das manche stark belastete Kanten, bei einem ungünstigen Problem nicht direkt durch eine Link-Verbindung realisiert werden. Die Informationspakete auf solchen Kanälen müssen dann durch das Netz geroutet werden. Sie erhöhen dadurch die gesamte Kommunikationslast.

#### 4.2.3. Das Mischverfahren

Für das dritte Verfahren wurde ein Algorithmus entworfen, der eine Mischform aus den beiden bisherigen Strategien darstellt. Er soll die Vorteile beider Methoden in sich vereinen. Ausgehend von den zwei ursprünglichen Prozessoren werden stets der Anfangs- und der Endknoten der gerade wachsenden Kette betrachtet. Die von einem dieser Knoten ausgehende Kante mit dem höchsten Gewicht, welche zu einem noch nicht angelagerten Transputer führt, wird durch eine direkte Link-Verbindung realisiert. Der soeben angeschlossene Transputer wird zum neuen Endknoten gemacht. Findet man auf diese Weise keine Kante mehr, wird der Transputer angeschlossen, der zum gesamten bis dahin bestehenden Netz die Kante mit dem höchsten Gewicht besitzt. Dadurch berücksichtigt man immer wieder alle noch freie Kanten. Die Warscheinlichkeit dafür, daß die Kanäle mit der größten Kommunikationslast direkt durch Links realisiert werden ist somit größer als bei dem Tiefensuchverfahren. Gleichzeitig wird aber auch ein gleichmäßigerer Vernetzungsgrad als bei der Breitensuche gewährleistet (vgl. Bild 4c.).

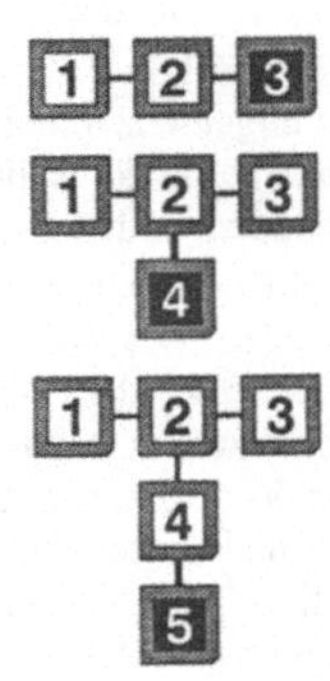

Bild 4c.:  Mischverfahren.

Welche der drei Strategien die besten Ergebnisse liefert muß noch untersucht werden.

#### 4.3. Routing

Steht die Netztopologie fest, werden für die verbliebenen Kanäle statische Routing-Strecken durch das Netz bestimmt. Während dieses Schrittes wird versucht, die bestehende Netztopologie dadurch zu optimieren, daß Links, die bei der Konstruktion der Grundtopologie frei geblieben sind, verwendet werden, um zusätzliche Verbindungen zu legen, die zur Abkürzung von Routing-Strecken dienen (Fall 1, Verbindung von Prozeß A zu Prozeß B in Bild 5.). Danach liegt die

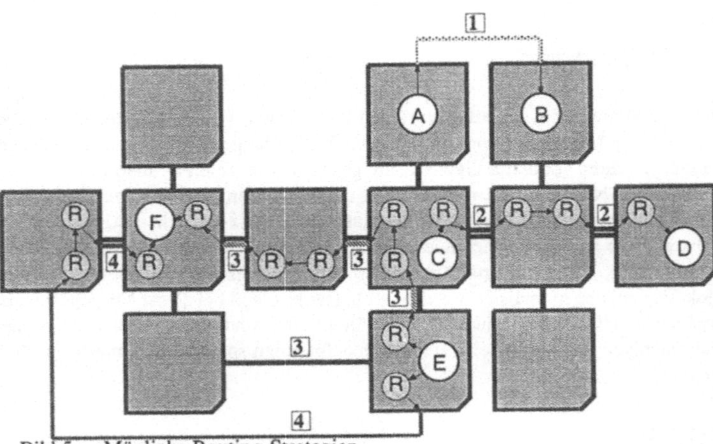

Bild 5.:  Mögliche Routing-Strategien.

endgültige Netztopologie vor. Die Routing-Information wird benutzt, um in Quellcode vorhandene generische Router-Prozesse (in Bild 5. mit R bezeichnet) zu parametrisieren. Diese werden dann zum eigentlichen Simulationsmodell hinzugebunden. Der OCCAM-Simulationscode wird schließlich um die Konfigurationsinformation ergänzt. Der dann vollständige Code wird compiliert und auf dem angepaßten Transputernetz ausgeführt.

Für das Routing kann zwischen den im Folgenden erläuterten unterschiedlich aufwendigen Algorithmen gewählt werden.

#### 4.3.1. Das "hop-count" Verfahren.

Das erste und einfachste Verfahren besteht darin, den Weg von Nachrichten im Netz möglichst kurz zu wählen, d.h. die Anzahl der Transputer ("hop-count") zu minimieren, über die eine Nachricht geleitet wird (Fall 2, Routing von Prozeß C nach Prozeß D in Bild 5.). Der Nachteil dieser Lösung liegt darin, daß die bestehende Kommunikation auf den gefundenen Wegen nicht berücksichtigt wird. Dadurch kann es vorkommen, daß Links, die bereits stark belastet sind, zusätzliche Kommunikation für das Routing leisten müssen.

## 4.3.2. Das Verfahren der Lastminimierung

Bei diesem Verfahren wird eine Nachricht auf solchen Wegen geleitet, auf denen die bisherige Kommunikationslast möglichst gering ist, um einen Nachrichtenstau durch überlastete Links zu vermeiden. Es wird davon ausgegangen, daß auf einer Routing-Strecke derjenige Link mit der größten Kommunikationslast den Engpaß darstellt. Von allen möglichen Strecken wird daher diejenige ausgewählt, bei der dieser Engpaß minimal ist (Fall 4, Routing von Prozeß E nach Prozeß F in Bild 5.). Das Verfahren ist aufwendiger als das Hop-Count-Verfahren, da zuerst alle möglichen Strecken vom sendenden zum empfangenden Transputer gefunden und bewertet werden müssen. Bei großen Graphen wird dies sehr aufwendig. Diese Methode kann aber zu einer ausgewogeneren Kommunikationslastverteilung führen.

## 4.3.2. Das Verfahren der Übertragungswahrscheinlichkeit

Das dritte Verfahren beruht auf der Übertragungswahrscheinlichkeit einer Nachricht auf einem Link. Dazu faßt man die Kommunikationslasten auf den Kanälen als Wahrscheinlichkeiten für das augenblickliche Übertragen einer Nachricht auf dem jeweiligen Kanal auf. Damit kann die Sende- bzw. Empfangswahrscheinlichkeit einer Nachricht von einem Transputer zu einem anderen berechnet werden. Die Gesamtwahrscheinlichkeit $GT_i$ für das Übertragen einer Nachricht vom Quell- zum Ziel-Transputer ergibt sich dann aus dem Produkt dieser einzelnen Wahrscheinlichkeiten. Bildet man $GT_i$ für alle möglichen Routing-Strecken, so ist der günstigste Weg derjenige mit dem größten $GT_i$ (Fall 3, Routing von Prozeß E nach Prozeß F in Bild 5.).

Das Verfahren benötigt von allen vorgestellten Varianten die meiste Rechenzeit, da einerseits wie bei der Kommunikationslaststrategie alle möglichen Wege gefunden werden müssen. Zusätzlich erfordert aber das Berechnen aller Wahrscheinlichkeiten mehr Zeit als das Auffinden der am stärksten belasteten Kante. Der Algorithmus verspricht aber von allen Varianten die besten Ergebnisse zu liefern.

## 5. Zukünftige Arbeiten

Das Problem bei der vorgestellten Vorgehensweise liegt darin, daß eine hohe Effizienzsteigerung nur dann erwartet werden kann, wenn die berechneten Gewichte für Kommunikations- und CPU-Last die tatsächlichen Verhältnisse wiederspiegeln. Es ist daher an ein Werkzeug geplant, das diese Gewichte mit Hilfe von Heuristiken aus der ursprünglichen Schaltungsbeschreibung berechnet. Diese genau zu bestimmen ist aber nicht immer möglich. Daher ist zur Bestimmung der Gewichte ein zweites, empirisches Verfahren vorgesehen, welches zunächst die heuristischen Gewichte ansetzt. Zusätzlich zu dem eigentlichen Simulationscode werden Profiling-Routinen eingebunden. Mit diesem erweiterten Code wird eine Verteilung auf das Netz nach dem beschriebenen Verfahren vorgenommen. Dann führt man eine erste Teilsimulation durch. Mit Hilfe des Profiling-Codes wird dabei Information über die CPU-Last der einzelnen Prozesse und die Kommunikationslast auf den Kanälen gewonnen. Falls die bei diesem Lauf erreichte Beschleunigung unbefriedigend ist, werden diese Daten benutzt, um genauere Gewichte für den Problemgraphen zu berechnen. Mit diesen Werten kann eine optimierte Netztopologie und Verteilung berechnet werden. Bild 6. zeigt eine Übersicht über das geplante Simulationssystem.

## 6. Zusammenfassung

Das hier vorgestellte Verfahren beschränkt sich nicht auf die Akzeleration von Simulationsvorgängen. Es kann vielmehr immer dann eingesetzt werden, wenn es darum geht, Anwendungen mit unregelmäßiger oder variabler Problemstruktur auf schwachgekoppelten Mehrprozessorsystemen mit einstellbarer Netztopologie und skalierbarer Leistung zu beschleunigen. Zwei Vorraussetzungen müssen hierfür erfüllt sein: Einerseits muß eine statische Lastbalancierung ausreichen; andererseits muß eine Abschätzung der CPU-Last einzelner paralleler Problemkomponenten sowie der Kommunikationlast zwischen diesen möglich sein. Dies kann entweder durch eine a priori Berechnung erfolgen oder mittels statistischer Werte geschehen, die durch durch Profiling während einer ersten Ausführung ermittelt werden.

## Literatur

[1]  Collis G. V., Edwards M. D. (1986.):Automatic Hardware Synthesis from a Behavioural Description Language: Occam. Microprocessing and Microprogramming 18 pp.243-250, North-Holland

[2]  Edwards D. (1989): MANURE2: A 2nd generation accelerator for PCB routing. Proc. of the International Workshop on Hardware Accelerators, Session G1, Sept. 1989, University of Oxford.

[3]  Fiduccia C.M., Mattheyses R.M. (1982): A Linear-Time Heuristic for improving Network Partitions. Paper 13.1 Proc. 19th Design Automation Conference pp. 175-181, IEEE.

[4]  Hörbst E. (Editor) (1986): Advance in CAD for VLSI, Vol. 2, Logic Design And Simulation. North-Holland.

[5]  IEEE (1988): IEEE Standard VHDL Language Reference Manual.

[6]  Inmos Limited (1988): Transputer Reference Manual. Prentice-Hall.

[7]  Inmos Limited (1988): Occam 2 Reference Manual. Prentice-Hall.

[8]  Kernighan B.W., Lin S. (1970): An efficient Heuristic Procedure for Partitionning Graphs. Bell System Technical Journal, Vol. 49, Feb. 1970, pp. 291-307.

[9]  Lipsett R., Schaefer C., Ussery C. (1989): VHDL: Hardware Description and Design. Kluwer Academic Publishers.

[10] Maertens D. (1989).: Bewertung von Simulationsverfahren für die Register-Transfer-Ebene. Hüthig.

[11] Mano T. et.al. (1985): Occam to CMOS, Experimental Logic Design Support System. Computer Hardware Description Languages and their Applications pp. 381-390, C. J. Koomen and T. Moto-oka (eds.), Elsevier Science Publishers B. V. North-Holland.

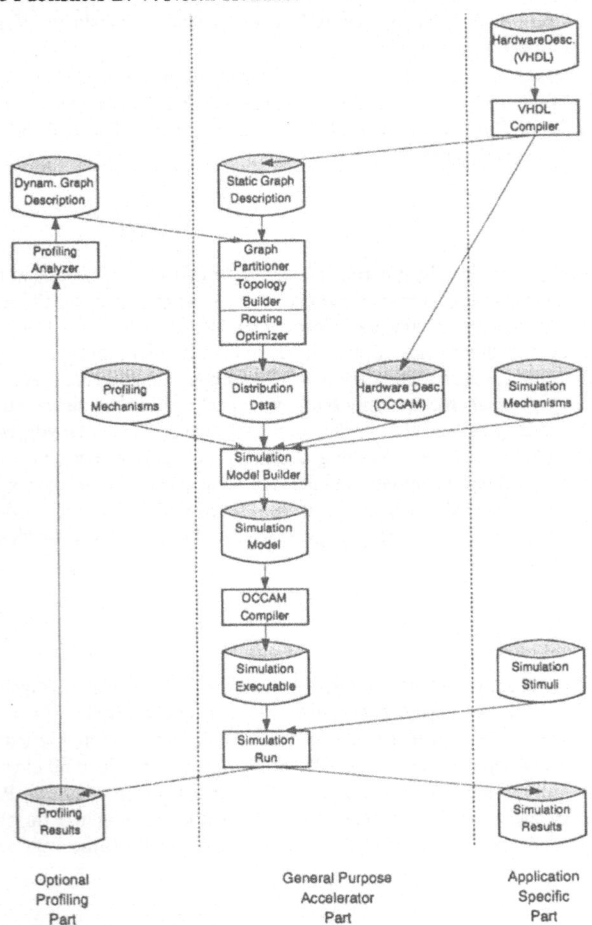


Bild 6.:   Übersicht über das geplante Simulationssystem.

# Simulation von Beanspruchung und Verformung biologischer Gelenke auf dem dynamisch adaptierbaren Multiprozessorsystem DAMP


R. Braam
Universität-GH Paderborn
Fachbereich 14/ Fachgebiet Datentechnik
Pohlweg 47-49, 4790 Paderborn
e-mail: braam@pcs9081.uni-paderborn

J. Mockenhaupt
Anatomisches Institut der Universität zu Köln
Joseph-Stelzmann-Straße 9, 5000 Köln

A. Pollmann
Universität-GH Paderborn
Fachbereich 14/ Fachgebiet Angewandte Datentechnik
Pohlweg 47-49, 4790 Paderborn


## Kurzfassung


Im Rahmen einer Kooperation der Universität-GH Paderborn/Fachgebiet Datentechnik mit dem Anatomischen Institut der Universität zu Köln wurde ein Algorithmus zur Simulation von Beanspruchung und Verformung biologischer Gelenke parallelisiert und auf dem dynamisch adaptierbaren Multiprozessorsystem *DAMP* implementiert. Das in Paderborn auf Transputerbasis entwickelte DAMP-System erlaubt eine zur Kompilierzeit des parallelen Programms unbekannte Umstrukturierung der Kommunikationstopologie (*dynamisch-konfigurierbar*). Darüber hinaus läßt es sich als Multiprozessorsystem (MPS) mit *quasi-statischer* bzw. *quasi-dynamischer* Konfigurierbarkeit der Kommunikationstopologie betreiben. Zur Zeit steht ein Prototyp mit acht PMUs (Processor-Memory-Unit) zur Verfügung. Um erste Erfahrungen mit der DAMP-Architektur zu gewinnen, wurde der Simulationsalgorithmus sowohl unter Helios als auch einem in Paderborn entwickelten Programm zum Aufbau beliebiger physikalischer Kommunikationstopologien (zur Laufzeit) implementiert. Die unterschiedlichen Implementierungen erzielten auf dem DAMP-System verschieden lange Rechenzeiten bei gleicher Anzahl von Prozessoren (daraus abgeleitet: Effizienz, Speedup). Eine abschließende Zusammenfassung diskutiert die Meßergebnisse und bewertet sie.


## 1. Einleitung

An der Universität Paderborn wurde ein Multiprozessorsystem (DAMP) auf Transputerbasis entwickelt. Das DAMP-System erlaubt eine zur Kompilierzeit des parallelen Programms unbekannte Umstrukturierung der physikalischen Kommunikationstopologie (dynamisch konfigurierbar). Auf diesem System stehen für die Entwicklung paralleler Programme zur Zeit neben OCCAM2 u.a. Programmiersprachen wie ParC und Parallel Pascal zur Verfügung. Als verteiltes Betriebssystem für Multitransputersysteme hat bisher nur Helios [Per88] eine gewisse Bedeutung erlangt.

Die Leistungsfähigkeit von Helios sollte am Beispiel einer konkreten Anwendung bzgl. der dabei erreichbaren Effizienzen untersucht werden. Um hier vergleichbare Ergebnisse zu erhalten, wurde das gleiche Anwendungsbeispiel in OCCAM2, eingebunden in ein Programm (*zentrales Management*) zur zentralen Kontrolle der physikalischen Transputer Kommunikationstopologie [Rol89] zur Laufzeit, programmiert. Als Anwendungsbeispiel diente ein Algorithmus zur Simulation biologischer Gelenke [Moc89], der zu parallelisieren und an die zu testenden Programmierumgebungen zu adaptieren war.

Der erste Teil der Untersuchung befaßt sich mit den Grundlagen zur Bildung des bei der Simulation verwendeten Modells. Danach wird gezeigt, wie sich das Modell in einen sequentiellen Algorithmus umsetzen läßt. Der nachfolgende Teil beschreibt grob die der Simulation zugrunde liegende DAMP-Architektur. Für eine möglichst effiziente Abbildung paralleler Prozesse auf einer parallelen Rechnerarchitektur ist der auftretende Kommunikations-Overhead zu minimieren sowie eine möglichst gleichmäßige Prozessorauslastung erforderlich [Ros90]. Der Abschnitt, der die Parallelisierung des Simulationsalgorithmus behandelt, geht auf diese Forderungen ein und zeigt den eingeschlagenen Lösungsweg. Die Ergebnisse (Zeitbedarf) der Simulation werden anschließend für die Implementierung unter Helios und dem zentralen Management dokumentiert und diskutiert. Am Schluß werden die gewonnenen Ergebnisse zusammengefaßt und ein Ausblick auf weitere Aktivitäten gegeben.

## 2. Modellbildung

Die Kenntnis der Beanspruchung biologischer Gelenke ist Grundlage für das funktionelle Verständnis des Bewegungsapparates. Während bei technischen Gelenken eine präzise und einfache Formgebung angestrebt wird, zeigen biologische Gelenkoberflächen eine reiche Gestaltenvielfalt. Der funktionelle Zusammenhang von Gestalt und Beanspruchung kann sowohl im technischen als auch im biologischen Bereich experimentell nachvollzogen werden.

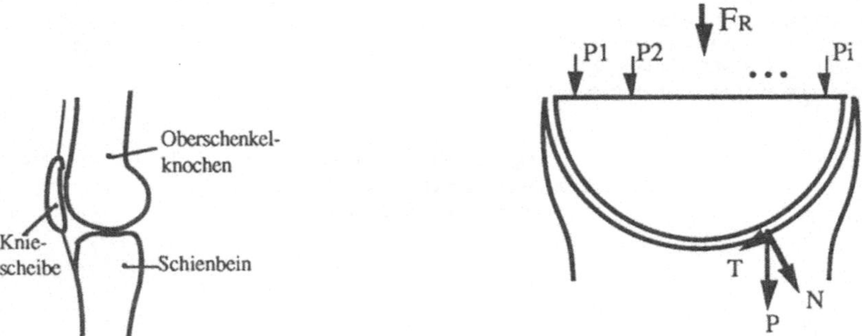

<table>
<tr><td>Abb. 2.1: Seitenansicht eines menschlichen Kniegelenks</td><td>Abb. 2.2 Simulationsmodell</td></tr>
</table>

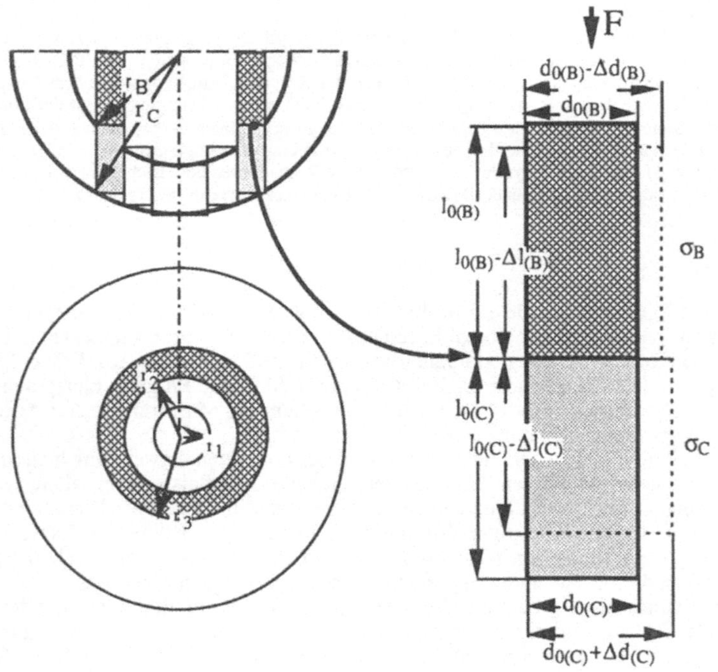

Abb. 2.3: Elastische Verformung des Modells

Das vorliegende Simulationsmodell bildet auf der Grundlage von Meßdaten natürlicher Gelenke eine Anordnung von zylindrischen Knochen/Knorpelsäulen nach (Abb 2.1 - 2.2). Die Zylinder enstehen beim Aufteilen des Simulationsmodell (Abb. 2.2), ausgehend von einem Startzylinder mit dem Radius $r_1$. Der Startzylinderradius $r_1$ sowie die einwirkende Kraft $F_R$ bestimmen die Zahl der zu berechnenden Säulen.

Die Säulen werden als Volumenelemente behandelt, die unter einer angreifenden Druckkraft eine axiale Verkürzung bei einer entsprechenden Querdehnung erfahren. Die material-spezifischen Eigenschaften werden an isolierten Elemtarsäulen gewonnen. Zunächst werden E-Moduli und *Poisson*-Zahlen bei freier Querdehnung auf einer Materialprüfmaschine ermittelt. In einem weiteren Schritt wird der Einfluß von Nachbarsäulen auf die Querdehnung untersucht und aufgezeichnet. Der so gewonnene Zusammenhang zwischen Verzerrung und Spannungszustand bei freier und behinderter Querdehnung bildet neben den geometrischen Abmessungen die Eingabeparameter des Modells (Abb. 2.3).

Die Simulation bringt das Paar der Säulen mit dem geringsten Abstand (Abb. 2.3) zur Artikulation [Moc90] und leitet die Druckkraft ein, die erforderlich ist, um das Säulenpaar mit dem zweitgeringsten Abstand artikulieren zu lassen. Der Algorithmus wiederholt diesen Vorgang für alle in Frage kommenden Säulenpaare, bis die eingeleitete Gesamtkraft der Summe der Säulenkräfte entspricht. Die auf den Stirnflächen austretenden Teilkräfte erzeugen dort Partialdrücke, die über die gesamte Kontaktfläche integriert der Gesamtkraft entsprechen.

## 3. Simulationsalgorithmus

Als erster Ansatz wurde [Moc89] ein iterativer Algorithmus für die Simulation der Druckbeanspruchung auf Basis des vorgestellten Modells gewählt. Der Algorithmus berechnet suksessive die Teilverkürzungen der Zylinder (Säulenpaare), bis die einwirkende Kraft F$_R$ erreicht ist (Abb.2.2). Der Rechenaufwand für diesen Algorithmus ist aufgrund einer äußeren und inneren Schleife $O(N^2)$, wobei N die Anzahl der Zylinder ist (Abb.3.1). Für eine Parallelisierung, bei der die einzelnen Prozessoren unabhängig voneinander Teilzylinder berechnen, sind bei diesem Algorithmus N Iterationen (Konvergenztest) notwendig. Für eine Parallelisierung bedeutet dies, daß nach jeder Iteration die Teilkräfte aus dem gesamten Transputersystem einzusammeln, aufzusummieren und die Summe mit F$_R$ zu vergleichen ist. Dies führt zu einem nicht mehr akzeptierbaren Overhead für die Kommunikation.

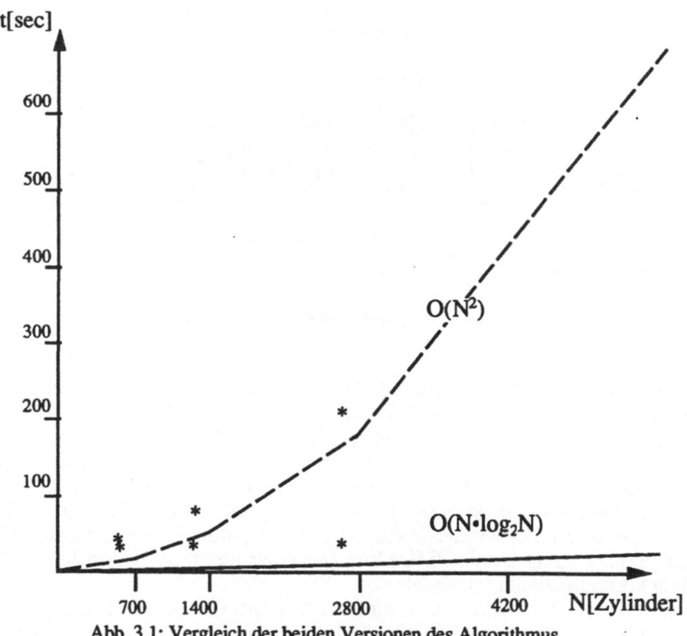


Abb. 3.1: Vergleich der beiden Versionen des Algorithmus

Eine verbesserte Version des Algorithmus reduziert die N Iterationen (Abb. 3.1) auf $O(\log_2 N)$. Zu Beginn des Algorithmus erhält die Gesamtverkürzung ( => Zylinderzahl) den maximal möglichen Wert. Danach nähert sich der Algorithmus in immer kleiner werdenden Intervallen der eigentlichen Gesamtverkürzung (Zylinderzahl). Die Komplexität des Algorithmus beträgt nur $O(N \cdot \log_2 N)$.

Neben einer geringeren Ausführungszeit erzeugt der neue Algorithmus bei einer entsprechenden Parallelisierung (weniger Konvergenztests) einen geringeren Kommunikations-Overhead.

## 4. Zielsystem für die Simulation

Das an der Universität Paderborn auf Transputerbasis entwickelte DAMP-System erlaubt eine zur Kompilierzeit des parallelen Programms unbekannte Umstrukturierung der physikalischen Kommunikationstopologie (*dynamisch-konfigurierbar*) [Bra90a]. Darüber hinaus läßt sich das DAMP-System ebenfalls als MPS mit *quasi-statischer* bzw. *quasi-dynamischer* Eigenschaft der Topologie betreiben.

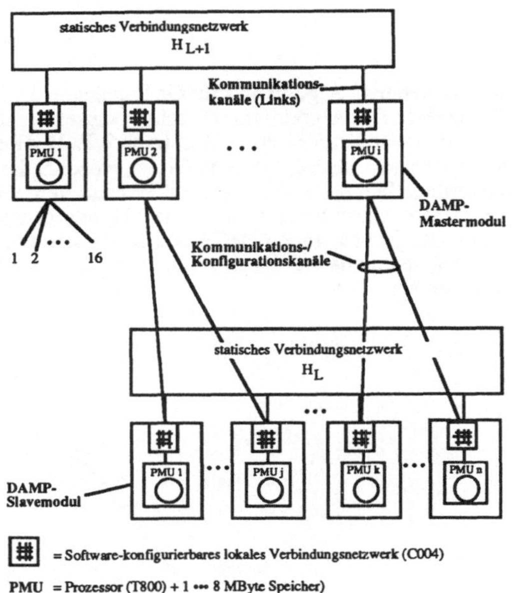


Abb.4.1: Die Hierarchische Kommunikations- und Konfigurationsstruktur

Die Berücksichtigung der oben angeführten Dynamik der Topologie sowie der Aspekt der Fehlertoleranz [Mae86a-b] führten bei der Konzeption des DAMP-Systems dazu, das Verbindungsnetzwerk in ein festes globales und in ein lokales Verbindungsnetzwerk aufzuteilen (Abb.4.1). Die lokalen Verbindungsnetzwerke sind als Kreuzschienenverteiler ausgeführt, die sich auf jedem Prozessormodul befinden und per Software konfiguriert werden können. Außer der Kontrolle des lokalen Verbindungsnetzwerks durch die Prozessoren der jeweiligen PMUs selbst ist optional noch eine externe Kontrolle durch eine sogenannte Master-PMU (Abb.4.1) vorgesehen. Die Master-PMU kann über separate Konfigurationsverbindungen die Kreuzschienenverteiler von bis zu 16 Slave-PMUs konfigurieren (zentrale Kontrolle der Verbindungsstruktur) sowie mit ihnen kommunizieren [Bra90b].
Um Erfahrungen mit der DAMP-Architektur zu sammeln, entstand der DAMP Prototyp (Abb. 4.2). Die feste Topologie des Prototypen verbindet ein DAMP-Modul mit seinen acht Nachbarn (oktagonaler Torus) über jeweils 3 Kommunikationsverbindungen (Links). Ein DAMP-Modul besteht im wesentlichen aus einem Transputer T800, 1 - 8 MByte Speicher, dem lokalen Verbindungsnetzwerk (C004) [INM87] und Logik zur Unterstützung des Verbindungsaufbaus.

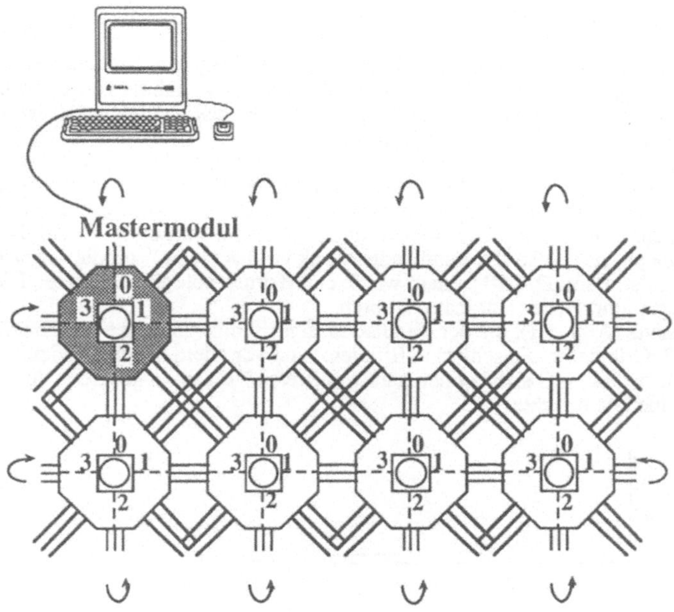



Abb. 4.2: DAMP Prototyp

Das Modul mit der Masterfunktion befindet sich beim Prototypen im Slavefeld. Dieses Modul besitzt sämtliche Funktionen eines Slave-Moduls und kann sich deshalb neben dem Verbindungsaufbau auch an der Bearbeitung des Simulationsalgorithmus beteiligen.

## 5. Parallelisierung des Simulationsalgorithmus

Der Kommunikations-Overhead läßt sich wie bereits erwähnt, durch eine Optimierung des Algorithmus reduzieren. Zur Balancierung der Belastung der einzelnen Prozessoren müssen nach jeder Iteration die Bereiche (Zylinder), die von den einzelnen Prozessoren zu berechnen sind, neu aufgeteilt und verteilt werden. Der parallele Algorithmus durchläuft folgende Verarbeitungsschritte:

1. Ein Modul (in diesem Fall das Mastermodul) verteilt die zu berechnenden Zylinder auf die restlichen Prozessoren.

2. Die Module berechnen die Teilverkürzungen und die hierfür verantwortlichen Kräfte.

3. Das Mastermodul sammelt die Teilkräfte ein, summiert sie auf, vergleicht sie mit der einwirkenden Kraft $F_R$, entscheidet über die aktuell zu berechnende Zahl von Zylindern und verteilt diese dann neu auf die restlichen Prozessoren.

4. Die Schritte 2 - 3 müssen solang wiederholt werden bis entweder $F_R$ erreicht ist oder sich die aktuelle Zylinderzahl nur noch um eins ändert.

5. Das Mastermodul sammelt die berechneten Werte für die Druckbelastung ein.

## 5.1 Implementierung unter Helios

Helios ist ein verteiltes Betriebssystem mit einer dem UNIX Betriebsystem ähnlichen Benutzeroberfläche. Die Ausführung von Programmen unter Helios sowie die Inanspruchnahme von Betriebsmitteln erfolgt nach dem *Client-Server* Modell. Die Kommunikation zwischen Prozessen übernimmt ein Transportsystem, das nach dem *Store-and-Forward* Prinzip [Red87] arbeitet.
Für die Parallelisierung des Simulationsalgorithmus unter Helios wurde dieser in paralleleTasks aufgeteilt. Die Kommunikation zwischen den Task kann entweder über die Standard Ein-/Ausgabe oder über selbstdefinierte Datenströme erfolgen. Die dabei verwendete logische Kommunikationstruktur wird mittels einer Deklarationssprache, der *Component Distributed Language* (CDL) beschrieben [Per90]. Die *Resource-Map* beschreibt dagegen die physikalische Kommunikationsstruktur (Topologie), auf die der in Tasks aufgeteilte Algorithmus abbildbar ist. Beim DAMP System wurde eine Torustopologie verwendet. Die Abbildung der Tasks auf die Topologie führt Helios automatisch durch.
Die gemessene Effizienz (Abb. 5.1), die der Simulationsalgorithmus unter den o.a. Randbedingungen erzielte betrug nur 0.07. Gründe für die schlechte Effizienz sind vor allem in den ineffizienten Kommunikationsmechanismen zu suchen, was sich bei den häufig auftretenden Konvergenztests des Simulationsalgorithmus besonders bemerkbar machte.

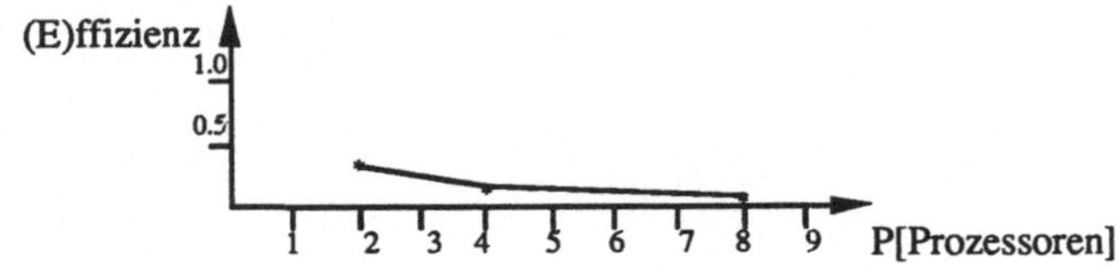


Abb. 5.1: Effizienz des parallelen Simulationsalgorithmus unter Helios

## 5.2. Implementierung unter dem zentralen Management

Das zentrale Management ist ein Prozeß, der mit höchster Priorität [INM88] quasi-parallel zum eigentlichen Anwenderprozeß auf dem Mastermodul läuft. Ihm unterliegt die Kontrolle der Topologie des DAMP-Systems (nur im zentralen Modus). Durch die Definition logischer Känale (zwei kommunizierende Prozesse führen denselben Kanalbezeichner) in den einzelnen parallel arbeitenden Prozessen bestimmt der Programmierer deren Kommunikationsstruktur. Diese zur Kompilierzeit festliegende logische Kommunikationsstruktur (auch Sequenz von Verbindungsstrukturen) teilen die verteilt laufenden Prozesse dem zentralen Management zur Laufzeit mit.

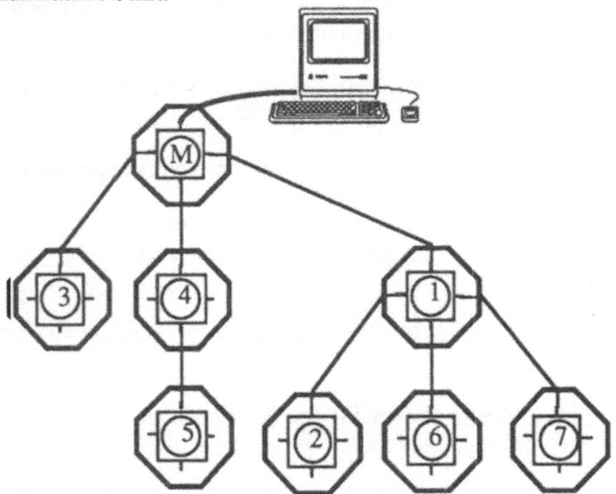


Abb. 5.2: Baumstruktur - vom zentralen Management eingestellt

Die Verteilung der Prozesse auf die einzelnen Transputer ist dagegen beliebig, da erst zur Laufzeit das zentrale Management die Kommunikationsverbindungen berechnet und schaltet. Nachdem eine Kommunikationsverbindung hergestellt ist, haben die Prozesse direkten Zugriff auf die physikalischen Links. Damit ist ein Prozeß in der Lage, Daten ohne Zwischenspeicherung (*Circuit-Switching*) direkt an den Empfänger zu schicken.

Bei der Implementierung unter dem zentralen Management wurde als Topologie ein ternärer Baum gewählt (Abb.5.2). Baumstrukturen eignen sich besonders dann, wenn eine zentrale Stelle (z.B. Wurzelknoten) Daten verteilt und die bearbeiteten Daten wieder einsammelt.

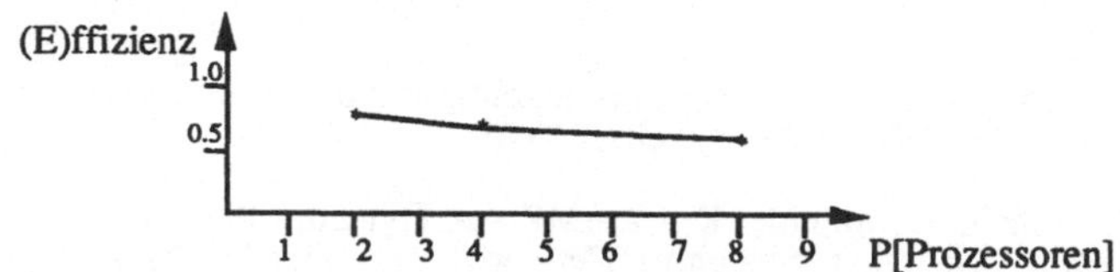


Abb.: Effizienz des parallelen Simulationsalgorithmus bei Verwendung des zentralen Managements

Beim Einsatz von acht DAMP-Modulen ergab sich eine Effizienz von 0.65. Eine für diese Multiprozessoranordnung verwendete Umkonfigurierung der Topologie zur Beschleunigung des Einsammelns der berechneten Daten bewirkte keine Effizienzeinbuße, brachte jedoch aufgrund der geringen Prozessorzahl noch keinen Vorteil.

## 6. Zusammenfassung

Der abschließende Vergleich (Abb. 6.1) zeigt, wie sich die einzelnen Maßnahmen zur Beschleunigung des Simulationsalgorithmus auswirken. Die Verbesserung des Algorithmus (Parameter 514 Zylinder) bewirkte bereits auf einem einzelnen Prozessor (T414) eine erhebliche Reduzierung der benötigten Rechenzeit. Der Ersatz des T414 durch einen T800 (Transputer mit integrierter Fließkommaverarbeitung) ließ die Rechenzeit auf 1.6 Sekunden sinken (unter Helios 2.3 Sekunden). Der Vergleich zwischen Helios (C) und der OCCAM2 Implementierung auf einer acht Prozessor-Anordnung zeigt einen deutlichen Unterschied. Während die Simulation für 514 Zylinder unter Helios 3.9 sec dauert sind es unter dem zentralen Management nur 0.34 sec. Das schlechte Abschneiden von Helios liegt im wesentlichen an den ineffizienten Kommunikationsmechanismen (*Store-and-Forward*), die sich bei der Überwindung größerer Kommunikationsdistanzen auswirken. Da der von uns ausgewählte Simulationsalgorithmus häufig kleine Datenpackete verschickt, wirkte sich dies besonders negativ auf die Effizienz aus. Andere Beispiele [Vie90] zeigen, daß sich mit geeigneten Anwendungen unter Helios beachtliche Effizienzen erzielen lassen.

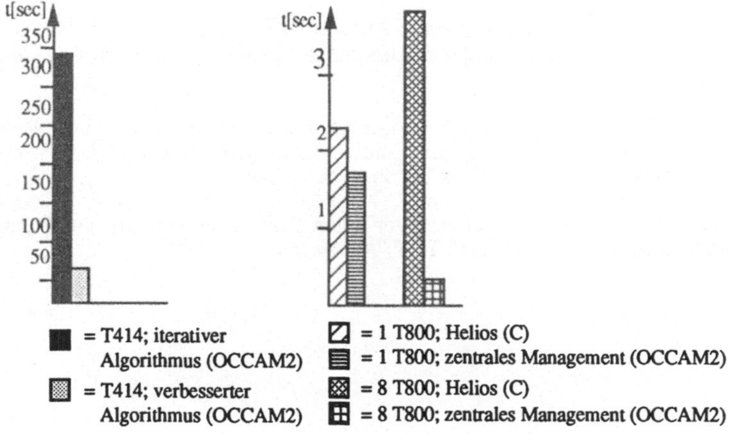


Abb. 6: Vergleich der Simulationszeiten bei 514 Zylinder

Zur Verifikation der Simulationergebnisse ist bei Einsatz der Finite Elemente Methode eine weitaus größere Rechenleistung erforderlich, wie bei dem augenblicklich benutzten Modell. Durch den damit erforderlichen Mehreinsatz von Prozessoren könnte dann die quasi-dynamik des DAMP-Systems sinnvoll zum Einsatz kommen. Daten die zu einer zentralen Stelle zu transportieren sind, können in Teilbäumen eingesammelt und ohne Zwischentransporte direkt bis an den Wurzelknoten gelangen.

# Literatur


[Bra90a]   Braam, R.: "Kommunikation im dynamisch konfigurierbaren Multiprozessorsystem DAMP", Workshop über Parallelverarbeitung, Graz, 1990

Bra90b]   Braam, R., Bauch, A.; Maehle, E.: "DAMP - A Dynamic Reconfigurable Multiprocessor System with a Distributed Switching Network", erscheint im Tagungsband: The Second European Distributed Memory Computing Conference EDMCC2, München, April 1991

[INM87]   INMOS: "Programmable Link Switch", IMS Data Sheet, 1987

[INM88]   INMOS: "OCCAM2 Reference Manual", Prentice Hall, 1988

[Mae86a]   Maehle, E.; Moritzen, K.; Wirl, K.: "A Graph Model and Its Application to a Fault-Tolerant Multiprocessor System" Proc. Int. Conf. on Fault-Tolerant Computing ´FTCS-16´, 292-297, Wien 1986

[Mae86a]   Maehle, E.; Moritzen, K.; Wirl, K.:"Fault-Tolerant Hardware configuration Management on the Multiprocessor System DIRMU 25, Proc. CONPAR 86, Aachen 1986, Lecture Notes in Computer Science 237, 190-197, Springer-Verlag, Berlin Heidelberg New York London Tokyo 1986

[Moc89]   Mockenhaupt, J.: "Normaldruckverteilung und Tragflächenausdehnung des femorotibialen Gelenkes in Modell und Experiment", Dissertation, Universität zu Köln, Mai 1990

[Per89]   Perihelion Software Limited: "The Helios User ´s Manual", Somerset, 1988

[Per90]   Perihelion Software Limited: "The CDL Guide", Helios Technical Guide, 1990

[Red87]   Reed, P.A.; Fujimoto, R.M.: "Multicomputer Networks - Message Based Parallel Processing", The MIT Press, Cambridge MA, 1987

[Rol89]   Rolfsmeier, D.: "Implementierung eines Softwaremoduls zum Aufbau beliebiger Kommunikationspfade innerhalb des Multiprozessorsystems DAMP", Universität-GH Paderborn, IAB Nr. 10, 1989

[Ros90]   Rost, J.; Maehle, E.: "A Disributed Algorithm for Dynamic Task Scheduling", Proc. CONPAR 90 - VAPP IV, Zürich 1990, Lecture Notes in Computer Science 457, 628-639, Springer-Verlag, Berlin Heidelberg New York London Tokyo 1990

[Vie90]   Viehöver, G.; Grebe, R.: "Simulation von roten Blutkörperchen mit einem parallelisierten Simulated-Annealing-Algorithmus", TAT ´90, Abstraktband, 1990